C# 程序设计

基础教程与实验指导

■ 孙晓非 牛小平 冯冠 李乃文 等编著

清华大学出版社
北京

内 容 简 介

本书由浅入深地介绍 C#开发知识，共分 12 章，介绍.NET 开发基础、C#基础语法、函数、面向对象的编程、数组与集合、处理字符串、处理异常、Windows 窗体控件、可视化界面设计、文件存取、ADO.NET 数据库编程等内容。本书综合案例对超市管理系统需求和功能进行了分析，并使用 C#来实现超市商品管理、销售额统计和用户积分的计算等。本书附有配套光盘，提供了书中实例的源代码和视频教学文件。

本书体现了作者在软件技术教学改革过程中形成的"项目驱动、案例教学、理论实践一体化"教学方法，可以作为 C#职业培训教材和各级院校 C#授课培训教程的教材，也适合作为 C#自学资料和参考资料使用。

本书封面贴有清华大学出版社防伪标签，无标签者不得销售。

版权所有，侵权必究。侵权举报电话：**010-62782989　13701121933**

图书在版编目（CIP）数据

C#程序设计基础教程与实验指导 / 孙晓非等编著. —北京：清华大学出版社，2012.3（2016.10 重印）
（清华电脑学堂）
ISBN 978-7-302-26896-3

Ⅰ. ①C…　Ⅱ. ①孙…　Ⅲ. ①C 语言 – 程序设计 – 高等学校 – 教材　Ⅳ. ①TP312

中国版本图书馆 CIP 数据核字（2011）第 193317 号

责任编辑：夏兆彦
封面设计：柳晓春
责任校对：徐俊伟
责任印制：杨　艳

出版发行：清华大学出版社
　　　　　网　　　址：http://www.tup.com.cn, http://www.wqbook.com
　　　　　地　　　址：北京清华大学学研大厦 A 座　　邮　　编：100084
　　　　　社 总 机：010-62770175　　　　　　　　　邮　　购：010-62786544
　　　　　投稿与读者服务：010-62776969, c-service@tup.tsinghua.edu.cn
　　　　　质 量 反 馈：010-62772015, zhiliang@tup.tsinghua.edu.cn
印 装 者：虎彩印艺股份有限公司
经　　销：全国新华书店
开　　本：185mm×260mm　　印　张：24.25　　字　　数：606 千字
　　　　　（附光盘 1 张）
版　　次：2012 年 3 月第 1 版　　　　　　　印　　次：2016 年 10 月第 3 次印刷
印　　数：4301～4600
定　　价：45.00 元

产品编号：042198-01

Visual C#是 Microsoft 公司开发的一种使用简单、功能强大、面向组件、表达力丰富的语言。它结合了 C++强大灵活和 Java 语言简洁等特性，还吸取了 Delphi 和 Visual Basic 所具有的易用性。C#在 Microsoft .NET Framework 4.0 框架中扮演着一个重要角色，它是 Microsoft 公司面向下一代互联网软件和服务战略的重要技术。

.NET Framework 的基础是公共语言运行时。它是执行时管理代码的代理，提供内存管理、线程管理和远程处理等核心服务。本书以 Visual Studio 2010 为基础，结合.NET Framework 4.0 类库以及 Visual Studio 2010 自带的 SQL Server 2008 R2 Express 数据库，介绍 C#语言的知识以及窗体应用程序的开发技巧，并配有完整的开发实例讲解。

1. 本书定位与特色

❑ **面向职业技术教学**

本书是作者在总结了多年开发经验与成果的基础上编写的，以实际项目为中心，全面、翔实地介绍 C#开发所需的各种知识和技能。通过本书的学习，读者可以快速、全面地掌握使用 C#进行面向对象开发的方法。本书体现了作者"项目驱动、案例教学、理论实践一体化"教学理念，是一本真正面向职业技术教学的教材。

❑ **合理的知识结构**

本书面向程序员职业培训市场，结合程序开发实践介绍 C#编程知识，突出职业实用性。本书各章都有实例分析，带领读者经历程序开发全过程，是一本真正的实训性案例教程。

❑ **真实的案例教学**

针对每个知识点，本书设计了针对性强的教学案例，这些小案例既相对独立，又具有一定的联系，是综合性开发实例的组成部分。读者在制作这些小案例的过程中可以掌握每个知识点。

❑ **理论实践一体化**

在每个案例中，本书都有机融合了知识点讲解和技能训练目标，融"教、学、练"于一体。每个案例的讲解都首先提出功能目标，然后是实例制作演示和学生模仿练习，让读者掌握案例的完成过程，体现"在练中学、学以致用"的教学理念。

❑ **阶梯式实践环节**

本书精心设置了 3 个教学环节：课堂练习、扩展练习、综合实训，让学生通过不断练习实践，实现编程技能的逐步推进，最终与职业能力的接轨。

2. 本书主要内容

本书由浅入深地介绍 C#开发知识，共分 12 章，介绍.NET 开发基础、C#基础语法、函数、面向对象的编程、数组与集合、处理字符串、处理异常、Windows 窗体控件、可视化界面设计、文件存取、ADO.NET 数据库编程等知识。

本书最后的综合案例对超市管理系统需求和功能进行分析，介绍系统总体结构和用例图，最后介绍数据库设计，并使用 C#来实现超市管理系统。本章详细剖析了实现这些模块的 C#代码。

本书附有配套光盘。光盘提供了书中实例的源代码，全部经过精心调试，在 Windows XP/Windows 2000/Windows 2003 Server/Vista/Windows 7/Windows 2008/R2 下全部通过，能够保证正常运行。

3. 读者对象

本书体现了作者在软件技术教学改革过程中形成的"项目驱动、案例教学、理论实践一体化"教学方法，读者通过本书可以快速、全面地掌握使用 C#应用于 Windows 编程的开发经验和技能。本书可以作为 C#职业培训教材和各级院校 C#授课培训教程的教材，也适合作为 C#自学资料和参考资料。

除了封面署名人员之外，参与本书编写的还有孙岩、马海军、张仕禹、夏小军、赵振江、李振山、李文采、吴越胜、李海庆、何永国、李海峰、陶丽、吴俊海、安征、张巍屹、崔群法、王咏梅、康显丽、辛爱军、牛小平、贾栓稳、王立新、苏静、赵元庆、郭磊、徐铭、李大庆、王蕾、张勇、郝安林等。由于编者水平有限，本书在编写过程中难免会有漏洞，欢迎读者通过清华大学出版社网站 www.tup.tsinghua.edu.cn 与我们联系，帮助我们改正提高。

编　者

2011 年 6 月

目录

VII

第1章 .NET 开发基础

Microsoft .NET 框架是由微软公司开发的软件开发系统平台，是一种主要用于 Windows 操作系统的托管代码编程模型。它提供大量的公共类库，为多种编程语言提供支持，实现本地应用、富互联网应用和服务器端应用。

在学习 C#语言时，可先阅读本章内容，了解.NET Framework 与 C#之间的关系，以及开发 C#时所需要理解的.NET 框架基础知识。

本章学习目标

➢ 了解.NET 框架
➢ 了解 C#编程语言与.NET 的关系
➢ 理解公共语言运行时
➢ 理解程序集
➢ 了解.NET 命名空间
➢ 了解 Visual Studio 2010
➢ 掌握 Visual Studio 2010 的安装

1.1 Microsoft .NET 框架

Microsoft .NET 框架的出现，为开发者提供了一种类似虚拟机技术的平台，允许开发者以通用的代码实现多种硬件架构和操作系统的应用程序，降低了软件开发的成本，提高了工作效率。

1.1.1 Microsoft .NET 简介

Microsoft .NET 框架是微软公司面向下一代移动互联网、服务器应用和桌面应用的基础开发平台，是微软为开发者提供的基本开发工具，包含许多有助于互联网应用迅捷开发的新技术，如图 1-1 所示。

1. Microsoft .NET 的产生

在传统的软件开发工作中，开发者需要面对的是多种服务器和终端系统，包括用于个人计算机的 Windows 操作系统、用于服务器的 Windows 服务器系统、非 Windows 系统（如 FreeBSD、Linux 和 BSD）、用于平面设计的 Mac OS X 操作系统，以及各种移动终端系统（如 Windows Mobile、iOS、Android）等。

在开发基于以上这些系统的软件时，开发者往往需要针对不同的硬件和操作系统，编写大量实现兼容性的代码，并使用不同的方式对代码进行编译。这一系列的问题，都给软件设计和开发带来很多困难。

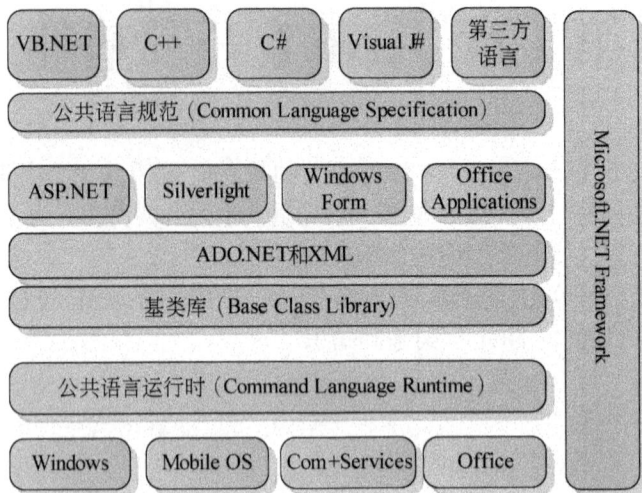

图 1-1　Microsoft .NET 开发平台

以 Windows 操作系统为例，目前主要使用的 Windows 操作系统内核包括 Windows 9X、NT4、NT 5.0/5.1、NT6.0/6.1、Windows CE、Windows Mobile 6.X 和 Windows Phone OS 等。在这些操作系统下进行软件开发，可使用的技术包括以下几种。

❑ 用于图形图像开发的 GDI、DirectX、OpenGL 等技术。

❑ 用于数据库操作的 ADO、DAO、RDO、ODBC 等技术。

❑ 用于 Web 应用开发的 ASP、JSP、PHP 等技术。

❑ 用于移动终端的 XNA、HTML 5 等技术。

以上这些技术各有各的标准和接口，相互并不兼容。若干软件开发者必须学习和使用相同的技术才能实现协作，而企业在实施开发项目时，也需要聘用指定技术的开发人员，才能实现最终的产品。

基于以上问题，微软公司在 21 世纪初开发出了一种致力于敏捷而快速的软件开发框架。其更加注重平台无关化和网络透明化，以 CLR（Common Language Runtime，通用语言运行时）为基础，支持多种编程语言，这就是 Microsoft .NET 框架。

2．Microsoft .NET 的特点

Microsoft .NET 框架既是一个灵活、稳定的能运行服务器端程序、富互联网应用、移动终端程序和 Windows 桌面程序的软件解析工具（类似虚拟机程序），又是软件开发的基础资源包，其具有以下特点。

❑ 统一应用层接口

.NET 框架将 Windows 操作系统底层的 API（Application Programming Interface，应用程序接口）进行封装，为各种 Windows 操作系统提供统一的应用层接口，从而消除了不同 Windows 操作系统带来的不一致性，用户只需直接调用 API 进行开发，无需考虑

.NET 开发基础 ——

平台。

❑ **面向对象的开发**

.NET 框架使用面向对象的设计思想，更加强调代码和组件的重用性，其提供了大量的类库，每个类库都是一个独立的模块，供用户调用。同时，开发者也可着手自行开发类库给其他开发者使用。

❑ **支持多种语言**

.NET 框架支持多种开发语言，允许用户使用符合 CLR 规范的多种编程语言开发程序，包括 C#、VB.NET、J#、C++等，然后再将代码转换为中间语言存储到可执行程序中。在执行程序时，通过.NET 组件对中间语言进行编译执行。

3．Microsoft .NET 的版本

Microsoft .NET 框架与 Windows 操作系统和 Microsoft Visual Studio 集成开发环境保持着紧密的联系，其发布的版本也与这两者紧密相关，如表 1-1 所示。

表 1-1　Microsoft .NET 框架版本

发布日期	版本	对应 Windows 版本	对应 Visual Studio 版本
2002 年 2 月 13 日	1.0	Windows XP	Visual Studio.NET
2003 年 4 月 24 日	1.1	Windows Server 2003	Visual Studio.NET 2003
2005 年 11 月 7 日	2.0		Visual Studio 2005
2006 年 11 月 6 日	3.0	Windows Vista/Windows Server 2008	
2007 年 11 月 19 日	3.5	Windows 7/Windows Server 2008 R2	Visual Studio 2008
2010 年 4 月 12 日	4.0		Visual Studio 2010

目前最新版本的.NET 框架 Microsoft .NET Framework 4.0 具有以下几方面特性。

❑ **图表控件**

在开发.NET Framework 4.0 的应用程序时，开发者可以直接从 Visual Studio 2010 中调用之前必须从 Technet 下载的图表控件，创建更具可视化效果的数据图表。

❑ **托管扩展框架**

托管扩展性框架（MEF）是.NET Framework 4.0 中的一个新库，其可以帮助开发者创建可扩展和组合的应用程序，允许开发者指定应用程序中的扩展点，为其他应用程序服务。

❑ **并行计算**

针对越来越多支持多线程技术的处理器，.NET Framework 4.0 中引入了一个新的编程模式，简化了应用程序和库开发者的编程。此模式可以帮助开发者在不使用线程或线程池时编写高效、具有可扩展性的并行计算程序。

❑ **垃圾收集**

.NET Framework 4.0 改进了之前版本的并行垃圾收集机制，支持从后台进行垃圾收集，从而提供更好的系统性能。

4．Microsoft .NET 的应用

在微软公司发布.NET 框架之初，该技术仅仅是一种面向 Windows XP 和 Windows

Server 2003 桌面应用的实现方式。随着富互联网应用和移动计算技术的发展，.NET 框架不断得到增强，目前其已经可以作为一种综合的开发平台，应用到多种领域。

❑ **桌面应用**

桌面应用是.NET 框架最基本的应用，使用 Microsoft .NET 框架，开发者可以开发出基于 Windows 2000/NT5 以上版本桌面操作系统和服务器操作系统的桌面应用程序，并通过用户计算机的.NET 组件实现本地文档和数据的操作。

使用.NET 框架开发桌面程序，开发者只需将精力专注于程序算法和架构的本身，无需考虑这些桌面操作系统之间的差异，因此可以从繁杂的程序调试和兼容性测试工作中解放出来，极大地提高了工作效率。

❑ **服务器应用**

服务器应用也是.NET 框架的重要应用之一，使用.NET 框架开发出的服务器应用程序名为 ASP.NET 程序，相比传统的 ASP 程序，.NET 框架将网页分成前台页面和后台系统两个模块，将页面开发层和应用逻辑层完全隔离开，提高网页开发的效率和代码的重用性，增强了服务器应用程序的稳定性和安全性。

❑ **Office 增强功能**

作为微软公司提供的开发工具，Microsoft .NET 框架可以与微软公司开发的 Office 系列办公软件紧密地结合，开发应用于该软件的宏、加载项等，增强 Office 系列办公软件的功能，提高办公效率。

❑ **富互联网应用**

为抗衡 Adobe 公司开发的 AIR（Adobe Integrated Runtime，Adobe 集成运行时）等富互联网应用技术，微软公司提出了 Silverlight 计划，通过.NET 框架编写基于 Web 的多媒体应用程序，通过丰富的可视化元素实现用户体验。

❑ **移动应用**

Microsoft .NET 框架不仅可以应用到个人计算机、工作站等平台上，还可以为一些移动计算设备提供支持，例如，使用 Windows CE 操作系统的 PDA、使用 Windows Mobile 和 Windows Phone 7 等操作系统的智能手机等。开发者开发的.NET 程序同样可以在这些设备上执行。

5. 其他平台中的.NET 框架

除了微软公司开发的桌面、服务器和移动设备操作系统外，.NET 框架还可以应用在其他几种操作系统中，通过以下几种技术实现跨平台应用。

❑ **SSCLI 技术**

SSCLI（Microsoft Shared Source Common Language Infrastructure，微软共享源公共语言平台）是由微软公司提供的代码共享实现的，可以在 Windows XP、FreeBSD、Mac OS X 等操作系统上执行.NET 框架。

❑ **Mono**

Mono 是一个开源的.NET 框架运行时与开发库实现，由 Novell Ximian 和开源软件社区负责开发维护，目前已经实现了对 ASP.NET 和 ADO.NET 的支持，同时支持部分 Windows Forms 库，允许在 Linux 等类 UNIX 系统下开发和执行.NET 程序。

1.1.2　C#编程语言

C#编程语言是微软公司推出的一款基于.NET 框架的、面向对象的高级编程语言，是专门为.NET 框架设计的语言。C#语言由 Java、C 和 C++语言派生而来，继承了这 3 种语言的绝大多数语法和特点，是.NET 框架中最常用的编程语言。

1．C#语言简介

C#语言的语法相对 C 和 C++简单一些，因此使用 C#开发应用程序效率更高、成本更低。C#是一种类型安全语言，其代码并不能被编译为直接在计算机上执行的二进制代码。其与 Java 类似，都会被编译为中间语言代码。因此，虽然编译出的结果与传统的可执行程序相同，都具有".exe"的扩展名，但 C#并不能被 Windows 操作系统直接执行。

在执行 C#编写的程序时，必须通过.NET 框架组件进行二次编译，将中间语言代码翻译为二进制代码。最终翻译的二进制代码可以存储在一个操作系统的缓冲区中，因此一旦其他程序使用了相同的代码，则 Windows 会直接调用缓冲区中的版本快速执行。

微软公司以 C#为基础，向多家国际标准化组织（包括 ECMA 国际、ISO 等）进行了国际标准申请。在 2001 年，C#成为 ECMA 语言规范（ECMA-334 C#）。在 2003 年成为 ISO 标准（ISO/IEC 23270）。

2．C#语言特点

相比 Java、C 和 C++等编程语言，C#语言具有以下特点。

❑　指针限制

在 C 和 C++等传统的编程语言中，指针（Pointer）被广泛的应用。然而，这种广泛应用往往带来不安全隐患。在 C#中，绝大多数对象访问必须通过安全的引用实现，仅允许在不安全模式下使用指针，以防止无效的调用。同时，即使在不安全模式下，指针也只能够调用值类型和受垃圾收集控制的托管对象。

❑　垃圾回收机制

在 C#中，不允许以显式的方式释放对象，只能在对象未被引用时通过垃圾收集机制回收。因此，使用 C#编写的代码更加健壮、更加安全。

❑　继承与接口

与 C++不同，C#只允许对象的单一继承（Single Inheritance），但是一个类可以实现多个接口。

❑　类型安全

C#更加强调类型安全，其默认的安全转换为隐式转换。然而，接口布尔型与整形、枚举型同整形等数据不允许隐式转换。不同于 C++的复制构造函数，非空指针（通过引用相似对象）同用户定义类型的隐含转换必段被显式确定。

❑　泛型

C#中没有模版（Template），但是 C# 2.0 中引入了泛型（Generic Programming）的概念，支持一些 C++模版不支持的特性。例如，泛型参数中的类型约束。另一方面，表达式不能像 C++模版中被用于类型参数。

1.2 公共语言运行时

公共语言运行时（Command Language Runtime，CLR）是.NET Framework 的基础，其作用是提供内存管理、线程管理和远程处理等核心服务。

首先，公共语言运行时分别通过公共类型系统（Common Type System，CTS）和公共语言规范（Common Language Specification，CLS）定义了标准数据类型和语言间互操作性的规则。然后再通过 Just-In-Time 编辑器在运行应用程序之前将中间语言（Intermediate Language，IL）代码转换为可执行代码。除此之外，CLR 还管理应用程序，在应用程序运行时为其分配内存和解除分配内存，这些功能是公共语言运行时在运行托管代码时的固有模块，如图 1-2 所示。

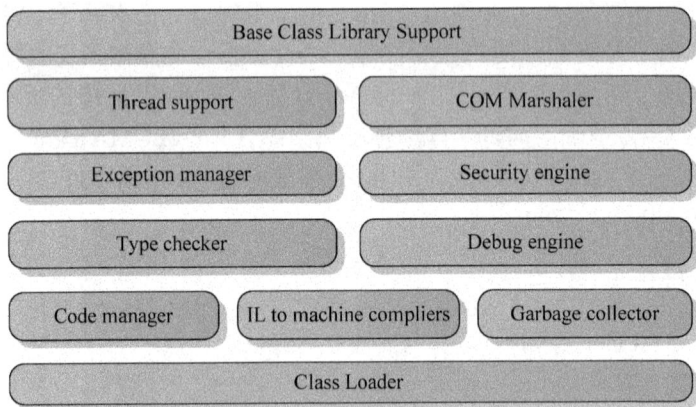

图 1-2　公共语言运行时

1.2.1　公共类型系统

公共类型系统（CTS）定义了声明和使用类型的标准，使得 CLR 可以在不同语言开发的应用程序之间管理这些标准化的类型，并且在不同计算机之间以标准化的格式进行数据通信。其具有以下功能。

- 定义了所有应用程序使用的主要数据类型，以及这些类型的内部格式。例如，CTS 定义了整型是 32 位大小，还指定了整型值的内部格式。
- 指定了如何为结构和类分配内存。
- 允许不同语言开发的组件可以互操作。
- 实施类型安全性，禁止一个应用程序使用为另一个应用程序分配的内存。

公共类型系统构成了.NET 架构的公共语言运行时基础，其中一个重要体现就是为.NET 平台的多种语言提供支持。基于公共类型系统的每种语言为了维护自己的语法特色，往往使用别名来替代基础数据类型。例如，C#中的 int 类型和 Visual J#中的 int 类型都是基础数据类型 System.Int32 的别名。

公共类型系统不仅定义了所有数据类型，还提供了面向对象的模型以及各编程语言需要共同遵守的标准。其定义类型可分为两大类，即值类型和引用类型，其结构如图 1-3 所示。

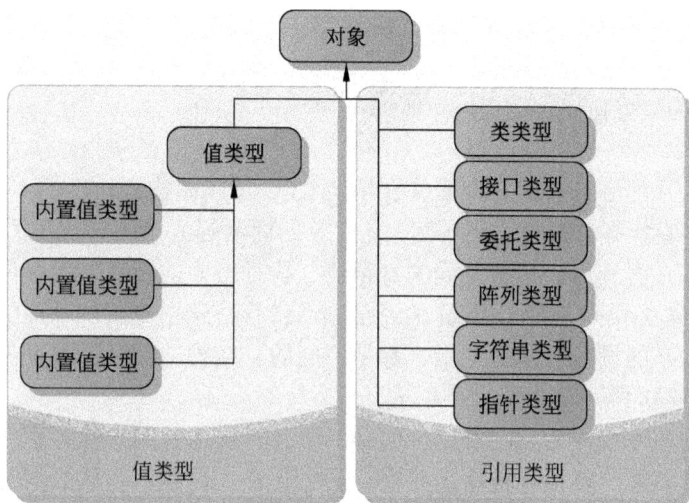

图 1-3　公共类型系统的基本结构

.NET 框架允许值类型和引用类型之间的强制转换，这种转换被称作装箱（Boxing）和拆箱（UnBoxing）。CTS 的每一种类型都是对象，并继承自一个基类——System.Object。

1.2.2　公共语言规范

公共语言规范（CLS）是一组结构和限制条件，其可为库编写者和编译器编写者提供指南，使任何支持 CLS 的语言都完全使用库，并使用这些语言相互集成。公共语言规范是公共类型系统的子集，这两个集合一起定义了所有.NET 编程语言的标准集，允许这些编程语言编写的应用程序相互通信和操作。

CLS 和.NET 自身都依赖于 Windows API 提供的底层服务，例如，菜单、按钮、列表框和标签等基本的 Windows 窗体控件类，以及基本的 Windows 服务来管理文件、进程和内存。

CLS 定义了所有基于.NET Framework 的语言都必须支持的最小功能集。其规则可以概括如下。

- ❑ 定义了命名变量的标准规则。例如，与 CLS 兼容的变量名都必须以字母开始，并且不能包含空格。变量名之间必须有所区别，除了变量名之间的大小写之外。
- ❑ 定义了原始数据类型，如 Int32、Int64、Single、Double 和 Boolean。
- ❑ 禁止无符号数值数据类型。有符号数值数据类型的一个数据位被保留来指示数值的正负。无符号数据类型没有保留这个数据位。
- ❑ 定义了对支持基于 0 的数组的支持。
- ❑ 指定了函数参数列表的规则，以及参数传递给函数的方式。例如，CLS 禁止使用可选的参数。
- ❑ 定义了事件名和参数传递给事件的规则。

❑ 禁止内存指针和函数指针。但是可以通过委托提供类型安全的指针。

除了上述标准之外，CLS 还定义了其他标准。任何语言都可以扩展基本的 CLS 需求。例如，有些语言支持无符号整型。不鼓励使用非标准的功能，因为这样做就妨碍了语言之间的互操作性。完全符合 CLS 的语言称为兼容的 CLS 的语言。

1.2.3 中间语言和 JIT 编译器

传统的可执行程序包含了允许文件在特定 CPU 体系结构上执行的本机二进制指令。由于这种指令会直接操作硬件设备（例如，中央处理器等），且由于不同厂商生产的硬件设备体系结构都有所差异，具备不同的寄存器、执行不同的指令（即使同一厂商生产的设备，其指令也未必相同。例如，Intel 就经常制造带有特殊指令附加功能的中央处理器）。因此在各厂商生产的设备上，这些指令都是不同的。在编写运行于这些架构的程序时，就需要编译出不同的可执行程序。

通过将应用程序编译为独立于硬件的中间语言，可以在用户执行程序时将中间语言优化为指定硬件编译的可执行程序，并寄存到一起来。因此，微软公司为每一种目标硬件提供了一种即时的编译器，即 Just-In-Time 编译器，以便利用各种硬件的独特功能，提高程序执行的效率。

使用.NET 语言开发的任何应用程序都必须在执行之前编译为目标计算机能够解析的语言，即本机代码。在.NET Framework 下，这个过程分为以下两个阶段。

1．编译中间语言阶段

由于之前介绍的硬件体系不同，首先会将应用程序编译为一种称为 Microsoft Intermediate Language（MSIL）的独立于硬件的代码，在本书中称为中间语言（Intermediate Language，IL）。

在编译应用程序时，创建的 MSIL 代码存储在一个程序集中，该程序集包括可执行的应用程序（这些程序可以直接在 Windows 操作系统上运行，不需要其他程序，其扩展名为“.exe”）和其他应用程序使用的库（扩展名为“.dll”）。除了包含 MSIL 外，程序集还包含元数据（程序集中包含的数据信息）和可选的资源（MSIL 使用的其他数据，例如，文本、图像、音频、视频等）。元数据允许程序集完全自我描述，不需要其他信息就可以使用程序集。

以上的过程简化了应用程序的部署操作，只需将程序复制到远程计算机上的目录下即可。但是，由于这种应用程序不包含目标计算机的特殊指令，因此在远程计算机上执行这些程序时，该计算机必须安装.NET CLR。

2．转换本机代码阶段

第二个阶段就是 Just-In-Time（JIT）编译器的编译阶段，在该阶段，将 MSIL 编译为专用于目标操作系统和目标硬件设备的本机代码，只有这样，目标操作系统才能顺利地执行应用程序。正是由于编译仅在程序运行时才进行，因此这种编译器才被称作 Just-In-Time。

1.2.4 托管执行过程

在将代码编译为 MSIL 再用 JIT 编译器将其编译为本机代码后，CLR 的任务并没有全部完成。用.NET Framework 编写的代码在执行时往往处于被托管的状态，即 CLR 管理着应用程序。这种被 CLR 管理的代码就是托管代码（Managed Code）。

在实现代码托管时，代码必须向运行时提供最小级别的信息（元数据）。在默认状态下，所有 C#、Visual Basic.NET 和 JScript.NET 代码都是托管代码。C++.NET 代码在默认情况下不是托管代码，但通过指定的命令行开关，编译器也可以生成托管代码。

托管代码的意义在于可以防止多个正在执行的应用程序相互干扰，一个应用程序不会覆盖另一个应用程序分配的内存。这个过程被称为类型安全性（Type Safety）。

与托管代码密切相关的是托管数据，托管数据是 CLR 的垃圾回收期进行分配和释放的数据。与托管代码类似，在默认情况下，C#、Visual Basic.NET 和 JScript.NET 数据都是托管数据，C++.NET 在默认情况下为非托管数据。不过通过关键字，C#数据也可以被标记为非托管数据。创建托管代码的步骤如下。

首先选择一个合适的编译器，使之可以生成适合 CLR 执行的代码，并且使用.NET Framework 提供的资源。微软公司目前提供 4 种兼容.NET Framework 的语言，并允许其他第三方公司提供.NET Framework 语言。

然后，再将应用程序编译为独立于机器的中间语言。在执行时，必须对中间语言代码进行 JIT 编译，将其转换为本机可执行的程序。最后，在应用程序执行时，调用.NET Framework 和 CLR 提供的资源。以上就是托管执行过程，如图 1-4 所示。

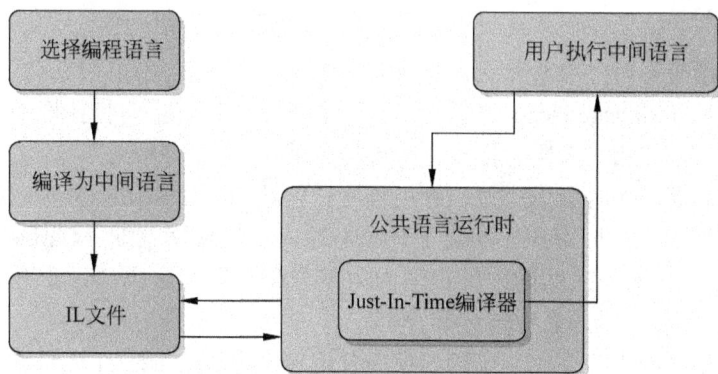

图 1-4 创建托管代码的流程

托管代码具有许多优点，如下所示。

1. 平台无关性

托管代码可以通过.NET Framework 即时编译中间语言，因此开发者编写的代码与具体的操作平台没有直接关联，只要平台安装了.NET Framework，则编写的代码就可以在该平台上执行。这一特点与 Java 语言十分类似。

2．高性能

在实际应用中，IL 比 Java 字节码作用更大，IL 总是即时编译的，而 Java 字节码则仅仅是解释性的。JIT 并不是将整个程序依次编译完（这样会使程序启动时间十分漫长），而只是编译程序调用的部分代码。某些代码编译过依次后，就不需要再重新编译了。

微软公司认为这个过程要比一开始就编译整个应用程序代码效率高一些，因为任何应用程序的大部分代码实际上并不是在每次运行时都执行的。这也解释了为何托管 IL 代码的执行速度几乎与内部机器代码的执行速度差不多。

3．语言的互操作性

使用 IL 不仅支持平台无关性，还支持语言的互操作性，就是能将任何一种语言编译为中间代码，编译好的代码可以与其他语言编译过来的代码交互操作。

1.2.5 自动内存管理

自动内存管理是 CLR 在托管执行过程中提供的服务之一。在使用传统的编程语言（例如，C、C++等）开发程序时，开发者往往需要自行编写代码来管理内存，为数据分配内存空间并不断地释放一些无用的空间。

CLR 的自动内存管理机制可以由.NET Framework 来管理内存的分配和释放，对于开发者而言，这就意味着开发托管应用程序时省略了管理内存的步骤，避免了忘记释放对象导致的内存泄漏。

1．分配内存

在初始化新进程时，CLR 会为进程保留一个连续的地址空间区域。这个保留的地址空间称为托管堆（Manage Heap）。托管堆维护着一个指针，指向将在堆中分配的下一个对象地址。最初，该指针设置为指向托管堆的基址。

托管堆上部署了所有引用类型，应用程序在创建第一个引用类型时，将为托管堆基址中的类型分配内存。应用程序创建下一个对象时，垃圾回收期（Garbage Collector，GC）在紧接第一个对象后面的地址空间内为其分配内存。这样，只要地址空间可用，GC 就会继续以这种方式为新对象分配空间。

从托管堆中分配内存要比非托管内存中分配速度更快，由于 CLR 通过为指针添加值来为对象分配内存，所以这几乎和从堆栈中分配内存一样快。另外，由于连续分配的新对象在托管堆中是连续存储的，所以应用程序可以快速访问这些对象。

2．释放内存

在托管模式下，每个应用程序都有一组根，这些根包含全局对象指针、静态对象指针、线程堆栈中的局部变量和引用对象参数以及 CPU 寄存器。每个根或引用托管堆中的对象，或设置为空。

GC 可以访问由实时 JIT 编译器和运行时维护的活动根的列表，对照此列表检查应用程序的根，并在此过程中创建一个图表，包含所有可从这些根中访问的对象。另外，GC 的优化引擎会根据所执行的分配决定执行回收的最佳时间，还会在执行回收时通过检查应用程序的根来确定程序不再使用的对象，并释放该对象占据的内存。

在回收的过程中，GC 检查托管堆，查找无法访问对象所占据的地址空间块，发现无法访问的对象时，就使用内存复制功能来压缩内存中可访问对象，释放分配给不可访问对象的地址空间块。在压缩了可访问对象的内存后，GC 就会作出必要的指针更正，一边应用程序的根指向新地址中的对象。

> **注 意**
>
> 只有在 GC 发现大量无法访问对象时，才会启用压缩内存机制。如果托管堆中的所有对象均未被回收，则不需要压缩内存。

为了改进性能，CLR 为单独堆中的大型对象分配内存，GC 会自动释放大型对象的内存。但是，为了避免移动内存中的大型对象，GC 不会压缩此内存。

3．级别和性能

为优化 GC 的性能，托管堆分为 3 个生成级别：0、1 和 2。CLR 的 GC 算法基于以下几个普遍原理。

首先，压缩托管堆的一部分内存要比压缩整个托管堆的速度快；其次，较新的对象生存期较短，而较旧的对象生存期则较长；最后，较新的对象趋向于相互关联，并且大致同时由应用程序访问。

CLR 的 GC 将新对象存储在 0 级托管堆中，在应用程序生存期早期创建的对象如果未被回收，则被升级并存储在第 1 级和第 2 级托管堆中。由于压缩托管堆的一部分要比压缩整个托管堆快，所以，此方案允许 GC 在每次执行回收时释放特定级别的内存，而不是整个托管堆的内存。

4．为非托管资源释放内存

除了为托管的资源释放内存外，CLR 还可以为非托管资源释放内存。但是，这一过程需要显式清除。最常用的非托管资源类型是封装操作系统资源的对象，例如，文件句柄、窗口句柄或网络连接等。

虽然 GC 可以跟踪封装非托管资源托管对象的生存期，但却无法具体了解如何清理资源。创建封装非托管资源的对象时，建议在公共 Dispose 方法中提供必要的代码以清理非托管资源。通过提供 Dispose 方法，对象的用户可以在使用完对象后显式释放其内存。

1.3 .NET Framework 类库

.NET Framework 类库是一个与公共语言运行时紧密集成的可重用的类型集合，它是一个由 Microsoft .NET Framework SDK 中包含的类、接口和值类型组成的库。该库提供对系统功能的访问，是建立.NET Framework 应用程序、组件和控件的基础。.NET

Framework 类库中包含了.NET Framework 中定义的所有类型。

.NET Framework 类库与.NET Framework 之间的关系，以及一些.NET Framework 类库中的成员如图 1-5 所示。

类型通过继承从其他类型创建。通过继承，一个类型可以访问另一个类型定义的方法和属性。另外，除了继承一个类型的属性和方法之外，还可以修改已有方法的动作或者属性的行为，这称为重写（Overriding）。

.NET Framework 中的所有类型和用户创建的类型都组织成层次结构，.NET Framework 层次结构的基本类型为 System.Object，也就是说，System.Object 类位于层次结构的最顶端，称为超类（Superclass），它提

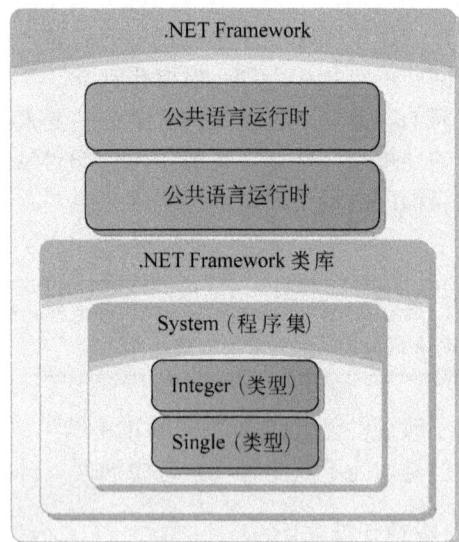

图 1-5　.NET Framework 类库与.NET Framework 的关系

供了.NET Framework 中所有类型的基本功能。表 1-2 列举出一些基本的服务。

表 1-2　System.Object 提供的服务

服务	说明
System.Object	它提供了构造函数（Constructor）。而构造函数提供了从低层类型创建对象的机制
Equals 方法	用于测试两个对象是否包含相同的数据。不同类型对于"相同"的定义也不同。Equals 方法测试值是否相同，而不是引用是否相同
GetHashCode 方法	用于定义类型的哈希函数
GetType 方法	用于返回对象的数据类型。Type 对象支持许多描述对象的属性
ToString 方法	用于将对象的值转换为字符串，大多数类中会重写该方法。如果该方法没有被有效重写，将会返回完全限定的类名
ReferenceEquals 方法	用于测试引用是否相等，也就是说测试两个对象变量是否引用了相同的类实例。或者说，ReferenceEquals 测试两个对象变量引用了相同的内存地址，而不是测试两个对象变量包含相同的数据

由于 System.Object 是超类，所有其他类型都派生自该类，因此，所有的类型根据定义都必须支持上述方法。例如：System.ValueType 继承自 System.Object。System.ValueType 重写了 System.Object 的方法以便提供适合值类型的功能。例如，Int32（Integer）和 Single 等数据类型是值类型，都派生于 System.ValueType。当然有其他类型也派生自 System.ValueType，例如，System.Enum 派生自 System.ValueType，提供枚举的功能，它同样重写了 System.ValueType 提供的方法，扩展了实现方式，提供了多个应用于枚举的方法。图 1-6 演示了.NET Framework 类库中定义的一些类型之间的关系。

在图 1-6 中，Int16、Int32、Int64、Single、Double 结构都派生自 System.ValueType，System.Enum 类也派生自 System.ValueType，而 System.ValueType 派生自 System.Object。Array 和 String 类都直接派生自 System.Object。这说明不管是什么类型都位于.NET Framework 类层次结构的某个位置，最终都派生自基类型 System.Object，这也是理解.NET Framework 类库的关键。

1.4 程序集

程序集（Assembly）是.NET Framework 的生成块，其构成了部署、版本控制、重复使用、激活范围控制和安全权限等基本单元。程序集向公共语言运行库提供了解类型实现所需要的信息，是为共同运行和形成功能逻辑单元而生成的类型和资源的集合。

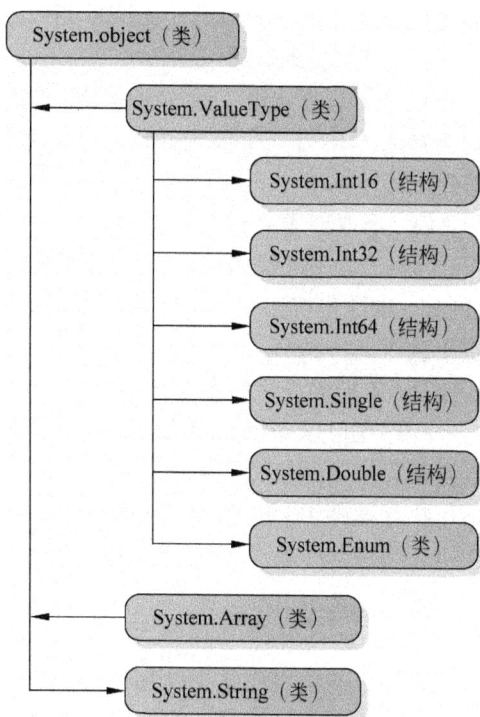

图 1-6 .NET Framework 类型层次结构

1.4.1 程序集概述

程序集仅在需要时才加载。如果不使用程序集，则不会加载。程序集可以包含一个或多个模块。例如，计划较大的项目时，可以让几个各个开发人员负责单独的模块，并通过组合所有这些模块来创建单个程序集。

1. 程序集的功能

程序集是任何.NET Framework 应用程序的基本构造块，是大型项目中管理资源的有效途径，可以实现如下功能。

❑ 包含公共语言运行库执行的代码

如果可移植可执行（PE）程序没有相关联的程序集清单，则将不执行该文件中的 IL 代码。这里需要注意，每个程序集只能有一个入口点（即 WinMain 或 Main）。

❑ 形成安全边界

程序集就是在其中请求和授予权限的单元，因此使用程序集可以构成一个安全的边界，保护代码不被未授权的用户访问。

❑ 形成类型边界

每一类型的标识均包括该类型所驻留的程序集的名称。在一个程序集范围内加载的 MyType 类型不同于在其他程序集范围内加载的 MyType 类型。

❑ 形成引用范围边界

程序集的清单包含用于解析类型和满足资源请求的程序集元数据。它指定在该程序集之外公开的类型和资源。该清单还枚举它所依赖的其他程序集。

❏ 形成版本边界

程序集是公共语言运行库中最小的可版本化单元，同一程序集中的所有类型和资源均会被版本化为一个单元。程序集的清单描述您为任何依赖项程序集所指定的版本依赖性。

❏ 形成部署单元

当一个应用程序启动时，只有该应用程序最初调用的程序集必须存在。其他程序集（例如，本地化资源和包含实用工具类的程序集）可以按需检索。这就使应用程序在第一次下载时保持精简。

❏ 支持并行执行的单元

程序集可以是静态的或动态的。静态程序集包括.NET Framework 类型（接口和类），以及该程序集的资源（Bitmap 位图、JPEG 图像、资源文件等），其存储在磁盘上的可移植可执行程序中。动态程序集直接从内存中运行并且在执行前部存储到磁盘上，但可以在执行动态程序集后将其保存在磁盘上。

2．程序集的优点

程序集的使用简化了 Windows 应用程序开发，提高了多种可执行程序之间代码的重用性，并使得多种程序之间可以相互兼容、共同执行。使用程序集的优点主要包括以下几种。

❏ 版本控制

程序集旨在简化应用程序部署并解决在基于组件的应用程序中可能出现的版本控制问题。在传统的 Windows 程序开发中，开发者往往需要花费大量的时间来使所有必需的Windows 注册表项保持一致，以便激活.COM 类。程序集是不依赖于注册表项的自述组件，所以程序集使无相互影响的应用程序安装成为可能，同时还使应用程序的卸载和复制得以简化。

❏ 解决 DLL 冲突

为了解决版本控制问题以及导致 DLL 冲突的其余问题，运行库使用程序集来使开发人员能够指定不同软件组件之间的版本规则，提供强制实施版本控制规则的结构，并提供允许同时运行多个版本的软件组件（称作并行执行）的基本结构。

3．.NET Framework 中的程序集

.NET Framework 类库是由许多程序集构成的，以实现读取、写入文件，以及从数据库保存和检索信息、提供窗体的功能。在.NET Framework 中常用的程序集主要包括以下几种。

❏ System.dll

该程序集用于定义主要值数据类型，如 Integer、Long 等，另外还定义了最基本的引用数据类型，例如，System.Object 等。

❏ System.Windows.Forms.dll

该程序集包含用来实现桌面应用程序的窗体组件，以及创建这些窗体组件的控件，

.NET 开发基础 ——————

例如，按钮、单选按钮、复选框、文本域等。

❑ **System.XML.dll**

该程序集包含处理 XML 文档所必须的组件，XML 是 ADO.NET 与 Internet 相关服务的主要传输接口，是多种程序之间的通用接口数据格式。

❑ **System.Drawing.dll**

该程序集包含用于向输出设备（如屏幕、打印机等）绘制各种矢量图形（如直线、圆形、多边形等）的组件。

❑ **System.Data.dll**

该程序集用于定义组成 ADO.NET 的组件，而 ADO.NET 提供了 Visual Studio.NET 使用的数据库服务。

1.4.2 程序集内容

程序集的内容主要由 4 个元素组成，即包含程序集元数据的程序集清单、类型源数据、实现这些类型的 MSIL 代码以及资源集等。其中，程序集清单是最重要的组成部分，也是必须存在的组成部分。其他 3 种元素的作用是为程序集提供各种有意义的功能。

以上 4 种元素有几种分组方法，开发者可以将所有元素分组到单个物理文件中，该文件可以包含编译代码的模块、资源（例如，Bitmap 位图或 JPEG 图像等）或应用程序所需的其他文件，如图 1-7 所示。

如开发者希望组合以不同语言编写模块并优化应用程序的下载过程，则可以创建一个多文件的程序集。优化下载过程的方法是将很少使用的类型放入只在需要时才下载的模块中。

假设应用程序的开发者已选择将一些实用工具代码单独放入另一模块中，同时在其源文件中保留一个较大的资源文件（例如，Bitmap 位图）。.NET Framework 只在文件被引用时才下载该文件，则可以通过将代码保留在独立于应用程序的文件中来优化下载性能，如图 1-8 所示。

图 1-7 单文件程序集　　　　　图 1-8 多文件程序集

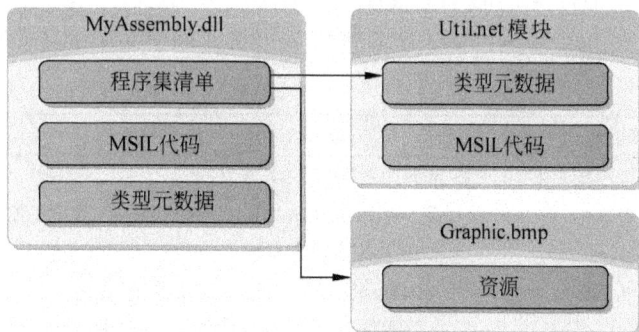

在多文件程序集中，所有文件均属于同一个程序集。以图 1-8 为例，在文件系统中，这 3 个文件是独立的文件，当这 3 个文件按照指定的路径存放时，即可发挥类似图 1-7

中的单文件程序集的作用。

1.4.3 程序集清单

程序集清单是描述该程序集中各元素彼此关联关系的数据集合,是程序集中最重要的内容。在程序集清单中包含置顶该程序集的版本要求、安全标识所需的所有元数据,以及定义该程序集的范围和解析对资源和类的引用所需的全部元数据。每一个程序集,无论其属于静态程序集还是动态程序集,均应包含程序集清单。

程序集清单可以存储在具有 MSIL 代码的 PE 文件("".exe"或".dll"")中,也可存储在只包含程序集清单信息的独立 PE 文件中,如图 1-9 所示。

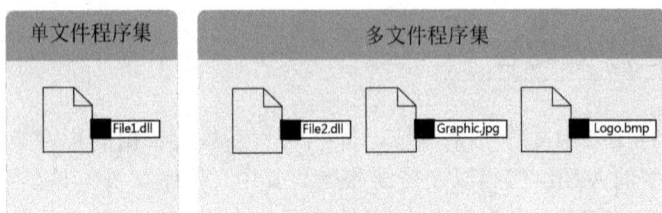

图 1-9　单文件和多文件的程序集清单

对于一个有关联文件的程序集,该清单将被合并到 PE 文件中,以构成单文件程序集。开发者可以创建有独立的清单文件,或清单被合并到同一多文件程序集中某 PE 文件的多文件程序集。每一个程序集的清单均可以执行以下功能。

- ❏ 枚举构成该程序集的文件。
- ❏ 控制对该程序集的类型和资源的引用。
- ❏ 控制如何映射到包含其声明和实现的文件。
- ❏ 枚举该程序集所引来的其他程序集。
- ❏ 呈献程序集字数。

程序集的清单中包含多种信息,其中,程序集名称、版本号、区域性和强名称信息构成程序集的标识。所有程序集中包含的信息如表 1-3 所示。

表 1-3　程序集清单的信息

信息	说明
程序集名称	指定程序集名称的文本字符串
版本号	主版本号和次版本号,以及修订版本号和内部版本号。公共语言运行库使用这些编号来强制实施版本策略
区域性	有关该程序集支持的区域性或语言信息。此信息只应用于将一个程序集指定为包含特定区域性或特定语言信息的附属程序集(具有区域性信息的程序集被自动假定为附属程序集)
强名称信息	如已为程序集提供了强名称,则此处信息将为来自发行者的公钥
程序集中所有文件列表	在程序集中包含的每一文件的散列及文件名。构成程序集的所有文件所在的目录必须是包含该程序集清单的文件所在的目录

续表

信息	说明
类型引用信息	运行库用来将类型引用映射到包含其声明和实现的文件的信息。该信息用于从程序集导出的类型
有关被引用程序集的信息	该程序集静态引用的其他程序集的列表。如依赖的程序集具有强名称,则每一引用均包括该依赖程序集的名称、程序集元数据(版本、区域性、操作系统等)和公钥

在代码中使用程序集属性,开发者可以添加或更改程序集清单中的一些信息,还可以更改版本信息和信息属性,包括商标、版权、产品、公司和信息版本等。

1.5 .NET 开发工具

软件开发是一项系统工程,其本身需要项目策划、项目开发和后期维护 3 个主要的步骤。以最主要的项目开发步骤而言,其包括代码的编写、编译和调试等过程。在这些过程中,需要使用到多种软件,例如,编程语言编辑器、编译器/解释器、调试器等。

早期的开发者往往使用一些非常简陋的软件开发工具,随着软件开发技术的逐渐发展,越来越多的开发者趋向于使用一些集语言编辑、代码编译和调试于一体的综合性软件包,这一趋势促使 IDE 软件诞生。

IDE(Integrated Development Environment,集成开发环境)是一种综合性的软件开发辅助工具,其通常包括编程语言编辑器、编译器 / 解释器、自动建立工具,通常还包括调试器,有时还会包含版本控制系统和一些可以设计图形用户界面的工具。在开发基于.NET Framework 的应用程序时,最常用的开发工具就是微软公司开发的 Microsoft Visual Studio 系列。

1.5.1 Visual Studio 2010 简介

Microsoft Visual Studio 2010 是微软公司开发的 Microsoft Visual Studio 系列 IDE 最新版本,也是目前唯一支持.NET Framework 4.0 开发工具的 IDE。Visual Studio 2010 是一套完整的开发工具,其本身包含代码编辑器、编译器/解释器、调试工具、安装包建立工具等多种工具,适合开发各种 Windows 程序,其与.NET Framework 的关系如图 1-10 所示。

Visual Studio 是一款强大的.NET Framework 平台开发工具,也是开发 Windows 应用程序最流行的开发工具。它主要包含以下几种功能。

❑ **支持多种语言的代码编辑器**

Visual Studio 集成开发环境作为之前多种微软提供的开发工具的集大成者,提供了功能强大的代码编辑器和文本编辑器,允许开发者编写 XHTML、HTML、CSS、JavaScript、VBScript、C#、C++、J#、VB.NET、JScript.NET 等多种编程语言的代码,并可以通过组件的方式安装更多第三方的编程语言支持模块,支持编写更多的第三方编程语言。

在编写以上各种编程语言时,Visual Studio 提供了强大的代码提示功能和语法纠正功能,降低开发者学习编程语言的成本,提高了程序开发的效率。

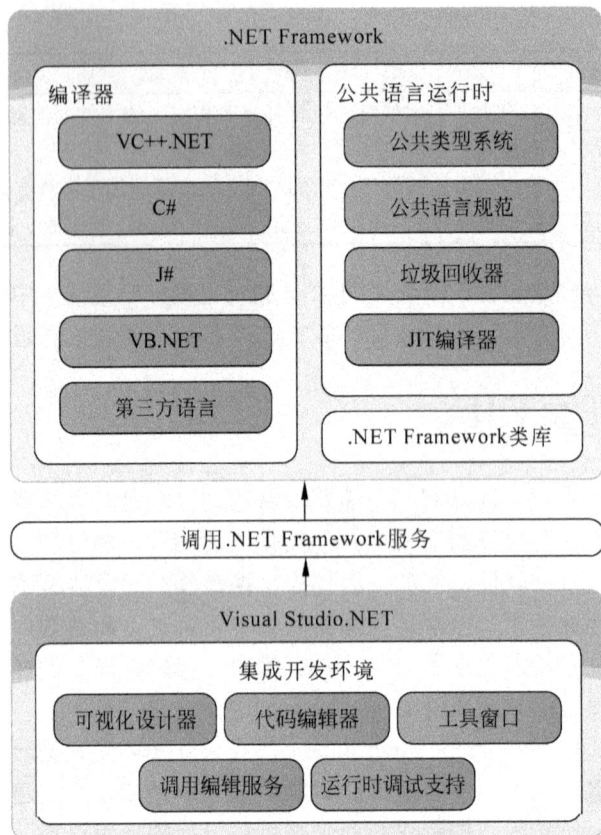

图 1-10 .NET Framework 与 Visual Studio 的关系

❑ **编译部署**

Visual Studio 提供了强大的编程语言与中间语言编译功能，可以将其自身支持的多种编程语言和用户扩展的更多编程语言编译为统一的中间语言，并将其打包为程序集，发布和部署到各种服务器与终端上。

❑ **设计用户界面**

Visual Studio 提供了功能强大的 Windows 窗体设计工具，允许开发者为 Windows 应用程序设计统一风格的窗口、对话框等人机交互界面，使用窗体控件实现软件与用户的交互。

❑ **团队协作**

Visual Studio 提供了代码版本管理工具以及 SVN 平台等多种团队协作工具，帮助开发团队协同开发工作、管理开发进度、提高团队开发的效率。另外，用户也可使用最先进的 Team Foundation Server 服务器套件，更高效地进行版本控制、工作项跟踪、构件自动化、生产报表与规划工作簿。

❑ **多平台程序发布**

Visual Studio 具有强大的代码编译器和解析器，可以发布基于桌面、服务器、移动终端和云计算终端的多种应用程序。在非 Windows 平台应用方面，Visual Studio 也可以开发支持最新 Web 标准的前端网页，并针对多种网页浏览器进行调试。

.NET 开发基础

1.5.2　安装与配置 Visual Studio 2010

在安装 Visual Studio 2010 时，需要先做好安装的准备工作，包括卸载系统中不必要的软件（最好使用新安装的操作系统），以及从微软官方网站下载和安装.NET Framework 3.5、.NET Framework 4.0 等安装包等。如果在开发过程中需要数据库管理系统的支持，还需要另外安装相应的数据库程序。

用户可以从多方面获取 Visual Studio 2010 的安装程序，例如，从微软的 MSDN Technet 在线购买授权，并通过 MSDN 下载安装镜像，或者直接从软件零售店购买实体安装光盘等。

1. 安装 Visual Studio 2010

以 Windows XP 操作系统为例，将实体安装光盘插入本地光盘驱动器，或使用虚拟光驱软件加载安装镜像，然后即可在弹出的【自动播放】对话框中选择【运行 autorun.exe】选项，打开【Microsoft Visual Studio 2010 安装程序】对话框，如图 1-11 所示。

图 1-11　开始安装 Visual Studio 2010

提示

如在插入实体光盘或光盘镜像后未弹出【自动播放】对话框，则用户可以直接打开光盘驱动器，双击根目录中的 autorun.exe 可执行程序，同样可打开 Microsoft Visual Studio 2010 安装程序。

在【Microsoft Visual Studio 2010 安装程序】对话框中选择【安装 Microsoft Visual Studio 2010】选项，安装程序就会自动加载安装组件，启动【Microsoft Visual Studio 2010 旗舰版】对话框，如图 1-12 所示。在该对话框中单击【下一步】按钮。

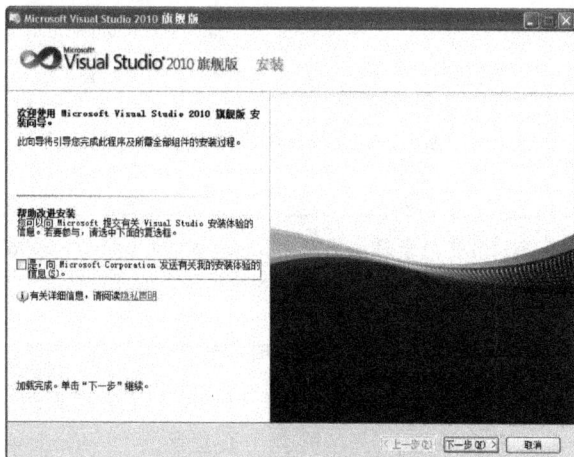

图 1-12　初始化完成后选择

在更新的对话框中选择【我已阅读并接受许可条款】选项，如图 1-13 所示，然后即可单击【下一步】按钮。

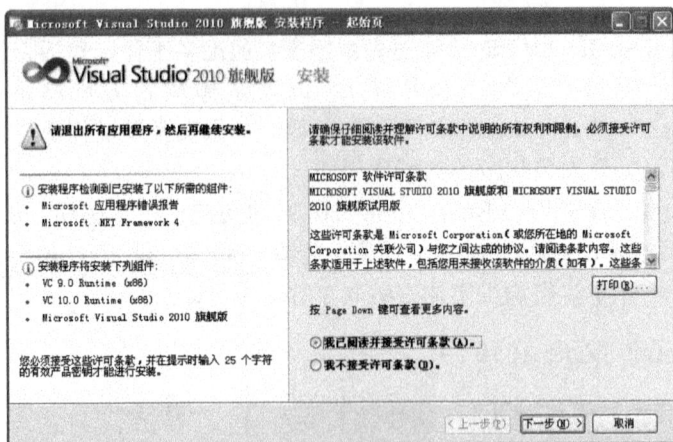

图 1-13　同意许可条款

在更新的对话框中选择安装的路径和各种组件，包括编程语言支持和各种编译与调试工具，如图 1-14 所示，然后单击【安装】按钮。

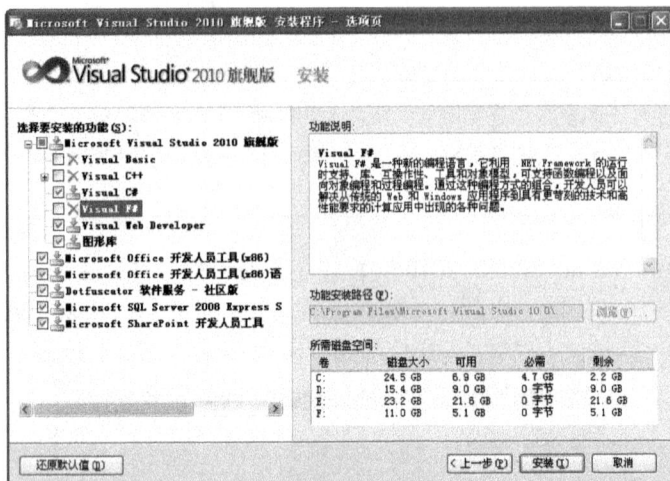

图 1-14　选择安装路径和组件

提示

在本节介绍的安装过程中，事先已安装过 Microsoft SQLServer 2008 R2，因此不再需要输入安装序列号。如用户未安装 SQLServer 2008 等产品，则可能需要输入产品序列号才能继续安装。

在更新的对话框中，即可查看正在安装的各种组件以及安装的进度。这一过程为自动过程，无须用户干涉。在安装过程中，可能需要更新一些 Windows 组件，并重新启动计算机。在安装完成后，将显示完成报告的对话框，如图 1-15 所示。

.NET 开发基础

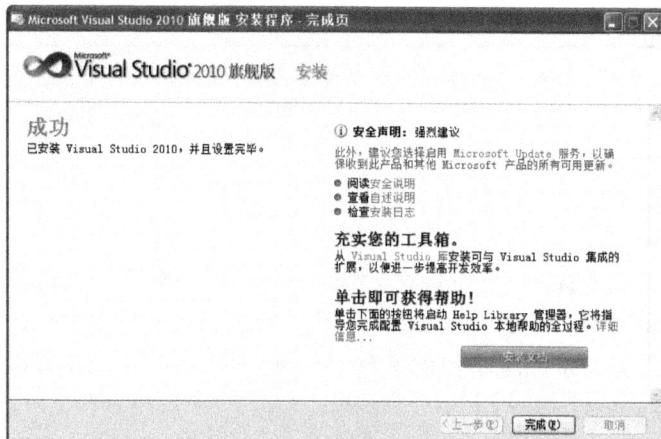

图 1-15　完成安装

2．配置帮助文档

Visual Studio 2010 提供了功能完善的帮助文档供用户参考和使用。除此之外，还为绝大多数编程语言的语素提供了示范性代码。因此，在安装 Visual Studio 2010 之后，有必要安装完整帮助文档。

首先在【Microsoft Visual Studio 2010 旗舰版 安装程序-完成页】对话框中单击【安装文档】按钮，然后即可在弹出的【Help Library 管理器】对话框中查看和选择可安装的各种库文档，如图 1-16 所示。

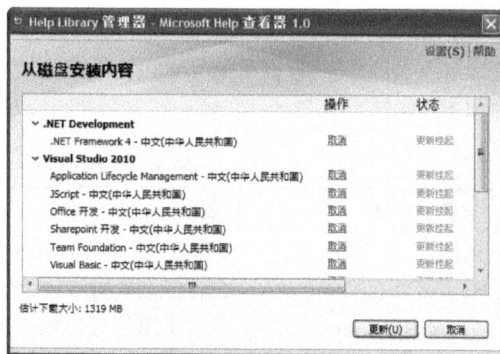

图 1-16　安装帮助文档

单击【设置】按钮后，可以在更新的对话框中选择【我要使用本地帮助】选项，从本地安装帮助的目录查看帮助内容，提高帮助文档的打开速度，如图 1-17 所示。

单击【确定】按钮返回之前的对话框，然后即可单击【更新】按钮，安装所选的鹅帮助文档并查看安装的进度，如图 1-18 所示。

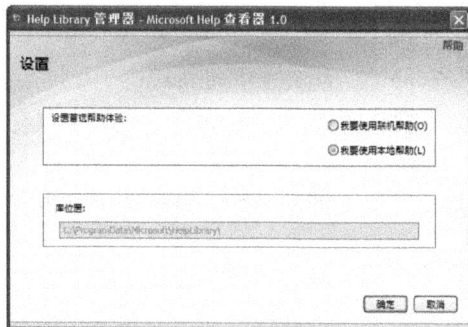

图 1-17　设置本地帮助

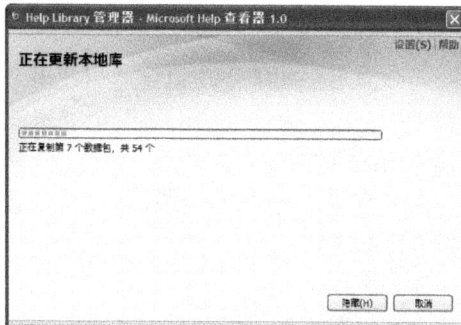

图 1-18　开始安装帮助文档

1.6 命名空间

命名空间（Namespace）是面向对象编程思想的一个概念，是一种特殊的作用域，其作用是建立一个区域从而限制该区域内标识符可能出现的重复现象，同时定义标识符的基本功能。.NET Framework 中提供了数千个类供用户使用，这些类根据功能存放在各命名空间中。

1.6.1 命名空间结构

在.NET Framework 中，命名空间并不以物理的方式存在于文件中，而仅仅是一种基于类的逻辑组合。若干分散在.NET Framework 类库中的类可以包含在一个命名空间中，形成一个逻辑结构。

.NET Framework 已有的程序集可以包含一个或者多个命名空间，其中存储的是一些具有相同或类似功能的类。同时，一个命名空间也可以保存在多个程序集中。以使用.NET Framework 开发基于 Windows 桌面的应用程序，就需要使用到以下 7 个命名空间，如表 1-4 所示。

表 1-4　Windows 桌面应用程序命名空间

命名空间	说明
System	包含了定义数据类型、事件和事件处理机制的基本类
System.Data	包含提供数据访问功能的命名空间和类，这些命名空间构成了 ADO.NET
System.Drawing	包含了提供与 Windows 图形设备接口（Graphical Device Interface，GDI）的接口类，这些类定义了各种绘图的类型，如直线和圆形等
System.IO	包含了从其他数据源读取和写入顺序文件和数据的类
System.Windows.Forms	定义包含工具箱中的控件及窗体自身的类
System.Net	包含了用于网络通信的类或命名空间
System.Xml	包含用于处理 XML 数据的类

一个命名空间中往往包含一个或多个类型（Type），在.NET Framework 中，Integer 或者 String 被认为是类型，每一个类也被认为是类型。例如，System 命名空间中包含一个名为 int16 的类型，其代表一个值。

命名空间还包含类、委托、结构、枚举和接口，这些都是类型，既有值类型也有引用类型，如下所示。

❑ 类

类是引用类型，表示具有某个类类型的变量保存了内存地址，该内存地址指向分配给实际对象的内存。

❑ **委托**

委托是引用类型，委托提供了一种机制，让程序向 Windows 操作系统注册事件，以便 Windows 在运行时调用这些事件，进而调用合适的事件处理程序。委托也可以在运行时动态创建。

❑ **结构**

结构是值类型，表示数据直接保存在变量中。结构可以拥有属性和方法，主要的几种数据类型，如 int（int16）或者 Single 在.NET Framework 中都是结构。

❑ **枚举**

枚举是一种受限形式的值类型，其没有属性和方法，只有域。枚举提供了一种机制将帮助记忆的名称与一个常量值相关联。从概念上讲，枚举类似于常量，许多控件的属性都是枚举值。

❑ **接口**

接口定义了实现的其自身的其他类必须支持的成员（方法、属性等），定义了类必须执行的任务，而不是类执行该任务的具体方式。

在开发.NET Framework 程序时，所使用的所有官方类和开发者自定义类都属于上述的几种类型之一，并且在.NET Framework 中的所有组件，以及开发者创建的所有组件都将被组织到包含类的命名空间中。

命名空间还可以包含其他命名空间和类，类又可以包含属性、方法、域等成员。以 System 命名空间为例，其中就包含了多种类，例如，Console 类等。使用 Console 类的 WriteLine 方法可以向控制台输出字符串，该类的其他方法可以从相同的控制台读取和写入字符或文本行，如表 1-5 所示。

表 1-5　Console 类中的常用方法

方法	作用
Read	用于从输入流中读取字符，以 integer 格式返回读取的字符，如输入流中没有字符则返回–1
Write	用于向输入流写入字符或者字符串
ReadLine	用于从输入流中读取文本行，返回读取的文本行，如输入流中没有字符，则返回–1。该方法忽略行尾的回车符
WriteLine	用于向输出流写入文本行，由回车符终止当前文本行

1.6.2　定义命名空间

命名空间是.NET Framework 开发的基础，是所有标识符（如类）的命名容器。两个同名的标识符如分别存在于两个不同的命名空间中，则相互不会发生混淆。开发者除了可使用.NET Framework 自带的各种命名空间外，还可以自定义命名空间，对类进行重新组织。

在定义命名空间时，需要使用 namespace 关键字来对命名空间进行声明，此命名空间范围允许用户组织代码，并允许创建类、属性和方法。定义命名空间时需要遵循以下规则。

❑ 命名空间名可以是任何合法的标识符，其可包含字母、数字、下划线 "_"、中文、英文句号 "."。

❑ 即使未显示声明命名空间，.NET Framework 也会自动创建一个默认的命名空间，该未命名的命名空间（即全局命名空间）存在于每一个.NET 程序中。全局命名空间中的任何标识符都可以用于命名的命名空间中。

❑ 命名空间隐式具有公共访问权，且不可修改。

❑ .NET Framework 允许在两个或更多的声明中定义一个命名空间。

例如，定义一个销售服装商品的命名空间，在其中定义服装和裤子两个类，裤子的类继承服装的各种属性，代码如下。

```
//定义商品的命名空间
namespace goods
{
    //定义服装的类
    public class clothes
    {
        //定义服装的各种属性
        public int gid;
        public float price;
        public String name;
        //定义服装的构造函数
        public clothes(int gid,float price,String name)
        {
            //引用构造函数的参数作为属性值
            this.gid = gid;
            this.price = price;
            this.name = name;
        }
    }
}
```

在上面的代码中，goods 表示命名空间的名称，其中包含名为 clothes 的类用来处理服装类商品，每个商品又包含编号、价格和名称等属性。

提示

关于自定义类、属性以及构造函数和引用等内容，请参考之后相关的章节。

使用命名空间来组织类，可以最大限度地将各种类的分类细化。同时，将类放入命名空间中，也可以减少类名中必须包含的语义化元素，减短类名的长度。命名空间是可以相互嵌套的。例如，定义一个女装上衣的类，可以在之前嵌套商品、服装、女装等 3 个命名空间，代码如下。

```
namespace goods
{
    namespace clothes
```

24

```
    {
        namespace woman
        {
            public class coat
            {
            }
        }
    }
}
```

1.6.3 使用 using 关键字

using 关键字是 C#编程语言最基本的关键字，其常出现在 cs 文件（存放 C#代码的文本文档）的最开头部分，用于为项目引用命名空间等。在定义命名空间并编写其中的代码之后，即可在开发时使用 using 关键字引用这些命名空间。

例如，在创建一个 C#命令行项目后，Visual Studio 就会自动使用 using 关键字引用 4 个基本的命名空间，如下所示。

```
using System;
using System.Collections.Generic;
using System.Linq;
using System.Text;
```

其中，System 命名空间是一种根命名空间，其外部没有嵌套的其他命名空间，因此可以直接引用。对于 Generic 命名空间而言，其外部嵌套了两层命名空间，因此必须按照其嵌套的顺序，用英文句号"."依次排列。

using 关键字除了可以引用命名空间外，还可以为命名空间或类创建一个别名，用简短的名称来替代冗长的命名空间或类名，提高代码书写的效率。例如，可以用缩写字符串 scg 替代 System.Collections.Generic 命名空间，代码如下。

```
using scg = System.Collections.Generic;
```

在完成上面的代码之后，即可用 scg 字符串替代之前的命名空间使用。using 关键字除了可以作为指令引用和为命名空间命名外，还可以创建 using 语句，确保正确处理 IDisposable 对象（如文件和字体等）。在此不再赘述。

第 2 章　C#基础语法

C#是专门为.NET Framework 设计的一种面向对象的编程语言，相比传统的编程语言，C#具有类型安全、运行稳定、语法简单和在 Windows 操作系统上执行效率高等特点，是开发 Windows 及相关平台应用的首选编程语言。

本章将从实用的角度触发，介绍 C#语言的基本语法知识，详细讲解 C#语言的数据类型、变量和常量、数据运算、流程控制、结构、枚举等知识。

本章学习目标
➢ 了解 C#文档的结构和基本语法
➢ 了解 C#基本数据类型、命名规则
➢ 掌握数据类型转换的方法
➢ 掌握变量和常量的使用方法
➢ 了解数据运算的各种方式
➢ 掌握程序流程控制的方法

2.1　数据类型

数据是程序的必要组成部分，是程序处理的对象。程序的本质就是对数据进行处理操作，获得结果。程序处理数据时，并不能人性化地区分数据的内容是什么，因此设计程序时，有必要人为地对数据进行分类，使数据得到高效的处理。

作为一种典型的高级编程语言，C#同样会根据数据的内容和存储方式等特点对数据进行分类处理。以存储的内容划分，其可分为值类型和引用类型两大类。

2.1.1　值类型

值类型数据是一种基本的数据类型，这类数据占据着一个内存地址，并在其中存储着具体的数据值。值类型包含许多子类型，例如，整数型、实数型、逻辑型、字符型等基本的数据类型都属于值类型，除此之外，还有一些特殊的数据类型也属于值类型。

1. 整数型

整数是不包含小数部分的数字，在数学中，整数包括正整数、负整数和 0 共 3 类数字。在 C#处理整数时，会将整数转换为二进制数字处理，并根据整数的长度再进行细分类。

在编写 C#程序时，可先对所处理的数据进行长度判断，选择符合长度限度的数据类型，从而节省存储数据的空间。C#中的整数型数据分为 8 类，如表 2-1 所示。

表 2-1　整数型数据的数据类型

数据类型	说明	所引用的类	取值范围（10 进制）
sbyte	有符号 8 位整数	System.SByte	-128（-2^7）~127（2^7-1）
byte	无符号 8 位整数	System.Byte	$0\sim255$（2^8-1）
short	有符号 16 位整数	System.Int16	-32768（-2^{15}）~32767（$2^{15}-1$）
ushort	无符号 16 位整数	System.UInt16	$0\sim65535$（$2^{16}-1$）
int	有符号 32 位整数	System.Int32	-2147483648（-2^{31}）~2147483647（$2^{31}-1$）
uint	无符号 32 位整数	System.UInt32	$0\sim4294967295$（$2^{32}-1$）
long	有符号 64 位整数	System.Int64	-9223372036854775808（-263）$\sim$ 9223372036854775807（$263-1$）
ulong	无符号 64 位整数	System.UInt64	$0\sim18446744073709551615$（$264-1$）

分析表 2-1 即可得出，数据类型所表示的数字位数与其可容纳的数字数量密切相关。假设一个整数数据类型可表示 n 位整数，如其为无符号整数，则其最小值为 0，最大值为 2^n-1，可表示 2^n 个数；对于有符号整数，其最小值为 -2^{n-1}，最大值则为 $2^{n-1}-1$。了解数据类型的取值范围后，可以根据实际所操作的数据大小，选择相应的数据类型，防止超出数据类型范围的运算。

例如，某个数据用于表示一个不超过 5 万的正整数，就可以选择 ushort 数据类型，以最大限度节省存储该数据所使用的内存空间。

2．实数型

实数即"确实存在"的数字，其是数学中的一种概念。在解析几何中，实数表示数轴上所有点的映射，可以视其为包含整数和小数（有限的和无限的）的所有数字。计算机中的实数通常指浮点数（整数和小数）。

计算机对小数的运算效率要远低于整数，因此在 C#中，将实数型数据划分为 3 种数据类型，通过数据的位数分类处理，包括单精度实数、双精度实数和十进制实数等，其作用如表 2-2 所示。

表 2-2　实数型的数据类型

数据类型	说明	所引用的类	精确位数
float	单精度存储 32 位浮点值	System.Single	$\pm3.4\times1038$ 之间精度小于于 1×10^{-44}
double	双精度存储 64 位浮点值	System.Double	$\pm1.79\times10308$ 之间精度小于 1×10^{-323}
decimal	十进制存储 128 位浮点值	System.Decimal	$\pm7.9\times1028$ 之间数位不超过 228 个

在实际编写程序时，应在精度足够的情况下尽量使用精度较低的实数型数据，以提高运算效率，降低对内存空间的占用。

在使用单精度浮点数时，需要在浮点数之后添加一个小写 f 或大写 F 作为后缀。在使用双精度浮点数时，则不需要添加后缀。例如，分别声明两个浮点数，第一个为单精度，第二个为双精度，代码如下。

```
float fData = 1.9f;
double dData = 2.2;
```

如确实需要使用十进制实数 decimal 类型，则应为数字后添加小写 m 或大写 M 作为后缀，对数字的精度作出区分。如果没有添加后缀，则 C#会将数字视为双精度实数（double），从而导致编译错误。例如，声明一个十进制实数，代码如下。

```
decimal pi = 3.1415926535897m;
```

3．逻辑型

逻辑型数据的作用是表示逻辑真和逻辑假，其对应的.NET Framework 类为 System.Boolean。在 C#中，逻辑型数据只有两个值，即 true 和 false。声明一个逻辑型变量，其方法如下。

```
bool booleanData = true;
```

注　意

在很多编程语言中，可以使用数字 0 和 1 分别表示逻辑值 false 和 true，例如，C、C++、JavaScript 等。然而在 C#中，不允许以数字作为逻辑型数据的值，因此这一方法是错误的。另外，在使用 true 和 false 两个值时，必须保证所有字符为小写。

4．字符型

字符类型数据的作用是处理在编程过程中遇到的 ASCII 字符和 Unicode 编码字符。ASCII 字符是使用 7 位二进制数字表示的字符，而 Unicode 字符则是国际标准化组织制订的采取 16 位二进制编码表示的字符，可以表示全世界绝大多数语言。字符型数据类型只有一种，即 char 类型，如表 2-3 所示。

表 2-3　字符型的数据类型

数据类型	说明	所引用的类	示例
char	用于表示单个 ASCII 或 Unicode 字符	System.Char	'a'，'中'

在使用 char 数据类型时，需要注意其值的两侧必须添加单引号""，以表示该字符为 char 字符而非变量名，如下所示。

```
char charData= ' 中 ';
```

在 C#中输入字符时，如用户需要输入一些特殊的格式化字符，则这些字符往往会导致程序的错误，例如，双引号""、单引号""等，此时，就需要使用转义符功能。转义符是通过斜杠"\"+符号的方式表示特殊字符的一种方式。表 2-4 列出了 C#中的 14 种转义符。

表 2-4　C#的转义符

转义符	作用	转义符	作用
\'	单引号 ""'""	\"	双引号 """""
\\	斜杠 "\"	\0	空字符
\a	警报	\b	Back Space 回退
\f	换页符	\n	换行符
\r	回车符	\t	水平制表符
\u	Unicode 转义序列	\U	代理项对的 Unicode 转义序列
\v	垂直制表符	\x	Unicode 转义序列类似于 "\u"，只是长度可变

在使用字符型数据时，用户可以将 char 类型的数据隐式转换为 ushort、int、uint、long、ulong、float、double 或 decimal 等多种整数或实数型数据。此时，数据中的值将为字符在 ASCII 或 Unicode 码中的码元。使用这种方法，可以快速获取某个字符的 Unicode 码元，例如，获取中文字符 "汉" 的码元，代码如下。

```
char charData = '汉';
int intData = charData;
Console.WriteLine(intData);
```

5. 结构型

之前介绍的 4 种数据类型是 C#的基本数据类型，其作用是实现基本的数据运算。在实际编程中，除了以上数据类型外，还需要使用一些特殊的数据类型，以管理更复杂的数据，例如，包含多个数据的数据等。

结构是 C#中的一种特殊数据，其本身并不是简单的一个数值或字符串，而是包含若干指定名称的数据类型，类似 JavaScript 或 ActionScript 中的关联数组概念。在使用结构时，可以将不同的数据类型作为一个整体进行运算和管理，实现数据的结构化。

例如，在商品管理系统中，可以将每一个商品作为一个整体的结构，将商品的属性作为结构的元素进行定义，代码如下。

```
public struct goods
{
    public uint gid;
    public string name;
    public decimal price;
    public char unit;
}
```

上面的代码中定义了一个结构体，该结构体的类型名称为 goods，包含了 4 个简单数据类型的数据，这些数据就是结构的成员。public 关键字定义了这些成员的访问权限。

结构体是开发者自定义的数据类型，在默认状态下，其本身不包含任何数据，系统也不会为其分配内存。如在定义了结构体之后，即可通过语句声明一个结构，然后为该结构中的成员赋予数值，以进行结构的实例化，代码如下。

```
goods goods1;
```

```
goods1.gid = 1;
goods1.name = "中南海卷烟";
goods1.price = 4;
goods1.unit = '包';
```

上面的代码就实例化了一个结构，并为该结构的成员赋予了属性。用同样的方式，用户可以继续实例化更多的结构，创建结构的实例。结构类型的成员数据类型可以是简单数据类型、复杂数据类型，甚至是嵌套的结构和其他的类。使用结构，可以对数据进行有效的归纳，方便对数据进行索引操作。

6. 枚举型

枚举也是一种复杂的数据类型，其与结构有些类似，可以为若干简单类型的数值提供一种别名，方便记忆数据的值。定义一个枚举，其方法如下所示。

```
enum Name { Value1 , Value2 , Value3 ,…, ValueN };
```

在上面的代码中，enum 关键字的作用就是定义一个枚举结构的数据类型，Name 关键字为枚举的名称，Value1、Value2…等关键字就表示枚举的元素，其可以是普通的由字母和数字组成的表达式。典型的枚举例如星期，如下所示。

```
enum Days { Sunday , Monday , Tuesday , Wednesday , Thursday , Friday ,
Saturday };
```

在默认状态下，枚举的每个元素都会有一个默认的赋值，其值为 int 数据类型，起始元素的值为 0，之后的元素按照排列的顺序依次递增 1。因此，上面代码中的枚举，其值依次为 0、1、2、…。

如用户建立的枚举并非按照数值 1 开始，则可以强制为枚举的每个元素赋值，此时，枚举会按照用户自定义的值存储，代码如下。

```
enum Days { Mon=1, Tues=2, Wed=3, Thu=4, Fri=5, Sat=6, Sun=7 };
```

在上面的代码中，枚举的元素值被强制以数字 1 开始，依次递增 1。如用户需要改变枚举元素的类型，以其他类型的数字为枚举元素赋值，则可以使用如下方法。

```
enum Name :Type { Value1 , Value2 ,…, ValueN };
```

在上面的代码中，Type 关键字的作用就是定义枚举的元素基础数据类型，其可以是整数型的各种数据，例如，sbyte、byte、short 等。

在输出枚举型数据的具体值时，需要将其显式转换为元素的基础数据类型。例如，将名为 Days 的枚举中第 5 个元素输出，其代码如下所示。

```
namespace ConsoleApplication1
{
    class Program
    {
        enum Days { Mon = 1, Tues = 2, Wed = 3, Thu = 4, Fri = 5, Sat = 6,
        Sun = 7 };
```

```
        static void Main(string[] args)
        {
            Days aDay = Days.Fri;
            int a = (int)aDay;
            Console.Write(a);
        }
    }
}//输出结果为 5
```

提示

通常枚举型数据的声明和实例化必须放在类以内和构造函数以外。

2.1.2 引用类型

引用类型也是一种重要的数据类型，这种数据类型存储的并非普通的数据值，而是对该数据值发生的引用。

1. 引用类型与值类型的差异

在之前介绍的值类型数据中，往往存储有实际的数据值。引用类型与值类型最大的区别在于引用类型本身不存储数据值，而是存储对这些实际数据的引用（地址）。当一个数值保存到一个值类型数据中以后，该数值将被赋值到值类型的变量中。而当一个数值被赋予到一个引用类型时，则仅仅是引用（保存数值的变量地址）被赋值，而实际值仍然保留在原内存位置。

C#的引用类型主要包括类类型（class）、字符串类型（string）、数组类型（[]）、接口类型（interface）和委托类型（delegate）等。由于这些类型比较复杂，且涉及到很多面向对象设计方面的知识，因此除字符串类型（string）以外，其他的几种数据类型在之后相关的章节中将逐个进行介绍，在此不再赘述。

2. 字符串类型数据

字符串类型数据是一种最简单的引用类型数据，其本身相当于多个字符类型数据构成的集合。在 C#中，字符串数据类型可以存储包含大小写英文字母、汉字、数字和特殊符号的转义符等多种字符。

声明一个字符串类型的数据，就是在内存中创建一个空的引用关系，而初始化一个字符串类型的数据，就相当于引用多个字符类型的数据，其方法如下所示。

```
string StringName = Value;
```

在上面的代码中，StringName 为字符串型数据的名称，Value 为该数据的引用集合。通常在书写字符串型数据时，需要在字符串引用两侧添加双引号""""，代码如下。

```
string strData = "中华人民共和国" ;
```

提 示

与 JScript、JavaScript 等弱类型编程语言不同，C#中的字符串类型数据只能以双引号 """" 标识，而字符型数据只能以单引号 """ 标识，这两种引号不能嵌套使用。

2.1.3 装箱和拆箱

装箱和拆箱是 C#类型系统的核心概念，是将值类型的数据转换为引用类型的数据，或将引用类型数据转换成值类型的数据的操作。这种相互转换可以在两类数据间建立一个等价链接，其本质是将所有数据视为对象。

1．装箱转换

装箱转换是指将一个值类型数据隐式转换为 object 类型，或被该值类型应用的接口类型（Interface-Type）将其装箱，也就是创建一个基于该值类型的 object 实例的过程。例如，将值类型变量 chData 的值赋予对象 objData，代码如下所示。

```
char chData = 'a';
object objData = chData;
Console.WriteLine(objData);//输出: a
```

在上面的代码中，第二行的赋值暗示调用了一个装箱操作，chData 字符变量的值被复制给了 objData 对象，字符变量和对象都同时存储在栈中，但对象 objData 的值却留在堆中。

2．拆箱转换

拆箱转换是装箱转换的逆操作，其意指将一个对象类型显式地转换成一个值类型的数据，或者是将一个接口类型显式地转换成一个执行该接口的值类型。

拆箱的过程分为两个步骤，首先需要检查对象实例，判断其是否为给定的值类型的装箱，然后，再将实例的值赋给值类型变量，例如，一个简单的拆箱过程如下所示。

```
int intData = 5;
object objData = intData;
int intData2 = (int)objData;
```

由上面的代码即可看出，拆箱转换过程与装箱过程恰恰相反。必须注意的是，装箱转换和拆箱转换必须遵循类型兼容原则，否则会造成编译异常。

2.2 变量和常量

数据类型是依托于变量和常量的。在编写程序时，需要将数据存储到内存中，这种存储数据的内存单元就被称作变量。常量是变量的一种特殊类型，相比变量，其除了存储数据外还会对内存单元进行只读标记，进制对内存单元的数据进行修改。可以说变量是存储数据的内存单元，而常量则是只读的存储数据的内存单元。

2.2.1 变量

变量是内存中可以读写的内存单元，变量的数据类型决定了存储数据的内存单元所占用的内存空间大小，以及其中存储数据的格式。在之前讲解值类型数据时，所定义的各种数据都是变量。

1．变量的命名

在C#中，允许用户使用除系统保留字、特殊符号以外所有的字符命名变量，包括字母、数字、下划线和中文等，但不允许以数字作为变量名称的第一个字符。例如，下面的关键字均可以作为变量的名称使用。

```
aData , b24 , f1 , 汉字 , 中2 , _a , _1
```

> **提示**
>
> C#是一种区分大小写的编程语言。在C#中，变量a和变量A是两个不同的变量。

为了增强程序的可读性，在命名变量时应尽量使其名称语义化和规范化。尤其在编写同一程序时，应使用同一规范的命名法则。常用的变量命名法则主要包括3种，即匈牙利命名法、驼峰命名法和帕斯卡命名法（大驼峰命名法）。

❑ 匈牙利命名法

匈牙利命名法（Hungarian Notation，HN）是一种源自BCPL编程语言的变量命名法则。由于BCPL编程语言只有字节码一种数据类型，因此开发者必须通过变量的名称体现出数据的分类，防止类型紊乱造成计算错误。

匈牙利命名法很好地解决了变量名语义化的问题，通过变量的类型（或目的）的前缀以及描述变量的后缀组成一个完成的名称。前缀通常以小写的方式书写，后缀则以第一个字符大写、其他小写的方式书写。典型的匈牙利命名法分为两类，即系统匈牙利命名法和匈牙利应用命名法。

系统匈牙利命名法以变量的数据类型为前缀，再辅以描述变量的后缀组成。例如，声明一个用户的编号数据，其数据类型为uint类型，使用系统匈牙利命名法如下所示。

```
uint u32UserName;
```

在上面代码中，u32前缀表示该变量为无符号的32位整数，后缀表示该变量用于标识用户名。

匈牙利应用命名法与系统匈牙利命名法的区别在于，其前缀标识的并非数据的类型，而是使用数据的目的，包括数据应用的方向和特点等。例如，使用匈牙利应用命名法命名一个非安全的密码字段，代码如下。

```
string usPassword;
```

在上面的代码中，us 前缀表示这是一个非安全的变量，Password 后缀则表示该变量用于标识密码。

在早期的 C++语言中，匈牙利命名法是被广泛应用的命名法则。例如，在 Windows 编程中，很多 API 都以该规则命名。然而随着 C#等高级语言的发展，匈牙利命名法的局限性逐渐表现出来。

现代的高级编程语言大多对数据类型进行了详细的区分，而开发环境也可以做到显示变量类型、自动标记非匹配类型等功能，因此不再需要专门通过变量名体现。同时，在开发一些复杂程序时，如以隐式更改变量的类型，则使用匈牙利命名法很容易造成误读，必须重新更改变量的名称（重新声明一个新的变量替代原变量），很容易造成效率的降低。

基于以上的原因，在.NET Framework 开发中，除接口（保持与以前的 Windows 程序风格一致）以外，微软公司不提倡使用匈牙利命名法。

❑ **驼峰命名法**

驼峰命名法是另一种常见的变量命名法，其源自 Perl 语言中普遍使用的大小写混合模式命名习惯，由于 Perl 语言的设计者 Larry Wall 编写的 Programming Perl 等书使用骆驼作为封面，且使用该命名法的变量大写字母类似驼峰，小写字母类似两个驼峰之间的谷，故而这一法则被称为驼峰命名法（或骆驼命名法）。

驼峰命名法不对变量的类型、描述做强制的限制，仅仅要求变量的多个关键字大小写写法作出变化。例如，声明一个最大的元素值，代码如下所示。

```
uint maxElementValue;
```

驼峰式命名法不区分前缀与后缀，构成整个变量名的多个单词中仅第一个单词为全小写，之后每个单词的第一个字母大写。相比匈牙利命名法，驼峰命名法更加灵活多变，可以应用在多种编程环境中，且不会因变量的数据类型改变而导致代码可读性降低，因此被多种编程语言推荐，成为最常用的变量命名法则。例如，JavaScript、ActionScript、Java 等语言都推荐使用驼峰命名法。在 C#中，微软同样推荐用户使用这一命名法则。

❑ **帕斯卡命名法**

帕斯卡命名法是一种与驼峰命名法类似的命名法则，有时也被视为驼峰命名法则的一种子集，其源自一种用于教学的编程语言 Pascal。在这种命名法则中，以首字母大写的方式书写所有的单词，以识别变量名称中各单词的含义。

帕斯卡命名法下的变量名与驼峰命名法则唯一的区别就在于帕斯卡命名的变量第一个单词首字母大写，因此又称作大驼峰命名法则（Upper Camel Case），相应地，将驼峰命名法则称为小驼峰命名法则（Lower Camel Case）。

例如，使用帕斯卡命名法则声明一个管理员邮件地址的变量名，代码如下所示。

```
string AdminEmailAddress;
```

在具体的编程过程中，变量命名法则不仅被应用于声明变量中，还会被应用到创建自定义类、自定义对象以及自定义方法等操作中。变量命名法则是编程最基本的技术，在编写同一程序时，使用相同的变量命名法则可以提高代码的可读性，降低阅读代码的难度。尤其在团队协作中，使用同一种变量命名法则是一种良好的习惯，在团队其他成员判读代码时，这一习惯尤其重要。

提 示

在本书的正文中，如无特别声明，则所有代码均将使用驼峰命名法，而所有伪代码中的变量、函数名、类名和对象名均将使用帕斯卡命名法以示区别。

2．声明变量

声明变量的过程，就是在内存中划分单元的过程。在 C#中声明一个变量后，可以在程序执行时在内存中标记出一个空的内存单元。如在声明变量的过程中还为变量赋值，则在标记空内存单元后会在该单元中填入数据。

C#声明变量的语法与 C、C++和 Java 十分类似，都需要使用变量的数据类型作为关键字，先定义数据类型，然后再书写变量的名称，其方法如下。

```
Type VariableName;
```

例如，声明一个字符型变量，代码如下所示。

```
char chData;
```

在声明变量的同时，如果还需要赋值，则可以使用等号运算符"="对其添加数据值，代码如下。

```
Type VariableName = Value;
```

为变量赋值的过程又被称作变量的初始化或实例化，即为变量添加一个初始的值，或将变量定义为一个实际存在的例子。例如，初始化一个逻辑型变量，代码如下所示。

```
bool boolData = false;
```

在声明变量时，可以使用一个变量类型的关键字同时声明多个同类变量，并为其中若干变量赋值。此时，每个变量或变量赋值的表达式之间应以逗号","隔开。例如，依次声明 a、b、c 等 3 个字符型变量，并为 b 和 c 赋值，代码如下。

```
char a , b = 'b' , c = 'c';
```

2.2.2 常量

常量是变量的一种特殊化情况，是占据指定内存单元的只读型数据。在 C#中，声明一个常量除了需要使用数据类型名作为关键字外，还需要在之前添加 const 关键字，方法如下。

```
const Type ConstantName;
```

例如，声明一个单精度浮点类型常量 pi，代码如下所示。

```
const float pi;
```

在声明常量时，用户同样可以使用等号运算符"="为其初始化，方法与初始化变量类似，如下所示。

```
const Type ConstantName = ConstantValue;
```

例如，在声明常量 pi 之后为其初始化，代码如下所示。

```
const float pi = 3.14159265358f;
```

2.2.3　作用域和修饰符

作用域是封装技术的基础，是一种重要的编程概念，其可以体现出变量、常量、方法、属性、对象、类等编程元素所适用的范围，通过作用域，用户可以控制这些编程元素在代码中是否可见，即是否可以被引用或执行。

在 C#中，所有大括号"{}"括起来的内容都被视为代码块，例如，命名空间和之后将要介绍的类、对象、方法、条件分支语句、迭代语句等。在这些代码块中，大括号"{}"可以将其内部和外部的代码隔离，保持内部代码的独立性和安全性。这种代码块就是变量的作用域。在默认状态下，在大括号"{}"内部声明的变量等编程元素仅能在该代码块内部使用，而无法被外部的代码访问。例如，在下面的代码中就应用了这一原理。

```
class Program
{

    static void Main(string[] args)
    {
    }
    static void function1()
    {
        int a = 5;
        Console.WriteLine(a);
    }
    static void function2()
    {
        int a = 6;
        Console.WriteLine(a);
    }
}
```

在上面的代码中，分别在 function1()和 function2()等两个方法中声明了两次变量 a，并分别进行了实例化。由于这两个变量并非处在一个作用域中（function1()方法和function2()方法分别为两个不同的代码块，即两个作用域），因此两个变量 a 分别在各自的作用域内发挥作用。

作用域是可以被修改的。在声明变量、自定义类、属性、方法时，用户可以使用修饰符对这些编程元素的作用域进行编辑，之前介绍的 const 关键字也是一种修饰符，其定义了变量是只读的。常用的修饰符主要包括以下几种，如表 2-5 所示。

表 2-5 用于定义作用域的修饰符

修饰符	作用
public	定义该编程元素的作用域为全局，即在任意位置均可使用
private	定义该编程元素为私有类型，仅在其所属的类中可用
internal	定义该编程元素为私有类型，仅在其所属的程序集中可用
protected	定义该编程元素为受保护的，仅在其所属的类和该类派生的类中可用
protected internal	派生作用域，定义该编程元素仅在其所属的程序集和派生类中可用

以上 5 种修饰符可以定义所有编程元素的作用域状态，对其作用域进行限制。在使用修饰符时，需要注意以下事项。

❑ **修饰符唯一性**

每一个编程元素只能使用一种修饰符，即表 2-5 中任意的一种。除 protected internal 之外，其他任何修饰符都不能嵌套使用。

❑ **命名空间无限作用域**

命名空间也是一种编程元素，但其没有被访问的限制，也就是默认全局访问，不允许限制作用域。

❑ **顶级类作用域限制**

在一些并未嵌套入其他类的类（这种类被称作顶级类）中，其修饰符只能是 public 或 internal，且默认为 internal。

❑ **成员作用域限制**

某个结构的成员作用域不能超出其本身的作用域限制。例如，一个类的作用域为 private，则该类的成员作用域也只能是 private。

> **提示**
>
> 除表 2-5 以外，C#还包含许多可用的修饰符，例如，abstract、static 等。这些修饰符将在之后面向对象编程的章节中介绍，在此不再赘述。

2.3 数据运算

运算是程序处理数据的基本方式。程序在处理数据时，经常需要对数据进行运算操作。根据所操作的数据类型以及运算的方式，C#将数据运算分为 6 种类型，并分别定义了进行运算时的优先处理模式。

2.3.1 算术运算

算术运算是一种基本的数据运算，其主要用于实现数学上的基础运算功能。算术运算所处理的数据只能是整数型或实数型数据。

1. 算术运算符

在进行算术运算时，需要使用到专用的算术运算符。在 C#中，算术运算符主要包括

7 种，如表 2-6 所示。

表 2-6　算术运算符

运算符	作用	表达式示例
+	加法运算符，求两数之和	a+b, 1+3
−	减法运算符，求两数之差	a−b, 5.1f−2.9f
*	乘法运算符，求两数之积	a*b, 9.5m*3.1415926m
/	除法运算符，求两数之商	a/b, 5m/3m
%	取模运算符，求两数相除后的余数	a%b, 9%4
++	递增运算符，在整数变量基础上加 1，将新值赋予原变量	a++, n++
−−	递减运算符，在整数变量基础上减 1，将新值赋予原变量	a−−, m−−

在表 2-6 中，前 5 种运算符与数学的基本运算紧密关联，依次对应基本运算的加、减、乘、除和求余等，其使用方法也与数学基本运算遵循相同的规则。例如，在除法运算中，除法运算符"/"两侧分别是除法运算的除数和被除数。除数可以是任意实数，被除数则为不能为 0 的任意实数。

递增运算符"++"和递减运算符"−−"是两种特殊的一元运算符（所谓元，即操作数的数量。一个操作数为一元，两个操作数为二元，以此类推），其除了分别进行加法运算和减法运算以外，还带有赋值的功能。这两种运算符各有两种使用方式，一种是前缀方式，一种是后缀方式。以递增运算符"++"为例，两种方式如下所示。

```
Value++;
++Value;
```

以上两种方式的区别在于，前缀方式的加法运算是先进行加法运算再进行赋值，后缀方式则是先赋值在进行加法运算。使用如下两端代码即可了解这两种方式的区别。

❑　前缀方式

```
int a = 5;
int b = ++a;
Console.WriteLine("a=" + a + ",b=" + b);//输出：a=6, b=6
```

在上面的运算中，++a 先将 a 的值加 1，此时 a 的值为 6，然后再将 a 的新值赋予 b，因此 b 的值也是 6。

❑　后缀方式

```
int a = 5;
int b = a++;
Console.WriteLine("a=" + a + ",b=" + b);//输出：a=6, b=5
```

在上面的运算中，会先将 a 的值 5 赋予 b，然后再对 a 进行递增运算，将新的值赋予 a，因此 a 的值为 6，b 的值为 5。

2．类型隐式转换

算术运算符是基于整数和实数型数据的运算，在面对两种或多种相同数据类型的运算时，会保持运算结果数据类型不变。例如，对两个 int 类型的整数进行计算，所得的值也必然是 int 类型的整数，代码如下。

```
int a = 5;
int b = 3;
Console.WriteLine(a/b);//输出: 1
```

然而，在对不同类型的数据进行计算时，则往往会对数据的结果进行隐式转换。这种隐式转换的结果会遵循指定的类型转换规则来定，其主要分为以下几种类型。

❑ **包含转换**

包含转换是指两个操作数中任意一个操作数的数据类型包含另一个数的数据类型，此时，运算结果的数据类型将为取值范围较大的操作数的数据类型。

例如，一个 byte 类型的数据与一个 int 类型的数据进行计算，这两种类型的取值范围如图 2-1 所示。

由图 2-1 即可判断出，最终计算的结果必然是 int 类型的数据，如下所示。

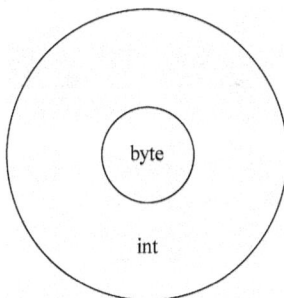

图 2-1　两种数据类型的取值范围

```
byte a = 5;
int b = 3;
Console.WriteLine((a+b).GetType());//输出: System.Int32
```

> **提示**
>
> 在 C#中，用户可以使用 GetType()方法来获取数据的.NET Framework 引用类，从而判断数据类型。例如，System.Int32 表示 int 类型数据。

3 种实数型数据（即浮点数据）类型也存在包含与被包含的关系，即 decimal 型数据包含 double 型数据，double 型数据包含 float 型数据。因此，double 型数据与 float 型数据的运算，最终结果将为 double 型数据，decimal 型数据与任何实数型数据进行运算，结果都将是 decimal 型数据。

❑ **非包含转换**

非包含转换是指运算的两个操作数数据类型不存在包含与被包含的关系，此时运算结果的数据类型将为两个操作数数据类型的最小并集数据类型。

例如，一个 sbyte 类型的数据与一个 uint 类型的数据进行计算，由于 sbyte 类型的数据是有符号的整数，而 uint 类型数据不包含负数，因此两者的取值范围关系如图 2-1 所示。

由图 2-2 即可判断出，最终运算的结果将取两者的最小并集 long，其引用类型为 System.Int64，代码如下。

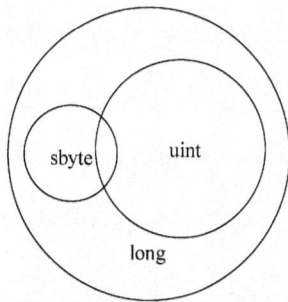

图 2-2　3 种数据类型的取值

```
sbyte a = -2;
uint b = 9;
```

```
Console.WriteLine((a + b).GetType());//输出: System.Int64
```

非包含转换还有一种特殊情况，即整数与浮点数之间的运算。由于所有整数都可以视为单精度浮点数（float）的子集，因此在这种运算情况下，运算的结果为浮点型数据。

> **提示**
>
> 数据类型的隐式转换规则不仅应用于算术运算，也应用于其他各种允许使用多种数据类型的运算中。

2.3.2 赋值运算

赋值运算是指为变量或常量初始化和重新赋值时所使用的运算。赋值运算又可分为基本的简单赋值和算数赋值两类。

1. 简单赋值

在之前介绍的变量初始化技术中，已介绍过在声明变量的同时为变量赋值的方法，即使用赋值运算符"="进行赋值操作。赋值运算符不仅可以在变量被声明时为变量赋值，还可以对已初始化的变量进行赋值，方法如下。

```
VariableName = NewValue ;
```

在上面的代码中，关键字 VariableName 表示被赋值的变量，NewValue 表示变量的新值。赋值运算符可以为所有未标识 const 修饰符的变量赋值。如为某个变量多次赋值，则该变量的值已最新的赋值为准，代码如下。

```
int a = 9;
a = 22;
Console.WriteLine(a);//输出 22
```

2. 算术赋值

算术赋值的作用是结合算术运算为变量赋值，其主要包括 5 种基本的赋值类型，所使用的运算符与基本算术运算的 5 种运算符一一对应，如表 2-7 所示。

表 2-7　算术赋值运算符

运算符	作用	表达式	相似表达式
+=	加法赋值运算，先对变量进行加法运算，再将新值赋予变量	a+=b	a=a+b
—=	减法赋值运算，先对变量进行减法运算，再将新值赋予变量	a—=b	a=a—b
*=	乘法赋值运算，先对变量进行乘法运算，再将新值赋予变量	a*=b	a=a*b
/=	除法赋值运算，先对变量进行除法运算，再将新值赋予变量	a/=b	a=a/b
%=	取模赋值运算，先对变量进行取模运算，再将新值赋予变量	a%=b	a=a%b

在使用算术赋值运算时，需要先对运算符两侧的变量进行相应的算术运算，然后再将运算的结果赋予运算符左侧的变量，代码如下。

```
int a = 22;
a += 1;
Console.WriteLine(a);//输出: 23
```

上面的代码中就使用了加法赋值运算符"+="对变量 a 进行加法赋值运算，输出的结果相当于先对变量 a 进行加法运算，再将运算的结果赋予变量 a。

提 示

之前介绍的递增运算符"++"和递减运算符"--"可以被视为"+="和"-="等两种赋值运算符的特殊形式。

2.3.3 关系运算

关系运算又称作比较运算，其作用是对运算符两侧的表达式进行比较，获取一个比较后的结果，如成立则返回逻辑真（true），否则返回逻辑假（false）。关系运算是一种重要的运算，其通常作为条件分支控制语句和迭代语句中的条件存在，判定语句是否执行。常见的关系运算由可以分为如下两种。

1．基本比较运算

基本比较运算是一种简单的比较运算，其作用在于比较两个表达式的大小关系，如这两个表达式符合这种关系，就返回逻辑真（true），否则返回逻辑假（false）。基本比较使用的运算符如表 2-8 所示。

表 2-8　基本比较运算符

运算符	名称	运算符	名称
==	等于运算符，验证两表达式相等	!=	不等运算符，验证两表达式不相等
<	小于运算符，验证左侧表达式小于右侧表达式	>	大于运算符，验证左侧表达式大于右侧表达式
<=	小于等于运算符，验证左侧表达式小于或等于右侧表达式	>=	大于等于运算符，验证左侧表达式大于或等于右侧表达式

基本比较运算符可以被应用于多种数据类型，包括整数型、实数型等值类型数据。例如，对两个整数的表达式进行比较，输出比较的结果，代码如下。

```
Console.WriteLine(3 * 3 > 2 * 4);//输出: True
```

对于一些特殊的数据类型，例如，逻辑型、枚举型、字符型、字符串型和委托型等类型的数据，则仅能使用等于运算符"=="和不等运算符"!="。

注 意

在比较整数型和实数型数据时，比较运算符两侧的数据类型可以不一致。而在对逻辑型、枚举型、字符型、字符串型和委托型数据进行比较时，运算符两侧的数字必须一致。

2. 类型比较运算

类型比较运算是一种复杂的比较运算形式。在进行类型比较运算时，需要使用到 is 运算符和 as 运算符等。

❑ **is 运算符**

is 运算符主要用于判定对象是否属于某个类的实例，如是，就返回逻辑真（true），否则返回逻辑假（false）。其使用方法如下所示。

```
Object is Class;
```

在上面的代码中，关键字 Object 表示需要判断的对象实例名，关键字 Class 则为该对象可能从属的类。例如，定义一个名为 automobile 的类，然后实例化 1 个该类的对象，即可使用 is 运算符对其进行比较运算，代码如下。

```
class Program
{
    static void Main(string[] args)
    {
        automobile automobile1 = new automobile();
        automobile1.aId = 1;
        automobile1.aName = "Car";
        Console.WriteLine(automobile1 is automobile);//输出: True
    }
}
public class automobile
{
    public uint aId;
    public string aName;
}
```

执行以上的代码，即可通过 is 运算符判断 automobile1 对象是否属于 automobile 类。在使用 is 运算符时应注意，is 运算符是针对类的，对于结构、枚举等基于类的数据类型是无效的。

❑ **as 运算符**

as 运算符用于在兼容的引用类型之间执行某些类型的转换，其只执行引用转换和装箱转换，无法执行用户自定义的转换。在使用 as 运算符时，会对数据进行强制转换操作。如转换失败则返回 null，其使用方法如下。

```
Variable as Type;
```

在上面的代码中，关键字 Variable 为引用类型的变量，关键字 Type 则为变量要转换的类型。例如，将数组 arr 中类型为对象的元素转换为字符串，代码如下。

```
object[] arr = new object[2];
arr[0] = "element1";
arr[1] = "element2";
```

```
for (uint i = 0; i < arr.Length; i++)
{
    string strData = arr[i] as string;
    Console.WriteLine(strData);
}
```

2.3.4 逻辑运算

逻辑运算是针对逻辑型数据或某个判定的逻辑结果进行的一种运算。C#中提供了以下几种逻辑运算符，用于逻辑判定的计算，如表2-9所示。

表2-9 逻辑运算符

运算符	作用	表达式示例
&&	逻辑与运算符，当两个表达式中包含逻辑假（false）时返回逻辑假（false），如均为逻辑真（true）则返回逻辑真（true）	a&&b
||	逻辑或运算符，当两个表达式中包含逻辑真（true）时返回逻辑真（true），否则返回逻辑假（false）	a||b
!	逻辑非运算符，对某个表达式取反，当其为逻辑真（true）时返回逻辑假（false），否则返回逻辑真（true）	!a

逻辑运算符仅能对逻辑型数据进行运算，例如，测试各种逻辑值的运算结果，代码如下所示。

```
Console.WriteLine("true && true : " + (true && true));
Console.WriteLine("true && false : " +( true && false));
Console.WriteLine("false && false : " + (false && false));
Console.WriteLine("true || true : " + (true || true));
Console.WriteLine("true || false : " + (true || false));
Console.WriteLine("false || false : " + (false || false));
Console.WriteLine("!true : " + (!true));
Console.WriteLine("!false : " + (!false));
```

执行下面的代码，即可测试各种逻辑运算的结果，如下所示。

```
true && true : True
true && false : False
false && false : False
true || true : True
true || false : True
false || false : False
!true : False
!false : True
```

2.3.5 按位运算

按位运算是一种特殊的数据运算，其本意是将数据转换为二进制模式，然后对二进制数位进行操作。按位运算通常只能针对整数型数据,包括二进制、八进制、十进制和十六进制的各种整数。按位运算可以分为 3 类,如下所示。

1. 按位逻辑运算

按位逻辑运算是指将整数转换为二进制数字,然后将每一个数位的 0 视为逻辑假(false),1 视为逻辑真(true),然后再对其进行逻辑运算。按位逻辑运算可以使用的运算符如表 2-10 所示。

表 2-10　按位逻辑运算符

运算符	作用
&	按位与运算符,将两个数据转换为二进制,然后依数位进行逻辑与运算
|	按位或运算符,将两个数据转换为二进制,然后依数位进行逻辑或运算
~	按位取反运算符,将数据转换为二进制,然后每一位应用 1 的补码,并返回结果
^	按位异或运算符,将两个数据转换为二进制,如同数位相同返回 0,否则返回 1

在进行按位运算时,转换二进制过程中应对二进制数字进行补位处理,即位数如不是 4 的倍数,应在之前加 0,补足为 4 的倍数。例如,124 转换为二进制数字为 111 1100,此时,应在之前补 1 个 0,使其变为 0111 1100。

对两个数字 124 和 135 进行按位逻辑与、或和异或运算,需要先将其转换为二进制,即 0111 1100 和 1000 0111,然后再将其数位对齐,进行逻辑运算,如下所示。

```
    0111 1100        0111 1100            0111 1100
&   1000 0111    |   1000 0111        ^   1000 0111
    0000 0100        1111 1111            1111 1011
```

将以上的结果由二进制转换为十进制,即可获得按位运算的结果,依次为 4、255 和 251 等。计算的代码如下所示。

```
Console.WriteLine("124 & 135 : " + (124 & 135));//输出: 124 & 135 : 4
Console.WriteLine("124 | 135 : " + (124 | 135));//输出 124 | 135 : 255
Console.WriteLine("124 ^ 135 : " + (124 ^ 135));//输出 124 ^ 135 : 251
```

按位取反运算是一个是根据计算机的二进制数字特点进行的一种一元运算,在进行按位取反时,首先应将数字转换为 32 位二进制整数。例如,数字 10,转换为 32 位二进制整数如下所示。

```
0000 0000 0000 0000 0000 0000 0000 1010
```

转换后的 32 位二进制整数被称作原码。将原码取反(即进行逻辑非运算),如下所示。

```
1111 1111 1111 1111 1111 1111 1111 0101
```

然后,求原码的补码(将反码加 1),如下所示。

```
1111 1111 1111 1111 1111 1111 1111 0100
```

1111 1111 1111 1111 1111 1111 1111 0101 的数据类型位有符号的数据类型,取反后,其应为负数。因此,为其加 1 事实上结果不是 1111 1111 1111 1111 1111 1111 1111 0110,而是 1111 1111 1111 1111 1111 1111 1111 0100。

然后,将加 1 后的数字再取反,即可获得最后按位取反的绝对值,如下所示。

```
0000 0000 0000 0000 0000 0000 0000 1011
```

将上面的数字转换为十进制负数,即可得到 10 的按位取反的结果为–11。

2. 按位位移运算

按位位移运算又称作移位运算,即对数字的二进制数位位置进行移动操作的运算。C#中提供了两种按位位移运算,即左移运算和右移运算,其使用的运算符如表 2-11 所示。

表 2-11　按位位移运算符

运算符	作用	表达式示例
<<	左移运算符,将左侧操作数转换为二进制,再将数位向左移动右侧操作数个位置,空出的位置补 0	a<<b
>>	右移运算符,将左侧操作数转换为二进制,再将数位向右移动右侧操作数个位置,多余的位置省略	a>>b

在进行按位运算时,会先将运算符左侧的数据转换为二进制数字,然后再进行位移操作。例如,对数字 15 进行左位移运算,位移数为 3,会先将 15 转换为二进制数字 1111,然后再将所有数位向左侧移动 3 位,将空出的位置补 0,最终结果将是 1111000,即十进制数字 120,代码如下。

```
Console.WriteLine(15 << 3);//输出: 120
```

如果需要对数字进行右移运算,则同样需要将运算符左侧的操作数转换为二进制,然后再根据运算符右侧的操作数大小进行位移。例如,对数字 39 进行右位移运算,位移数为 2,会先将 39 转换为二进制数字 10 0111,然后再将数位向右移动 2 位,得出 1001,最后再转换回十进制,代码如下。

```
Console.WriteLine(39 >> 2);//输出: 9
```

3. 按位赋值运算

按位赋值运算是一种特殊的赋值运算,其包括 2 种赋值运算,即左移按位赋值运算和右移按位赋值运算,所使用的运算符如表 2-12 所示。

表 2-12　按位赋值运算符

运算符	作用	表达式示例
&=	按位与赋值,先对运算符左侧的操作数进行按位与运算,再将所得结果赋予该操作数	a&=b

续表

运算符	作用	表达式示例
|=	按位或赋值，先对运算符左侧的操作数进行按位或运算，再将所得的结果赋予该操作数	a|=b
^=	按位异或赋值，先对运算符左侧的操作数进行按位异或运算，再将所得的结果赋予该操作数	a^=b
<<=	左移按位赋值运算，将变量的值转换为二进制数字，再左移若干位，将新值赋予变量	a<<=b
>>=	右移按位赋值运算，将变量的值转换为二进制数字，再右移若干位，将新值赋予变量	a>>=b

在按位赋值运算时，需要先将运算符左侧的操作数转换为二进制数字，然后再将数字向相应的按位运算，取运算的结果赋予左侧的操作数。例如，在下面的代码中，需要对变量 a 的二进制值左移 3 位，如下。

```
int a = 9, b = 3;
Console.WriteLine(a <<= b);//输出：72
```

在上面的运算过程中，需要先将变量 a 的值 9 转换为二进制数字，即 1001，将 1001 的数字左移 3 位后得出 1001000，将其转换为十进制后，就是最终变量 a 的结果 72。

与按位位移运算相同，在进行左移按位运算时，C#会自动在左移后空出的位数上补 0；而在进行右移按位运算时，C#会自动消除二进制数字右侧被按位消除的数字。

2.3.6 特殊运算

除了之前介绍的 5 种运算类型，C#还提供了其他一些运算方式，这些运算方式针对的往往是复杂的对象，或一些特殊的运算情况，需要使用更复杂的运算符实现，如下所示。

1. 连接运算

连接运算的作用是将若干字符串型变量连接为一个整体的字符串变量，其需要使用到连接运算符。连接运算符是一种二元运算符，其写法与加法运算符"+"相同。例如，需要将汉字"中"和汉字"国"连接在一起，代码如下。

```
string zh = "中" , g = "国";
Console.WriteLine(zh + g);//输出：中国
```

在上面的代码中，字符串型变量 zh 和 g 分别包含了 1 个字符的引用。使用连接运算符"+"之后，可以得到连接后的字符串"中国"。

在处理字符串时，除了直接使用连接运算符"+"外，还可以使用连接赋值运算符"+="进行赋值运算，其使用方法与普通的加法赋值运算类似，代码如下。

```
string zh = "中" , g = "国";
zh += g;
Console.WriteLine(zh);//输出：中国
```

2．实例化运算

实例化运算是对类进行实例化的运算，其需要使用到 new 运算符。该运算符的作用是在堆上为类创建一个对象，并调用构造函数为对象进行实例化，其使用方法如下所示。

```
ClassName ObjectName = new ClassName();
```

在上面的代码中，关键字 ClassName 表示构造类的名称，ObjectName 表示对象的实例名称，ClassName()即类的构造函数。例如，创建一个字符串变量，且对该变量进行初始化，代码如下。

```
string strData = new string('c',1);//本行代码的效果相当于 string strData = "c";
```

3．类型判定运算

类型判定运算是对某个类进行判定，返回该类在.NET Framework 运行时中类型的运算，其需要使用到 typeof 运算符，使用方法如下所示。

```
typeof(Type);
```

在使用 typeof 运算符时，应在其右侧添加一个括号，并在括号中书写对象所属的类名。例如，要查阅 uint 类在.NET Framework 运行时中的类型，代码如下。

```
Console.WriteLine(typeof(uint));//输出：System.UInt32
```

4．溢出检测运算

在进行整数的运算和显式数据转换时，如运算的结果或显式数据转换超出了原数据类型涵盖的范围，则可以使用溢出检测技术，其细分为以下 4 种情况。

❑ 预定义的 "++" 或 "--" 等一元运算符，当其操作数类型为整数型时。

❑ 预定义的 "-" 二元运算符，当期操作数类型为整数型时。

❑ 预定义的 "/" 等二元操作符，当两个操作数数据类型都是整数型时。

❑ 从一种整数型到另一种整数型显式数据转换时。

当上述整数运算产生一个目标类型无法表示的数字时，需要使用溢出检测运算符 checked 和 unchecked 等，按照以下相应的处理方式进行溢出检查。

❑ **使用 checked**

若运算是常量表达式，则产生编译错误：The operation overflows at complie time in checked mode。

❑ **使用 unchecked**

无论运算是否是常量表达式，只要没有编译错误或运行时异常发生，返回值被截掉不符合目标类型的高位。

❑ **不使用这两种运算符**

若运算是常量表达式，默认情况下总是进行溢出检查，同使用 checked 一样，无法通过编译。

若运算是非常量表达式，则是否进行溢出检查取决于外部因素，包括编译器状态、执行环境参数等。

5．条件运算

条件运算，顾名思义，是根据指定的条件决定如何进行运算的一种运算方式，其可以代替一些简单的条件语句，实现条件的判定和执行。在进行条件运算时，需要使用条件运算符"?:"，其使用方法如下所示。

```
Condition?Action1:Action2;
```

在上面的代码中，Condition 关键字即判定条件执行的表达式，其必须为逻辑型数据或可隐式转换为逻辑型数据的表达式，Action1 为当条件表达式值为真时执行的行为语句；Action2 为当条件表达式值为假时执行的行为语句。

例如，编写一个求变量绝对值的小程序，根据用户输入的数值进行判断，并返回该数值的绝对值，代码如下。

```
string strData = Console.ReadLine();
double dbData = double.Parse(strData), result = dbData >= 0 ? dbData :
-dbData;
Console.WriteLine(result);
```

注 意
条件运算符所组成的内容虽然比较复杂，但其本身仍然属于一个表达式，因此不能独立作为一个语句存储到行中，必须拥有一个赋值的过程。关于条件语句，可参考之后相关的小节。

2.3.7 运算的优先级

在进行数据运算时，如果使用了多个运算符进行复杂的运算，则各种运算的步骤先后顺序往往会影响运算的结果。为了在不同计算机中运算同一表达式时获得相同的结果，C#提供了运算优先级标准，为运算的先后顺序提供一个规范的定义。

所谓运算的优先级，是以运算符为标识的，在表 2-13 中，就根据运算的从先到后顺序，列出了所有 C#的运算符。

表 2-13   运算符的优先级表

优先级	运算符
1	()、x.y、f(x)、a[x]、x++、x--、new、checked、unchecked
2	+、-、!、~、++x、--x、(T)x
3	*、/、%
4	+、-
5	<<、>>
6	<、>、<=、>=、is
7	==
8	&
9	^
10		
11	&&
12			
13	?:
14	=、*=、/=、+=、-=、<<=、>>=、&=、^=、|=

在表 2-13 中，优先级数字越小，则优先级越高；优先级数字越大，则优先级越低。当所执行的运算处于同一优先级时，默认以自左至右的顺序进行运算。而如果运算具有优先级的差异，则先计算优先级较高的运算，再计算优先级较低的运算。

如果用户需要改变表达式中的运算过程，则可以使用括号将需要优先运算的运算符和操作数括起来。例如，在默认状态下，以下表达式按照自左至右的顺序计算。

```
a * b + c - d
```

在将变量 c 和 d 括起来后，就会先计算 c–d，再将值放到表达式中进行计算，如下所示。

```
a * b + (c - d)
```

2.4 流程控制

C#程序的基本组成单位是语句，每个语句都占据一个独立的行。在默认状态下，语句按照自上而下的顺序逐行执行。在编写语句时，可以根据语句的功能将其分为两类，一类是执行计算和定义的语句，被称作操作语句；而另一类则是用于控制语句执行顺序的语句，被称作流程控制语句。

使用流程控制语句，用户可以通过 3 种方法干涉语句的执行顺序，即条件分支控制、迭代控制和跳转与中断控制等。灵活使用流程控制语句，可以提高程序执行的效率，并提高编写语句的速度。

2.4.1 条件分支控制

条件分支控制的作用是根据一个或多个条件表达式的值，建立若干个分支，判断执行程序时哪些分支需要执行，哪些分支不需要执行。C#中控制条件分支的语句主要包括4种，如下所示。

1. if…语句

if…语句是最简单的条件分支语句，其作用是根据表达式的逻辑值，判断是否执行某个语句块，其使用方法如下所示。

```
if (Expression)
{
    Statements;
}
```

在上面的代码中，Expression 关键字表示判断条件的表达式，其值必须为逻辑型数据 true 或 false；Statements 关键字表示当 Expression 值为 true 时应执行的语句块。if…语句的执行流程如图2-3 所示。

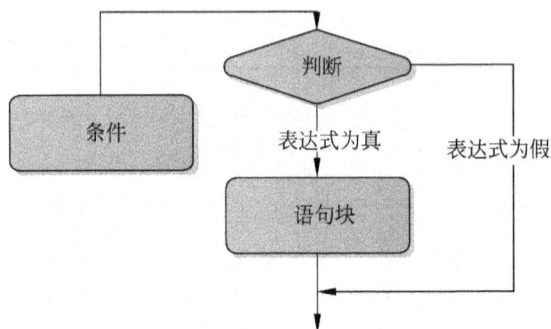

图 2-3　if 语句的执行流程

2. if…else…语句

if…else…语句相比 if…语句，其特点是可以实现双分支控制，允许根据条件表达式的逻辑值，判断两个语句块的执行与否，其使用方法如下所示。

```
if (Expression)
{
    Statements1;
}else
{
    Statements2;
}
```

在上面的代码中，Expression 关键字仍然表示判断的表达式，其值为一个逻辑值；Statements1 和 Statements2 等两个关键字分别表示 Expression 表达式值为 true 和为 false 时执行的语句块。if…else…语句的执行流程如图 2-4 所示。

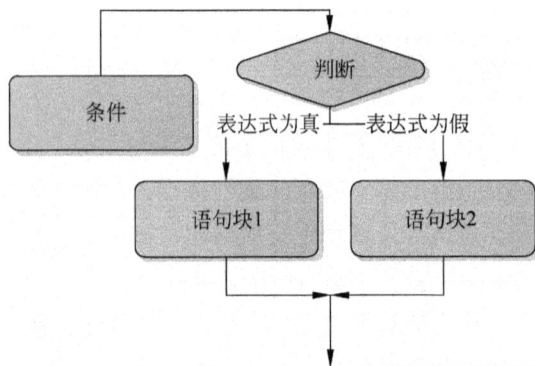

图 2-4　if…else…语句的执行流程

3．if…else if…语句

if…else if…语句是由 if…else…语句衍生而来的条件判断语句，其可以为多个表达式
的逻辑值进行判断，为每个表达式设定一个分支结构，其使用方法如下所示。

```
if (Expression1){
    Statements1;
}else if (Expression2){
    Statements2;
}
…
else if (ExpressionN)
{
    StatementsN;
}
```

理论上，if…else if…语句可以判断任意数量的条件，建立与条件表达式数量相等的
程序执行分支，其执行流程如图 2-5 所示。

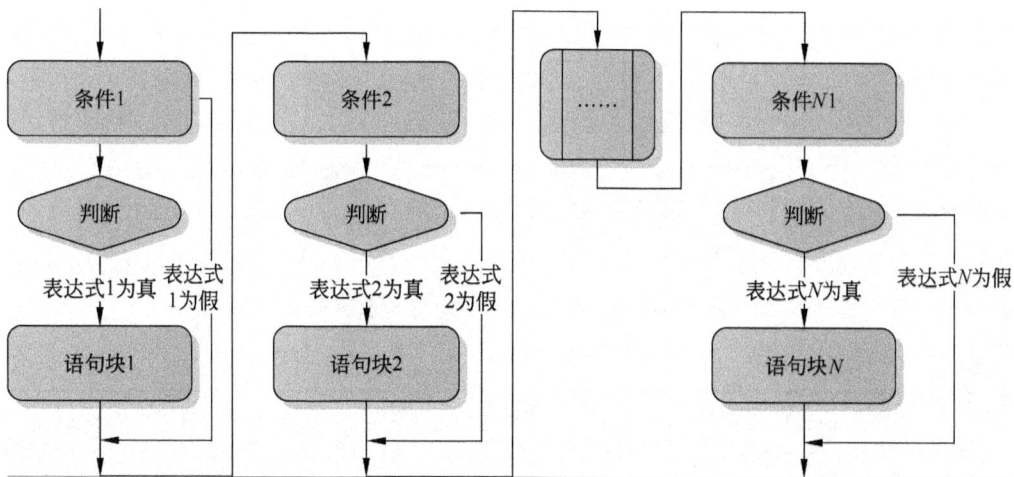

图 2-5 if…else if…语句的执行流程

4．switch…case 语句

switch…case 语句与之前 3 种语句不同，其可以根据一个表达式的若干种值进行判
断，然后执行多个分支语句。在 switch…case 语句中，条件的表达式不需要做值类型的
限制，其既可以是逻辑值，也可以是其他类型的值。switch…case 语句的使用方法如下
所示。

```
switch (Expression)
{
    case Value1 :
        Statements1;
        break;
```

```
    case Value2 :
        Statements2;
        break;
    ...
    case ValueN :
        StatementsN;
}
```

在上面的代码中，关键字 Expression 表示判断的条件表达式；Value1 为条件表达式的第一个值；Statements1 为当 Expression 等于 Value1 时执行的语句块，以此类推。

switch…case 语句与 if…else if…语句的区别在于，switch…case 语句是针对一个条件表达式进行的判断，而 if…else if…语句则可以针对多个表达式进行判断。在使用 switch…case 语句时，需要为条件表达式定义多个值，其执行流程如图 2-6 所示。

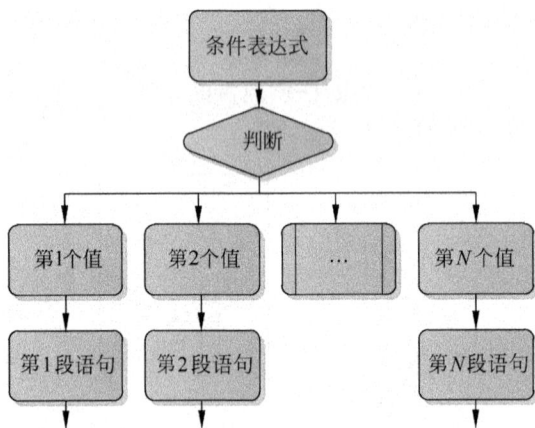

图 2-6　switch…case 语句的执行流程

> **注意**
> 在使用 switch…case 语句进行多分支判断时，应在每一个分支所执行的语句下添加 break 指令，然后才能实现分支运行，否则 switch…case 语句将依次执行每一个分支。

2.4.2　迭代控制

迭代控制也是一种控制语句执行的方法，其可以根据条件表达式的值多次执行语句。由于迭代控制在执行语句时往往以循环的方式进行，因此其又称作循环控制。在进行迭代控制时，可使用如下几种语句。

1．while…语句

while…语句的执行过程与 if…语句类似，其也可以对条件表达式的值进行判断，当表达式的值为真时执行该语句所属的语句块，然后再次进行判断，直到表达式的值为假之后再停止语句的执行。while…语句的使用方法如下所示。

```
while (Expression)
{
    Statements;
}
```

在上面的代码中，Expression 关键字表示判断条件的表达式，其值为逻辑值；Statements 关键字表示当 Expression 表达式为真时循环执行的语句块。while…语句的执行流程与 if…语句类似，如图 2-7 所示。

在使用 while…语句时，往往会动态地改变其条件表达式中某些变量的值，以实现循环条件的逐步变更。例如，求 1～100 之间所有数字之和，就可以使用 while…语句实现，代码如下。

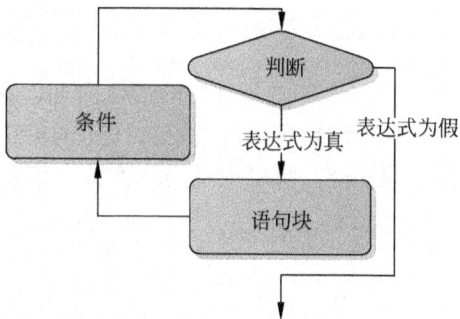

图 2-7　while…语句的执行流程

```
int i = 1,sum = 0;
while (i <= 100)
{
    i++;
    sum += i;
}
Console.WriteLine(sum);//输出: 5150
```

2．do…while…语句

do…while…语句也是一种根据条件判断是否重复执行语句块的语句，其与 while…语句的区别在于，while…语句是先判断，再执行，而 do…while…语句则是先执行，再判断，其使用方法如下所示。

```
do
{
    Statements;
}while (Expression)
```

在上面的代码中，Expression 关键字表示判断条件的表达式，Statements 关键字表示执行的语句块，其语句流程如图 2-8 所示。

由图 2-8 可以看出，在执行 do…while…语句时，会先执行一次大括号 "{}" 中的语句块，然后才对条件进行判定，决定是否返回 do 关键字的位置，再重复执行语句块。例如，使用 do…while…语句计算数字的阶乘，代码如下。

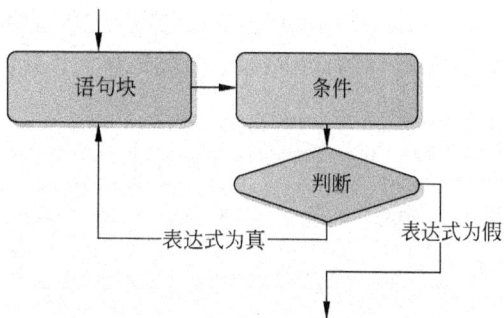

图 2-8　do…while…语句的执行流程

```
ulong n = ulong.Parse(Console.ReadLine()), i = 1, j = 1;
do
```

53

```
{
    i *= j;
    j++;
    } while (j <= n);
Console.WriteLine(n + "的阶乘为: " + i);
```

3. for…语句

for…语句是最常用的迭代语句,其与 while…语句类似,都可以在语句执行之前判断条件,然后再决定是否执行其包含的语句块。在执行语句块的同时,for…语句还提供计数器功能,可以记录循环次数,其使用方法如下所示。

```
for (Counter ; CountRange ; Increment )
{
    Statements;
}
```

在上面的代码中,关键字 Counter 为声明计数器变量并初始化的语句;CountRange为计数器变量可递增或递减的范围表达式,其值为逻辑型数据;Increment 关键字为计数器变量递增或递减的表达式,通常为一个对计数器变量重新赋值的表达式;Statements关键字表示当CountRange表达式为真时执行的语句。for…语句的执行流程如图2-9所示。

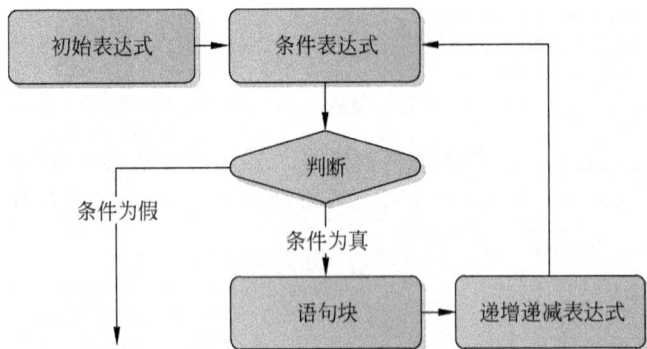

图 2-9   for…语句的执行流程

例如,使用 for…语句计算 1～100 之间所有奇数的和,可以声明一个计数器变量 i,其值为 1,然后定义其递增范围为小于100,增幅设置为2,代码如下所示。

```
uint i, sum=0;
for (i = 1; i < 100; i += 2)
{
    sum += i;
}
Console.WriteLine(sum);//输出: 2500
```

4. foreach 语句

foreach 语句是一种用于遍历集合元素的语句,该语句的作用是按照索引遍历某个特定数组、集合或对象中的元素与成员，其使用方法如下所示。

```
foreach (Type Variable in Collection)
{
    Statements;
}
```

在上面的代码中，Type 关键字表示遍历元素的数据类型；Variable 关键字为临时的变量名称；Collection 关键字为集合的实例名称；Statements 关键字表示执行的语句，通常为对 Variable 变量的处理。

foreach 语句是一种只读操作的语句，其可以迭代出集合的所有元素，但并不能对这些元素进行修改。例如，使用 foreach 语句迭代输出数组的所有元素，代码如下。

```
string[] strArr = {"Mon","Tue","Wed","Thu","Fri","Sat","Sun"};
foreach (string day in strArr)
{
    Console.Write(day+",");
}//输出: Mon,Tue,Wed,Thu,Fri,Sat,Sun,
```

2.4.3 跳转与中断

在流程控制中，如果需要临时中断语句的执行，或跳转到其他语句的位置继续执行，则可以使用 C#提供的跳转与中断语句，包括 goto、break、return 和 continue 等。跳转和中断语句可以更加灵活地控制程序的流程，但过多使用这类语句会给人工代码判读造成困难。

1. goto 语句

goto 语句的作用是停止执行当前正在执行的语句，然后跳转到一个已标记的语句位置，从标记语句的位置重新开始执行代码，其使用方法如下所示。

```
Label:
goto Label;
```

在上面的代码中，Label 关键字的作用是在某段语句中创建一个 goto 导向的标记。在创建这一段标记后，即可使用 goto 语句跳转到这一标记的位置。goto 语句有以下几个限制：使用 goto 语句不能跳出类的范围，也不能跳入到 for…、while…等迭代语句中，还不能推出 try…catch 语句块后的 finally 块。

> **提 示**
> 关于 try…catch…finally 语句，可参考之后相关的章节。

2. break 语句

break 语句可以强行中断当前的迭代流程或条件判断流程，从而进入迭代流程语句或条件分支语句。在之前介绍的 switch…case 语句中，就需要 break 语句中断每个分支的执行，跳转回上一级的条件判断步骤。break 语句的使用方法如下。

```
break;
```

break 语句是单级跳转的。也就是说如果出现多级嵌套的语句，则 break 语句只能跳转到上一个语句流程，不能直接跳转到顶级流程。

```
string strData;
do
{
    strData = Console.ReadLine();
    if (strData == "q")
    {
    break;
    } Console.WriteLine("你输入的是" + strData + "\r\n 输入 q 后退出");
} while (true);
```

执行上面的代码后，程序会自动返回用户输入的字符，直到输入字符 q 之后才能退出程序。

3．continue 语句

continue 语句与 break 语句类似，都可以实现语句块级别的跳出，但其又与 break 语句有一定的区别，continue 语句只能出现在迭代流程的语句块中，且不能中断迭代的语句，仅仅是终止当前这次的迭代，进入下一次迭代。

例如，在下面的代码中，通过循环语句输出 1～10 之间所有的数字，使用 continue 语句可以中断其中某个循环，从而跳过该数字，代码如下。

```
string result = "";
for (byte i = 1; i <= 10; i++)
{
    if (i == 5)
    {
    continue;
    }
    result += i.ToString() + ",";
}
Console.WriteLine(result);//输出: 1,2,3,4,6,7,8,9,10,
```

2.5 扩展练习

1．输出乘法口诀表

编写一个程序，通过迭代的方式生成 1～9 之间的数字，然后再通过迭代嵌套的方式输出两个数字相乘的字符以及最终乘法的结果，并通过排版显示出来，具体效果类似图 2-10 所示。

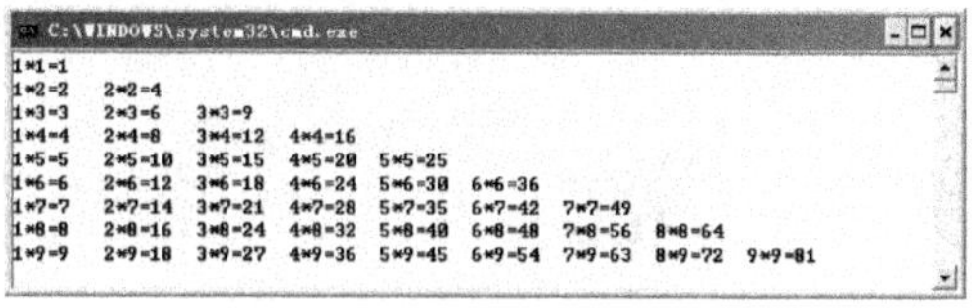

图 2-10 输出乘法口诀表

2. 输出 1~10 之间所有数字的平方和立方值

编写一个程序, 计算从 0~10 数字的平方和

立方的值, 并以表格的形式输出结果。在输出结果时, 可以使用制表符来对数据对齐, 效果如图 2-11 所示。

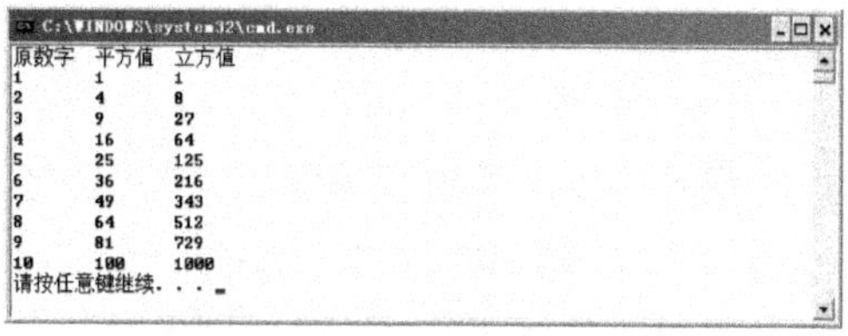

图 2-11 输出数字平方立方表

57

第 3 章　函　　数

函数可以将若干相关联的语句组织到一个独立的代码块中，并预留对外的接口供其他语句调用，实现代码的模块化。在 C#中，所有的函数都被视为类的方法，在未介绍面向对象的相关知识时，暂时使用函数这一术语。本章将详细介绍函数的定义、使用方法，以及重载函数和主函数等概念。

本章学习目标
- ➢ 了解函数的基本概念
- ➢ 了解自定义函数的方法
- ➢ 使用函数的参数
- ➢ 函数的重载
- ➢ main()函数的使用

3.1　函数基础知识

函数是一种源自于数学和解析几何学的概念。在数学中，函数体现了若干数字与计算后的结果之间唯一的映射关系。包含这些数字的集合被称作函数的定义域，而计算后结果的集合被称作函数的值域。简单地说，函数是一种体现输入数据和输出数据的映射关系。

3.1.1　计算机函数

在计算机编程领域，函数的意义在于将对数据进行处理的方法封装为固定而不可改变的代码块。这种代码块是可以重复使用的。开发者在编写函数之后，可以通过语句调用函数，对数据进行操作。

在编写代码时，可以根据函数的功能，以及其返回的值而将其划分为两类，即实函数和虚函数。

1. 实函数

实函数是指在执行函数后，能够返回一个具体的变量值或引用的函数。这种函数与数学中的函数定义最为接近。在调用实函数时，程序会根据输入的数据以及函数内部运算的方法，输出若干个显式的函数值或引用，其执行流程如图 3-1 所示。

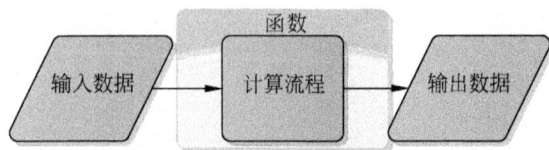

图 3-1　实函数的执行流程

2．虚函数

虚函数是面向对象编程的一种重要概念，是由实函数引申而来的一种函数，其主要用于表示一个整体数据处理的过程，此时函数往往仅对外部的数据进行处理，但是不返回任何数据。虚函数是面向对象编程中实现多态性的基本手段。

> **提 示**
>
> 关于面向对象编程的类和对象等概念，可参考之后相关的章节。

函数是一种应用十分广泛的技术，几乎所有编程语言都有函数这一概念。将功能性的语句封装到函数中，可以提高程序代码的重用性、提高开发的效率。在.NET Framework开发中，函数、类和对象都是重要的封装容器。

● 3.1.2 自定义函数

在 C#中，官方为各种类和属性定义了大量的方法供开发者调用。例如，之前介绍的在命令行中输出字符的 Console.Write()、Console.WriteLine()等命令就是典型的方法。除了官方定义的方法外，开发者也可以自行编写函数，并调用函数进行计算。

1．定义新函数

在使用函数时，开发者需要先对函数的内容进行定义，指定函数需要完成的功能、需要输入的数据类型、数据的数量等。如果定义的函数为实函数，则还需要为函数定义返回的函数值等。声明一个典型的函数，方法如下所示。

```
[Modifier] Type FunctionName （Arguments…）
{
    Statements;
    [return Value];
}
```

在上面的代码中，中括号"[]"内的关键字为可选内容，显示了定义一个函数的方法，其关键字的含义如下所示。

❑ **Modifier**

Modifier 关键字表示函数的修饰符，其作用与命名空间、类和变量的修饰符相同，都是用于定义函数的的作用域和生存周期。在 C#中，函数可以使用的修饰符包括 static、new、public、protected、internal、private、virtual、sealed、override、abstract 和 extern 等。如果不为函数定义修饰符，则默认情况下函数只在当前语句块中可用。

> **提 示**
>
> 除 public 等 5 种修饰符以外的几种修饰符将在之后面向对象编程的章节中详细介绍，在此将不再赘述。

❑ **Type**

Type 关键字表示函数的返回值类型，即函数本身的值类型。在 C#中，函数的返回值类型可以是任意的值类型或引用类型，甚至包括自定义的数据类型。对于没有返回值的虚函数，其类型由 void 关键字指定。

❑ **FunctionName**

FunctionName 关键字表示函数的实例名称，即在程序中调用该函数时需要书写的关键字。函数的命名规则与变量相同，都可以是任意字母、下划线 "_"、中文字符开头，且允许出现数字的字符组合。

❑ **Arguments…**

Arguments…关键字表示函数的参数，即在执行函数时需要输入的数据值。函数的参数是一个集合，其可以由多个任意数据类型的变量组成。这些参数之间需要以逗号 ","隔开。由于 C#是一种强类型的编程语言，因此在定义函数时，需要在参数之前加上参数的数据类型，数据类型与参数名应以空格隔开。关于函数的参数，可参考之后的小节。

❑ **Statements**

Statements 关键字表示函数中的执行语句，即对函数的参数和外部的变量进行运算的语句，其可以是普通的赋值语句，或条件分支语句、循环语句和其他各种语句。理论上，C#不限制函数中的语句行数。

❑ **Value**

Value 为 return 语句定义的函数返回值，其数据类型应符合之前的 Type 关键字。在默认状态下，一个函数可以包括多个参数，但只能有一个有效的返回值。例如，通过条件分支语句，可以定义多个函数返回值，但是在这些返回值中，只有条件成立的分支中的返回值是有效的。虚函数没有返回值，因此不需要使用 return 语句返回。

例如，定义一个计算两数平均值的函数，就需要先定义一个合适的函数数据类型，再为其添加两个参数，并编写计算的语句，定义一个返回值，代码如下所示。

```
double average(double a, double b)
{
    double ave = (a + b) / 2;
    return ave;
}
```

上面的代码定义了一个双精度类型的函数 average()，并为其定义了两个同类参数。在函数中，通过一个新的变量 ave 进行数据运算，最终通过 return 语句返回 ave 变量的值。

虚函数与实函数的区别主要在于函数的数据类型以及最终是否包含返回值。例如，上面的求两数平均值函数也可以通过虚函数来实现，但是需要在函数外先声明一个变量，然后再使用函数对变量进行操作，如下所示。

```
double ave = 0;
void average(double a, double b)
{
    ave = (a + b) / 2;
}
```

上面的代码就以虚函数的方式对变量 ave 进行了操作。在执行该函数后，即可为变量赋予一个新的值。

2. 调用函数

在了解了自定义函数的方法之后，即可使用各种自定义的函数，以实现函数中语句的功能，或通过函数进行数据的交换等。在调用函数之前，首先需要区分函数的类型，实函数和虚函数的调用方法并不相同，如下所示。

❑ 调用实函数

实函数是有返回值的函数，其函数值为一个具体的变量。因此，在调用实函数时，应该将其作为变量，放在表达式中使用。例如，通过实函数返回两个数字中的最小值，代码如下。

```
private static double min(double a, double b)
{
    if (a < b)
    {
        return a;
    }
    else
    {
        return b;
    }
}
```

调用该函数，则开发者可以直接为函数添加参数，并将函数作为一个 double 值来使用。例如，将该函数放在一个表达式中计算，然后作为值赋予到新的变量中，代码如下。

```
double a = min(19, 22) + 5;
Console.WriteLine(a);//输出: 24
```

❑ 调用虚函数

虚函数是没有返回值的函数，其本身往往只表示一个处理数据的过程，因此在调用虚函数时，不能将其作为一个值来使用，但可以将其作为一个指令执行。例如，编写一个对两个参数求和的虚函数，如下所示。

```
private static void and(int arg1,int arg2)
{
    c = arg1 + arg2;
}
```

在执行以上函数时，需要在程序 main()入口函数外部先声明各种变量，然后再在main()入口函数内执行函数，最后通过 Console.WriteLine()方法输出结果，代码如下。

```
private static int a = 5 ,b = 7,c;
static void Main(string[] args)
{
```

```
    and(a, b);
    Console.WriteLine(c);
}//输出: 12
```

提 示

关于 main()入口函数的使用，可参考之后相关的小节。

3.2 函数的返回值

函数的返回值是函数内语句块运算后从函数中输出的结果，是实函数的必要组成部分。在通常情况下，当程序执行函数时，一旦执行到由 return 语句构成的返回值位置时，就会自动终止函数，返回到上一级别语句块中。因此返回值也表示函数语句块的结束。

1. 返回表达式

在实函数中，函数的返回值数据类型应与函数本身类型保持一致，其除了可以是一个具体的值，还可以是一个可以隐式转换为函数数据类型的表达式。例如，在下面的代码中，就编写了一个返回表达式的函数。

```
private static int a = 5 ,b = 7;
private static bool not()
{
    return a>b;
}
```

在 main()入口函数中通过 Console.WriteLine()方法输出函数 not()的值，即可获得结果 false，代码如下。

```
Console.WriteLine(not());//输出: False
```

2. 分支结构的返回值

在默认状态下，函数返回值之下的所有代码都将是无效代码，不会为程序所执行。作为一种特例，如在函数中包含分支结构的语句，则每个分支下都可以有一个返回值。在这些返回值中，只有条件成立的分支中的返回值是有效返回值，其他返回值都属于无效返回值。

例如，编写一个返回数字绝对值的函数，通过 if…语句对数字的值进行判断，如大于等于 0，则返回数字本身，如小于 0，则返回数字的相反数，代码如下。

```
private static double abs(double n)
{
    if (n >= 0)
        return n;
    else
        return -n;
}
```

> **提 示**
>
> 上面的语句中，if…语句采用了一种特殊的省略写法。当 if…语句中的每个分支语句块只有 1 行时，C#允许省略大括号 "{}"。

在上面的代码中，就出现了两个 return 语句，返回了两个不同的值。然而由于这两个返回值分别处于条件语句的两个分支中，因此，只有条件成立的分支中的返回值才是有效返回值。例如，参数 n 的值为 15，则第一个 return 语句为有效的返回语句等。

在使用分支结构返回函数值时，还需要注意各分支结构必须有严密的逻辑关系，即各分支必须覆盖条件的所有范围，不能有遗漏的情况。尤其在 if…else if…语句和 switch…case 语句中，应防止因不符合所有条件判断而导致实函数无返回值的情况发生。例如，在下面的代码中，如参数为 0，则将报错。

```
private static double abs(double n)
{
    if (n > 0)
        return n;
    else if (n < 0)
        return -n;
}
```

在上面的代码中变量 n 可能有 3 种情况，即大于 0、等于 0 和小于 0，但是在 if…else if…语句中仅考虑到了其中的两种情况，因此如变量 n 等于 0，则 Visual Studio 会报出"并非所有的代码路径都返回值"的错误。

3. 虚函数的返回

虚函数是没有返回值的。但在编写虚函数时，同样可以使用 return 语句实现返回。需要注意的是，虚函数的 return 语句后面不需要跟随一个具体的值，例如，在下面的一个虚函数中，就使用了 return 语句，代码如下。

```
private static void floor(double n)
{
    i=(int)n;
    return;
}
```

在虚函数中使用 return 语句将立即强制中断当前函数的执行，返回上一级别语句块。在 return 语句之后执行的代码将不会起作用。

3.3 函数的参数

参数是函数对外进行数据交换的接口。在定义函数时，可以为函数指定接受参数的列表，以及每个参数的数据类型。在使用函数时，也可以根据函数具体的定义，将参数添加到函数的括号内，从而实现参数的传递。

3.3.1 形式参数与实际参数

在函数的作用过程中，可以将所有参数分为形式参数和实际参数等两种。这两种参数分别体现了函数数据交换的两个阶段。

1. 形式参数

形式参数（又称作形参）是指在形式上存在的参数，即在编写函数时定义的参数。形式参数由若干个带有数据类型的参数组成，其作用是对调用函数时的参数进行规范。例如，在下面的函数中，就定义了多个形式参数，代码如下。

```csharp
public struct userGroup
{
    public uint gid;
    public string name;
    public string phone;
}
static void newUser(uint gid, string name, string phone)
{
    userGroup user = new userGroup();
    user.gid = gid;
    user.name = name;
    user.phone = phone;
    users[gid] = user;
}
```

上面的代码先定义了一个开发者组的结构，然后编写了添加新开发者的函数，根据结构中的成员定义了函数的 3 种形式参数。形式参数只是一种规范性质的参数，其本身没有实际的值，只能在调用函数时对函数的参数类型、数量以及顺序进行规范。

2. 实际参数

实际参数，顾名思义，是实际存在的参数，其体现了函数在被调用时，为参数赋予实际值的过程。实际参数受到函数的形式参数限制，除非在形式参数中进行特殊规定（例如，不定参数数量，这将在之后小节中介绍），否则实际参数必须与函数的形式参数个数、数据类型以及排列顺序相符。

例如，下面函数中定义了两个形式参数，在调用该函数时，就必须根据形式参数的限制来赋予实际参数，代码如下。

```csharp
static void testFunction(uint id , string name)
{
    //…
}
testFunction(0 , "名字");
```

在上面的代码中，数字 0 和字符串"名字"就是 testFunction()函数的两个实际参数，其必须符合该函数的形式参数规范。

3.3.2 引用参数与输出参数

引用参数和输出参数是由函数本身的特性而引申出来的两个概念。使用引用参数和输出参数，可以更加灵活地调用函数，并对函数的参数进行快速处理。

1．引用参数

在本章之前提到的所有函数参数通常都具有一个值，这种参数称作值参数。在调用包含值参数的函数时，程序会将值传递给参数的相应形参，这样，在执行该函数时，对形参的任何改动都不会影响实参的值。

例如，下面的代码定义了一个对逻辑变量进行逻辑非运算的虚函数并通过一个逻辑值作为参数，调用该虚函数。

```
static void Main(string[] args)
{
    bool data = true;
    Console.Write(data + ",");
    not(data);
    Console.Write(data + ",");
}
static void not(bool blData)
{
    blData = !blData;
    Console.Write(blData + ",");
}//输出:True,False,True
```

在该程序中，逻辑型变量 data 作为实参传递给了函数 not()，虽然函数 not()对该变量进行了逻辑非运算，但从运行的结果可看出，这种预算并未能将改变后的值传递给实参变量 data。由这一函数可得出，值参数不能改变函数的实参数。

如果需要改变函数的实参数，则需要使用引用参数技术。与值参数不同的是，当将一个引用型实参传递给某个函数时，程序将把实际值在内存中的地址传递给引用形参，这时，对形参变量所代表的值的任何更改，都会影响到实参变量所代表的值。也就是说，引用参数能够改变函数的实参数。

要使用引用参数，需要在编写函数时在参数之前添加 ref 关键字，同时还需要在调用函数时在参数前同样添加 ref 关键字，来标识两个参数的引用性质，代码如下。

```
static void Main(string[] args)
{
    bool data = true;
    Console.Write(data + ",");
    not(ref data);
    Console.Write(data + ",");
```

```
}
static void not(ref bool blData)
{
    blData = !blData;
    Console.Write(blData + ",");
}//输出:True,False,False
```

在使用引用参数时需要注意，作为实参的引用变量必须是经过初始化的变量。C#原则上禁止引用参数在被调用的函数体内进行初始化。例如，下面的代码就是错误的。

```
bool data
not(ref data);
Console.Write(data);
```

在上面的代码中，局部变量 data 本身没有经过初始化，即被 not()函数调用，因此在编译时，C#会报出"使用了未赋值的局部变量'data'"的错误。

2. 输出参数

在之前的小节中已介绍过，函数的输入值是参数，输出值是返回值。一个函数只能拥有一个有效的返回值，也就是说一个函数在进行数据操作后，只能输出一个有效的数据。如果开发者需要同时返回多个数据，则必须编写多个函数。

输出参数是一种特殊的参数，其借用了引用参数的部分概念，允许开发者通过函数的参数与外部的代码进行通信，也就是将参数作为函数的输出值与外部代码通信。使用输出参数后，即可通过一个函数输出多个数值。

在使用输出参数时，函数执行后将输出形参的值返回给与之相对应的输出实参。将未实例化的变量用作引用参数是错误的，但是输出参数却可以使用未实例化的变量。输出参数与引用参数一样需要通过关键字来标识，其标识关键字为 out。以下代码中就定义了一个包含输出参数的函数。

```
static int arrMax(int[] arr, out int maxIndex)
{
    int max = arr[0];
    maxIndex = 0;
    for (int i = 1; i < arr.Length; i++)
    {
        if (arr[i] > max)
        {
            max = arr[i];
            maxIndex = i;
        }
    }return max;
}
```

在上面的代码中，函数包含两个参数，一个是输入函数的数组，另一个则是用于输出的数组中最大元素的索引号，因此使用了 out 关键字，将其标识为输出参数。在使用该函数时，可以先声明一个未实例化的变量作为输出参数，并在函数中引用该变量作为参数，添加 out 标识，代码如下。

```
int[] arr = { 35, 44, 79, 25, 14, 36, 25, 27, 22, 16, 98, 42, 103, 29 };
int maxIndex;
int maxValue=arrMax(arr,out maxIndex);
Console.WriteLine(maxValue + "," + maxIndex);//输出: 103, 12
```

3.3.3 不定参数

在之前介绍的函数中，参数的数量是在编写函数时就进行了严格定义的，在使用函数时，必须按照定义函数时的参数数量、顺序、数据类型进行传参。然而在处理一些特殊的数学问题时，往往需要根据使用函数时输入的参数来定义参数数量，例如，求任意个数字的平均值等。此时，就需要使用到不定参数这一概念。

不定参数是函数参数的一个重要概念，其允许在使用函数时，为函数定义任意数量的参数，并将函数的所有参数视为一个数组。这样，程序就可以通过遍历的方式检索每一个参数的值，并进行处理。定义不定参数的函数需要使用 params 关键字，其方法如下所示。

```
[Modifier] Type FunctionName(params ArrayType ArrayName)
{
  //…
}
```

在上面的代码中，中括号内的关键字为可选内容，Modifier 关键字表示函数的修饰符；Type 关键字表示函数的返回值数据类型；FunctionName 关键字表示函数的名称；ArrayType 表示不定参数数组的数据类型；ArrayName 表示不定参数数组的名称。例如，编写一个计算多个数字平均值的函数，代码如下。

```
static double ave(params double[] arr)
{
    double sum = 0;
    for (int i = 0; i < arr.Length; i++)
    {
        sum += i;
    } return sum / (arr.Length);
}
```

在上面的代码中，预先将一个双精度的数组作为函数的参数，然后在函数内通过累加的方式求得数组所有元素之和，最后再除以数组的长度，返回数组所有元素的平均值。在调用该函数时，可以直接将任意数量的数字作为函数的参数，代码如下。

```
Console.WriteLine(ave(1 , 2 , 3 , 4 , 5));//输出: 3
```

在定义和使用不定参数的函数时，如果定义的函数包括若干普通的参数，则应将所有普通的参数放在参数序列的前面，将不定参数数组放在参数序列的末尾。例如，编写一个既可以求若干数字最大值又可以求其最小值的函数，即可以先编写一个字符串数据类型的开关进行判定，代码如下。

```csharp
static double maxOrMin(string str , params double[] arr)
{
    double max = arr[0] , min = arr[0] , none = 0;
    for (int i = 0; i < arr.Length; i++)
    {
        if (arr[i] > max)
            max = arr[i];
        else if (arr[i] < min)
            min = arr[i];
    }
    switch (str){
        case "max":
            return max;
        case "min":
            return min;
        default:
            return none;
    }
}
```

在执行调用该函数时，可以先以 max 或 min 等字符串作为开关，定义函数计算的是哪一种值，然后再添加数字，代码如下。

```csharp
Console.WriteLine(maxOrMin("max", 1, 2, 3, 4, 5, 6, 7, 8));//输出: 8
Console.WriteLine(maxOrMin("min", 1, 2, 3, 4, 5, 6, 7, 8));//输出: 1
```

不定参数的参数数组只能是一维数组。在程序设计中，不定参数是一项非常重要的功能，由于其可以根据调用函数决定参数的数量，因此可以提高程序的智能化，使一个函数可以面向更多的功能。关于数组的各种应用，可参考之后相关的章节。

3.4 函数重载

函数重载是 C#的特色功能之一，其可以为一个函数定义多种参数集合，从而使函数实现更多的功能。函数重载更多地体现了封装和多态性的原理，是面向对象编程的又一种重要应用。

函数重载功能是指在程序中多次定义一个同名的函数，为函数定义若干组数量和数据类型不同的参数。在调用函数时，程序会自动根据参数的数量和数据类型等匹配函数，以实现函数的多功能性。在使用函数重载时，需要注意函数的各种版本必须满足以下任意一种条件。

❑ 参数数量不同。

❑ 参数数据类型不同。

❑ 参数顺序不同。

函数重载的各种版本，其参数至少应满足以上任意一条，才能使程序可以区分调用的是哪一个版本的函数。重载的各种函数返回值数据类型可以相同，也可以不同。例如，编写一个重载函数的实例，当参数为数字将数字相加，当参数为字符串时则将数字连接，代码如下。

```
static double add(params double[] arr)
{
    double sum = 0;
    for (int i = 0; i < arr.Length; i++)
    {
        sum += arr[i];
    }
    return sum;
}
static string add(params string[] arr)
{
    string sum = "";
    for (int i = 0; i < arr.Length; i++)
    {
        sum += arr[i];
    }
    return sum;
}
```

在上面的代码中，add()函数被重载了两次，第一个版本接受双精度类型的参数，可以对任意数量的数字进行加法运算，返回数字之和；而第二个版本则接受字符串类型的参数，可以将所有参数连接起来，将其合并为一个字符串。

在调用 add()函数时，程序会根据用户输入的参数进行判断，如输入的为数字，则执行第一个版本，如输入的为字符串则执行第二个版本，代码如下所示。

```
Console.WriteLine(add(1, 3, 5, 6, 6));//输出: 21
Console.WriteLine(add("C#", "是", "一门", "优秀的", "编程语言"));
//输出: C#是一门优秀的编程语言
```

在创建基于重载技术的函数后，函数的每个版本都可以执行用户指定的操作。C#并未规定重载的函数必须有一定的关联关系，但从命名等风格看，重载的函数各版本应符合命名的语义化等需求，否则就失去了重载的意义。因此，在使用重载技术时，应保持函数的每一个版本的功能类似、参数有别，才能体现出重载的特色。

3.5 入口函数

入口函数是一种特殊的函数，其作用是为程序提供一个入口点，存储各种可执行的语句，创建对象并调用其他方法。一个 C#程序只能有一个入口点，所有调用的方法与自定义函数必须在入口函数中被调用才能够执行。C#语法规定，这个入口点必须是 main()函数，因此 main()函数就是 C#中唯一的入口函数。

入口函数 main()具有一个固定的参数序列，即 string args，其作用就是获取执行程序命令时用户输入的参数，实现程序与用户之间的数据交互。入口函数 main()的参数在命令行中应用十分广泛。例如，一个典型的命令行命令 type，其在编写时就使用了典型的入口函数参数，如图 3-2 所示。

在可视化程序中，入口函数 main()也同样可以发挥作用，例如，记事本程序 notepad.exe 就允许用户为程序在执行时通过命令参数打开文档，如图 3-3 所示。

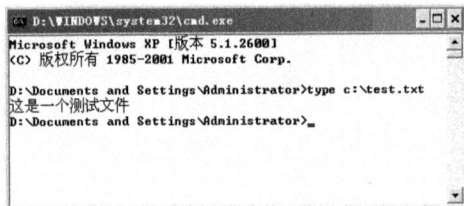

图 3-2　type 命令的入口函数参数

图 3-3　记事本程序的入口函数参数

在编写 C#程序时，开发者同样可以为自己的程序定义入口函数参数，从而在执行程序时，获取参数数据，快速处理输入信息。例如，编写一个测试入口函数参数数量的程序，检测在执行程序时添加的参数数量，代码如下。

```csharp
static void Main(string[] args)
{
    Console.WriteLine("入口函数的参数数量为{0}",args.Length);
}
```

编译以上的代码，然后即可在命令行中执行该程序，此时，即可对程序的参数进行判断，输出参数的数量结果，如图 3-4 所示。

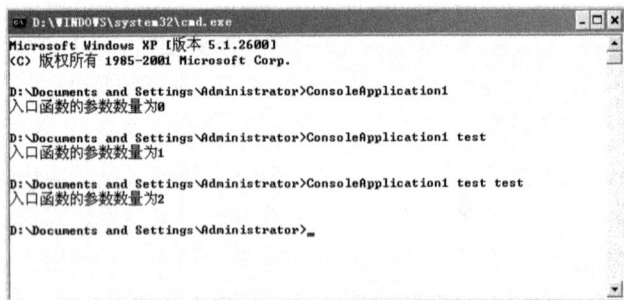

图 3-4　执行程序并输出参数

> **提示**
>
> 在不定参数的小节中已介绍过，函数的参数可以是一个由若干相同数据类型的变量组成的集合。main()函数的参数默认就是一个字符串组成的集合。在输入参数交换数据时，可以将这些字符串以空格隔开。

在使用入口函数 main()时，应注意 main()函数是整个程序的主函数，所有在程序中需要执行的语句都需要在 main()函数中编写，所有自定义函数和对象都需要从 main()函数中调用。main()函数必须是静态的，且不应为公共的函数。

在默认状态下，main()函数是一个虚函数，没有返回值。在实际编程时，可以修改main()函数，使其返回整数型数值。main()函数的参数默认为一个以字符串构成的数组集合。如果不需要通过入口函数的参数进行数据传递，则可以删除其函数参数。

3.6 扩展练习

1. 计算数字的幂序列

编写一个程序，根据用户输入的数字，分别返回该数字自–5～5 次幂的值。在计算幂值时，将计算的过程封装到函数中，然后再通过入口函数循环调用，具体效果如图 3-5 所示。

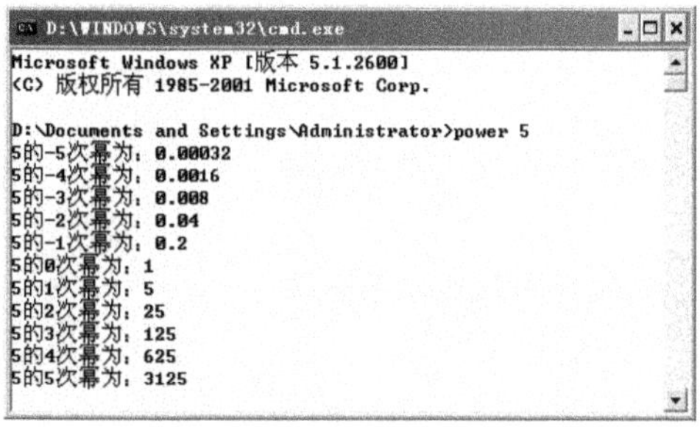

图 3-5　计算数字的幂

2. 根据输入年月生成日历表

已知 1900 年 1 月 1 日为星期一，在不使用C#时间类的情况下，编写一个程序，根据 1900年 1 月 1 日的星期计算用户输入的月份每日的星期状态，并计算该月天数，输出一个日历表，具体效果如图 3-6 所示。

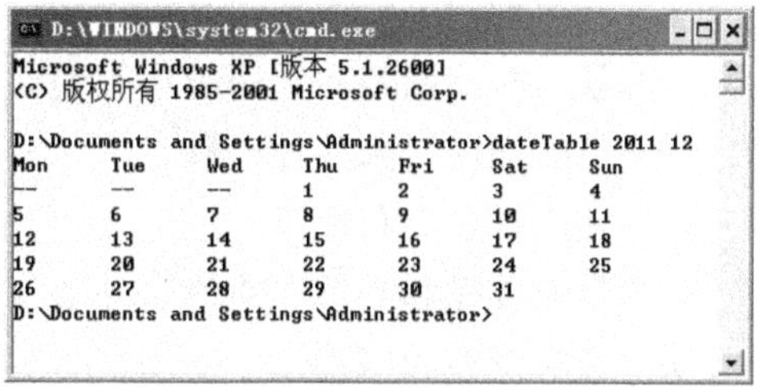

图 3-6　2011 年 12 月日历表

第4章　面向对象的编程

之前的章节中已介绍过，C#是一种面向对象编程的强类型编程语言。面向对象是一种关于程序设计的思想，是目前最流行的程序设计方式，其将所有编程元素都视为对象，通过操作对象的属性、方法、事件来实现程序的模块化，提高程序开发的效率。

在面向对象编程时，需要以"数据控制访问代码"为程序设计的主要原则，围绕数据来组织程序。本章就将围绕面向对象的逻辑思维方式，介绍面向对象的概念、类、成员、继承性、多态性、抽象性以及事件等知识。

本章学习目标

➢ 理解面向对象的基本概念
➢ 了解面向对象编程的体系
➢ 掌握创建、使用类的方法
➢ 学习构造函数和析构函数的编写
➢ 了解面向对象的各种特点
➢ 使用抽象类和接口
➢ 学习委托和类事件的使用方法
➢ 了解泛型的概念

4.1　面向对象的基本概念

面向对象（Object Oriented，OO）的程序设计是一种方法论。相比传统的面向过程的程序设计，面向对象的方式更加简单、更加直观。面向对象的程序设计是目前最流行的程序设计，当今绝大多数编程语言都引入了面向对象设计这一概念。

4.1.1　面向对象与面向过程

人类在认识自然界中的物体时，会自然而然地将物体抽象化为一些简单的描述，突出物体的特点，并通过物体的特点来辨识各种不同的物体。面向对象的程序设计方法正是对这种方法的一种总结，其不仅应用于计算机程序开发中，还在日常事务处理中得到广泛的应用。

1. 面向过程的局限性

在传统的程序设计思想中，一切事务的处理都是基于过程的。无论是进行数据运算还是数据读取、存储，都被看作是一个整体的流程。在这种思想下，程序就是这种流程

面向对象的编程

的代码实现，每进行一种计算机事务，都需要专门为这一事务编写一种程序，绝大多数程序的处理流程如图 4-1 所示。

由于程序设计思想的局限性，面向过程设计的程序只能实现单一的功能，处理一些逻辑结构较为简单的事务。这种程序的主程序流是串联的，在开发处理复杂事务的程序时，处理的每一个小流程都必须保证结果正确，否则就需要花费大量的时间和精力去排查故障。

图 4-1　程序处理数据的过程

这些用途单一、功能弱小且复杂度越来越高的程序逐渐为计算机程序开发带来一场危机，在面向过程设计的情况下，软件的开发和维护工作越来越复杂，开发成本则越来越高，处理任何工作事务，都需要花费大量的时间和精力开发软件。

2．面向对象的优越性

面向对象的程序设计方法强调将所有程序需要处理的工作都看作是一种对象，并对这些工作进行归纳和总结，抽象为类。通过对类创建各种属性和方法，实现程序代码的模块化和可复用性。

在面向对象的程序设计方法中，一切处理代码都被封装到指定的程序单元中，并提供了对外的接口和类，允许方便地通过外部代码调用。面向对象开发的大型程序往往由若干个这种单元模块组成，每个模块通过指定若干的接口与外部的程序通信，输入接口的数据不同，返回的结果也不同，其程序的执行流程如图 4-2 所示。

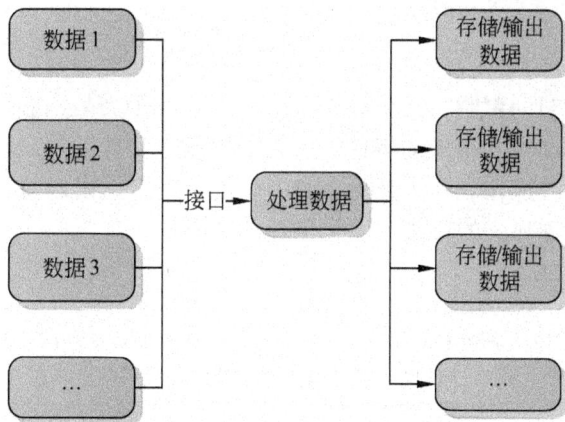

图 4-2　面向对象的程序处理流程

由图 4-2 可看出，面向对象设计的方式开发的程序更强调多功能性和模块化，寄希望于一个程序根据输入的数据类型、内容等，实现结果的多样化。这种设计方式提高了代码的利用率，降低了开发程序的成本，因此这种方式自 20 世纪 80 年代以来迅速为各种编程语言采纳和吸收，成为主流的编程语言必备的功能。

4.1.2 面向对象的程序设计

面向对象的程序设计基于一切皆对象的原理，是由人类认识自然、了解自然的过程中总结出的一种符合人类逻辑思维方式的设计方法。在面向对象的程序设计中，需要对程序操作的各种数据进行归纳和总结，然后再进行分类处理，且开发者需要了解以下几个概念。

1．类（Class）

类是对所有事物所进行的归纳和总结，是对若干具有相同形状事物的抽象化概述。类定义了一个或多个事物的抽象特征，包括事物的基本性质、可实现的功能，以及在对这些事物进行操作后可以触发的反应。以上这些类包含的内容统称为类的成员，所有类所包含的事物都应与这些成员相符。

日常生活中，很多事物事实上都是对其他事物的归纳和总结，例如，汽车、飞机、树木、猫、狗等，都是对更详细的事物归纳而成的类。下面将用伪代码定义"汽车"这个类，并为类添加成员，代码如下。

```
公共的 类 汽车：载具
{
    零件 车轮;
    零件 发动机;
    功能 载运();
    功能 行驶();
    事件 启动 驾驶;
}
```

在上面的伪代码中，声明了一个关于汽车的类，这个类是由载具这一大类继承而来的，且具有车轮、发动机等组成的零件，可以实现载运和行驶等功能，另外，在启动汽车后，可以进行驾驶等操作。在大括号"{}"中的所有定义内容就是类的成员，汽车是类的名称，载具则可称作类的基类，即类创建的基础。

> **提示**
>
> 伪代码是一种描述编程语言内容的方法，其可以使用各种机器语言的语法、保留字甚至自然语言以描述程序的结构。伪代码可以帮助开发者理解代码的含义。

2．对象（Object）与实例（Instance）

对象是类的具体化，是符合类所有特点的事物，也是面向对象编程中被程序操作的所有数据的统称。在面向对象编程的设计思想中，所有内容都是一种对象，无论是数据、函数、事件或者其他的编程元素，都被视为某些类的具体实现。

在声明对象后，如果不进行赋值操作，则对象在计算机中仅仅占用一个空的内存地址单元，类似具体的事物在人类脑海中占据的位置。如果为对象进行赋值操作，就可以将对象变为一个具体的实例，这一过程称作实例化。

对象本身也是一个抽象的概念，只有进行实例化之后，才能指向一个具体的物体，在编程中相当于为内存地址单元填入数据，而在实际生活中，相当于在人类的脑海中存在一个具体的影像。例如，用伪代码定义一个之前声明的类所具体化的对象，代码如下。

```
汽车 比亚迪 F1 = 新的 汽车();
```

在上面的代码中，就定义了一个汽车的对象，并对该对象进行了实例化，实例的名称为比亚迪 F1。在编程中，类往往是不能被直接使用的。在使用类的各种成员时，经常需要对类进行实例化。

3. 字段（Field）

字段是描述类和对象的基本性质的一种内容。在广义的面向对象设计理论中，字段是从属于属性的，其与属性和常量具有一定的交集。在.NET Framework 中，字段可以被认为是简单的属性。

例如，在"汽车"这个类中，所有的汽车都具有一种共同的简单形状，就是车轮数量。在定义"汽车"这个类时，就可以将这个属性定义为字段，代码如下所示。

```
常量 车轮数 = 4;
```

4. 属性（Attributes）

属性是类在归纳各种事物时的总结性内容，是所有类所属事物共同存在的一些特点。属性是针对类和类以外的事物的，通常是类的实例才有，非类的实例就没有的特点。

在广义的面向对象编程中，属性被认为是声明类时定义的变量。在.NET Framework 中，属性被定义为字段的延伸，其与字段的区别在于，属性不指示数据存储的位置，必须由访问负来指定要执行的语句。

在类中定义一个属性，其与定义字段类似。在使用属性时，可以直接为属性赋值，例如，在实例化汽车这个类之后，即可为"比亚迪 F1"这个对象定义各种具体的属性。例如，车轮、发动机等汽车的零件，代码如下。

```
比亚迪 F1.轮胎 = 三角轮胎;
比亚迪 F1.发动机 = BYD371QA 直列三缸发动机;
```

属性是类的所有实例都具有的特点，但是属性可以具有略微的差异性。例如，在"汽车"的类中，"比亚迪 F1"对象的发动机和"奇瑞 QQ"的发动机就是不同的。但是无论哪一种"汽车"的对象，都具有"发动机"这种属性。

5. 方法（Method）

方法又称作函数，同样是引自数学的概念，在之前的章节中已做过详细的介绍。在面向对象的程序设计中，方法是指类可以实现的各种功能和行为。一个类可以包含若干个方法，在实例化类之后，产生的对象会继承这些功能和行为，允许开发者通过代码调用。

例如，在"汽车"这个类中，就提供了"载运()"和"行驶()"等方法。"汽车"的实例"比亚迪 F1"就可以"载运()"和"行驶()"。方法是实例独立的功能，某一个实例在执行方法时，不会影响其他的实例。例如，行驶比亚迪 F1 就不会影响到奇瑞 QQ 等其他汽车的行驶。

在之前的章节中介绍的自定义函数过程，事实上就是为 C#主程序类编写方法的过程。而调用这些自定义函数，就是执行主程序类的方法。关于方法的内容，在之后的小节中会进一步介绍。

6. 事件（Event）

事件是类的消息传递机制，即类的实例与外部进行交互的流程，是类与其他程序、开发者的沟通渠道。所谓程序，就是获取用户输入的信息，进行处理并反馈结果的计算机代码。而这个获取输入信息、处理并反馈结果的过程都需要事件机制来实现。

以前面"汽车"的类为例，这个类就定义了一个启动的事件。当驾驶员启动汽车后，即可对汽车进行驾驶操作。事件与方法类似，都是实例的独立构成。在对触发一个实例的事件时，也不会影响到其他的实例。

4.1.3 面向对象的特点

面向对象程序设计是一种将面向对象的思想应用于软件开发过程中，指导开发活动的系统方法。作为一种对人认识自然事物方式的模仿，面向对象的程序设计具有 4 种特性，如下所示。

1. 封装性（Encapsulation）

封装性是面向对象程序设计的基本特征。具体到现实生活中，封装也是工业生产和日常生活中的一种常见现象。例如日常使用的计算机主机，事实上就是将中央处理器、存储器、输入设备和输出设备封装为一体的一个对象，其结构如图 4-3 所示。

在使用计算机时，用户无需了解计算机中各种组件的运行原理，也不需要掌握这些组件各自发挥的作用，只需要直接调用计算机中的操作系统，通过操作系统这个接口即可实现内外的交互。

以上实例充分体现了封装的原理，在面向对象的程序设计中，将所有进行对象处理和操作，以及表述对象特征的代码全部封装到类中，通过类的各种对外接口实现内外的交互。

封装可以将程序运行的代码与实际调用过程完全隔离，开发者在使用程序时，只需要了解程

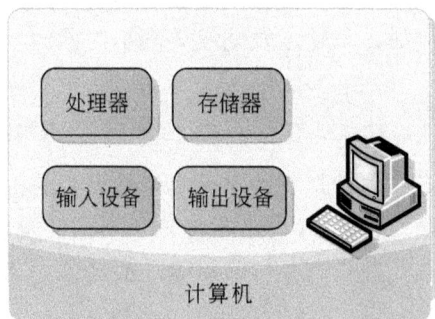

图 4-3　计算机的构成

序对外的接口，无需了解程序内部运行的原理，这样既保护程序代码的完整性和安全性，又方便了开发者使用这些程序。

封装还可以为类的各种成员定义外部的访问权限。例如，通过对类的成员定义修饰

符，可以禁止某些成员被类以外的代码访问，或进行这些成员被命名空间以外的内容访问。封装保证了模块具有较好的独立性，使得程序维护修改较为容易。对应用程序的修改仅限于类的内部，因而可以将应用程序修改带来的影响减少到最低限度。

封装的容器可以有许多种，例如，包、类、方法，也可以是某个具体的对象。在之前介绍函数的章节中，就多次提到使用函数封装代码，从而实现模块化的程序开发。

2. 抽象性（Abstraction）

抽象性也是面向对象的基本特点，其具体的表现就是在将多个实例归纳和总结为类时，需要对若干个实例的属性、方法、常量和事件进行分析，求出这些实例成员的交集，即可抽象为类的成员。

抽象是一个重要的过程，也是对实例的各种成员进行甄别和筛选的必要过程。根据抽象所面对的内容，可将其分为过程抽象和数据抽象等两种。

❑ 过程抽象

过程抽象针对的是行为，即实例的方法与事件，例如，汽车可以载货，可以行驶，可以被驾驶员驾驶。这些成员并非具体的数据值，而是一个代码执行的过程，因此对这类成员进行抽象，被称作过程抽象。

❑ 数据抽象

数据抽象针对的是具体的数据值，例如，实例的属性和常量等成员。这些成员都是一个具体存在的数据，因此对这类成员进行抽象就属于数据抽象。

3. 继承性（Inheritance）

继承性体现了面向对象设计的几种元素之间的关系，即子元素将完整继承父元素的所有成员，包括属性、方法、常量和事件等。面向对象设计的元素诸如类、对象等都可以进一步具象化，即类可以再衍生子类，对象可以衍生出子对象。这些衍生出来的元素都将继承其父元素的各种成员。

例如，载具这一大类可以衍生出汽车、轮船等多个子类。而汽车还可以衍生出轿车、卡车、吉普车、工程车等更多的子类。每一个子类都是其父类的特殊类型，但是这些子类都将继承父类的所有特征。

4. 多态性（Polymorphism）

多态性与继承性相辅相成，是事物的一体两面。具体到面向对象设计的元素中，子元素即会继承父元素的所有成员，同时也会发展出新的成员，这些新的成员就体现了子元素的多态性。

另外，多态性还体现在各种子元素之间的差异，例如，轿车和卡车是汽车的两个子元素，其继承了汽车的所有成员特性，但轿车有轿车的特性，而卡车有卡车的特性，轿车具有后备箱，而卡车则具有车斗；在功能上轿车主要用于载客，卡车主要用于载货。这种子元素的差异就是多态性的具体实现。之前章节中介绍的函数重载，正是多态性在编程中的具体应用。

4.2 类和成员

在程序开发中，类是管理对象、属性、字段、方法和事件的基本模板，其作为功能模块，可以指定数据以及操作数据的代码。从 C#的功能上讲，类是一个根数据结构，从类上可以衍生出数据成员（属性、字段）、功能成员（方法、事件），并可以包含更多的嵌套子类。

4.2.1 定义类

定义一个类就是将具有若干相同成员的对象进行归纳和总结的过程。在定义类时，还可以声明该类的可访问型、所从属的类，以及类的接口等性质。在类的内部，可以定义类的各种成员。

1. 定义一个类

在 C#中定义类，需要使用 class 关键字进行创建，并用修饰符规定类的定义域等性质。对于由其他类衍生的子类，还需要表明其继承的类，代码如下所示。

```
[Modifier] class ClassName [:BaseClass] [:Interface]
{
    Member;
}
```

在上面的代码中，中括号"[]"内的关键字为可选的内容，其作用如下所示。

❑ **Modifier**

Modifier 关键字表示类的修饰符，是一个可选的关键字，其用于定义类的具体作用和作用的范围。类可以使用变量的所有修饰符，同时还可以使用 3 种新的修饰符，其作用如表 4-1 所示。

表 4-1　类的两种新修饰符

修饰符	作用
new	仅允许在嵌套类定义中使用，表明类中隐藏了由基类继承而来的与基类同名的成员
abstract	指定当前的类为其他类的基类或抽象类，不允许为该类建立实例
sealed	指定当前类为封闭的类，其成员不能为其他类所继承

abstract 修饰符和 sealed 修饰符是互斥的，也就是说，在定义一个类时，使用了其中任意一个修饰符后，就不能再使用另一个了。

❑ **ClassName**

ClassName 关键字表示类的名称。类的命名与变量和函数的命名类似，都可以是任意字母、下划线"_"、中文字符开头，且允许出现数字的字符组合。需要注意的是，命名的类和变量、函数不能重复。

❑ **BaseClass**

BaseClass 关键字表示类的基类名，也是一个可选的关键字，即当前类所继承的其他类。在 C#中，类的基类是唯一的，不允许某个类同时继承几个类。

❑ **Interface**

Interface 关键字表示类可用的接口，是一个可选的关键字。与基类不同，一个类可以有多个接口，因此 Interface 关键字可以是以逗号","隔开的若干接口的列表。关于接口，可参考之后相关的小节。

❑ **Member**

Member 关键字表示类的各种成员，例如，字段、属性、方法和事件等，这些都应放到类的大括号"{}"中书写。

例如，编写一个用于计算数字平方值的 C#类，其中包括一个方法和，具体定义如下。

```
class square
{
    double calcSquare(double n)
    {
        double result = n * n;
        return result;
    }
}
```

2. 类的实例化

类的实例化就是通过特殊的方法将类进行具体化，从而创建对象的方法。在之前章节中介绍的声明变量，就是将相应的数据类实例化的过程。实例化某个类的对象，其方法主要包括两种。

❑ **声明对象**

如果开发者只需要声明一个空对象，在内存中占据一块单元，则只需要声明类名，然后再定义对象的实例名称，代码如下。

```
ClassName ObjectName;
```

在上面的代码中，ClassName 关键字表示声明对象的类名；ObjectName 关键字表示对象的实例名称。

❑ **声明对象并实例化**

如果开发者在声明对象的同时还需要为对象创建实例，即在内存中占据单元并填入数据，则可以使用 new 关键字为对象进行定义，代码如下。

```
ClassName ObjectName = new ClassName(Arguments);
```

在上面的代码中，ClassName 和 ObjectName 分别表示类和对象的名称，Arguments 表示该类的构造函数（关于构造函数，可参考之后的小节）参数。如果声明的对象是一个简单的数据类型，则还可以直接为对象赋值，此时其方法与实例化变量十分类似，代码如下。

```
ClassName ObjectName = Value;
```

在上面的代码中，Value 关键字就是该对象具体的数据值。在定义绝大多数类时，都需要对类进行实例化，然后再通过对象进行各种数据操作。

3. 特殊关键字

在定义类时，用户可以使用两种特殊的关键字来指代相应基类或对象的名称，从而实现代码的省略和动态内容的创建，这就是 base 关键字和 this 关键字。

❑ **base 关键字**

base 关键字是一种特殊的关键字，其在由其他类衍生出来的类中表示该类的基类，可以将其作为某个类的基类的替代。例如，在下面的实例中，就是用了 base 关键字来表示 Program 类的基类 manAge，代码如下。

```
class Program : manAge
{
    static void Main(string[] args)
    {
        Program callPro = new Program();
        callPro.printAge();
    }
    new public void printAge()
    {
        int age = 20;
        System.Console.WriteLine("age2={0}", age);
        System.Console.WriteLine("age3={0}", this.age);
        base.age = 25;
        base.printAge();
    }
}
//基类的定义
class manAge
{
    public int age = 0;
    public  void printAge()
    {
        int tAge;
        tAge = age + 1;
        System.Console.WriteLine("age1={0}", tAge);
    }
}
```

❑ **this 关键字**

this 关键字与 base 关键字类似，其可在程序语句中表示当前引用的对象的替代。例如，在下面的代码中，就是用了 this 关键字替代当前类的未命名实例，代码如下。

```
class myClass
{
    int maxValue = 0;
    public void myMethod(int maxValue)
    {
        this.maxValue = maxValue;
    }
    //…
}
```

4.2.2 定义字段

字段是类最简单的成员，其既可以是常量，也可以是变量，是描述类的一种基本属性。为类创建一个字段，其声明方法与声明变量类似，需要先设置修饰符，再定义字段类型，最后为字段命名，如下所示。

```
Modifier Type FieldName;
```

上面的代码包含 3 种关键字，即 Modifier、Type 和 FieldName。其中，Modifier 表示字段的修饰符，Type 表示字段的数据类型，FieldName 表示字段的名称。

字段的修饰符可以是 public、protected、internal、private、static 和 readonly 等。其中前 4 种修饰符已在之前的章节中介绍过，在此主要介绍 static 和 readonly 等两种修饰符。

static 修饰符用于表示该字段为静态字段，即仅从属于类本身，但不能为对象所继承的特殊字段。readonly 修饰符表示该字段为只读字段，类似常量的效果。然而，只读型的字段在与常量的区别在于，只读字段在程序运行时形成，而常量则在编译程序时形成。

字段的数据类型可以是基本的数据类型、用户定义的结构或其他的类等。在为字段命名时，同样适用变量的命名法等规范，且不能使用 C#的关键字。字段和属性、方法、事件是同一级别的，因此声明一个字段时，应将其放置在方法和事件的代码块之外。例如，编写一个定义用户的类，代码如下。

```
class users
{
    uint uid;
    string name;
    string type;
    users add(uint uid, string name, string type)
    {
        users user=new users();
        user.uid = uid;
        user.name = name;
        user.type = type;
        return user;
    }
}
```

上面的代码就为 users 类声明了 3 个可为其对象继承的字段，分别为 uid、name 和 type。

在 C#中，系统会为每个未初始化的变量确定一个默认值，以保证程序的安全性。字段的默认值分为两种情况，如果字段为静态字段（带有 static 修饰符），则该字段将在类的装载时初始化；如果字段为非静态字段，则将在类的实例创建时初始化。

4.2.3　定义属性

属性是定义对象或类的特性的成员，是字段的延伸，其都可以定义类相关的基本形状。在 C#中，访问字段和属性的语法基本完全相同。与字段不同的是，属性不指示数据存储的位置，而字段则直接将数据存储到内存地址中。

在定义属性时，为了实现对属性值的读写，需要由访问符来决定属性要执行的语句或属性的值，其方法如下所示。

```
Modifier Type AttributeName ()
{
    get { return FieldName; }
    set { Attribute = Value;}
}
```

上面的代码就定义了一个典型的属性，并定义了一个方法用于为属性赋值。其中，Modifier 为属性的修饰符；Type 为属性的数据类型；AttributeName 表示属性的名称；FieldName 表示定义与属性相关的字段名；Value 表示属性的值。

在类中，属性可以使类能以公开的方式获取或设置值，并隐藏实现或验证的代码；get 属性访问语句用于返回属性值；set 访问语句用于为属性分配值。在 set 语句中，用户可以通过条件分支判断，根据某些外部条件定义多个属性值，但最终有效的属性值只能有一个。如果一个属性没有 set 取值函数，则该属性将是只读的。

例如，根据月份的变量，定义一个该月天数的属性，代码如下所示。

```
static int month;
public int date;
static void Main(string[] args)
{
    month = int.Parse(args[0]);
}
public int Date{
    get { return date; }
    set{ switch (month)
       {
       case 1:
          date =31;
          break;
       case 2:
          date = 28;
          break;
```

```
        //...
        case 12:
           date = 31;
           break;
        }
    }
}
```

上面的代码定义了一个数据类型为 int 的 Date 属性，可以根据程序的入口参数数字进行处理，通过 set 语句中的 switch…case 语句判断该月有多少天。

在定义属性时，可以为属性使用 public、private、protected、internal 或 protected internal 等修饰符，以定义该属性的访问权限。同一属性的 get 和 set 访问器语句可能具有不同的修饰符，例如，某个属性可能在 get 语句中使用公共修饰符 public，以允许外部访问，但在具体赋值的 set 语句中则使用私有修饰符 private，禁止外部访问。

除了使用以上几种修饰符外，开发者也可以使用 virtual 修饰符，定义属性为虚属性，然后派生类就可以通过 override 修饰符来重写事件行为了。另外，使用 virtual 修饰符的虚属性还可以再添加一个 sealed 修饰符，表示其派生类不再是虚拟的。如果为属性使用 abstract 修饰符，这意味着类中没有任何实现，派生类必须编写自己的实现。

提 示

在为属性定义修饰符时，如果设置其修饰符为 static（即定义该属性为静态属性），则不能再为其添加 virtual、abstract 或 override 等修饰符。

4.2.4 定义方法

方法是类或对象可以执行的功能，其主要由形式参数（可能为空，也可能是多个参数构成的集合）、返回值（可以为简单数据、对象或 void）以及相关的操作语句组成。在面向对象编程的语言中，方法几乎等同于函数。定义方法过程，就是在类中编写函数的过程，其方式如下所示。

```
Modifier Type MethodName(Arguments)
{
    Statements;
    [return Value;]
}
```

在上面的代码中，中括号 "[]" 中的语句为可选的语句，Modifier 关键字表示方法的修饰符；Type 关键字表示方法返回值类型；MethodName 关键字表示方法的名称；Arguments 关键字表示方法参数的集合；Statements 关键字表示方法内封装的语句；Value 关键字为可选的内容，表示方法的返回值（如方法的 Type 关键字为 void 则应为空）。

根据方法的使用方式，可以将其分为静态方法和非静态方法（即实例方法）等两种，如下所示。

1. 静态方法

静态方法是指以静态修饰符 static 定义的方法，是无法为类的对象和子类继承的方法。这类方法只能通过类来访问，用于实现各种抽象的命令。定义静态方法时，必须在该方法的数据类型前添加 static 修饰符。在调用静态方法时，无须对类进行实例化，只需直接输入类的名称和方法名即可，代码如下。

```
ClassName.MethodName(Arguments);
```

在上面的代码中，关键字 ClassName 表示方法所属的类名；MethodName 关键字表示静态方法的名称；Arguments 关键字表示方法的参数集合。在之前介绍的一些命令中，很多命令都属于静态方法，例如在命令行中输出字符串的 Write()、WriteLine()等方法，就是 Console 类的两种静态方法。

2. 实例方法

实例方法是可以为类的成员所继承的方法，其操作的对象往往就是实例本身，因此在使用上经常需要将类实例化，然后再通过实例调用这些方法，其调用方式如下所示。

```
ObjectName.MethodName(Arguments);
```

在上面的代码中，关键字 ObjectName 关键字表示实例的名称；MethodName 关键字表示所调用的实例方法名；Arguments 关键字表示实例方法的参数集合。例如，下面的代码就创建了一个基于商品信息的类，并定义了两个实例方法，分别用于更改商品名称和获取商品价格，代码如下。

```
public class goods
{
    uint gId;
    string gName;
    string gType;
    float gPrice;
    public void changeName(string newName)
    {
        this.gName = newName;
    }
    public float getPrice()
    {
        return this.gPrice;
    }
}
```

实例方法可以被重复地调用，在上面代码中，更改名称的实例方法 changeName()是一个虚函数，其可以根据参数获取新的名称，然后再使用 this 关键字调取当前的对象，进行更名操作；获取商品价格的实例方法 getPrice()是一个实函数，其可以使用 this 关键字调取当前对象的 gPrice 字段并返回。

例如，将某个实例名为 apple 的商品更名为"烟台苹果"，并获取其价格，代码如下所示。

```
apple.changeName("烟台苹果");
apple.getPrice();
```

4.3 构造函数与析构函数

构造函数和析构函数是类中的两种特殊方法，其作用分别是对类进行实例化和将实例从内存中删除，并执行相应的指令。通常情况下，构造函数和析构函数互为反函数，因此在命名和定义上，这两种函数具有相似性，但又有差别性。

4.3.1 构造函数

构造函数的作用是在调用时对类进行实例化，根据类的成员创建一个对象实例，其名称通常与类的名称相同，可以执行类的各种初始化任务。当代码访问一个类时，最先开始执行的就是构造函数。

1．定义构造函数

在定义构造函数时，通常需要将类的名称定义为函数名，并且将类的必要字段、必要属性等作为构造函数的参数，同时还需要定义其修饰符等，如下所示。

```
class ClassName
{
    public ClassName(Arguments)
    {
        //…
    }
}
```

上面的代码就定义了一个构造函数，其中，关键字 ClassName 既表示类的名称，也表示构造函数的名称；关键字 Arguments 则表示构造函数的参数集合。需要注意的是，构造函数本身是不会返回任何数据的，因此在编写构造函数时，不需要为其设定数据类型。

例如，定义一个关于图书的类，同时为类编写一个构造函数，代码如下。

```
public class books
{
    public uint bId;
    public string bName;
    public string bType;
    public float bPrice;
    public long bISBN;
    public books(uint bId, string bName, string bType, float bPrice,long
    bISBN)
    {
```

```
        this.bId = bId;
        this.bName = bName;
        this.bType = bType;
        this.bPrice = bPrice;
        this.bISBN = bISBN;
    }
}
```

上面的代码就定义了一个 books 类，并构建了一个与类名相同的构造函数。这个构造函数的参数包括 5 种，分别就是类的 5 个字段。构造函数是类中必须存在的函数。如果开发者在编写类时不编写构造函数，那么编译器会自动为该类创建一个隐含的"默认构造函数"，并为其定义一个空白参数集合。

由于构造函数本身的特殊性和功能，在调用构造函数时不能使用通常的类+函数名或实例+函数名的方法，而应该使用 new 关键字隐式地进行调用。例如，调用以上的构造函数实例化一本书，代码如下。

```
books newBook = new books(100, "网页设计三剑客（CS4 中文版）标准教程", "计算机", 39.8f, 9787302233541);
```

上面的代码通过构造函数的参数为对象的各种字段进行了赋值。在实际开发中，可以定义构造函数的参数为空，然后实例化一个空对象，再通过为字段赋值的方法定义对象的各种字段等。

例如，可以对上面的类构造函数进行修改，取消其所有参数和赋值的语句，代码如下。

```
public books() { }
```

在上面的代码中，构造函数被简化到了极致，在使用这一构造函数时，仅能够创建一个空的实例，实例的各种字段和属性等必须通过赋值进行定义，代码如下。

```
books newBook = new books();
books.bId = 100;
books.bName = "网页设计三剑客（CS4 中文版）标准教程";
books.bType = "计算机";
books.bPrice = 39.8f;
books.bISBN = 9787302233541;
```

提示 在对实例的字段和属性等进行读写操作时，需要确保在当前代码块中对类的成员有访问权限。例如，在入口函数 main()中操作外部类的字段，就需要该字段具有 public 的修饰符。

2. 构造函数的重载

构造函数和普通方法一样可以被重载，其重载的方法与普通的方法相同。具体来讲就是为一个类定义两个以上的构造函数，通过函数的参数差异实现构造函数的参数多样化。例如，在下面的代码中，就重载了构造函数，以实现不同的功能。

```
public class additive
{
    public additive(int n1, int n2)
    {
        Console.WriteLine(n1 + n2);
    }
    public additive(double n1, double n2)
    {
        Console.WriteLine(n1 + n2);
    }public additive(string str1, string str2)
    {
        Console.WriteLine(str1 + str2);
    }
}
```

上面的代码对 additive 类的构造函数进行了 3 次重载,其参数分别为两个整数、两个双精度浮点数和两个字符串,这样,对函数使用不同类型的参数,获得的结果也不尽相同。例如,分别使用这 3 种重载函数,代码如下。

```
additive add1 = new additive(1, 2);            //整数运算
additive add2 = new additive(1.5, 2.2);        //浮点数运算
additive add3 = new additive("重载", "函数");
```

重载构造函数与重载普通的方法相同,都需要根据参数的数据类型、数量和顺序判断调用的版本,因此在重载构造函数时,其对参数的差异要求与重载普通方法相同。

● - - 4.3.2　析构函数 - ,

析构函数的功能与构造函数完全相反,构造函数用于创建类的实例,析构函数则主要用于将类的实例清除,以回收内存,并执行相关的各种语句,因此析构函数又称作逆构造函数。析构函数的命名方式是在类名之前添加波浪号"~",如下所示。

```
class ClassName
{
    ~ClassName()
    {
        //···
    }
}
```

在上面的代码中,关键字 ClassName 即为类的名称。析构函数通常没有参数,也没有返回值。在使用析构函数时,同样不能直接显式调用。当没有任何代码要使用一个实例时,即可使用析构函数,如下所示。

```
static void Main(string[] args)
{
    test aa = new test();
```

```
    }
class test
{
    public test()
    {
        Console.WriteLine("创建 test 实例");
    }
    ~test()
    {
        Console.WriteLine("test 实例被析构");
    }
}
```

上面的代码就定义了一个名为 test 的类，并编写了该类的构造函数和析构函数。在执行该程序时，即可发现析构函数~test()会在程序结束时自动被调用，如图 4-4 所示。

通常情况下为类编写析构函数是不必要的，因为.NET Framework 会通过垃圾回收机制自动将无用的实例清除。但是，当引用程序封装窗口、文件和网络连接这类非托管资源时，必须使用析构函数释放这些资源。

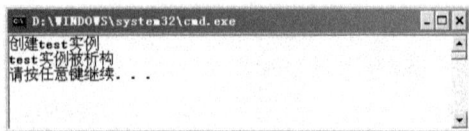

图 4-4　输出结果

4.4　抽象类与接口

抽象类和接口是两种由继承和多态性定义的特殊类。抽象类是一种必须被继承的类，其本身无法被直接实例化使用，但其内部的所有成员都可以被直接以类名的方式调用。接口也是一种特殊的类，其比抽象类更加抽象，定义了一些类必须实现的行为。

4.4.1　抽象类

抽象类是基类的一种特殊类型。除了拥有普通的类成员之外，还有抽象类成员。这些抽象类成员是声明没有实例的方法和特性。所有直接从抽象类派生的类都必须执行这些抽象方法和特性。

抽象类位于类层次关系的顶端，其确立了代码的结构和意义，使得程序框架更加容易建立。抽象类永远不能实例化。因为抽象类成员都是没有实现的，没有实现的成员是不合法的。

抽象类具有框架中所有派生类都共用的信息和行为。在 C#中，如果使用 abstract 关键字修饰一个类，那么这个类就是抽象类，它的定义格式如下所示。

```
abstract public class ClassName
{
    //…
}
```

如果一个类被定义为抽象类，就不能创建这个类的对象，必须使用继承的方法来访问抽象类中的成员，也就是说抽象类的作用就是用于继承。除了抽象类，还有抽象方法，该方法是没有实现细节的，所以也没有大括号。示例类似如下所示。

```
abstract public void AbstractMethod();
```

如果一个类中有一个抽象方法，那么这个类一定是抽象类，也就是说，必须在含有抽象方法的类前面加上 abstract 关键字，否则会出现错误。继承抽象类的派生类必须在类中实现抽象类中的方法，也就是给出抽象方法的定义。

4.4.2 接口

接口（Interface）是若干个类的进阶抽象，其定义了一类事物（类）都必须实现的行为，包括方法、属性、事件的集合。在项目中，需要通过接口规范类、操作类以及抽象类的概念，对类进行限制。

1. 定义接口

接口本身并不提供任何具体的功能实现，也不包含任何字段。定义一个接口的方法如下所示。

```
Modifier interface InterfaceName
{
    //…
}
```

在上面的代码中，关键字 Modifier 定义了接口的修饰符；InterfaceName 定义了接口的名称。定义接口的方法与定义类相同，其修饰符可以是 public、protected、protected internal、internal、private 和 new 等。下面的代码中就定义了一个接口，并从类中对接口进行实现，代码如下。

```
interface uInfo
{
    uint uId(uint uid);
    string uName(string uname);
}
class infoClass : uInfo
{
    public string uName(string uname)
    {
        return uname;
    }
    public int uId(int uid)
    {
        return uid;
    }
}
```

上面的代码定义了一个名为 uInfo 的接口，在该接口中声明了 uId(uint uid)和 uName(string uname)等两个方法。这两个方法本身在接口中是无法实现的，所以必须定义一个类来继承该接口，在类中实现继承接口中定义的所有方法。下面的代码就将实例化接口，然后再实现接口中的方法，代码如下。

```
class Program
{
    static void Main(string[] args)
    {
        Info user = new infoClass();
        Console.WriteLine("编号为{0},姓名为{1}", user.uName("Sera"),
        user.uId(105));
    }
}
```

在执行该代码后，即可间接地调用接口的方法，如下所示。

```
编号为 Sera,姓名为 105
```

2. 接口的派生

接口和接口之间也可以存在继承关系。当一个接口继承另一个接口时，继承的接口拥有被继承接口的所有内容。接口之间实现继承的语法形式与类之间的继承相同，例如，对之前定义的 uInfo 接口进行派生，新增两个方法，代码如下。

```
interface uInfo1:uInfo
{
    string uAddress(string uaddress);
    string uPhone(string uphone);
}
```

在上面的代码中，uInfo1 接口派生于 uInfo 接口，该接口中定义了 uAddress(string uaddress)和 uPhone(string uphone)等两种方法。同时，该接口仍然拥有 uInfo 接口的两个方法。下面的代码就将在 infoClass 类中实现这两个方法，使其继承于 uInfo1 接口，代码如下。

```
class infoClass : uInfo1
{
    public string uName(string uname)
    {
        return uname;
    }
    public uint uId(uint uid)
    {
        return uid;
    }
    public string uAddress(string uaddress)
    {
```

面向对象的编程

```
        return uaddress;
    }
    public string uPhone(string uphone)
    {
        return uphone;
    }
}
```

上面的代码就实现了接口的两个新方法。重新编写之前的主函数，即可调用这些方法，代码如下。

```
class Program
{
    static void Main(string[] args)
    {
        Info user = new infoClass();
        Console.WriteLine("编号为{0},姓名为{1},地址为{2},电话为{3}", user.
        uName("Sera"), user.uId(105), user.uAddress("北京"), user.uPhone
        ("010-12345678"));
    }
}
```

执行以上代码，即可对 infoClass 进行重新实例化，并调用派生接口 uInfo1 的两个方法，如下所示。

编号为 Sera,姓名为 105,地址为北京,电话为 010-12345678

4.5 委托与类事件

委托是一种间接使用方法的变量类型,其可以调用匹配于特定方法签名的任意方法,提供在程序运行期间对几个方法进行选择的能力。事件是类的一种重要成员,其可以根据用户的操作触发相应的机制,执行相应的指令并反馈处理的结果。

事件和委托紧密相关,绝大多数委托的应用都是基于事件的。同时,在声明事件时,也需要通过委托来实现。

4.5.1 委托

委托是一种可以将引用存储为方法的特殊结构,在声明委托时,将会指定一个方法名,其中包括返回值类型和参数列表等。声明委托之后,即可声明该委托类型的变量,将该变量初始化为与委托具有相同签名的方法引用。最后,即可通过委托的变量调用这个函数,其方法如下所示。

```
delegate Type DelegateName(Arguments);
```

在上面的代码中，Type 关键字表示委托的数据类型（即调用函数的返回值数据类型）；DelegateName 关键字表示委托的名称；Arguments 表示委托所调用函数的参数列表，其可以为一个单独的数据类型和参数名，也可以为若干数据类型与参数名的集合。如委托调用的函数没有参数，则 Arguments 关键字可以为空。

> **提示**
>
> 从面向对象的角度讲，委托是一种类，其本身由 System.Delegate 类派生而来。定义一个委托就是将 dalegate 类进行实例化的过程。因此，在定义委托时，可以为其应用实例可用的各种修饰符以控制其访问性。

下面就分别定义了 3 个委托，其作用各不相同，代码如下。

```
delegate void test1();
delegate void test2(int arg1 , float arg2);
delegate int test3(int arg1 , float arg2);
```

在上面的代码中，第一个委托是包括 0 个参数，返回类型为 void；第二个委托包括一个整数型和一个单精度浮点型数字参数，返回类型为 void；第三个委托包括一个整数型和一个单精度浮点型数字参数，返回类型为整数。

委托最主要的功能就是动态调用函数，在定义委托类型后，即可以使用这些委托类型，与其他数据类型一样，需要先定义一个基于该类型的对象，并对其实例化，最后再使用该实例。例如，下面的代码就定义了一个基于 test1 的对象 testObject，代码如下。

```
test1 testObject;
```

在 C#中，委托对象可以被看作是一个特定类型的方法链表，可以通过赋值运算符"="为委托变量指定唯一的方法，也可以使用加法赋值运算符"+="将新的方法添加到委托所指定的方法链中，还可以使用减法赋值运算符"−="从方法链中删除指定的方法。

委托对象的使用类似普通的方法，可以直接调用。例如，testObject()就是调用 test1 所指定的方法，也可以通过 Invoke()成员方法进行调用。

4.5.2 声明事件

在 C#中，定义事件之前应先定义委托，用委托来定义事件。触发事件时，需要调用委托实现事件的响应。C#的事件处理机制具有以下特点。

❑ 事件发行者（类）确定如何触发事件，事件订阅者确定如何响应事件。
❑ 事件可以有多个订阅者，订阅者也可以处理来自多个发行者的多个事件。
❑ 订阅者是事件调用的必要条件。无订阅，无调用。
❑ 如一个事件有多个订阅者，当引发该事件时，会同步调用多个事件处理程序。

在 C#中定义一个委托和一个事件，并将委托应用于事件的方法如下所示。

```
Modifier1 delegate Type DelegateName (Arguments);
Modifier2 event DelegateName EventName;
```

在上面的代码中，关键字 Modifier1 和 Modifier2 等表示两个语句的修饰符；Type 关键字表示委托的函数返回类型；DelegateName 关键字表示委托的名称；Arguments 表示委托的参数列表；EventName 表示事件的名称。

例如，定义一个相应鼠标事件的委托，再将该委托应用到事件中，代码如下。

```
public delegate void eventHandler(object sender);
public event eventHandler Click;
```

事件响应的方法委托往往是没有返回值的。其通常具有 sender 和 arg 两个参数，前者为 object 类型，表示事件的触发者，后者为事件的参数，通常由 System.EventArgs 派生而来。在定义一个事件之前，需要先定义事件的参数类型，然后才能从事件的触发者方向向订阅者传递数据信息。

触发事件的过程就是调用委托对象的过程。但是在事件定义后，该对象默认为 null，即空对象。在未触发事件时，调用该对象会引发异常，所以在调用之前需要判断事件是否为 null（即是否已被订阅）。

4.5.3　为类定义事件

为类定义事件就是在类中定义事件，从而使类的实例可以继承这些事件，对用户触发的交互进行处理。在为类定义事件时，需要将定义委托的语句放在类的外部，并将事件的定义语句放在类的内部。例如，定义一个简单的按钮类的重置事件，如下所示。

```
public delegate void eventHandler(object sender);
public class button
{
    public event eventHandler Click;
    public void reset()
    {
        Click = null;
    }
}
```

上面的代码为自定义类 button 定义了一个类型为 eventHandler 的 Click 事件。Click 成员与 eventHandler 类型的私有字段相对应。在定义了类事件后，编译器将会产生 3 个方法来管理底层委托，如下所示。

1．add_<EventName>

该方法为公共方法，可调用 System.Delegate 类的 Combine 静态方法，以此将另一个方法添加到内部的调用列表中。

2．remove_<EventName>

该方法同样为一个公共方法，能够调用 System.Delegate 类的 Remove 静态方法，从事件的内部调用方法列表中移除一个方法。

3. raise_<EventName>

该方法为一个受保护的方法，能够调用委托中由编译器生成的 Invoke 方法，以此调用事件的方法列表中所有的方法。

以上 3 种方法中，add 和 remove 等方法都无法被直接调用，通常由加法赋值运算符"+="、减法赋值运算符"—="等代替。

为限制开发者在添加和删除事件句柄方面的代码，当事件成员在类的外部时，只能用在"+="或"—="等运算符的左侧。下面的代码就是编写触发事件的一段代码。

```
using System;
public class form1
{
    public form1()
    {
        button1.Click += new EventHandler(button1_Click);
    }
    button button1 = new button();
    void button1_Click(object sender)
    {
        Console.WriteLine("button1 was clicked!");
    }
    public void disconnect(){
        button1.Click -=new EventHandler(button1_Click):
    }
}
```

上面的代码中介绍了为 button1 的 Click 事件添加 button1_Click 作为事件句柄的类 form1，在 disconnect()方法中又去掉了事件句柄。在下面的代码中，类 button 需要被重写来使用像属性一样的事件声明而不是像字段一样的事件声明。

```
public class button
{
    public event EventHandler Click
    {
        get()
        set()
    }public void reset(){
        Click = null;
    }
}
```

在上面的代码中，对 button 类的改写不会影响到客户代码，但是由于 Click 的事件句柄不需要用字段来实现，因此其可以使 button 的执行更加灵活。

4.6 泛型

泛型是 C#中的一种全新概念，其将类型参数的概念引入到了.NET Framework 中，允许开发者定义类和方法，将一个或多个类型的指定推迟到客户端代码声明之时，允许在实例化类或方法时再指定参数的类型。

4.6.1 泛型的基本概念

在.NET Framework 开发中，经常需要编写一些根据不同数据类型参数实现运算的程序。在传统的.NET 开发中，这一问题往往需要通过方法的重载实现，因此，开发者可以编写基于多种数据类型的参数，进行多态化的预算。

然而单独的方法重载会出现一个新的问题，即如果使用方法时出现了一些特殊的参数，这些参数并未在重载的方法中得以体现，此时，程序就会发生错误。泛型的出现解决了以上的问题，允许在调用方法或对类进行实例化时直接指定参数的数据类型，从而避免了预定义参数后对参数的限制，提高了代码的灵活性。

使用泛型，可以避免在数据交换时进行强制转换或装箱操作，避免了程序执行的错误风险，同时，还可以最大限度重用代码、保护类的安全以及提高性能。另外，C#还允许用户创建自己的泛型接口、泛型类、泛型方法、泛型事件和泛型委托，对泛型类进行约束以访问特定数据类型的方法。

4.6.2 定义与使用泛型类

泛型可以使强类型编程语言加强类型安全，减少类转换的次数。在定义泛型类时，必须使用特殊的标识来定义这些可变的类型。在使用泛型时，也需要专门地对泛型所指向的类型进行声明。定义一个泛型类，其方法如下所示。

```
[Modifier] class ClassName<T>{
}
```

在上面的代码中，中括号"[]"内的参数为可选参数，ClassName 关键字表示泛型类的名称；T 关键字表示泛型类的泛型；Modifier 关键字表示泛型类的修饰符；在定义泛型类时，可以不编写构造函数。如需要在实例化泛型类时为其某个属性赋值，则可以在泛型类中编写属性，并通过构造函数为属性赋值，方法如下。

```
[Modifier1] class ClassName<T>{
    [Modifier2] T FieldName;
    [Modifier3] T AttributeName
    {
        get
        {
            return FieldName;
        }
        set
        {
            FieldName = value;
        }
```

```
    }
    [Modifier4] ClassName(T AttributeName) {}
}
```

在上面的代码中，中括号中的关键字为可选关键字。其中，Modifier1、Modiefier2
等关键字分别为类、字段、属性和构造方法的修饰符；FieldName 关键字表示泛型字段
的名称；AttributeName 关键字表示泛型属性的名称；ClassName()方法为泛型类的构造方
法，该方法的参数就是泛型类的属性。

例如，定义一个最简单的泛型类实例，并为该类实例定义一个泛型属性，代码如下
所示。

```csharp
public class GenericData<T>
{
    public T TypeField;
    public T Value
    {
        get
        {
            return TypeField;
        }
        set
        {
            TypeField = value;
        }
    }
    public GenericData(T value)
    {
        this.Value = value;
    }
}
```

上面的代码定义了一个允许使用泛型的 GenericData 类，其添加了一个泛型参数 T，
并为其设置了名为 TypeField 的泛型字段和名为 Value 的泛型类属性。泛型类的构造方法
允许用户定义一个泛型参数，将泛型参数的值传递给泛型属性 Value。

在使用泛型时，需要先对泛型类的实例进行声明，然后再定义在此实例中泛型表示
的数据类型，然后即可对其进行实例化，操作已定义的泛型属性，其方法如下所示。

```csharp
ClassName<Type> ObjectName = new ClassName<Type>(Arguments);
```

在上面的代码中，ClassName 关键字表示泛型类的名称；Type 关键字为泛型的具体
数据类型；ObjectName 关键字为泛型类的实例名称；Arguments 关键字为泛型类构造函
数的参数。

例如，对之前定义的泛型类进行实例化，定义具体的数据类型，然后即可通过参数
为泛型类实例的属性进行赋值，代码如下。

```csharp
GenericData<float> fGeneric = new GenericData<float>(19.2f);
GenericData<int> iGeneric = new GenericData<int>(265);
```

```
GenericData<string> strGeneric = new GenericData<string>("Generic");
```

通过 Console.WriteLine()方法，可以方便地输出这些实例的泛型属性值，如下所示。

```
Console.WriteLine(fGeneric.Value);      //输出：19.2
Console.WriteLine(iGeneric.Value);      //输出：265
Console.WriteLine(strGeneric.Value);    //输出：Generic
```

4.7 扩展练习

1．编写一个类，用方法计算圆的周长和面积

编写一段程序，定义一个圆的类，然后根据用户输入的半径长度值实例化该类的对象，然后分别调用计算周长和面积的类方法，输出周长和面积的值，如图 4-5 所示。

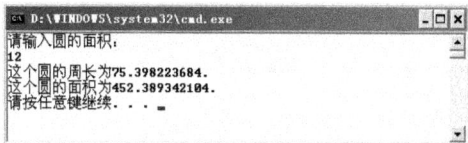

图 4-5　计算圆的周长和面积

2．编写一个类存储商品信息，并输出这些信息

编写一个类，获取用户输入的商品编号、名称、类别、价格和条形码等信息，将这些信息存储到类的实例中，并自动输出所有这些信息，效果如图 4-6 所示。

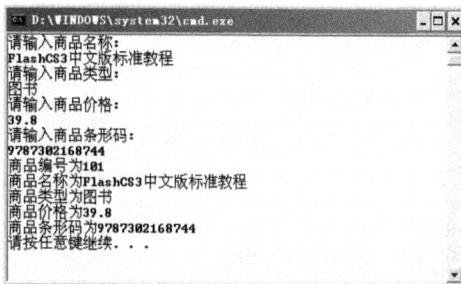

图 4-6　输入和输出商品信息

第 5 章　数组与集合

数组是 C#中的一种特殊数据结构，其包含若干由编号标识的简单数据变量或复杂的对象，可以对这些元素进行存储和索引，实现数据的有序化管理和快速检索等功能。集合是一类数据结构的统称，在实际应用中，其与数组具有一些类似的功能，例如，存储和管理多个元素等。

本章将介绍数组以及各种集合的使用方法，辅助开发者管理程序执行时产生的各种具有相似结构和用途的数据。

本章学习目标

➢ 定义数组

➢ 管理多维数组和嵌套数组

➢ 操作数组元素

➢ 定义集合

➢ 集合的几种具体形式

➢ 使用集合

5.1　使用数组

数组是存在于多种编程语言中的一种组织数据的方式，是一种特殊的结构化数据类型。数组本身为若干个同一类型对象实例的组合，按照指定的索引号存储在相邻的内存单元中。在使用数组时，需要了解创建数组的方法，以及多维数组和嵌套数组等。

5.1.1　定义数组

在数组中，开发者可以存储一组具有相同类型和名称的数据，例如，一组整数、一组字符串等。组成数组的数据称为数组的元素。每个数组元素都具有一个唯一的编号，称作索引或下标。

索引与数组元素一一对应，作用是区别数组的元素。在 C#中，索引为非负整数，按照从 0 开始的顺序依次递增，最大的索引号为数组元素个数减 1。定义一个空数组，就是在内存中划拨一组空的内存单元，按照索引的顺序为这些内存单元编号，为存储数据预留位置，其方法如下所示。

```
Modifier Type[] ArrayName
```

在上面的代码中，Modifier 关键字表示数组的修饰符，Type 关键字表示数组中元素的数据类型，ArrayName 表示数组的名称。数组的修饰符使用方法与变量的修饰符相同，其元素的数据类型可以是值类型，也可以是引用类型或更复杂的其他结构。数组的命名规范与变量也完全相同。例如，定义一个由若干字符串组成的数组，其代码如下。

```
public string[] strArray;
```

注 意

> 在一些弱类型的编程语言或脚本语言中，往往允许在同一数组中存储多种类型的数据，例如，JavaScript、ActionScript 等。而在 C#中，一个数组只能存储一种数据类型的数据。

数组类型从.NET Framework 中的 System.Array 继承而来，创建一个数组，本身相当于建立一个基于 Array 类的对象，而为一个数组赋值，则相当于初始化这一对象。开发者可以直接在创建数组时定义数组元素的数量，其方法如下所示。

```
Modifier Type[] ArrayName = new Type[Length];
```

上面的代码使用了 new 关键字来对数组进行实例化，同时使用了 Length 关键字标识数组的长度。例如，定义一个包含 5 个整数元素的数组，代码如下。

```
public int[] intArray = new int[5];
```

除了直接定义数组元素数量外，开发者也可以在创建数组时直接为其赋值，在赋值的同时，事实上也就相当于定义了数组的元素数量，方法如下所示。

```
Modifier Type[] = {Element1 , Element2 , … , ElementN}
```

上面的代码就是用了大括号"{}"将所有的数组元素括住，通过数组元素间接地定义数组中包含的元素数。例如，下面的代码就定义了一个包含 3 个字符型变量的数组，代码如下。

```
private char[] = {'a' , 'b' , 'c'};
```

另外，也可以先声明数组，再通过另外的语句定义数组元素的数量或赋值，其方法与定义变量后再为变量赋值类似。

提 示

> 在定义数组的元素数量时，C#会自动为每一个数组元素赋予一个默认的值。例如，当数组元素为数字时，其值往往是 0，而数组元素为字符或字符串时，则会是空的字符或字符串等。

在访问数组的元素时，可以直接将元素作为一个变量进行使用，其方法是通过数组的名称和索引号进行调用，如下。

```
ArrayName[Index];
```

在上面的代码中，ArrayName 关键字表示数组的名称，Index 关键字则表示数组元素的索引号。使用这一方法，可以重新为数组的元素进行赋值操作等。

注意
　　与 JavaScript、ActionScript 等简单脚本语言不同，C#中的数组元素数量是只读的。只要定义了数组元素的数量或为数组进行了赋值操作，则将无法再重新操作数组元素的数量，即无法为数组元素进行添加或删除操作。

5.1.2　数组的维度

维度又称作数组的秩，指的是每一个数组元素还再由若干个元素构成。之前介绍的数组都是由一个简单数据构成的，因此称作一维数组。而当一个数组中每一个元素都是由两个相同数据类型的数据构成时，该数组就被称作二维数组，其维度和秩就是 2；当一个数组中每一个元素都是由三个相同数据类型的数组构成时，该数组就被称作三维数组；以此类推。

定义多维数组时，需要在中括号中添加逗号 "，"，以先确认数组的维度，然后再为其赋值或定义其包含的元素数量。以下的代码中就分别定义了两个二维数组，

```
Modifier Type[,] ArrayName = new Type[N1,N2];
Modifier Type[,] ArrayName = {{Element1_1,Element1_2,…},{Element2_1,
Element2_2,…}…}
```

在上面的代码中，第一个语句构建了一个空二维数组，而第二个语句则直接以值和引用的方式实例化了一个二维数组。在这两个语句中，关键字 Modifier 表示数组的修饰符；关键字 Type 表示数组元素的数据类型；关键字 ArrayName 表示数组元素的名称，关键字 N1、N2 表示数组每个维度的元素数量；Element1_1 等关键字表示数组中的元素。

例如，定义一个二维数组，其每个元素都包含两个整数型变量，且总共包含 3 个元素，代码如下。

```
int[,] intArray = new int[3,2];
```

在为二维数组赋值时，需要将每个包含多个数据的元素都以大括号 "{}" 括起来，同时再将所有的数组元素括起来。例如，为一个由字符组成的二维数组直接赋值以进行初始化，代码如下。

```
char[,] chArray = {{'0','1','2'},{'a','b','c'},{'甲','乙','丙'}};
```

注意
　　多维数组的维度与每个维度的元素数量同样都是只读的，在进行数组定义后就不能再进行改变。

5.1.3　数组的嵌套

数组的嵌套又称作数组的数组，顾名思义，即在数组中，组成的所有元素都是一个

新的数组。这种数组又称作锯齿数组。

在这里需要注意，多维数组中每个数组元素虽然包含了多个数据，但这些元素本身并不是数组。且多维数组只能存放数据数量相同的若干元素，而数组的嵌套则可以将多个元素数量不同，但数据类型相同的数组存放到一个数组中，以实现更加复杂的数据管理。

定义锯齿数组的方法与定义多维数组是不同的，其需要使用多个中括号以表示包含的数组层级。例如，下面的代码就定义了一个2级嵌套数组的定义方式，代码如下。

```
Modifier Type[][] ArrayName;
```

在上面的代码中，Modifier 关键字表示数组的修饰符；Type 关键字表示数组的数据类型；ArrayName 表示数组的名称。定义嵌套数组层级更多的锯齿数组，可以使用更多的中括号"[]"以示区别，其方法如下所示。

```
Modifier Type[][] ArrayName;
```

在定义锯齿数组时，同样可以一边定义数组，一边定义数组的元素数量，其方法如下所示。

```
Modifier Type[][] ArrayName=new Type[N1][N2];
```

在上面的代码中，关键字 N1 表示整个数组中包含的数组数量，而 N2 则表示每一个元素数组可以包含的子元素数量。如果不希望限制元素数组的子元素数量，则可以将 N2 留空。例如，定义一个由3个数组组成的数组，第一个数组为1个数字，第2个数组为2个数字，第3个数组为3个数字，其方法如下。

```
int[][] intArray = new int[3][];
```

为锯齿数组赋值的方法与为多维数组赋值的方法类似，需要用大括号"{}"括住每一个元素数组的子元素，但还需要同时实例化每一个元素数组。例如，为一个由多个字符串数组构成的数组进行实例化，代码如下。

```
string[][] strArray = new string[2][]{new string[2]{"a" , "b"},new
string[3]{"a" , "b" , "c"}}
```

5.2 操作数组元素

在使用数组时，开发者除了可以定义数组、为数组赋值外，还可以操作数组中的元素，例如，遍历数组、查找数组元素，以及对数组元素进行排序等。数组作为 System.Array 类的实例，提供了多种方法用于实现这些功能。

5.2.1 获取数组元素数与类型

在 C#中，数组的元素数量是数组的一种只读属性，是无法进行修改的。在执行检索和遍历等操作时，经常需要获取数组的元素数量，并检测数组的元素数据类型。

1. 直接获取数组元素数

C#的 System.Array 类提供了两种方法以及两种属性，分别用于获取整数型和长整数型的数组元素数量。如果开发者需要获取整数型变量的数组元素数量，可以使用 GetLength()方法或 Length 属性，其使用方法分别如下。

```
ArrayName.GetLength();
ArrayName.Length;
```

在上面的代码中，ArrayName 表示数组的实例名称，其分别使用了 GetLength()方法和 Length 属性获取数组的元素数量，这两种方式获取的数组元素数量是完全相同的。GetLength()方法返回的是一个 int 整型变量，而 Length 属性的值也是 int 整型变量。

如果数组的元素数量较多，则开发者还可以使用其他两种方式，获取长整型的数组元素数量，其分别需要使用 GetLongLength()方法和 LongLength 属性，代码如下所示。

```
ArrayName.GetLongLength();
ArrayName.LongLength;
```

GetLongLength()方法和 LongLength 属性的使用方法与之前介绍的两种方式完全相同，其区别仅仅是返回的数组元素数量数据类型为 long 长整型。

例如，定义一个数组并赋值，然后即可使用 Length 属性输出该数组的数组元素数量，代码如下。

```
string[] strArray = new string[3];
strArray[0] = "清华大学出版社";
strArray[1] = "北京";
strArray[2] = "中华人民共和国";
Console.WriteLine(strArray.Length);//输出 3
```

2. 获取多维或锯齿数组元素数

GetLength()等方法与 Length 等属性不仅可以获取简单的一维数组数组元素长度，也可以获取多维数组中的每一维，以及锯齿数组中每一个元素数组的元素数量。

需要注意的是，在获取多维数组的元素数时，Length 属性和 LongLength 属性获取的并非每个维度的数组元素，仅能获取数组中所有的元素数量。例如，在下面的多维数组中，获取的就是数组所有的元素数，代码如下。

```
string[,] strArray = new string[3,2];
strArray[0,0] = "清华大学出版社";
strArray[0, 1] = "清华大学";
strArray[1,0] = "中关村";
strArray[1, 1] = "北京";
strArray[2,0] = "中华人民共和国";
strArray[2,1] = "亚洲";
Console.WriteLine(strArray.Length);//输出 6
```

如果需要获取多维数组中每一个维度中的元素数量，则可以使用为 GetLength()方法或 GetLongLength()方法添加参数的方式。例如，获取上面多维数组第一维的元素数量，可以为 GetLength()方法添加数字 0 的参数，代码如下。

```
Console.WriteLine(strArray.GetLength(0));//输出 3
```

同理，在获取多维数组中第二维的元素数量时，可以为 GetLength()添加数字 1 的参数等，以此类推。

在获取锯齿数组的元素数时，开发者既可以获取数组中包含的元素数组数，也可以获取每一个元素数组的元素数量。例如，对上面的多维数组进行改写，将其修改为锯齿数组，然后即可分别求出数组包含的元素数组数量和每一个元素数组的元素数，代码如下。

```
string[][] strArray = new string[3][];
strArray[0] = new string[2] { "清华大学出版社", "清华大学" };
strArray[1] = new string[3] { "中关村", "海淀区", "北京" };
strArray[2] = new string[2] { "中华人民共和国", "亚洲" };
Console.WriteLine(strArray.Length);//求数组的元素数组数量
Console.WriteLine(strArray[0].Length);//求数组第一个元素数组的元素数量
Console.WriteLine(strArray[1].Length);//求数组第二个元素数组的元素数量
Console.WriteLine(strArray[2].Length);//求数组第三个元素数组的元素数量
```

将以上代码放入到程序的入口函数 main()中执行，即可分别输出锯齿数组和每个元素数组的元素数量，如图 5-1 所示。

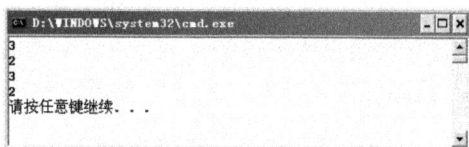

图 5-1   输出数组元素数量

提 示

由于锯齿数组中的每个元素数组长度可以各不相同，因此在使用锯齿数组时，不能通过 GetLength()方法的参数获取其元素数组的长度。这也是多维数组与锯齿数组的根本区别所在。

3. 获取数组维数或级数

在操作数组时，如果需要获取多维数组或锯齿数组的维数或级数，则可以使用 System.Array 类提供的 Rank 属性进行读取。在这里需要注意的是，其获取的值要比数组真正的维数或级数小 1。例如，在下面的锯齿数组中，使用 Rank 可以进行级数读取操作，代码如下。

```
string[][] strArray = new string[3][];
strArray[0] = new string[2] { "清华大学出版社", "清华大学" };
strArray[1] = new string[3] { "中关村", "海淀区", "北京" };
```

```
strArray[2] = new string[2] { "中华人民共和国", "亚洲" };
Console.WriteLine(strArray.Rank);//输出 1
```

多维数组与锯齿数组的维数或级数获取方法完全相同，都可以直接在数组后添加 Rank 属性进行获取。

5.2.2 遍历数组

遍历是计算机编程中的一种专有名词，其本意是指用迭代的方法依次对数组或集合中的所有元素进行读取、写入和运算等操作。在 C#中，遍历数组通常使用的迭代语句，包括 for…语句。

1．遍历一维数组

一维数组是最简单的数组形式，在遍历一维数组时，既可以使用 for…语句，也可以使用 foreach…in 语句。例如，使用 for…语句为一个包含 10 个数字的一维数组赋值，其值为从 2～20 之间的所有偶数，代码如下。

```
int[] evenNumber = new int[10];
for (int i = 1; i <= evenNumber.Length; i++)
{
    evenNumber[i - 1] = i * 2;
}
```

在输出数组中所有变量的值时，应注意 C#与 JavaScript、ActionScript 等脚本不同，无法直接通过输出数组名的方式输出数组内的元素，必须通过遍历的方法实现输出。例如，输出以上 evenNumber 数组中的所有值，其方法如下所示。

```
for (int j = 0; j < evenNumber.Length; j++)
{
    Console.Write(evenNumber[j]+ ",");
}//输出 2,4,6,8,10,12,14,16,18,20
```

2．遍历二维数组和锯齿数组

在对二维数组或锯齿数组进行遍历时，需要分别为数组的各维度或级数进行遍历操作。此时，可能需要嵌套 for…语句才能够完成遍历。例如，使用嵌套的 for…语句遍历一个二维数组，为其数组元素赋值，代码如下。

```
int[,] newArray = new int[10, 15];
for (int i = 0; i < newArray.GetLength(0); i++)
{
    for (int j = 0; j < newArray.GetLength(1); j++)
    {
        newArray[i, j] = i * j;
    }
}
```

上面的代码分别通过多维数组的 GetLength()方法获取其每一维度的数组元素数量，因此可以通过嵌套迭代语句的方式进行元素赋值。

锯齿数组的结构与二维数组略有不同，由于其每一个元素数组的数量都未必相同，因此在遍历锯齿数组时，需要一边为元素数组定义元素数量，然后才能进行进阶的操作。如果这些元素数组的元素数量没有一定的递增或递减关系，则往往无法实现完全遍历。在下面的代码中，锯齿数组的元素数组就是具有递增的关系，因此可以实现完全遍历。

```
string[][] strArray = new string[9][];
for (int i = 0; i < strArray.Length; i++)
{
    strArray[i] = new string[i];
    for (int j = 0; j < strArray[i].Length; j++)
    {
        strArray[i][j] = "" + i + j;
    }
}
```

5.2.3 检索数组元素索引

在定义数组并为每个元素赋值后，即可通过数组提供的多种方法，检索数组中的元素，获取该数组元素的索引号，从而进行进一步的操作。数组提供了多种重载的方法用于检索功能，例如，Find()、FindAll()、FindIndex()、FindLast()、FindLastIndex()、GetValue()、IndexOf()和 LastIndexOf()等。

1．Find()方法

Find()方法可以在数组中搜索与指定条件匹配的元素，然后按照数组索引的顺序，返回第一个匹配的元素。Find()方法是一个静态方法，其使用方法如下所示。

```
Array.Find(ArrayName , Match);
```

上面的代码展示了 Find()方法的使用方式。由于 Find()方法是一个静态方法，因此必须通过 Array 类实现调用；其关键字 ArrayName 表示要检索的数组，Match 为检索数组的条件。下面的代码就演示了一个检索过程。

```
static void Main(string[] args)
{
    int[] intArray = new int[10] { 1, 3, 5, 7, 9, 11, 13, 15, 17, 19 };
    int element = Array.Find(intArray, search);
    Console.WriteLine(element);
}
private static bool search(int i)
{
    if ((i * 2 + 1) == 19)
    {
```

```
        return true;
    }
    else
    {
        return false;
    }
}//输出 9
```

在使用 Find()方法时需要注意，在该方法中，检索的条件必须是一个返回值为逻辑值，且参数为检索元素同类型数据的函数。另外还需要注意，Find()方法返回的是检索数组元素的结果，而非元素的索引号。

2. FindAll()方法

FindAll()方法与 Find()方法的使用方法类似，但其功能比 Find()方法更加完善。Find()方法返回的是一个普通的数值，而 FindAll()方法返回的是若干符合条件的数组元素组成的一个新数组，其使用方式如下。

```
Array.FindAll(ArrayName , Match);
```

在上面的代码中，各关键字表示的内容与 Find()方法完全一致，FindAll()方法同样也属于静态方法，因此也必须由 Array 类来调用。下面的代码就是用了 FindAll()方法从一个数组中返回大于值为偶数的元素，如下所示。

```
static void Main(string[] args)
{
    int[] intArray = new int[10] { 1, 2, 3, 4, 5, 6, 7, 8, 9, 10 };
    int[] element = Array.FindAll(intArray, search);
    for (int i = 0; i < element.Length; i++)
    {
        Console.Write(element[i]+",");
    }
}
private static bool search(int i)
{
    if ((i % 2) == 0)
        return true;
    else
        return false;
}//输出: 2,4,6,8,10
```

3. FindIndex()方法

FindIndex()方法是一种重载 3 次的复杂检索方法,其与 Find()方法的使用具有一定的相似性，但返回的值完全不同。Find()方法返回的是数组的元素，而 FindIndex()方法返回的则是检索结果的索引号。FindIndex()方法的使用如下所示。

```
Array.FindIndex( ArrayName , [StartIndex] , [Count] , Match );
```

在上面的代码中，具有中括号的关键字为可选关键字，其中，ArrayName 为要检索的数组名；StartIndex 为检索时起始的数组索引号；Count 为需要检索的数组元素数量（该参数只有 StartIndex 关键字存在时可用）；Match 为检索的条件方法。

例如，下面的数组中包含了若干字数为 3～5 个的中文词汇。使用 FindIndex() 方法，可以检索出其中自第 3～7 个元素中字符数为 2 的词汇索引号，代码如下。

```
static void Main(string[] args)
{
    string[] strArray = new string[8] { "中国", "中华", "人民共和国", "清华
    大学", "清华园", "水木清华", "出版", "教科书", };
    Console.WriteLine(Array.FindIndex(strArray, 2, 5, search));
}
private static bool search(string str)
{
    if (str.Length == 2)
    {
        return true;
    }
    else
    {
        return false;
    }
}
```

上面的代码检索了数组 strArray 中自第 3 个元素后的 5 个元素，其中，第 7 个元素的字符数为 2，因此最终输出的结果为 6。FindIndex() 方法只能检索第一个符合条件的元素，因此无法返回所有元素索引的数组。

4．FindLast() 方法

FindLast() 方法的使用与 Find() 方法恰巧相反。Find() 方法返回的是数组中第一个匹配条件的元素，而 FindLast() 方法返回的则是数组中最后一个匹配条件的元素，其使用方法与 Find() 方法相同，如下所示。

```
Array.Find( ArrayName , Match );
```

在上面的代码中，ArrayName 表示被检索的数组；Match 则为检索元素的条件方法，其返回值为一个逻辑型变量。例如，检索 1～10 等 10 个数字中最后一个偶数，其方法如下所示。

```
static void Main(string[] args)
{
    int[] intArray = new int[10] { 1, 2, 3, 4, 5, 6, 7, 8, 9, 10 };
    int element = Array.FindLast(intArray, search);
    Console.WriteLine(element);
}
private static bool search(int i)
```

```
{
    if ((i % 2) == 0)
        return true;
    else
        return false;
}//输出: 10
```

上面的代码就通过 search()方法对 intArray 数组中的元素进行了比对，其中，符合条件的数组元素包括 2、4、6、8、10 等，FindLast()方法返回的就是数组的最后一个符合条件的元素 10。

5. FindLastIndex()方法

FindLastIndex()方法与 FindIndex()方法类似，都是一种重载多次的方法，其可以根据多种条件进行检索，返回数组中最后一个符合条件的元素索引号，使用方法如下所示。

```
Array.FindLastIndex( ArrayName , [StartIndex] , [Count] , Match );
```

在上面的代码中，中括号"[]"中的关键字为可选关键字，其中，ArrayName 为要检索的数组名，StartIndex 为检索时起始的数组索引号，Count 为需要检索的数组元素数量(该参数只有 StartIndex 关键字存在时可用)，Match 为检索的条件方法。FindLastIndex()方法的使用与 FindIndex()方法完全相同，在此将不再赘述。

6. GetValue()方法

GetValue()方法的作用是获取数组中指定索引位置的元素值，使用该方法，可以方便地根据数组的索引号，返回相应的元素。例如，在返回一维数组中指定元素时，可以直接以元素的索引号作为参数，代码如下。

```
ArrayName.GetValue(Index);
```

在上面的代码中，ArrayName 关键字表示数组的名称；Index 关键字表示数组的索引号。在返回二维数组的某个元素时，可以依次填入其所处一维、二维的索引号，方法如下。

```
ArrayName.GetValue(Index1 , Index2);
```

在上面的代码中，Index1 关键字表示数组元素的一维索引号，Index2 表示数组元素的二维索引号。在获取更多维数的数组元素时，可以用同样的方式依次写入索引号，方法如下。

```
ArrayName.GetValue(Index1 , Index2 , …);
```

7. IndexOf()方法

IndexOf()方法的功能与 GetValue()方法完全相反，其作用是根据元素获取相应的索引。该方法是一个静态方法，必须通过 Array 类实现显式调用，其使用方法如下所示。

```
Array.IndexOf(ArrayName , Object , [StartIndex] , [Count]);
```

在上面的代码中，带有中括号"[]"的关键字为可选关键字，关键字 ArrayName 表示被索引的数组名称；关键字 Object 表示要比较的对象；关键字 StartIndex 表示开始比较的数组元素索引；关键字 Count 表示自 StartIndex 开始比较的元素数量。

例如，在一个由 8 个字符串组成的数组中，从第 4 个字符串开始检索，共检索 5 个字符串，代码如下所示。

```
string[] strArray = new string[8] { "清华园", "清华大学", "中关村", "海淀区",
"北京", "华北", "中国", "亚洲" };
Console.WriteLine(Array.IndexOf(strArray,"中国",3,5));//输出：6
```

在 IndexOf()方法中，起始比较的索引号和索引的数量这两个参数既可以是 32 位的整数（int 型），也可以是 64 位的长整数（long 型），但这两个参数的数据类型必须一致。

8．LastIndexOf()方法

LastIndexOf()方法与 IndexOf()方法十分类似，都可以根据一个具体的值与数组中所有的元素进行比较，获取与该变量相同的数组元素索引。其区别在于，IndexOf()方法获取的是第一个符合的数组元素索引，而 LastIndexOf()方法获取的则是最后一个符合的数组元素索引，其使用方法如下所示。

```
Array.LastIndexOf(ArrayName , Object , [StartIndex] , [Count]);
```

在上面的代码中，带有中括号"[]"的关键字为可选关键字，关键字 ArrayName 表示被索引的数组名称；关键字 Object 表示要比较的对象；关键字 StartIndex 表示开始比较的数组元素索引；关键字 Count 表示自 StartIndex 开始比较的元素数量。

LastIndexOf()方法的使用与 IndexOf()方法完全相同，仅返回的值不同，因此在此将不再赘述。

5.2.4　翻转数组元素

翻转数组元素就是对数组元素进行重新排列操作。在此可以使用 Reverse()方法，其作用是对整个数组或数组中局部的元素进行翻转，重置相应索引的数组元素。在默认状态下，开发者可以直接以数组名称为参数，整体翻转数组，并返回翻转后的结果，方法如下。

```
Array.Reverse(ArrayName);
```

在上面的代码中，ArrayName 关键字表示数组的名称，在 Reverse()方法只有一个参数时，该方法将直接翻转所有数组的元素。例如，一个包含从 1～10 之间所有整数的数组，在使用 Reverse()方法后，将会完全重新排列，代码如下。

```
int[] intArray = new int[10] { 1, 2, 3, 4, 5, 6, 7, 8, 9, 10 };
Array.Reverse(intArray);
for (int i = 0; i < intArray.Length; i++)
```

```
{
    Console.Write(intArray[i] + ",");
}//输出: 10,9,8,7,6,5,4,3,2,1,
```

上面的代码就是用了 Reverse()方法对数组 intArray 进行了翻转重排。在完成后，通过遍历的方法输出了所有数组的元素。

在对数组中的局部若干连续元素进行重排时，同样可以使用 Reverse()方法，此时，该方法需要新增两个参数，如下所示。

```
Array.Reverse(ArrayName , [StartIndex] , [Count]);
```

在上面的代码中，中括号"[]"中的参数即为新的参数，其中 StartIndex 关键字表示开始翻转的部分元素中第一个元素的索引号；Count 关键字表示总共需要翻转的元素数量。例如，需要翻转一个以字符串组成的数组中的第 3~6 个元素之间所有元素，其方法如下所示。

```
string[] strArray = new string[8] { "清华园","清华大学","中关村","海淀区",
"北京","华北","中国","亚洲" };
Array.Reverse(strArray, 2, 4);
for (int i = 0; i < strArray.Length; i++)
{
    Console.Write(strArray[i]+",");
}//输出：清华园,清华大学,华北,北京,海淀区,中关村,中国,亚洲,
```

5.3 定义集合

C#中的数组和 JavaScript 和 ActionScript 等脚本语言中的数组相比，具有很多的局限性，例如，只能存储固定数量的元素，且每个元素的数据类型必须相同。

如果需要使用更复杂的对象管理功能，就往往需要编写复杂的数组重定义代码。基于数组的这些缺陷，C#中引入了集合这一功能。相比数组，集合的语法更加标准化，且可以实现更多复杂的功能。

5.3.1 集合的概念

集合是引自数学的一种概念，其本意是表示一组具有共同性质的数学元素的组合，典型的数学集合有有理数集合等。在面向对象的程序设计中，集合是对各种集合包中的类进行实例化的结果，其表示由若干对象组成的组合。

1. 集合与其他数据结构

基于集合的定义，任何类型的对象都可以被组合到由该类型组成的单个集合中，从而通过 System.Collections 命名空间的各种成员进行管理，例如，添加、移除这个集合中的某个元素，以及搜索元素、为元素进行各种数据操作等。

从广义的概念上讲，之前介绍的数组、枚举和结构等组合都是集合的一种表现，其内部的元素组织方式也都与集合的定义非常类似。但在 C#中，集合这一专有名词特指 System.Collections 命名空间下的各种子类，数组、枚举和结构等类都不是 System.Collections 命名空间的成员。

在表现形式上，数组对元素的限制最为严格。在 C#中，数组只能存储数据类型相同且数量固定的元素。枚举虽然允许开发者添加或删除元素，但是其本身只能存储整数型等数字元素，且其元素的值必须遵循递增的规律。结构这一种类集合的组合更加类似对象，其中可以存储各种字段，但是其所有的字段必须是预先定义好的内容。

相比之前的 3 种数据组合，集合在使用方面更加灵活，其分为多种子类，可以存储各种复杂的数据，且可以由开发者随意地添加元素或删除元素。使用集合，可以方便地存储各种自定义的结构化内容，并随时对结构体本身进行修改。

2. 集合与泛型

在早期的.NET Framework 开发中，需要使用 System.Collections 命名空间中的类来实现集合的实例化。随着.NET Framework2.0 的发布，其增加了泛型功能，并提供了全新的 System.Collections.Generic 命名空间，允许定义基于泛型的集合。

基于泛型的集合可以存储更多数据类型的数据，相比传统的集合功能，System.Collections.Generic 命名空间能提供比非泛型强类型集合更好的类型安全性和性能。基于以上原因，在.NET Framework 4.0 时代，微软推荐开发者使用基于泛型的集合。关于 System.Collections.Generic 命名空间，将在之后的章节中详细介绍。

5.3.2 泛型集合

泛型集合是 System.Collections.Generic 命名空间提供的各种成员类实现的集合。在学习泛型集合时，需要首先了解集合的基本接口，以及 System.Collections.Generic 命名空间中包含的集合类型、公共属性和公共方法。

1. 泛型集合的类型

在传统的集合中，包含的集合大多只能存储固定数据类型的数据，其主要包括 ArrayList、Stack、Queue、Hashtable、BitArray、SortedList 以及 Dictionary 等 7 种集合。泛型集合对以上 7 种集合进行了发展，主要包括以下几种集合，如表 5-1 所示。

表 5-1　泛型集合的类型

集合名称	作用
Dictionary	字典集合，用于存储键与值的泛型集合，与传统的 Dictionary 集合使用方式类似
HashSet	哈希集，用于存储值的泛型集合，与传统的 Hashtable 集合使用方式类似
KeyedByTypeCollection	输入键泛型集合，是泛型集合新增的一种集合。该集合的项是用作键的类型

集合名称	作用
LinkedList	双向链接列表集合，也是泛型集合新增的一种集合
List	列表集合，表示可通过索引访问的对象的强类型列表。提供用于对列表进行搜索、排序和操作的方法，与传统的 ArrayList 集合类似
Queue	队列集合，表示对象的先进先出顺序。其使用方法与传统的 Queue 集合类似
SortedDictionary	有序字典集合，表示按键排序的键/值对的集合
SortedList	有序列表集合，表示键/值对的集合，这些键/值对基于关联的 IComparer<T>接口实现按照键进行排序，其使用方法与传统的 SortedList 集合类似
SortedSet	有序对象集合，表示按排序顺序保持的对象的集合
Stack	堆栈集合，表示相同任意类型的实例的可变大小的后进先出（LIFO）集合，其使用方法与传统的 Stack 集合类似
SynchronizedCollection	提供一个线程安全集合，其中包含泛型参数所指定类型的对象作为元素
SynchronizedKeyedCollection	提供一个线程安全集合，该集合所含对象的类型由一个泛型参数指定，并且集合根据键进行分组
SynchronizedReadOnlyCollection	提供一个线程安全只读集合，该集合包含泛型参数所指定的类型的对象作为元素

2．泛型集合的分类

5.3.1 小节中介绍了泛型集合的所有类型，其包括了 13 种集合。根据这些集合的功能，可以将其分为三大类，如下所示。

❑ **普通集合**

普通集合主要用于存储非指定顺序数据的集合，包括绝大多数集合种类，例如，Dictionary、HashSet、KeyedByTypeCollection、LinkedList、List、Queue 和 Stack 等集合。

❑ **有序集合**

有序集合是指根据特殊的顺序进行排序存储的集合，其主要包括 SortedDictionary、SortedList 和 SortedSet 等 3 种集合。

❑ **线程安全集合**

线程安全集合的特点是允许开发者在这些集合中安全高效地添加或移除项，而无需在代码中实现同步，其主要包括 SynchronizedCollection、SynchronizedKeyedCollection 和 SynchronizedReadOnlyCollection 等 3 种集合。

5.4 常用泛型集合

在.NET Framework 中，泛型技术最主要的应用就是应用于集合中。泛型集合几乎可以实现所有传统集合的功能。本节将介绍几种常用的泛型集合，帮助开发者构建多种数据结构。

5.4.1 列表集合 List

列表集合是最简单和最常见的集合之一。基于泛型的 List<T>列表集合可通过索引访问强类型的列表，其参数 T 可以是任何可访问的数据类型，包括值类型和引用类型等。

1. 定义列表集合

列表集合 List<T>是传统集合 ArrayList 的泛型替代品，相比 ArrayList 集合，List<T>集合更符合类型安全的定义。声明一个列表集合 List<T>，其方法如下所示。

```
List<T> ListName = new List<T>([Length]);
```

在上面的代码中，中括号 "[]" 中的关键字为可选的参数。关键字 T 为列表集合元素的数据类型；关键字 ListName 表示集合的名称；关键字 Length 表示列表集合中的元素数量。如果对 List<T>集合的类型 T 使用引用类型，则 List<T>和传统的 ArrayList 集合行为是完全相同的。但是，如果对类型 T 使用值类型，则需要考虑实现和装箱问题。

当类型 T 为值类型时，编译器将特别针对该值类型生成 List<T>集合的实现，且不必对 List<T>集合的元素进行装箱就可以使用该元素。例如，定义一个存储字符串的列表集合，其方法如下所示。

```
List<string> strList = new List<string>();
```

上面的代码先通过泛型定义了列表集合的数据类型，然后才对该列表集合进行了初始化，限制所有列表的元素都为字符串型数据。如果开发者需要预先定义列表中元素的数量，则可以在构造方法中输入这一数量。例如，定义一个存储 10 个整数的列表集合，方法如下所示。

```
List<int> iList = new List<int>(10);
```

上面的代码先通过泛型定义了列表集合的数据类型为整数型，然后通过为构造方法添加集合元素数的方法，固定了集合的元素数量为 10。

2. 添加列表元素

列表集合 List<T>符合集合的基本特点，即允许开发者方便地在集合中添加元素，其需要使用到 Add()方法、AddRange()方法、Insert()方法和 InsertRange()方法，作用如下所示。

❑ **Add()方法**

Add()方法的作用是在列表集合的末尾开始，添加一个列表元素，其使用方法如下所示。

```
ListName.Add(Element);
```

在上面的代码中，ListName 关键字表示要添加元素的列表名称，Element 关键字表示添加的元素，该元素必须与列表中定义的参数 T 数据类型相符。例如，为之前创建的

113

strList 列表添加元素，方法如下所示。

```
strList.Add("This");
```

上面的代码就为名为 strList 的列表添加了 1 个字符串类型的元素。Add()方法所添加的元素将直接附到列表的末尾，因此不会影响原列表元素的排序。

❏ **AddRange()方法**

AddRange()方法的作用是在列表集合的末尾添加一个新的集合，该集合可以包含任意数量的新集合元素，其使用方法如下所示。

```
ListName.AddRange(ElementList<T>);
```

在上面的代码中，ListName 关键字表示要添加元素的列表集合名称，ElementList<T>关键字表示被添加到原列表集合的新列表集合，这两个列表集合的数据类型应保持完全一致。例如，为之前的 strList 集合添加多个元素，代码如下。

```
List<string> newList = new List<string>();
newList.Add("is");
newList.Add("a");
newList.Add("C#");
newList.Add("application");
strList.AddRange(newList);
```

上面的代码新定义了一个 newList 的列表集合，然后为其添加了 4 个集合元素。最后，通过 AddRange()方法将这个集合追加到了 strList 集合的末尾，使 strList 集合的元素从 1 个变为 5 个。

❏ **Insert()方法**

Insert()方法的作用是在开发者选定的序列位置为列表集合插入一个元素，该元素的数据类型应与原集合的数据类型保持一致，其使用方式如下。

```
ListName.Insert(Index , Element);
```

在上面的代码中，ListName 关键字表示被添加元素的集合；Index 关键字表示添加新元素的索引位置；Element 关键字表示要添加的集合元素。例如，定义一个浮点数集合，然后为其添加两个元素，再将一个新元素添加到这两个元素之间，代码如下。

```
List<float> fList = new List<float>();
fList.Add(102.37f);
fList.Add(179.35f);
fList.Insert(1,152.22f);
Console.WriteLine(fList[1]);//输出: 152.22
```

在使用 Insert()方法时应注意，其所定义的索引位置范围不能超过原集合的元素数量，否则程序将报错。

❏ **InsertRange()方法**

InsertRange()方法的作用是为列表集合的任意位置添加一个新的列表集合，其使用方式如下。

```
ListName.Insert(Index , ElementList<T>);
```

在上面的代码中，ListName 关键字表示被添加集合的列表集合；Index 关键字表示添加新集合的索引位置；ElementList<T>关键字表示被添加的新集合。例如，将之前定义的 fList 集合中所有元素添加到一个名为 fList2 的集合中，添加的起始索引位置为 1，代码如下。

```
List<float> fList2 = new List<float>();
fList2.Add(27.96f);
fList2.Add(33.97f);
fList2.InsertRange(1, fList);
Console.WriteLine(fList2[1]);//输出：102.37
```

3. 遍历列表元素

作为一种数据的结构体，列表与数组一样，都允许开发者通过迭代语句进行遍历操作，访问其中的元素。在遍历列表时，需要通过列表对象的 Count 属性获取列表的元素数量，然后才能实现遍历。例如，定义一个列表元素，然后使用 for…语句进行遍历，代码如下。

```
List<int> iList = new List<int>(5);
for (int i = 0; i < iList.Count; i++)
{
    iList.Add(i * 2);
}
```

4. 移除列表元素

C#提供了 5 种移除列表元素的方法，允许开发者移除全部元素、移除特定的某一个元素、移除条件匹配的若干元素，以及移除某个范围的元素，其分别需要使用 Clear()方法、Remove()方法、RemoveAll()方法、RemoveAt()方法和 RemoveRange()方法等。

❑ **Clear()方法**

Clear()方法的作用是清除列表集合中所有的元素，该方法没有参数，直接在列表集合后调用该方法即可实现清除，代码如下。

```
ListName.Clear();
```

❑ **Remove()方法**

Remove()方法的作用是根据开发者定义的数据在列表集合中进行匹配，获取第一个与数据相匹配的元素，然后将其删除，其使用方法如下所示。

```
ListName.Remove(Element);
```

在上面的代码中，ListName 关键字表示要移除元素的列表集合；Element 关键字表示需要移除的元素值。例如，在一个由整数 1、2、3、2 等组成的列表中，移除数字 2，其方法如下所示。

```
List<int> iList = new List<int>();
iList.Add(1);
iList.Add(2);
iList.Add(3);
iList.Add(2);
iList.Remove(2);
Console.WriteLine(iList[2]);//输出: 2
```

在上面的代码中，iList 列表集合包含 1、2、3、2 等 4 个元素，在执行移除 2 元素后，剩余的元素为 1、3、2。由此证明，Remove()方法只能删除集合中第一个符合条件的元素，而不能删除该元素之后其他符合条件的元素。

❏ **RemoveAll()方法**

RemoveAll()方法是对 Remove()方法的增强实现，其可以删除集合中符合条件的所有元素。在使用 RemoveAll()方法时，需要建立一个委托，通过委托对集合中所有元素进行比对，最终返回逻辑值真或假。如为真则删除该元素，如为假则不删除，其使用方式如下。

```
ListName.RemoveAll(Delegate);
```

在上面的代码中，ListName 关键字表示被删除元素的列表集合名;Delegate 关键字表示进行比对的委托函数名。例如，在一个由整数 1、3、9、24、21、36、17 组成的列表集合中，删除所有偶数，代码如下所示。

```
static void Main(string[] args)
{
    List<int> iList = new List<int>();
    iList.Add(1);
    iList.Add(3);
    iList.Add(9);
    iList.Add(24);
    iList.Add(21);
    iList.Add(36);
    iList.Add(17);
    iList.RemoveAll(checkEven);
    for (int i = 0; i < iList.Count; i++)
    {
        Console.Write(iList[i] + ",");
    }输出: 1,3,9,21,17,
}
public static bool checkEven(int i)
{
    if (i % 2 == 0)
        return true;
    else
        return false;
}
```

上面的代码定义了一个返回逻辑值的函数 checkEven，用于判断数字是否为偶数。然后，RemoveAll 方法就通过委托的方式调用了这一函数，对数字进行判断，并删除列表集合中所有偶数元素。

❑ **RemoveAt()方法**

RemoveAt()方法与 Insert()方法的作用完全相反，使用方式完全相同，主要用于删除指定索引位置的元素，其使用方式如下。

```
ListName.RemoveAt(Index);
```

在上面的代码中，ListName 关键字表示被删除元素的列表集合名；Index 表示要删除的元素索引位置。例如，之前定义的 iList 集合中原本包含 7 个整数，使用 RemoveAt()方法可以方便地删除其中第 5 个元素，代码如下。

```
iList.RemoveAt(4);
for (int i = 0; i < iList.Count; i++)
{
    Console.Write(iList[i] + ",");
}//输出: 1,3,9,24,36,17,
```

❑ **RemoveRange()方法**

RemoveRange()方法可以删除指定索引开始，不超过总元素数范围的列表集合元素，其使用方式如下。

```
ListName.RemoveRange(StartIndex , Count);
```

在上面的代码中，ListName 关键字表示被删除元素的列表集合；StartIndex 表示要删除元素的起始索引号；Count 关键字表示要删除的元素总数。需要注意的是，要删除的元素总数不能超过列表元素总数与起始索引号的差。例如，针对之前的 iList 列表集合，编写一个删除第 3～6 个元素的程序，即可使用 RemoveRange()方法，代码如下。

```
iList.RemoveRange(2, 4);
for (int i = 0; i < iList.Count; i++)
{
    Console.Write(iList[i] + ",");
}输出: 1,3,17
```

5. 查找列表元素

查找列表元素是对列表集合进行的一种重要操作，C#中提供了多种方法用于实现复杂的查找功能，包括 Find()方法、FindAll()方法、FindIndex()方法、IndexOf()方法等。

这些方法的使用与数组的同名方法相似，但有一些区别。以 Find()方法为例，在之前介绍数组的小节中，介绍过对数组元素进行的 Find()方法。列表集合的 Find()方法与数组的同名方法用途相同，但用法有异，其使用方法如下所示。

```
ListName.Find(Match);
```

在上面的代码中，ListName 关键字表示要进行查找的列表集合；Match 关键字表示检索元素的条件委托。例如，在一个包含 0~9 等 10 个整数的列表中检索第 1 个奇数，代码如下所示。

```
static void Main(string[] args)
{
    List<int> iList = new List<int>();
    for (int i = 0; i < 10; i++)
    {
        iList.Add(i);
    }
    Console.WriteLine(iList.Find(checkOdd));
}//输出: 1
public static bool checkOdd(int i)
{
    if (i % 2 == 1)
        return true;
    else
        return false;
}
```

在上面的代码中，通过 Find()方法对 iList 列表集合进行了检索，并以委托的方式判断列表元素是否为奇数。如是，则获取第一个符合条件的元素值。

FindAll()方法、FindIndex()方法、FindLast()方法等与 Find()方法类似，都与数组的同名方法有类似区别。在此将不再赘述。

5.4.2 队列集合 Queue

队列集合是以先进先出（First In First Out，FIFO）的方式处理元素的集合，在这类集合中，处理元素的方式类似售货窗口中的排队，将先读取先放入队列中的元素，再读取后放入队列的元素。

1. 定义队列集合

与列表集合 List<T>相比，队列集合 Queue<T>更加强化了元素的顺序。在列表集合 List<T>中，开发者可以随意为任意位置添加或删除元素，也可以按照任意的顺序进行这些操作。然而在队列集合 Queue<T>中，开发者只能从开头开始读取元素，如需要删除元素，则只能从末尾进行删除操作。定义队列集合的方法与定义列表集合类似，如下所示。

```
Queue<T> QueueName = new Queue<T>([Length]);
```

在上面的代码中，中括号"[]"中的参数为可选的参数。关键字 T 为泛型的数据类型；QueueName 表示队列集合的名称；关键字 Length 表示队列的初始化长度。例如，定义一个长度为 10 的整数型队列，其方法如下所示。

```
Queue<int> iQueue = new Queue<int>(10);
```

在上面的代码中，先通过泛型定义了队列中元素的数据类型，然后定义了队列的名称以及队列的初始化长度等。

2．添加和移除队列

在操作队列中的数据时，开发者可以在队列的末尾添加元素，也可以从队列的开头删除元素，其分别需要使用 Enqueue()方法和 Dequeue()方法。

❑ **Enqueue()**

Enqueue()方法的作用是在队列的末尾添加一个元素，其作用类似列表集合中的Insert()方法，使用方式如下。

```
QueueName.Enqueue(Element);
```

在上面的代码中，QueueName 关键字表示队列集合的名称，Element 关键字表示要加入队列的元素。例如，使用遍历的方法为之前定义的队列 iQueue 添加 10 个整数，代码如下。

```
for (int i = 0; i <10;i++ )
{
    iQueue.Enqueue(i);
}
```

❑ **Dequeue()**

Dequeue()方法的作用是从队列的最开头读取并删除一个元素，其使用方法如下所示。

```
QueueName.Dequeue();
```

在上面的代码中，QueueName 关键字表示队列集合的实例名称。Dequeue()方法的返回值就是队列中的第一个元素，其数据类型与泛型队列完全相同。例如，在之前的代码中定义的包含 10 个整数的队列就可以通过 Dequeue()方法读取并删除其第一个元素，代码如下。

```
Console.WriteLine(iQueue.Dequeue());//输出: 0
```

3．读取队列元素

如开发者需要读取队列中的第一个元素，但不对其进行移除操作，则可以使用 Peek()方法。Peek()方法与 Dequeue()方法最大的区别就是其不会清除读取的元素，使用方法与Dequeue()方法相同，如下所示。

```
QueueName.Peek();
```

4．判断元素

如开发者需要判断某一个元素是否属于该队列，则可以使用 Contains()方法进行判断，其方法如下所示。

```
QueueName.Contains(Element);
```

在上面的代码中，QueueName 关键字表示队列的名称；Element 表示要判断的元素。在进行判断时，如该元素属于队列，将返回逻辑值 true，否则将返回 false。

5.4.3 字典集合 Dictionary

泛型字典集合 Dictionary 是一种较为复杂的泛型集合，其数据结构存储方式类似字典工具书，每一条数据都以键和对应值的方式存储，其中键的值是唯一的，而对应值是可以重复的。下面的代码就表现了一个典型的字典集合结构，如下所示。

```
Windows XP          2001
Windows 2003        2003
Windows Vista       2006
Windows 2008        2007
Windows 7           2009
Windows 2008 R2     2010
```

上面的代码分别表示了微软公司 Windows 操作系统与其发布的年份对应关系，其中 Windows 操作系统的名称是唯一的，但其发行的年份可以相同，也可以不同。泛型字典集合中的数据存储方式与之类似，也表示这样一种对应关系。

1. 定义泛型字典集合

泛型字典集合是一种复合的泛型集合，相比之前介绍的两种集合，在定义泛型字典时需要同时定义两个泛型，分别确定字典键和对应值的数据类型，其方式如下所示。

```
Dictionary<TKey , TValue> DictionaryName = new Dictionary<TKey , TValue>();
```

在上面的代码中，TKey 关键字表示泛型字典中键的数据类型；TValue 关键字表示泛型字典中对应值的数据类型；DictionaryName 关键字表示泛型字典的实例名称。例如，定义一个整数键对应字符串值的泛型字典，其代码如下所示。

```
Dictionary<int, string> iSDictionary = new Dictionary<int, string>();
```

2. 添加元素

与列表集合和队列集合类似，泛型字典集合允许开发者添加和移除各种元素，但添加和移除的方法与之前两种集合略有区别，需要使用 Add()方法。Add()方法的作用是为泛型字典添加一个新的元素，包括添加新的键和对应值等，其使用方法如下所示。

```
DictionaryName.Add(Key , Value);
```

在上面的代码中，DictionaryName 关键字表示泛型字典的实例名称；Key 表示新增元素的键值，Value 表示新增元素的对应值。例如，为之前定义的 iSDictionary 泛型集合添加一个新的元素，代码如下。

```
iSDictionary.Add(101 , "Visual Studio 2003.NET");
```

在添加元素后，可以通过中括号"[]"和键访问对应的元素。例如，需要访问与键值 101 对应的字符串，其代码如下所示。

```
Console.WriteLine(DictionaryName[101]);
```

在添加和访问字典中的元素时需要注意，如添加一个已存在的键值到字典中，会发生溢出。因此，需要通过之后介绍的判断键和对应值的方法进行判断，然后才能添加。

3．判断键和对应值

字典集合 Dictionary 提供了两种方法用于判断某个元素的键或值是否存在于字典中，即 ContainsKey()方法和 ContainsValue()方法。

❑ **ContainsKey()方法**

ContainsKey()方法的作用是根据开发者输入的值，判断以该值为键的元素是否存在于泛型字典集合中，其使用方法如下所示。

```
DictionaryName.ContainsKey( Key );
```

在上面的代码中，DictionaryName 关键字表示泛型字典的实例名称；Key 关键字表示要判断的键值。ContainsKey()方法返回的是逻辑型数据，如 Key 属于字典元素的键，将返回逻辑值 true，否则将返回逻辑值 false。

例如，判断之前定义的 iSDictionary 字典集合中是否包含值为 101 的键，代码如下所示。

```
Console.WriteLine(iSDictionary.ContainsKey(101)); //输出：True
```

❑ **ContainsValue()方法**

ContainsValue()方法的作用是判断字典集合中是否包含指定对应值的元素，其返回值同样是一个逻辑型变量，使用方法如下所示。

```
DictionaryName.ContainsValue(Value);
```

在上面的代码中，DictionaryName 关键字表示被判断的字典集合实例名称；Value 表示要判断的对应值。例如，判断之前定义的 iSDictionary 字典集合中是否包含字符串"Visual Studio 2010"，代码如下所示。

```
Console.WriteLine(iSDictionary.ContainsValue("Visual Studio 2010"));
                                                        //输出：False
```

4．移除元素

在移除泛型字典集合中的元素时，可以使用 C#提供的 Clear()方法和 Remove()方法进行操作，如下所示。

❑ **Clear()方法**

字典集合的 Clear()方法与之前几种集合的使用方法完全相同，直接在集合的实例名称后添加方法即可清除集合中的所有元素，代码如下。

```
DictionaryName.Clear();
```

在上面的代码中，DictionaryName 关键字表示集合的实例名称。该方法在清除所有元素后，会定义集合的元素数为 0，且该方法没有返回值。

❑ **Remove()方法**

在已知字典集合元素的键之后，可以使用 Remove()方法将该键对应的元素从字典集合中删除，其使用方法如下所示。

```
DictionaryName.Remove(Key);
```

在上面的代码中，DictionaryName 关键字表示数组集合的实例名称；Key 关键字表示已知且要清除的元素键值。例如，清除之前 iSDictionary 集合中已添加的键为 101 的元素，代码如下。

```
iSDictionary.Remove(101);
```

在使用 Remove()方法移除集合元素时，需要先通过 ContainsKey()方法判断该键是否属于集合，只有当返回结果为逻辑真时才能进行移除操作，否则 C#将会报错。

5．获取键和对应值的集合

如果字典集合中包含了若干个元素，则开发者可以使用 Keys 属性和 Values 属性获取所有元素的键或对应值的集合，该集合的类型为列表集合类型。例如，之前定义的 iSDictionary 集合，其 Keys 属性就是一个整数型的列表集合，而其 Values 属性则是一个字符串型的列表集合。

5.5 扩展练习

1．编写动态输入信息存储程序

编写一个程序，获取用户在控制台中输入的信息，将其存储到列表集合中，每进行一次存储就返回一次输入信息的数量，效果如图 5-2 所示。

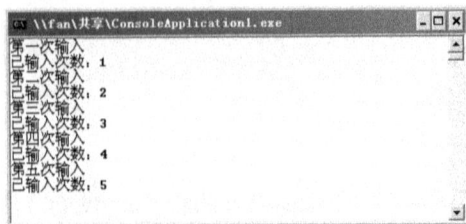

图 5-2　获取输入信息的次数

2．编写搜索输入用户名显示信息的程序

编写一个程序，结合结构技术和数组技术，存储若干用户的信息，并将其显示到列表中。然后，根据输入的用户名显示该用户的相关信息，效果如图 5-3 所示。

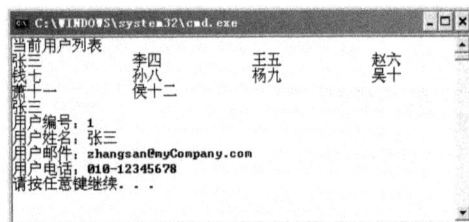

图 5-3　输入用户名查询信息

第6章 处理字符串

在计算机中，字符串事实上是由各种编码转译而成的多个字符型变量的引用。在实际的程序处理中，绝大多数数据都是字符串型的数据，例如，URL 地址、用户名、用户的邮件地址、电话号码和传真号码等。由于字符串的应用十分广泛，因此对字符串进行各种处理操作在程序编写时就显得尤为重要。

本章将结合 C#中的 System.String 命名空间，介绍字符串处理的基础、进阶操作，以及用于高级字符串处理的正则表达式等技术。

本章学习目标：

➢ 了解字符串的组成结构与基本知识
➢ 掌握字符串的创建、比较等基本操作
➢ 了解字符串的进阶操作
➢ 掌握正则表达式语法
➢ 了解正则表达式验证的方法

6.1 字符串基础

字符串是一种典型的引用型数据，通常包含若干个字符型变量的引用。在 C#中，字符串还被看作是 System.String 命名空间中的 String 类的实例，因此每创建一个字符串，相当于对 String 类进行了一次实例化，每一个字符串都可以集成 String 类的各种成员。

由于 C#是基于 Unicode 编码的编程语言，因此在 C#中，字符串型的数据可以包含大小写英文字符、汉字、数字、转义符和各种特殊符号等 Unicode 编码支持的字符，是由若干这些字符组成的一种聚合体。

之前介绍引用变量时，已介绍了声明和初始化一个字符串变量的方法，以及转义符的使用等基础知识。String 类是直接派生于 Object 的对象，且被密封起来，因此不能从该类再派生新类。在书写 String 类的值时，需要使用双引号"""将值括起来。

除了 String 类的基本字符串实例外，C#中还包含一种基于 System.Text 命名空间中的 StringBuilder 类的对象，其功能比 String 类的对象更加强大，允许开发者对字符串进行追加、移除、替换或插入字符等操作。

6.1.1 字符串与数据的转换

在 C#中，字符串是一种灵活的数据类型，可以由绝大多数值类型转换而来，同时，一些特殊的字符串还可被转换为其他的数据类型。在进行这种转换时，可能会使用到装箱和拆箱的技巧。

1．转换为字符串

绝大多数值类型的数据都可以转换为字符串，例如，整数型数据、实数型数据、逻辑型数据、字符型数据等，其需要使用这些数据类型自带的 toString()方法。例如，分别定义 4 个变量，然后将其转换为 4 个字符串变量的引用，代码如下。

```
int i = 99;
float f = 10.5f;
bool b = true;
char ch = 'a';
string s1, s2, s3, s4;
s1 = i.ToString();
s2 = f.ToString();
s3 = b.ToString();
s4 = ch.ToString();
Console.WriteLine(s1 + "," + s2 + "," + s3 + "," + s4);//转换: 99,10.5,True,a
```

上面的代码依次为 4 个值类型变量使用了 toString()方法，将其转换为字符串型的引用，并通过 Console.WriteLine()方法输出了这 4 个字符串的值。在将实数型数据转换为普通字符串型数据时，会忽略实数数据后的"f"或"m"字符，只保留数字部分。在将逻辑型数据"true"或"false"转换为字符串型数据时，会自动将第一个字母大写处理。

2．字符串转换为其他数据

在实际操作中，如需要将字符串转换为其他类型的数据，或对各种数据类型进行转换，则可以使用 Parse()方法。Parse()方法是一种多种数据类的成员，其可以将字符串强制显式转换为对应的数据类型，使用方法如下所示。

```
Type.Parse(StringData);
```

在上面的代码中，Type 关键字表示需要被转换的数据类型；StringData 关键字表示被转换的字符串数据，该方法将会根据 Type 关键字返回一个新的值，该值就是转换后的数据。例如，将一个字符串类型的数据"true"转换为逻辑型数据，代码如下。

```
Console.WriteLine(bool.Parse("true"));//输出: True
```

执行上面的代码后，将自动再把逻辑型数据"true"转换为字符串型数据输出，因此输出的结果为开头大写的"True"。

6.1.2　字符串的属性

字符串对象是 System.String 命名空间下 String 类的实例，所有字符串都将集成 String 类的成员，包括属性、方法、字段等。在操作字符串时，可以将其看作是若干字符的集合，每个字符就是这个集合的一个元素。使用 String 类的属性，可以获取和操作这些元素。

1. 返回指定位置的字符

String 类提供了 Chars 属性，是一种特殊的属性。其与其他的属性最大的区别在于使用该属性时无需引用属性名。该属性可以获取字符串中指定位置的字符，这一位置与数组的索引号类似，都是从 0 开始排列的整数型数字，其使用方法如下所示。

```
StringData[Index];
```

在上面的代码中，StringData 关键字表示字符串变量的引用或字符串变量的实例名称；Index 关键字表示检索字符的索引号。例如，定义一个引用"Action"的字符串 s，然后获取其中第 3 个字符，代码如下。

```
string s = "Action";
Console.WriteLine(s[2]);//输出：t
```

2. 获取字符数量

String 类提供了 Length 属性，可以获取该字符串变量包含的字符数，其使用方法与数组的 Length 属性十分类似，如下所示。

```
StringData.Length;
```

在上面的代码中，StringData 关键字表示字符串变量的引用，或字符串变量的实例名称。该属性返回的值与 Chars 属性相同，都可以是从 0 开始的非负整数值。例如，获取字符串"C#基础教程与实验指导"的字符数量，代码如下。

```
Console.WriteLine("C#基础教程与实验指导".Length);//输出：11
```

6.2 处理字符串

在使用字符串时，开发者除了使用字符串的两种基本属性外，还可以使用其继承自 String 类的各种方法，以对字符串进行一些基本的处理操作，包括比较字符串、定位与查找字符、提取字符串、拆分字符串等。

6.2.1 比较字符串

C#是基于 Unicode 编码的编程语言，其处理的字符串数据通常也是基于 Unicode 编码的字符的引用。比较字符串就是对字符串中的每一个字符依次进行比对操作，并获取比对的结果。C#提供了两种基于比较的方法，如下所示。

1. Compare()方法

Compare()方法的作用是对两个字符串型数据进行比较，根据开发者定义的参数，返回相应的比较结果。在 C#中，Compare()方法包含多种重载方式，其中最简单的重载方式如下。

```
String.Compare(String1 , String2);
```

在上面的代码中，String1 和 String2 等关键字表示两个字符串的引用，或字符串数据的实例名称。在使用以上方法进行比较时，C#会将字符串中的每一个字符转换为 Unicode 编码，然后再进行比较，根据表 6-1 的关系返回比较值。

表 6-1　Compare()方法的比较关系

条件	返回值
当 String1 值大于 String2 时	大于 0 的整数
当 String1 值等于 String2 时	0
当 String1 值小于 String2 时	小于 0 的整数

例如，对"newText1"和"newText2"等两个字符串进行比较，就可以返回–1 的比较结果，代码如下。

```
string s1 = "newText1";
string s2 = "newText2";
Console.WriteLine(String.Compare(s1,s2));//输出-1
```

在使用 Compare()方法比较字符串时，开发者可以通过一个逻辑值参数来判断在比较时是否忽略字母的大小写。例如，需要忽略字母大小写，可以在 Compare()方法的参数列表末尾添加一个逻辑值 true 参数，而不需要忽略字母大小写，则可以在该方法的参数列表末尾添加一个逻辑值 false 参数。

另外，在进行字符串比较操作时还需要注意两个特殊的字符串 null 和空字符串""，通常情况下空字符串""始终大于字符串 null。

2. Equals()方法

Equals()方法可以多两个字符串进行比较操作，并返回一个逻辑型数据。当两个字符串相等时，返回逻辑真 true，否则返回逻辑假 false，其基本使用方式如下。

```
String.Equals(String1 , String2);
```

在上面的代码中，String1 和 String2 等两个关键字分别表示要进行比较的两个字符串引用或字符串变量的实例名称。例如，对"word"和"words"等两个字符串进行比较，代码如下。

```
string s1 = "word";
string s2 = "words";
Console.WriteLine(String.Equals(s1, s2));//输出: False
```

Equals()方法既可以是静态方法，也可以是实例方法。例如，以实例方法的方式调用 Equals()方法，也可以实现上面的比较，代码如下。

```
Console.WriteLine(s1.Equals(s2));//输出: False
```

6.2.2　定位与查找字符

定位和查找字符操作可以对某个字符串进行检索操作，获取其是否包含某一个字符或字符串，并返回逻辑值或获取的索引位置。C#中提供了 6 种可以进行定位和查找的方法。

1．EndsWith()方法

EndsWith()方法可以对字符串进行检索，判断某个字符串是否以指定的字符串为结尾，其使用方法如下所示。

```
String1.EndsWith(String2);
```

在上面的代码中，String1 关键字表示被判断的字符串变量实例名称或引用；String2 关键字表示指定的字符串结尾。例如，判断多个字符串是否以"XP"结尾，代码如下。

```
string soft1 = "Windows XP";
string soft2 = "Office XP";
string soft3 = "Windows Server 2003";
Console.WriteLine(soft1.EndsWith("XP"));//输出：True
Console.WriteLine(soft2.EndsWith("XP"));//输出：True
Console.WriteLine(soft3.EndsWith("XP"));//输出：False
```

2．IndexOf()方法

字符串的 IndexOf()方法与数组和集合类似，其作用是查找指定的字符串在某个字符串中的索引位置，使用方法如下。

```
String1.IndexOf(String2);
```

在上面的代码中，String1 关键字表示被判断的字符串变量实例名称，或其引用；String2 关键字表示要查询的字符串。IndexOf()方法返回的是一个整数型的数值，例如，检索"Visual Studio"这个字符串中是否包含"tu"的字符串，代码如下所示。

```
string str = "Visual Studio";
Console.WriteLine(str.IndexOf("tu"));//输出：8
```

IndexOf()方法不仅可以在字符串中检索字符串，还可以在字符串中检索字符，其方法的参数可以为任意字符型变量。例如，同样对上面的字符串进行操作，检索字符"u"在第几个索引位置出现，代码如下。

```
Console.WriteLine(str.IndexOf('u'));//输出：3
```

提示

　　IndexOf()方法只能返回一个结果。因此，当字符串中包含多个检索的字符或字符串时，也只能将检索的第一个结果之索引位置返回。如果目标的字符串中不包含要索引的字符和字符串，则该方法将返回-1。

除了直接进行检索外，IndexOf()方法还可以从指定的索引位置开始，进行字符或字符串的检索，使用方法如下。

```
String1.IndexOf(String2 , StartIndex , [Counter]);
```

在上面的代码中，中括号"[]"括住的参数为可选参数，这段代码新增了一个 StartIndex 关键字和一个 Counter 参数。StartIndex 关键字表示开始进行检索的索引号；Counter 关键字表示检索的字符区段长度。

例如，在"Visual Studio"的字符串中包含两个字母 u，如果需要获取第二个字母 u 的索引位置，就可以跳过第一个字母 u 的索引，从第 4 个字符开始检索，至第 10 个字符处结束，代码如下。

```
Console.WriteLine(str.IndexOf('u' , 4));//输出：9
```

3．IndexOfAny()方法

IndexOfAny()方法与 IndexOf()方法的区别在于，IndexOfAny()方法只能检索字符串中某一个字符，而不能检索某一个字符串。其参数的使用与 IndexOf()方法类似，在此不再赘述。

4．LastIndexOf()方法

LastIndexOf()方法的使用方式与 IndexOf()方法完全相同，但其返回的结果有所区别。IndexOf()方法返回的是字符串中第一个被检索的字符或字符串的索引位置，而LastIndexOf()方法则与之相反，返回的是字符串中最后一个被检索的字符或字符串索引位置，其使用如下所示。

```
String1.LastIndexOf(String2 , [StartIndex] , [Counter]);
```

在上面的代码中，中括号"[]"括住的关键字为可选的关键字；String1 关键字表示被搜索的目标字符串；String2 关键字表示要检索的字符或字符串；StartIndex 关键字表示目标字符串中的起始字符索引；Counter 关键字表示检索的总长度。

例如，为 LastIndexOf()方法添加不同的参数，可以返回不同的检索结果，代码如下所示。

```
string str = "我正在学习一种新的编程语言";
Console.WriteLine(str.IndexOf("新"));          //输出：7
Console.WriteLine(str.IndexOf("新", 8));       //输出：-1
Console.WriteLine(str.IndexOf("新", 5, 3));//输出：7
Console.WriteLine(str.IndexOf("新", 5, 2));//输出：-1
```

5．LastIndexOfAny()方法

LastIndexOfAny()方法与 LastIndexOf()方法的区别在于，LastIndexOfAny()方法只能检索字符串中某一个字符，而不能检索某一个字符串。其参数的使用与 LastIndexOf()方法类似，在此将不再赘述。

6. StartsWith()方法

StartsWith()方法与 EndsWith()方法的使用方式十分类似，但其功能有所区别。EndsWith()方法主要用于检索目标字符串的末尾是否包含其他字符串。而 StartsWith()方法则主要用于检索目标字符串的开头是否为某个字符串。并返回逻辑值，其使用方法如下。

```
String1.StartsWith(String2);
```

在上面的代码中，String1 关键字表示被检索的目标字符串；String2 关键字表示要检索的字符串。例如，检索下面的几个字符串是否以 Windows 开头，代码如下。

```
string s1 = "Windows XP";
string s2 = "Vista";
string s3 = "Windows 7";
Console.WriteLine(s1.StartsWith("Windows"));//输出：True
Console.WriteLine(s2.StartsWith("Windows"));//输出：False
Console.WriteLine(s3.StartsWith("Windows"));//输出：True
```

6.2.3 提取和拆分字符串

在对字符串进行复杂的处理和运算时，经常会需要提取和拆分字符串，即从某个字符串中提取局部的字符集合，组成一个新的字符串，或将某个字符串拆分成多个字符串组成的集合。

1. 提取字符串

提取字符串功能可以从一个目标字符串中提取一部分字符，将其组成一个新的字符串。在进行提取字符串操作时，需要使用到 C#提供的 Substring()方法，其使用方式如下所示。

```
StringData.Substring(StartIndex , [Counter]);
```

在上面的代码中，中括号"[]"内的关键字为可选的关键字；StringData 表示被提取的源字符串；StartIndex 关键字表示开始提取的关键字字符索引号；Counter 关键字表示要提取的索引数目。如果省略了 Counter 关键字表示的参数，则代表将提取直至字符串结束的所有字符。

例如，分别通过两种方式对下面的字符串进行提取工作，可以看出，Substring()方法的第二个参数不同，提取的返回值也不同。

string s = "北京海淀区中关村清华大学出版社";

```
Console.WriteLine(s.Substring(8));        //输出：清华大学出版社
Console.WriteLine(s.Substring(8,4));      //输出：清华大学
```

2. 拆分字符串

拆分字符串功能可以将某一个字符串中的字符进行条件判定，将其拆分为多个字符，再返回这些字符组成的数组。在进行拆分字符串操作时，需要使用到 C#提供的 Split 方法，其使用方式如下。

```
StringData.Split(StrArray , [ElementLength] , [SplitOption]);
```

在上面的代码中，中括号"[]"括住的关键字为 Split()方法的可选参数；StringData 关键字表示被拆分的源字符串；StrArray 关键字表示拆分的条件数组，其元素可为字符类型或字符串类型；ElementLength 关键字表示拆分后每个字符串的最大长度；SplitOption 关键字为一种特殊的数据类型的属性，即 StringSplitOptions 枚举的属性。

StringSplitOptions 是 System 命名空间下的一个抽象类，其包含两种属性，即 String-SplitOptions.None 和 StringSplitOptions.RemoveEmptyEntries。StringSplitOptions.None 属性的作用是定义在拆分字符串时，返回带有空字符串的元素，而 StringSplitOptions.RemoveEmptyEntries 属性的作用则是定义在拆分字符串时，不返回带有空字符串的元素。

例如，对一个逗号","分节的字符串进行拆分操作，将其拆分为数组，代码如下所示。

```
string strData = "001,张全福,总经理,010-12345678,zhangquanfu@mycompany.
com,,";
string[] splitArray = new string[6]{",",",",",",",",",",","};
string[] data = strData.Split(splitArray, 30, StringSplitOptions.
RemoveEmptyEntries);
for(int i = 0;i<data.Length;i++){
    Console.WriteLine(data[i]);
}
```

执行上面的代码，然后即可依次输出拆分后的数组结果，如下所示。

```
001
张全福
总经理
010-12345678
zhangquanfu@mycompany.com
```

6.2.4 其他处理方式

除了以上介绍的 3 类处理字符串的方法外，C#还为 System.String 类提供了多种处理字符串的方法，包括 Copy()方法、CopyTo()方法、Replace()方法、Trim()方法、ToLower()方法、ToUpper()方法等。

1. Copy()方法

Copy()方法的作用是创建与某个字符串引用完全相同的新字符串，其本身等同于为该字符串赋值的操作，使用方法如下所示。

```
StringData.Copy(StringValue);
```

在上面的代码中，StringData 关键字表示源字符串；StringValue 关键字表示目标字符串。例如，将字符串 s2 的值赋予 s1，代码如下所示。

```
string s1 = "清华大学";
string s2 = "清华大学出版社";
s1 = String.Copy(s2);
Console.WriteLine(s1);//输出：清华大学出版社
```

2．CopyTo()方法

CopyTo()方法的作用从字符串复制指定数量的字符到一个字符数组，其使用方式如下所示。

```
StringData.CopyTo(StartIndex , CharArray , CharArrayStartIndex ,
Counter);
```

在上面的代码中，StringData 关键字表示源字符串；StartIndex 关键字表示源字符串中开始复制的索引号；CharArray 关键字表示复制字符串的目标数组；CharArrayStartIndex 关键字表示在目标数组中粘贴时的起始索引号；Counter 关键字表示赋值的字符数量。

例如，从一个字符串的第三个字符开始复制，复制 5 个字符到一个空的 Char 类型数组中，代码如下所示。

```
string strData = "TsingHua";
char[] charArray = new char[5];
strData.CopyTo(2, charArray, 0, 5);
for (int i = 0; i < charArray.Length; i++)
{
    Console.Write(charArray[i] + ",");
}//输出: i,n,g,H,u
```

3．Replace()方法

Replace()方法的作用是对字符串进行替换处理，用新的字符或字符串替换源字符串中指定的字符或字符串，其使用方法如下所示。

```
StringData.Replace(SourceString , TargetString);
```

在上面的代码中，StringData 关键字表示被替换的字符串实例或某个字符串的引用；SourceString 关键字表示在字符串实例中需要被替换的字符或字符集合；TargetString 关键字表示要替换的目标字符或字符集合。

例如，将某个字符串中的 u 替换为 i，即可使用 Replace()方法，代码如下所示。

```
string strData = "stuck";
string newString = strData.Replace("u", "i");
Console.WriteLine(newString);//输出: stick
```

4．Trim()方法

Trim()方法的作用是根据方法的参数对字符串进行检索，清除字符串两端与参数相符合的字符集合或空字符等，然后将结果返回到新的字符串中，其使用方法如下所示。

```
StringData.Trim([CharArray]);
```

在上面的代码中，中括号"[]"括住的参数为可选参数；StringData 关键字表示被替换的字符串实例或某个字符串的引用；CharArray 关键字表示要清除的字符集合，其本身应为数据类型为 Char 的数组，如 CharArray 关键字为空，则表示清除字符串两端的空字符。

下面的代码将示例为字符串型变量清除空字符或指定的字符集合，代码如下所示。

```
string strData = " 清华大学学研大厦 ";
char[] charArray = new char[3] { ' ','清','华' };
Console.WriteLine(strData.Trim());//输出：清华大学学研大厦
Console.WriteLine(strData.Trim(charArray));//输出：大学学研大厦
```

5．ToLower()方法

ToLower()方法的作用是对字符串中的数据进行转换，将所有大写字母转换为小写字母，返回转换的字符串，其使用方法如下。

```
StringData.ToLower();
```

在上面的代码中，StringData 关键字表示要处理的字符串。ToLower()方法不会对字符串本身作出任何处理，只会返回一个新的字符串结果。例如，将如下字符串中所有大写转换为小写，代码如下。

```
string strData = "Microsoft Windows 7 Professional";
Console.WriteLine(strData.ToLower());//输出: microsoft windows 7
professional
```

6．ToUpper()方法

ToUpper()方法的作用与 ToLower()方法相反，其作用是对字符串中的数据进行转换，将所有小写字母转换为大写字母，然后返回转换后的字符串，其使用方法与 ToLower()方法类似，如下所示。

```
StringData.ToUpper();
```

在上面的代码中，StringData 关键字表示要处理的字符串。ToUpper()方法同样不会对字符串本身作出处理，只会返回一个新的字符串结果。例如，将如下字符串中所有小写转换为大写，代码如下。

```
Console.WriteLine(strData.ToUpper());//输出: MICROSOFT WINDOWS 7 PROFESSIONAL
```

6.3 字符串的进阶操作

System.String 类是所有字符串型变量的基类，其提供了大多数操作字符串的基本方法。然而，在针对字符串进行更加复杂的操作时，需要使用一些抽象类方法进行操作。System.Text.StringBuilder 就是这样一种用于处理字符串的抽象类，其提供了多种功能强大的方法，对字符串进行追加、插入、替换等操作。

6.3.1 追加字符串

追加字符串是指将各种类型的数据内容添加到源字符串的末尾处，以更改字符串的内容。在追加字符串时，可以使用 System.Text.StringBuilder 类的 Append()方法进行添加操作。Append()方法是一种多次重构的方法，其允许添加多种类型的参数，使用方法如下所示。

```
StringData.Append(AppendData , [StartIndex] , [Counter]);
```

在上面的代码中，中括号"[]"括住的参数为 Append()方法的可选参数；StringData 关键字表示要操作的源字符串；AppendData 关键字表示要追加入数组的数据；StartIndex 关键字和 Counter 关键字是针对 AppendData 的特殊形式而应用的，当 AppendData 为字符串或数组时，StartIndex 表示追加入源字符串的字符或数组元素的起始索引，Counter 表示追加入源字符串的字符或数组元素的数量。

AppendData 关键字可以表示多种类型的数据，下面将以表的形式列出可以作为 AppendData 关键字的数据类型，如表 6-2 所示。

表 6-2 可追加到字符串的数据类型

数据类型	作用	数据类型	作用	数据类型	作用
Boolean	逻辑型数据	Byte	短整数	Char	字符型数据
Char[]	字符型数组	Decimal	货币型数据	Double	双精度浮点数
Int16	16 位整数	Int32	32 位整数	Int64	64 位整数
Object	包含值的对象	SByte	非负短整数	Single	单精度浮点数
String	字符串	UInt16	16 位非负整数	UInt32	32 位非负整数
UInt64	64 位非负整数				

例如，下面的代码就分别将整数、浮点数追加到源字符串中，代码如下。

```
StringBuilder bullet = new StringBuilder();
char chData = 'M';
int iData = 43;
double dData = 7.62;
string strData = "Inch";
char[] chArray = new char[13] { ' ','R','i','f','l','e',' ','B','u','l',
'l','e','t' };
```

```
bullet.Append(chData);
bullet.Append(iData);
bullet.Append(dData);
bullet.Append(strData);
bullet.Append(chArray);
Console.WriteLine(bullet.ToString());M437.62Inch Rifle Bullet
```

6.3.2 格式化字符串

格式化字符串功能可以通过 StringBuilder 类的 AppendFormat()方法将开发者定义的格式应用到指定的字符串上,从而实现字符串的格式化。AppendFormat()方法是一种具有多类重载参数的方法,开发者可以通过不同类型的参数进行格式的自定义,其重载类型如表 6-3 所示。

表 6-3   AppendFormat()方法的重载

重载	说明
StringBuilder.AppendFormat(String, Object)	向此实例追加包含零个或更多格式规范的格式化字符串。每个格式规范由相应对象参数的字符串表示形式替换
StringBuilder.AppendFormat(String, Object[])	向此实例追加包含零个或更多格式规范的格式化字符串。每个格式规范由相应对象参数的字符串表示形式替换
StringBuilder.AppendFormat(IFormat Provider,String,Object[])	向此实例追加包含零个或更多格式规范的格式化字符串。每个格式规范由相应对象参数的字符串表示形式替换。由.NET Compact Framework 支持
StringBuilder.AppendFormat(String, Object,Object)	向此实例追加包含零个或更多格式规范的格式化字符串。每个格式规范由相应对象参数的字符串表示形式替换
StringBuilder.AppendFormat(String, Object,Object,Object)	向此实例追加包含零个或更多格式规范的格式化字符串。每个格式规范由相应对象参数的字符串表示形式替换

下面的代码就是用了以上的几种重载方法开发了一个实例,对几个字符串进行处理,并返回格式化后的数据,代码如下。

```
static StringBuilder sb = new StringBuilder();
public static void Main()
{
    int var1 = 711;
    float var2 = 6.24F;
    string var3 = "清华大学出版社";
    object[] var4 = { '田', 7.11, '男' };
    Console.WriteLine("StringBuilder.AppendFormat 方法的使用: ");
    sb.AppendFormat("1) {0}", var1);
    Show(sb);
    sb.AppendFormat("2) {0}, {1}", var1, var2);
    Show(sb);
    sb.AppendFormat("3) {0}, {1}, {2}", var1, var2, var3);
    Show(sb);
```

```
        sb.AppendFormat("4) {0}, {1}, {2}", var4);
        Show(sb);
        CultureInfo ci = new CultureInfo("zh-CN", true);
        sb.AppendFormat(ci, "5) {0}", var2);
        Show(sb);
    }
    public static void Show(StringBuilder sbs)
    {
        Console.WriteLine(sbs.ToString());
        sb.Length = 0;
    }
```

执行上面的代码后，即可依次返回 AppendFormat()方法处理的数据结果，如下所示。

```
StringBuilder.AppendFormat 方法的使用：
1) 711
2) 711, 6.24
3) 711, 6.24, 清华大学出版社
4) 田, 7.11, 男
5) 6.24
```

6.3.3　插入字符串

插入字符串功能的作用是为目标字符串插入一个新的字符串，并返回插入后的结果。在进行插入字符串功能时，需要使用到 StringBuilder 类提供的 Insert()方法。Insert()方法也是一种多类重载的方法，其重载方式包括以下几种，如表 6-4 所示。

表 6-4　Insert()方法的重载

重载	说明
StringBuilder.Insert (Int32,Boolean)	将布尔值的字符串表示形式插入到此实例中的指定字符位置
StringBuilder.Insert (Int32,Byte)	将指定的 8 位无符号整数的字符串表示形式插入到此实例中的指定字符位置
StringBuilder.Insert (Int32,Char)	将指定的 Unicode 字符的字符串表示形式插入到此实例中的指定位置
StringBuilder.Insert (Int32,har[])	将指定的 Unicode 字符数组的字符串表示形式插入到此实例中的指定字符位置。由.NET Compact Framework 支持
StringBuilder.Insert (Int32,Decimal)	将十进制数的字符串表示形式插入到此实例中的指定字符位置
StringBuilder.Insert (Int32,Double)	将双精度浮点数的字符串表示形式插入到此实例中的指定字符位置
StringBuilder.Insert (Int32,Int16)	将指定的 16 位有符号整数的字符串表示形式插入到此实例中的指定字符位置
StringBuilder.Insert (Int32,Int32)	将指定的 32 位有符号整数的字符串表示形式插入到此实例中的指定字符位置
StringBuilder.Insert (Int32,Int64)	将 64 位有符号整数的字符串表示形式插入到此实例中的指定字符位置

重载	说明
StringBuilder.Insert (Int32,Object)	将对象的字符串表示形式插入到此实例中的指定字符位置
StringBuilder.Insert (Int32,SByte)	将指定的 8 位有符号整数的字符串表示形式插入到此实例中的指定字符位置
StringBuilder.Insert (Int32,Single)	将单精度浮点数的字符串表示形式插入到此实例中的指定字符位置
StringBuilder.Insert (Int32,String)	将字符串插入到此实例中的指定字符位置。由.NET Compact Framework 支持
StringBuilder.Insert (Int32,UInt16)	将16 位无符号整数的字符串表示形式插入到此实例中的指定字符位置
StringBuilder.Insert (Int32,UInt32)	将 32 位无符号整数的字符串表示形式插入到此实例中的指定字符位置
StringBuilder.Insert (Int32,UInt64)	将 64 位无符号整数的字符串表示形式插入到此实例中的指定字符位置
StringBuilder.Insert (Int32,String,Int32)	将指定字符串的一个或更多副本插入到此实例中的指定字符位置。由.NET Compact Framework 支持
StringBuilder.Insert (Int32,Char[],Int32,Int32)	将指定的 Unicode 字符子数组的字符串表示形式插入到此实例中的指定字符位置。由.NET Compact Framework 支持

下面的代码就是用了 Insert()方法对字符串进行了插入字符串操作，以更改字符串的引用，代码如下。

```
StringBuilder sb1 = new StringBuilder();
string string1 = "清华大学出版社：http://www.tup.tsinghua.edu.cn/";
string string2 = "清华大学：http://www.tsinghua.edu.cn/";
sb1.Append(string1);
string string3 = "欢迎访问，";
string result1 = sb1.Insert(0, string3).ToString();
StringBuilder sb2 = new StringBuilder(string2);
string string4 = "，欢迎访问，网址：";
string result2 = sb2.Insert(5, string4).ToString();
System.Console.WriteLine("result1：{0}", result1);
System.Console.WriteLine("result2：{0}", result2);
```

在上面的代码中，使用 Insert()方法向 sb1 索引为 0 的位置开始插入字符串"欢迎访问"，向 sb2 索引为 5 的位置开始插入字符串"，欢迎访问，网址："，执行这些代码，即可输出两个字符串，如下所示。

```
result1：欢迎访问，清华大学出版社：http://www.tup.tsinghua.edu.cn/
result2：清华大学：，欢迎访问，网址：http://www.tsinghua.edu.cn/
```

6.3.4 替换字符串

在现在的程序开发中，经常需要在模板的基础上生成字符串，并用一些值来替换模板中的标记或子字符串。Visual Studio2005 就是这样，它的每个项目都是从一个模板文件创建得到的。新创建的源代码文件也是从一个模板生成的，然后根据项目类型、项目名称以及其他选项来替换文件中的各种标记。这里替换字符串可以使用 StringBuilder 类中的 Replace 方法，它可以用另外的字符集替换指定的字符集。该方法有以下列出的重载。

❑ Replace(string,string)。

❑ Replace(char,char,beginint,numberint)。

❑ Replace(string,string,beginint,numberint)。

在上面所示的重载中，第二个 string 参数将替换第一个 string 参数，第二个 char 参数将替换第一个 char 参数。其中 beginint 参数引用在 StringBuilder 中开始替换的位置；而 numberint 表示要替换的长度，即从位置 beginint 开始的偏移量。该方法的使用实例如下所示。

```
static void Main(string[] args)
{
    StringBuilder sb = new StringBuilder();
    sb.Append("欢迎[$name$]访问清华大学出版社 http://www.tup.tsinghua.edu.
    cn/");
    string result1 = sb.Replace("$name$", "田磊").ToString();
    string result2 = sb.Replace("清华大学出版社 http://www.tup.tsinghua.
    edu.cn/", "清华大学: http://www.tsinghua.edu.cn/").ToString();
    System.Console.WriteLine("result1:{0}", result1);
    System.Console.WriteLine("result2:{0}", result2);
}
```

在上述代码中，第一条 Replace 语句是很有用的，它可以让人们在项目模板中用实际需要的数据替换事先设置的占位字符串。而第二条 Replace 就比较常见了，它用一个字符串来替换另一个字符串。该实例的执行结果如下所示。

```
result1:欢迎[田磊]访问清华大学出版社 http://www.tup.tsinghua.edu.cn/
result2:欢迎[田磊]访问清华大学: http://www.tsinghua.edu.cn/
```

6.3.5 其他进阶处理方式

StringBuilder 类中除了上面介绍的方法之外，还有许多其他的方法，例如，Equals()、EnsureCapacity()、Remove()、ToString()等。使用这些方法，可以方便地对 StringBuilder 的实例进行处理，输出变更后的字符串。

1．Equals()方法

StringBuilder 类的 Equals()方法与 String 类的 Equals()方法类似，都可以对两个字符串进行比较，当其相同时返回逻辑真，否则返回逻辑假。例如，对下面两个字符串进行比较并输入比较结果，代码如下。

```
StringBuilder sb1 = new StringBuilder("清华大学");
StringBuilder sb2 = new StringBuilder("清华大学出版社");
bool equals = sb1.Equals(sb2);
Console.WriteLine(equals);//输出: False
```

上面的代码定义了两个 StringBuilder 实例，并将两个字符串作为构造函数的参数进行了定义。使用 Equals()方法后，即可输出比较的结果 False。

2．EnsureCapacity()方法

EnsureCapacity()方法的作用是确定 StringBuilder 实例具有最小的字符容量，从而防止因字符串容量不足而导致程序异常。例如，定义一个字符串至少包含 64 个字符，代码如下所示。

```
StringBuilder sb = new StringBuilder();
sb.EnsureCapacity(64);
```

在上面的代码中，以整数 64 作为 StringBuilder 实例的最小字符数。如需要更改其字符容量，可以直接再次对字符容量进行定义。

3．Remove()方法

Remove()方法的作用是从当前 StringBuilder 实例中删除指定数量的字符，其删除操作从第一个字符开始依次进行，其使用方法如下所示。

```
StringBuilderData.Remove(StartIndex , Counter);
```

在上面的代码中，StringBuilderData 关键字表示要处理的 StringBuilder 实例；StartIndex 关键字表示删除字符的起始索引号；Counter 关键字表示要删除的字符数量。例如，下面定义了一个 StringBuilder 实例并输入了字符串值，使用 Remove()方法即可对其进行删除操作，代码如下。

```
StringBuilder sb = new StringBuilder("清华大学出版社 http://www.tup.
tsinghua.edu.cn");
sb.Remove(7, 7);
Console.WriteLine(sb);//输出：清华大学出版社 www.tup.tsinghua.edu.cn
```

4．ToString()方法

ToString()方法用于将 StringBuilder 转换成字符串。它有以下重自载方法。
- **StringBuilder.ToString()** 将此实例的值转换为 String。由 .NET Compact Framework 支持。
- **StringBuilder.ToString(Int32,Int32)** 将此实例中子字符串的值转换为 String。同样由.NET Compact Framework 支持。

在上述第二个重载方法中，第一个 Int32 参数是开始提取字符的 StringBuilder 中的开始位置，而第二个 Int32 参数是转换的字符的数量。下面看一个使用该方法的示例，具

体如下所示。

```
string string1 = "清华大学出版社 http://www.tup.tsinghua.edu.cn";
StringBuilder sb = new StringBuilder();
sb.Append(string1);
string result1 = sb.ToString();
string result2 = sb.ToString(0, 7);
System.Console.WriteLine("result1:{0}",result1);
System.Console.WriteLine("result2:{0}", result2);
```

执行上述代码将输出如下所示的结果。

```
result1:清华大学出版社 http://www.tup.tsinghua.edu.cn
result2:清华大学出版社
```

6.4 正则表达式

正则表达式是一种由若干字母、数字和特殊符号组成的，拥有固定的语法格式的编码。使用正则表达式，可以对字符串类对象进行判定和测试，返回判断的逻辑结果或对字符串进行转换。

6.4.1 正则表达式概述

正则表达式是一种字符串的判定规范，其可以用于文字模式匹配和替换，明确描述文本字符串的匹配模式，可以看作一种特定的小型编程语言，或是对某些字符串特征的归纳和总结。

最初正则表达式是为 Unix 系统开发的，与 Perl 语言一起使用。随着微软公司对 Windows 应用编程技术的深入发掘，其逐渐将正则表达式技术应用到了 Windows 开发中，目前为止几乎所有在 Windows 上应用的.NET 编程语言都已支持正则表达式技术，包括 Visual C++、C#、Visual Basic、Visual J#等。另外，很多脚本语言中也都支持正则表达式技术，例如，JavaScript、ActionScript、VBScript 等。

正则表达式最主要的应用就是在用户资料登记的程序中，其可以检验用户输入的字符是否符合系统需求的规范，例如，检测用户名等字段的长度是否符合要求，密码是否包含字母、数字和特殊符号，电子邮件地址是否书写正确等。

在 C#中，需要使用 System.Text.RegularExpressions 命名空间调用.NET Framework 正则表达式引擎，该类提供了多种方法，用于操作字符串和正则表达式。

6.4.2 正则表达式语法

C#中并没有专门的正则表达式类，所有正则表达式都以普通字符串的方式存储，在调用正则表达式时，需要通过 System.Text.RegularExpressions 命名空间中的类进行匹配。

1. 正则表达式的组成

典型的正则表达式字符串由字符、元字符和非打印符号组成，其分别代表不同类型的字符。

❏ **普通字符**

在正则表达式中，字母、数字、汉字、下划线以及没有特殊定义的标点符号都是普通字符。表达式中的普通字符在匹配一个字符串的时候，匹配与之相同的一个字符。字符可以组成最简单的正则表达式，用于匹配与其相同的字符串。

❏ **元字符**

元字符是在正则表达式中含有特殊意义的字符，其与普通字符相对应。元字符通常由标点符号开始，由一个或多个标点符号与字符组成。常用的元字符如表 6-5 所示。

表 6-5 正则表达式中的元字符

元字符	描述
^尖号	匹配字符串开始的部分，即索引号为 0 的字符
$美元符号	匹配字符串结尾的部分，即索引号为–1 的字符
\反斜杠	对特殊字符进行转义（关于转义，请参考本节之后匹配字符的相关章节）
.点	匹配任意单个字符。如为正则表达式使用了 dotall 属性，则匹配换行符
*星号	匹配前面重复 0 次或多次的项目
+加号	匹配前面重复 1 次或多次的项目
?问号	匹配前面重复 0 次或 1 次的项目
()括号	定义组项目，可限制逻辑"或"字符、数量表示符等的范围
[]中括号	和，用多个条件匹配一个字符或一组字符
|竖线	逻辑或操作，匹配竖线左侧或右侧的部分
]右中括号	定义字符类的结尾
-破折号	定义字符的范围
\反斜杠	定义元序列并撤销元字符的转义
{n}数量符号	指定前一项目的重复次数
{n,}数量上限	指定前一项目的重复最小次数到无限多次
{n,n}数量范围	指定前一项目的重复最小次数和最大次数

❏ **非打印符号**

非打印符号的作用是表示字符串对象中的各种特殊符号，以及某些范围性的符号。在匹配字符串的正则表达式中，编译程序并不会将斜杠"\"作为转义符处理，而是作为非打印字符的识别符号，常用的非打印符号如表 6-6 所示。

2. 匹配单个字符

在了解了正则表达式的组成之后，开发者可以自行结合正则表达式的组成，尝试编写一些简单的正则表达式规则，以供日后验证字符串使用。

正则表达式可以匹配任意的字符串型变量，既包括匹配只包含一个字符引用的字符串，也可以匹配包含多个字符引用的字符串，以及匹配包含指定数量字符引用的字符串。

表 6-6　常用非打印符号

转义字符	说明	转义字符	说明
\b	匹配单词字符和非单词字符之间的位置	\B	匹配任意两个字符之间的位置
\d	匹配十进制数字	\D	匹配除数字外任何字符
\f	匹配换页符	\n	匹配换行符
\r	匹配回车符	\s	匹配任意空白字符
\S	匹配除空白字符外任意字符	\t	匹配制表符
\v	匹配垂直分页符	\w	匹配单词字符（包括大小写英文字母、数字和下划线）
\W	匹配除单词字符外的任意字符	\^	尖号 "^"
\$	美元号 "$"	\(和\)	小括号 "()"
\[和\]	中括号 "[]"	\{和\}	大括号 "{}"
\.	点 "."	\?	问号 "?"
\+	加号 "+"	*	乘号或星号 "*"
|	竖线 "|"	\\	斜杠 "\"

❑　匹配普通字符

在匹配一个单独的字符时，可以使用中括号将其括住，表示中括号中的正则表达式用于识别一个独立的字符。例如，匹配只包含字母 ABCD 的字符串，可以将中括号括住 ABCD 等 4 个大写字母，如下所示。

```
[ABCD]
```

如需要匹配的字符数量较多，且带有一定的连续性，则可以使用破折号 "-" 将连续字符省略除开头和末尾以外其他的字符。例如，匹配包含字母 a～s 之间的小写字母，如下所示。

```
[a-s]
```

在进行匹配时，如果需要匹配 ASCII 符号，则可以使用 "\x" 的方式标识其后的两位十六进制数字为 ASCII 编号。而如需要匹配 Unicode 符号，则可以使用 "\u" 的方式标识其后的 4 位十六进制数字为 Unicode 编号。表 6-7 就总结了常用的 5 种正则表达式匹配规则。

表 6-7　常用的正则表达式匹配规则

规则名	正则表达式
匹配小写英文字母	a-z
匹配大写英文字母	A-Z
匹配所有大小写字母	\x41-\x5A 或 a-zA-Z
匹配数字	0-9
匹配所有字母与数字	a-zA-Z0-9 或 \x41-\x5A0-9
匹配 Unicode 汉字	\u4e00-\u9fa5

□ **匹配半角标点符号**

通过转义符或 ASCII 码等正则表达式的组成部分，判断各种半角符号是否符合正则表达式的要求。在正则表达式中匹配各种标点符号，可以通过转义符来进行，也可以通过标点符号的 ASCII 码来进行。

通过转义符匹配标点符号，只需要以斜杠"\"和标点符号作为正则表达式的匹配项即可，例如，尖号"^"可以使用斜杠加尖号"\^"，左中括号"["可以使用斜杠加左中括号"\["等。

使用 ASCII 码匹配标点符号，则需要通过 ASCII 码表中标点符号的 ASCII 码来匹配。例如，井号"#"的 ASCII 码为 23，则其匹配的正则表达式为"\x23"等。常用的标点符号 ASCII 码如表 6-8 所示。

表 6-8　常用符号 ASCII 编码表

符号	ASCII 码	符号	ASCII 码	符号	ASCII 码	符号	ASCII 码
空格	20	!	21	"	22	#	23
$	24	%	25	&	26	'	27
(	28	)	29	*	2A	+	2B
,	2C	-	2D	.	2E	/	2F
:	3A	;	3B	<	3C	=	3D
>	3E	?	3F	@	40	[	5B
\	5C	]	5D	^	5E	_	5F
`	60	{	7B			7C	}	7D
~	7E							

例如，匹配字符串是否包含"@"符号时，可以使用"\x"标识 2 位十六进制数字 40 实现，如下所示。

```
\x40
```

3．匹配指定数量的字符

通过元字符、转义符以及 ASCII 码等正则表达式的组成部分，可以判断多个字符是否符合正则表达式的要求。正则表达式可以通过点"."、星号"*"、加号"+"、问号"?"等元字符匹配若干数量的字符或字符串。这些元字符又称作数量元字符。除这些元字符外，还可以通过大括号"{}"+数字的方式定义指定数量字符和字符串的匹配。

□ **点"."元字符**

使用点"."可以匹配任意单个字符或字符串。例如，单词 big 和 bug 都是由字母 b 和 g 以及之间的元音字母组成的，这两个单词可以通过点"."来匹配，如下所示。

```
b.g
```

□ **星号"*"元字符**

使用星号"*"可以匹配 0 到任意多个字符或字符串。例如，数字 1234567890 和数字 10，可以通过数字 1 和 0 以及星号"*"实现匹配，如下所示。

```
1*0
```

❏ **加号"+"元字符**

使用加号"+"元字符可以匹配一个或更多的字符或字符串。例如，单词 happen 和 happy 都是由 4 个字母 happ 开头，即可以 happ 和加号"+"实现匹配，如下所示。

```
(happ)+
```

需要注意的是，加号"+"和星号"*"元字符之间是有区别的。星号"*"元字符可以匹配 0 个字符，而加号"+"元字符则必须匹配一个以上的字符。

❏ **问号"?"元字符**

问号"?"元字符可以匹配 0 个或 1 个字符或字符串。例如，该元字符可以匹配单词 access 中的字母 a 和 e，单不能匹配字母 c 和 s，只能匹配字符串 cc 和 ss，如下所示。

```
ac?es?
a(cc)?e(ss)?
```

在上面的两个正则表达式中，由于问号"?"无法匹配两个或以上的字符或字符串，因此，第二个正则表达式无法与 access 单词匹配。

❏ **大括号"{}"元字符**

使用大括号"{}"也可以匹配指定数量的字符或字符串。大括号"{}"元字符有 3 种使用方法。在大括号"{}"中填入一个正整数后，正整数将表示大括号之前的字符或字符串的重复次数。例如，匹配 IEEE1394 中出现了 3 次的字母 E，如下所示。

```
IE{3}1394
```

在大括号"{}"中填入一个正整数和一个逗号","后，可以匹配最小重复次数。例如，匹配数字 10000，则以下 4 个正则表达式均可匹配成功。

```
10{1,}
10{2,}
10{3,}
10{4,}
```

开发者还可以在大括号"{}"中填入两个正整数，其中第一个正整数较小，而第二个正整数较大，并在中间以逗号","隔开。这样表示重复的范围值。其中，较小的正整数表示最小重复次数，而较大的正整数则表示最大重复次数。例如，匹配数字 10000 的正则表达式还可以写为如下的格式。

```
10{1,4}
```

4．匹配实数

实数的定义包含整数和浮点数两大类，而整数又可以分为正整数、负整数和 0。使用正则表达式，可以对实数的值进行匹配，测试其所属的实数类型。

❏ **匹配正整数**

正整数是不包含负号和浮点部分的数字，其首个数字非 0。匹配正整数的正则表达式如下所示。

```
^[1-9]\d*$
```

❑ 匹配负整数

负整数与正整数最大的区别在于负整数之前会包含一个负号。因此，匹配负整数的正则表达式如下所示。

```
^-[1-9]\d*$
```

❑ 匹配所有整数

整数可以分为 3 类，即正整数、负整数和 0。在匹配整数时，可以将正整数、负整数和 0 分别作为正则表达式的条件，如下所示。

```
^([1-9]\d*)|(-[1-9]\d*)|0$
```

除了上面的方法外，开发者还可以使用问号"?"元字符匹配负号，将正整数和负整数的正则表达式组合起来，如下所示。

```
^(-?[1-9]\d*)|0$
```

同理，开发者也可以用以上的方法匹配非负整数和非正整数，如下所示。

```
^[1-9]\d*|0$
^-[1-9]\d*|0$
```

❑ 匹配浮点数

浮点数是包括小数部分的数字，在匹配浮点数时需要注意，浮点数的整数部分与整数是不同的。当浮点数字的整数部分位数超过 1 位时，其首位数字不可以是 0。而当浮点数字的整数部分位数只有 1 位时，这 1 位是允许为 0 的。因此，匹配浮点数应从两方面着手。例如，匹配正浮点数的正则表达式，如下所示。

```
^(([1-9]\d*)|0)\.\d*$
```

用同样的方式，开发者也可编写匹配负浮点数的正则表达式，如下所示。

```
^-(([1-9]\d*)|0)\.\d*$
```

同理，使用问号"?"还可以匹配所有浮点数，如下所示。

```
^-?(([1-9]\d*)|0)\.\d*$
```

5. 匹配常用字符串

在实际编程中，经常需要对一些带有固定格式的字符串进行匹配，测试这些字符串是否符合特定的格式需求。例如，匹配日期、电话等。此时就需要使用正则表达式。下面将介绍一些常见的字符串匹配。

❑ 匹配国人姓名

国人的姓名的字符串通常由 2~4 个中文字符组成，因此在匹配这类字符串时，可以判定字符串是否包含 2~4 个中文字符，如下所示。

```
^[\u4e00-\u9fa5]{2,4}$
```

❑ **匹配 QQ 号码**

QQ 是国内使用最频繁的即时通信工具，其号码中最小的数字为 10000，最多数字不超过 11 位，因此匹配 QQ 号码的正则表达式如下所示。

```
^\d{4,10}$
```

❑ **匹配中文习惯日期**

日期的格式有很多种，例如，符合中文习惯的 XXXX 年 XX 月 XX 日，或符合欧美习惯的 mm/dd/yyyy 等。

其中，年份通常是以 19 或 20 开头的 4 位数字，因此，其正则表达式应为"(19|20)\d{2}"；月份则介于 1~12 之间的 2 位十进制数字，因此，其正则表达式应为"(0[1-9]|(1(0|1|2)))"；天数为 1~31 之间的 2 位十进制数字，因此，其正则表达式应为"(0[1-9]|((1|2)\d)|(3(0|1)))"。

基于以上 3 个正则表达式，完整的匹配中文习惯的正则表达式如下所示。

```
^(19|20)\d{2}年(0[1-9]|(1(0|1|2)))月(0[1-9]|((1|2)\d)|(3(0|1)))日$
```

根据上面的正则表达式，开发者也可以编写符合欧美日期习惯的正则表达式，如下所示。

```
^(0[1-9]|(1(0|1|2)))\/(0[1-9]|((1|2)\d)|(3(0|1)))\/(19|20)\d{2}$
```

❑ **匹配身份证号码**

中国的身份证号码通常为 15 或 18 位的数字，最后 1 位数字有可能为 X，因此，可以根据这些特征编写正则表达式，如下所示。

```
^\d{15}|\d{18}$
```

❑ **匹配邮政编码**

中国国内的邮政编码通常为 6 位数字，其正则表达式如下所示。

```
^[1-9][0-9]{5}$
```

❑ **匹配电话号码**

中国国内的电话号码格式为区号+破折号"-"+本地电话号码。区号通常为 3 位或 4 位，电话号码则为 7 位或 8 位，因此，其正则表达式如下所示。

```
^(\(\d{3,4}-)|\d{3.4}-)?\d{7,8}$
```

❑ **匹配手机号码**

中国国内的手机号码位 13、14、15、18 开头，共 11 位，因此，其正则表达式如下所示。

```
^(13|14|15|18)\d{9}$
```

❑ **匹配电子邮件地址**

电子邮件的格式通常由开发者名+"@"+邮件服务器的域名+点"."+后缀组成。其中，开发者名通常可以为任意位数字、字母和下划线"_"，邮件服务器的域名通常可以为字母、数字和破折号"-"，而后缀通常为 2～6 位的字母。因此，其正则表达式如下所示。

```
^\w+([-+.]\w+)*@\w+([-.]\w+)*\.\w+([-.]\w+)*$
```

❑ **匹配货币**

在书写货币时，通常需要保留 2 位小数，同时，对货币的整数部分每 3 位空 1 格或添加一个分隔号。因此，货币的正则表达式可以写为如下格式。

```
^\d{0,3}(,\d{3}){0,}\.\d{2}$
```

在上面的正则表达式中，货币是以逗号分隔的。开发者也可以将逗号改为空格，如下所示。

```
^\d{0,3}(\s\d{3}){0,}\.\d{2}$
```

❑ **匹配 IPv4 地址**

传统的 IPv4 地址通常由 4 段 3 位的数字组成，每段数字的范围在 0～255 之间。验证 IPv4 地址通常有两种方式。一种是多数程序常用的办法，只验证格式而不验证地址是否有效，如下所示。

```
^(\d{1,3}\.){3}\d{1,3}$
```

上面的正则表达式只能验证开发者输入的格式是否符合 IPv4 的要求。真正验证 IP 地址有效，需要更复杂的正则表达式，如下所示。

```
^((\d{1,2}|1\d{2}|2[0-4]\d{1}|25[0-5])\.){3}(\d{1,2}|1\d{2}|2[0-4]\d{1}|25[0-5])$
```

❑ **匹配 URL 地址**

URL 地址通常为由"http://"开头的，由英文、字母、破折线和小数点组成的字符串，其正则表达式如下所示。

```
^http://([\w-]+\.)+[\w-]+(/[\w-./?%&=]*)?$
```

❑ **匹配#RGB 颜色**

在网页设计中，经常会使用#RGB 格式定义颜色，其表示方式通常为井号"#"+6 位或 8 位十六进制数字。其正则表达式如下所示。

```
^\#(([0-9|a-f|A-F]){6})|(([0-9|a-f|A-F]){8})$
```

❑ **匹配用户名或密码**

不同的网站对用户名或密码的要求是有所区别的。例如，限定某网站的用户名或密码只能由字母开头，长度在 6～18 位之间，只能包含字符、数字和下划线，其正则表达式如下所示。

```
^[a-zA-Z]\w{5,17}$
```

6.4.3　使用正则表达式

在了解了正则表达式的组成后，即可使用 System.Text.RegularExpressions 命名空间中的枚举成员定义正则表达式的匹配方式，并使用 Regex 类及其实例对字符串进行检测和判断。

1．定义匹配方式

System.Text.RegularExpressions 命名空间提供了一种名为 RegexOptions 的枚举，允许用户定义正则表达式的匹配方式，其主要包含以下几种类型，如表 6-9 所示。

表 6-9　正则表达式的匹配方式

枚举类型	作用
None	默认值，不定义特殊的匹配方式
IgnoreCase	忽略字符串中的大小写
Multiline	定义多行匹配模式，更改"^"和"$"等元字符的定义以匹配任意行的行首和行尾，而不仅仅是整个字符串的开头和结尾
ExplicitCapture	指定有效的捕获仅为形式为"(?<name>…)"的显式命名或编号的组。这使未命名的圆括号可以充当非捕获组，并且不会使表达式的语法"(?…)"显得笨拙
Compiled	指定将正则表达式编译为程序集。这会产生更快的执行速度，但会增加启动时间
Singleline	定义单行匹配模式，更改"."和"()"等元字符的定义，以匹配每一个字符（而非原除"\n"以外的所有字符）
IgnorePatternWhitespace	消除模式中的非转义空白并启用由"#"标记的注释。但是，IgnorePatternWhitespace 值不会影响或消除字符类中的空白
RightToLeft	指定搜索从右向左而不是从左向右进行
ECMAScript	为表达式启用符合 ECMAScript 的行为。该值只能与 IgnoreCase、Multiline 和 Compiled 值一起使用。该值与其他任何值一起使用均将导致异常
CultureInvariant	指定忽略语言中的区域性差异

2．测试匹配

测试匹配的作用是将字符串对象与正则表达式进行匹配测验，并返回一个逻辑值数据，当字符串符合正则表达式时返回逻辑真，否则返回逻辑假。在测试匹配时，需要使用 Regex 类的 IsMatch()方法，其使用方法如下所示。

```
Regex.IsMatch(StringData);
```

在上面的代码中，Regex 关键字表示正则表达式对象的实例；StringData 关键字表示被匹配的字符串引用或字符串对象的实例名称。例如，判断某一个字符串中第一个字符是否只包含一个字母或数字的字符，代码如下所示。

```
string str1 = "/";
string str2 = "a";
```

```
Regex reg = new Regex(@"[a-zA-Z0-9]");
Console.WriteLine(reg.IsMatch(str1));//输出: False
Console.WriteLine(reg.IsMatch(str2));//输出: True
```

提示

在正则表达式的字符串前添加 "@" 符号的作用是防止其字符串中出现特定转义符（例如，"\w"）后导致系统无法识别的错误。如在正则表达式字符串中不包含转义，则可以省略。

如果要进行复杂的匹配测试，例如，限定匹配方式的测试，则可以通过静态的方式调用 IsMatch()方法，其使用方法如下。

```
Regex.IsMatch(StringData , RegExpData , RegexOptions);
```

在上面的代码中，Regex 关键字不再是一个具体的正则表达式对象，而应为一个 Regex 类的抽象引用；StringData 关键字表示要匹配的字符串；RegExpData 表示正则表达式字符串值；RegexOptions 表示匹配的匹配方式枚举。例如，验证某个由字符串组成的数组中每个元素是否符合电子邮件的书写规范，代码如下。

```
string[] emailArray = new string[3];
emailArray[0] = "c-service@tup.tsinghua.edu.cn";
emailArray[1] = "e-sale@tup.tsinghua.edu.cn";
emailArray[2] = "010-62770175-3506";
foreach(string email in emailArray){
    Console.WriteLine("{0}{1}一个电子邮件地址",email,Regex.IsMatch(email,
    @"^\w+([-+.]\w+)*@\w+([-.]\w+)*\.\w+([-.]\w+)*$",RegexOptions.
    IgnoreCase)?"是":"不是");
}
```

执行上面的代码，即可对数组中的字符串进行匹配，返回匹配的结果，如下所示。

```
c-service@tup.tsinghua.edu.cn 是一个电子邮件地址
e-sale@tup.tsinghua.edu.cn 是一个电子邮件地址
010-62770175-3506 不是一个电子邮件地址
```

6.5 扩展练习

1．测试字符的数量

本章介绍了两种方法测试用户输入的字符数量，返回该数量是否为指定的数量，一种是使用字符串的 Length 属性，另一种则是使用正则表达式。请分别使用这两种方法制作验证用户输入字符数是否超过 8 的小程序。

2，验证用户输入信息

绝大多数应用程序在获取用户注册信息时，都需要对用户输入的信息进行验证，包括判断用户名、密码、电子邮件、手机号、固定电话号等。编写一个程序，使用正则表达式根据以下的条件对用户输入的此类信息进行验证，并返回验证的结果。

❑ 用户名为以字母、数字或下划线开头且不超过 16 个字符。
❑ 密码为字母、数字和特殊符号的组合。
❑ 密码需输入两次，重复输入值应与首次输入值相等。
❑ 电子邮件必须符合规范。
❑ 手机号必须符合规范。
❑ 固定电话为北京市区电话。

第7章 处理异常

异常是在程序执行时出现的一种特殊现象，其表示因某些特殊的条件产生，从而导致程序未按指定流程执行。在编程中，越复杂的程序，产生异常的几率也就越高。处理异常就是查找产生异常的原因，从而保障程序正常执行的一种手段。在结构化的异常处理中，当错误发生时将会抛出（throw）一个异常。程序应该使用错误处理技术来构造，以便准确地捕获（catch）异常并适当地处理它们。

本章将详细介绍有关 try/catch 块、throw 子句、异常涉及的类、finally 块以及如何创建用户自定义异常等方面的知识。

本章学习目标：
➢ 掌握如何抛出和捕获异常
➢ 理解嵌套 Try 语句的使用
➢ 掌握内部异常类
➢ 理解如何抛出预定义异常
➢ 掌握如何创建和使用用户自定义的异常类
➢ 理解 finally 块的使用
➢ 掌握如何处理除数为 0 异常
➢ 掌握如何处理空字符转换数字异常
➢ 掌握如何处理溢出异常

7.1 异常处理基础

结构化异常处理就是在应用程序的开发中使用 try 块来表示对可能受异常影响的代码，并使用 catch 块来处理所产生的任何异常。而且，不管是否引发异常，都可以使用 finally 块来执行代码；有时使用 finally 块非常必要，因为如果引发了异常，将不执行 try/catch 块后面的代码。try 块必须与 catch 或 finally 块一起使用，并且可以包括多个 catch 块。

7.1.1 异常处理机制

在 C#中，程序中的运行时错误使用一种称为"异常"的机制在程序中传播。异常由遇到错误的代码引发，由能够更正错误的代码捕捉。

异常可由.NET Framework 公共语言运行库（CLR）或由程序中的代码引发。一旦引发了一个异常，这个异常就会在调用堆栈中往上传播，直到找到针对它的 catch 语句。未捕获的异常由系统提供的通用异常处理程序处理，该处理程序会显示一个对话框。

C#中通过抛出和捕获异常可以将用于实现程序主逻辑的代码与错误处理代码区分开来。但要想实现抛出和捕获异常必须符合以下两点要求。

（1）可能产生异常的代码要放到一个 try 块中。

代码在运行时，会尝试执行 try 块中的所有语句。如果没有任何一个语句产生异常，那么所有语句都会运行。这些语句将一个接一个运行，直到全部完成。但是，一旦出现异常，那么其就会跳出 try 块，并进入一个 catch 处理程序的执行。

（2）一个或多个 catch 处理程序（catch 块）紧跟在 try 块之后，以便用它们处理可能发生的所有错误。

try 块中的任何一个语句造成错误，运行库都会生成并抛出一个异常。然后，运行库将检查 try 块之后的 catch 处理程序，将控制权直接移交给一个相匹配的处理程序。catch 处理程序设计用于捕获特定的异常，所以在程序开发中应为尽可能发生的不同错误都提供不同的处理程序。

抛出和捕获异常是由 try/catch 块来完成的，它是 C#异常处理的主要机制。下面为 try/catch 块的基本语法。

```
try
{
    //有可能产生异常的代码
}
catch( Exception e)
{
    //对异常进行处理的代码
}
```

在上述基本语法中，catch 块可以指定要捕捉的异常类型。这个类型称为异常筛选器，它必须是 Exception 类型，或者必须从此类型派生。应用程序定义的异常应当从 ApplicationException 派生。

另外，具有不同异常筛选器的多个 catch 块可以串联在一起。多个 catch 块的计算顺序是从顶部到底部，但是，对于所引发的每个异常，都只执行一个 catch 块。也就是与所引发异常的准确类型或其基类最为匹配的第一个 catch 块将被执行。如果没有任何 catch 块指定匹配的异常筛选器，那么将执行没有筛选器的 catch 块。

下面来看一个抛出和捕获异常的实例。在该实例中，用户将字符串转换为 int 型数据，再将该数据与另一 int 型数据进行相加。具体代码如下所示。

```
static void Main(string[] args)
{
    string strTemp = "711Yan";
    int intTemp = 624;
    try
    {
        int intResult = intTemp +int.Parse(strTemp);
        System.Console.WriteLine("计算结果为: {0}", intResult);
```

```
    }
    catch (Exception ex)
    {
        System.Console.WriteLine("异常情况：{0}", ex.Message);
    }
}
```

上述代码故意在将要转换为 int 型数据的字符串中加入字符，从而使其在转换时抛出异常，以便在后面捕获该异常。该实例的执行结果如图 7-1 所示。

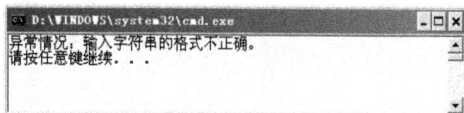

图 7-1　抛出和捕获异常类

7.1.2　嵌套 Try 语句

在处理异常时，有时需要同时处理多个异常。当这些异常存在前后的逻辑顺序或产生的因果关系时，就可以使用嵌套的 try 语句，通过使用多个 try/catch 块实现异常的串联，代码如下。

```
try
{
    //代码块
    try
    {
        //代码块
    }
    catch
    {
        //代码块
    }
    finally
    {
        //最终代码
    }
    //代码块
}
catch
{
    //异常处理代码
}
finally
{
    //最终代码
}
```

在上面的代码中，每一个 try 语句块都只有对应的一个 catch 块，但可以将多个 catch 语句块连接在一起。下面将详细介绍嵌套的 try 块如何执行。

如果抛出的异常在外层的 try 语句块中，且在内层的 try 块的外部，则最终执行的方式与普通的非嵌套 try 语句完全相同：异常由外层的 catch 语句块捕获，并执行外层的 finally 语句块，或执行 finally 语句块，由.NET 运行时处理异常。

如果异常是由内层的 try 语句块中抛出，且有一个合适的内层 catch 语句块处理该异常，则将在内层处理异常，执行内层的 finally 语句块，之后继续执行外层的 try 语句块。

7.1.3 Finally 块

当一个异常抛出时，其有可能改变程序的执行流程。这意味着开发者不能保证当一个语句结束之后，其后面的一个语句肯定会被执行，因为前一个语句可能抛出了一个异常，而改变了程序的执行流程。例如，在下面的代码中，就出现了这种情况。

```
TextReader tr = src.OpenText();
string strTemp;
while((strTemp = tr.ReadLine()) != null)
{
    output.Text += strTemp = "\n";
}
tr.Close();
```

在上述代码中，如果对 src.OpenText()方法调用成功，那么其将会获得一个资源，而开发者必须确保执行 tr.Close();语句才能释放该资源。如果因为某种原因该资源得不到释放，那么将会用完所有的资源，从而无法打开任何其他的文件。

为了确保不管是否抛出异常，都总是执行某个语句，就需要将该语句放到一个 finally 块中。finally 块要紧接在 try 块或 try 块之后的最后一个 catch 块之后，这样只要程序执行一个 finally 块关联的 try 块，那么该 finally 块就总会被执行，即使发生了一个异常。

如果一个异常被抛出，而且被后面的 catch 捕获，那么将首先执行 catch 块内的异常处理程序，然后运行 finally 块。如果没有被后面的 catch 捕获，那么将直接执行 finally 块，而后进行其他处理。也就是说，不管在任何情况下，finally 块总是被执行。下面就来看一个使用 finally 块的实例，具体如下所示。

```
class Program
{
    static void Main(string[] args)
    {
        string[] strArray = new string[3];
        StreamWriter sw = new StreamWriter("FinallyDemo.txt");
        try
        {
            for (int i = 0; i < 5; i++)
            {
                System.Console.WriteLine("请输入一个字符串：");
                string strTemp = System.Console.ReadLine();
                sw.WriteLine("{0}", strTemp);
```

```
                strArray[i] = strTemp;
        }
    }
    catch (Exception ex)
    {
        System.Console.WriteLine("异常情况: {0}", ex.Message);
    }
    finally
    {
        System.Console.WriteLine("这里总是被执行! ");
        sw.Close();
        System.Console.ReadLine();
    }
}
```

7.2 异常类

System.Exception 类是所有异常的基类，当发生错误时，系统或当前执行的应用程序将通过引发包含错误信息的异常来报告该错误。引发异常之后，将由应用程序或默认异常处理程序处理该异常。

7.2.1 使用异常类

在 System.Exception 中包含两个子类，即 SystemExcetipn 子类和 ApplicationException 子类，其作用如下。

❑ **SystemExcetipn**

SystemExcetipn 子类的作用是抛出公共运行时发生的各种异常，例如，发生的数组越界错误等，均属于 SystemExcetipn 子类。

❑ **ApplicationException**

ApplicationException 子类的作用是抛出用户程序运行时发生的各种异常，所有用户自定义的异常都属于 ApplicationException 子类。

1．异常类的属性

所有用户自定义的异常类都是 ApplicationExcepton 类的派生类，ApplicationExcepton 类继承了 Exception 类的所有属性，如表 7-1 所示。

在 Exception 类的属性中，可以进行堆栈跟踪，StackTrace 和 TargetSite 是由.NET 运行时自动提供的。Source 总是由.NET 运行时提供为产生异常的程序集名称（但可以在代码中修改该属性，提供更专门的信息），Data、Message、HelpLink 和 InnerException 必须由抛出异常的代码提供，其方法时在抛出异常前设置这些属性。例如，抛出异常的代码如下。

表 7-1　**Exception 类的属性**

属性	说明
Data	该属性用于获取一个提供用户定义的其他异常信息的键/值对的集合
HelpLink	该属性用于获取或设置指向此异常所关联帮助文件的链接
InnerException	该属性用于获取导致当前异常的 Exception`实例
Message	该属性用于获取描述当前异常的消息
Source	该属性用于获取或设置导致错误的应用程序或对象的名称
StackTrace	该属性用于获取当前异常发生时调用堆栈上的帧的字符串表示形式
TargetSite	该属性用于获取引发当前异常的方法
HResult	该属性用于获取或设置 HRESULT，它是分配给特定异常的编码数值

```
if(ErrorCondition == true){
{
    Exception myException = new ClassmyException("Help!!!!");
    myException.Source = "My Application Name";
    myException.HelpLink = "MyHelpFile.txt";
    myException.Data["ErrorDate"] = DateTime.Now;
    myException.Data.Add("AdditionalInfo" , "Contact Bill from the Blue
    Team");
    throw myException;
}
```

在上面的代码中，ClassmyException 是抛出的异常类名，其调用了带字符串的构造方法，然后分别设置的 Exception 类的 Source、HelpLink 和 Data 等属性。所有异常类名都通常以 Exception 结尾。

2. 异常类的功能

异常类主要包括两种功能，即以可读文本的方式描述抛出错误的类型，和调用发生异常时堆栈的状态。在发生异常时，运行时可以通过异常类产生文本消息，通知用户错误的类型并提供解决问题的建议。这一类文本信息通常保存在异常对象实例的 Message 属性中。

在创建异常对象过程中，可以将文本字符串传递给构造函数以描述该特定异常的详细信息。如果没有向构造函数提供错误消息参数，则将使用默认错误消息。

异常时的堆栈状态需要通过异常类的 StackTrace 属性进行跟踪，确定异常发生的代码状态。堆栈跟踪将列出所有调用的方法和源文件中这些调用所在的行号。

3. 异常类的方法

与其他抽象类类似，异常类也包含构造方法与普通方法。异常类的构造方法是一种多种重载的方法，其包括以下 4 种重载方式，如表 7-2 所示。

表 7-2　异常类的构造方法重载

构造方法	说明
Exception()	该构造函数用于初始化 Exception 类的新实例
Exception(String)	该构造函数用于使用指定的错误信息初始化 Exception 类的新实例
Exception(SerializationInfo,StreamingContext)	该构造函数用于用序列化数据初始化 Exception 类的新实例
Exception(String,Exception)	该构造函数用于使用指定错误信息和对作为此异常原因的内部异常的引用来初始化 Exception 类的新实例

异常类的普通方法包括 8 种基本的方法，如表 7-3 所示。

表 7-3　异常类的普通方法

方法	说明
GetBaseException()	该方法用于当在派生类中重写时，返回 Exception，它是一个或多个并发的异常的根源
GetHashCode()	该方法用于特定类型的哈希函数。GetHashCode 适合在哈希算法和数据结构（如哈希表）中使用
GetObjectData()	该方法用于当在派生类中重写时，用关于异常的信息设置 SerializationInfo
GetType()	该方法用于获取当前实例的运行时类型
ReferenceEquals()	该方法用于确定指定的 Object 实例是否是相同的实例
ToString()	该方法用于创建并返回当前异常的字符串表示形式
Finalize()	允许 Object 在"垃圾回收"回收 Object 之前尝试释放资源并执行其他清理操作

7.2.2　基于类型的筛选异常

在 C#中发生异常时，异常沿堆栈向上传递，每个 catch 语句块都有机会处理该异常。catch 语句的顺序十分重要，在编写异常处理的代码时，应将针对特定异常的 catch 语句块放在常规异常 catch 语句块之前，否则编译器可能会发生错误。

确定正确 catch 语句块的方法是将异常的类型与 catch 语句块中指定的异常名称进行匹配。如果没有特定的 catch 语句块，则由可能存在的常规 catch 语句块捕捉异常。

要想捕获某一个被抛出的异常，只有该异常的类型与某个 catch 语句中指定的异常类型相匹配时，才会执行这个 catch 语句。基于类型筛选的异常处理程序指定仅捕捉特定类型的异常，从而可以使开发者更加详细地获得指定异常的信息。

下面的代码就将示范使用 try…catch 语句块捕捉 InvalidCastException 异常，代码如下所示。

```
public class goods
{
    float gPrice;
    public float GPrice
    {
```

```
        get
        {
            return (gPrice);
        }
        set
        {
            gPrice = value;
        }
    }
}
```

上面的代码创建了一个名为 goods 的类,其带有一个字段 gPrice 和一个属性 GPrice,表示商品的价格,可供之后的 promoteGoods()方法取得对象并促销价格时使用,代码如下。

```
public class gx
{
    public static void promoteGoods(Object goo)
    {
        goods g = (goods)goo;
        g.GPrice = g.GPrice * 0.9f;
    }
    public static void Main(string[] args)
    {
        try
        {
            Object o = new goods();
            DateTime newyears = new DateTime(2011 , 9 , 5);
            promoteGoods(o);
            promoteGoods(newyears);
        }
        catch (InvalidCastException e)
        {
            Console.WriteLine("向 promoteGoods()方法传值时错误: " + e);
        }
    }
}
```

上面的代码先创建了 goods 对象 o,然后以 o 为参数调用 promoteGoods()方法。由于这里将 float 型数据传递给 promoteGoods()方法时将抛出 InvalidCastException 异常,然后又将一日期型对象 newyears 传递给 promoteGoods()方法,再不能强制将 DataTime 类型转换为 goods 类型,因此会抛出异常,如图 7-2 所示。

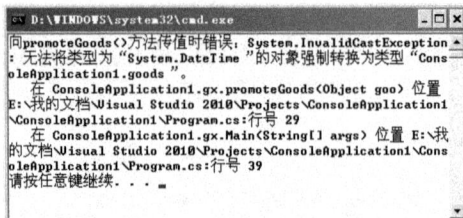

图 7-2 抛出异常结果

7.2.3 内部异常

在.NET Framework 中，异常是从 Exception 类继承的对象。System.Exception 异常类派生于 System.Object，通常情况下不在代码中抛出这个 System.Exception 对象，因为它无法确定错误情况的本质。

但用户可以使用派生于 System.Exception 类的异常类对象来更明确表示异常。内部异常也称为预定义异常，它是.NET 中使用的内部异常类的对象。表 7-4 列出了.NET 中使用的内部异常类。

表 7-4 .NET 中使用的内部异常类

内部异常类	说明
SystemException	所有由运行时环境抛出的异常的基类。通常由.NET 运行库生成，也可以由应用程序生成。例如，如果.NET 运行库检测到堆栈已满，就会抛出 StackOverflowException。另一方面，如果检测到调用方法时参数不正确，可以在自己的代码中选择抛出 ArgumentException 或其子类。System.SystemException 的子类包括表示致命错误和非致命错误的异常
ApplicationException	这个类非常重要，因为它是第三方定义的异常基类。如果自己定义的异常覆盖了应用程序独有的错误情况，就应使它们直接或间接派生于 System.ApplicationException
StackOverflowException	如果分配给堆栈的内存区域已满，就会抛出这个异常。如果一个方法连续地递归调用它自己，就可能发生堆栈溢出。这一般是一个致命错误，因为它禁止应用程序执行除了中断以外的其他任务。在这种情况下，甚至也不可能执行 finally 块，通常用户自己不能处理像这样的错误，而应退出应用程序
EndOfStreamException	这个异常通常是因为读到文件末尾而抛出的
OverflowException	如果要在 checked 环境下把包含值-40 的 int 类型数据转换为 uint 数据，就会抛出这个异常
IndexOutOfRangeException	当出现数组越界时，将抛出该异常
InvalidCastException	因无效类型转换或显式转换引发的异常
InternalBufferOverflowException	内部缓冲区溢出时引发的异常
InvalidDataException	在数据流的格式无效时引发的异常
IOException	发生 I/O 错误时引发的异常
ArgumentException	所有参数异常的基类
AugumentNullException	该异常由不允许空参数的方法抛出
ArithmeticException	因算术运算、类型转换或转换操作中的错误而引发的异常
FormatException	当方法调用中实参的格式不符合对应的形参类型的格式时，该异常将被抛出
ExternalException	该类异常在运行库的外部环境中发生，或者是针对这个类型环境的异常的基类
SEHException	该异常类封装了 Win32 结构化异常处理信息

7.3 自定义异常类

在.NET Framework 中，其提供的内部异常类已经能够处理很多异常，但是在有些时候内部异常类不能很好解决所遇到的异常问题，此时，就有必要创建自定义异常类，以满足应用程序的要求。

这里须要注意的是，所有的自定义异常类都必须继承 ApplicationException 类或它的某个派生类。下面的代码就将创建用户自定义的异常类，并使用该自定义的异常类。具体代码如下所示。

```
using System;
using System.Collections.Generic;
using System.Text;
namespace DefineException
{
    class Program
    {
        static void Main(string[] args)
        {
            try
            {
                throw (new MyException("自定义异常"));
            }
            catch(Exception ex)
            {
                System.Console.WriteLine("异常类型：{0}",ex.GetType().
                ToString());
                System.Console.WriteLine("异常信息：{0}",ex.Message);
                System.Console.WriteLine("堆栈跟踪：{0}",ex.StackTrace);
            }
        }
        public class MyException:ApplicationException
        {
            public MyException(string strMsg):base(strMsg)
            {
            }
        }
    }
}
```

上述代码创建了一个简单的自定义异常类 MyException。虽然其不能具体实现，但是该类继承了 ApplicationException 类，从而继承了 Exception 类。所以该类拥有 Exception 类中定义的属性和方法。

例如，在上述代码中，MyException 就使用了 Exception 类的 GetType() 方法、Message 属性和 StackTrace 属性。从该实例可以看出，自定义异常并不能像标准异常那样被自动抛出，而必须在程序中使用 throw 语句人为抛出，如图 7-3 所示。

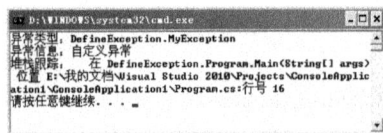

图 7-3　自定义异常类的抛出

7.4 扩展练习

1. 使用 try/catch 块

要求读者使用 try/catch 块抛出预定义异常，并在捕获该异常后进行相应处理。该程序在执行时接收用户从键盘输入的单个字符，如果用户输入的是 a~z 中的任意一个字母，那么将其转换为相对应的大写字母输出；如是用户输入的是 A~Z 中的任意一个字母，那么将其转换为相对应的小写字母输出。如果用户在输入过程中按到了非英文字母键，则立即抛出异常。这里要求用户在后面捕获该异常，并输出"输入错误，请重新输入！"。在 Visual Studio 2005 中，创建一个控制台应用项目 MyTryCatch，编写相关的处理代码，具体如下所示：

1 编写接收从键盘输入的字符，并进行验证的代码。也就是每输入一个字符就进行判断是否为英文字母。如果是，按照前面的要求输出它的对应字母；否则抛出异常。

2 编写捕获异常，并显示异常信息的代码。

2. 使用用户自定义异常

要求读者使用用户自定义异常解决下列问题。接收从命令行中输入的字符串数据，并将其转换为 int 型数据；然后，判断该数是否在 0～100 之间，如果该数小于 0，则抛出异常 MyException1，捕获这个异常并输出异常信息"学生的成绩不能为负数"；如果该数大于 100，则抛出异常 MyException2，捕获这个异常并输出异常信息"学生的成绩不能大于 100"。该实例的实现过程如下所示。

1 在 Visual Studio 2005 中，创建一个控制台应用项目 MyDefineException。

2 创建两个异常类：MyException1 和 MyException2，分别对应于输入的数小于 0、输入的数大于 100 这两种情况。

3 编写方法 CheckScore()，该方法用于判断输入的数值，如果输入数值小于 0，则抛出异常 MyException1；如果输入的数值大于 100，则抛出异常 100。

4 在 Main()方法中使用两个 catch 子句分别捕获异常 MyException1 和 MyException2，并输出相应的异常信息。

第8章 Windows 窗体控件

Windows 窗体控件是微软专门为.NET Framework 开发的一种快速实现可视化界面的窗体控件。相比传统的.COM ActiveX 控件，Windows 窗体控件可以以标准化的方式提供 Windows API 接口，方便用户开发可视化的 Windows 应用程序。

本章将介绍基于.NET 的各种常用 Windows 窗体控件，包括基本控件、图形和图像控件、按钮类控件、列表类控件以及容器类控件等。

本章学习目标：

➢ 了解 Windows 窗体控件所继承的类
➢ 掌握基本控件应用以及基本控件相关的鹅属性
➢ 掌握按钮控件并能熟练运用
➢ 熟练为 ImageList 控件添加图片并设置相关属性
➢ 掌握控件 PictureBox
➢ 掌握列表类控件的运用
➢ 了解容器控件概念，并适当运用集合结合容器实现复杂内容显示
➢ 熟悉工具箱中其他控件
➢ 熟悉组合控件的使用

8.1 Windows 窗体概述

Windows 窗体是指由微软公司开发的一种可重用的类库，其可以调用 Windows 操作系统中的数据，为用户提供可视化的界面，并通过捕获用户输入的方式作出响应，与用户进行可视化交互。

8.1.1 Windows 窗体界面技术

在.NET Framework 开发中，Windows 窗体是一种特殊的类，其本身可以像普通类一样使用。典型的 Windows 窗体包括标准 SDI 窗体（单文档窗体）、MDI（多文档窗体）、对话框以及图形窗口等，这些窗体的创建和添加、窗体的大小和比例、窗体外观等形状，事实上都是 Windows 窗体类的属性。

Windows 窗体提供执行许多功能的控件和组件，绝大多数 Windows 窗体控件都是派生于 System.Windows.Forms.Control 类，该类定义了控件的基本功能，因此为众多 Windows 窗体控件所继承。

在 Windows 窗体控件中，许多类本身都是其他控件的基类，但每组控件都有一组属

Windows 窗体控件

性、方法和事件，用于特定的目的。当设计和修改 Windows 窗体应用程序的用户界面时，需要对控件进行添加、对齐和定位等操作。控件是包含在窗体对象内的实例，每种类型的控件都具有自己一些特定的属性集、方法和事件，从而实现与其他控件的区别。

在使用 Windows 窗体控件时，开发者既可以在设计器界面中操作控件，也可以在编写代码时动态地添加控件。简单地说，控件是一种特殊的对象，是显示数据和接受数据输入的相对独立的用户界面元素。

下面的图显示了 System.Windows.Forms.Control 类派生的各种控件类，及这些控件类之间的关系，如图 8-1 所示。

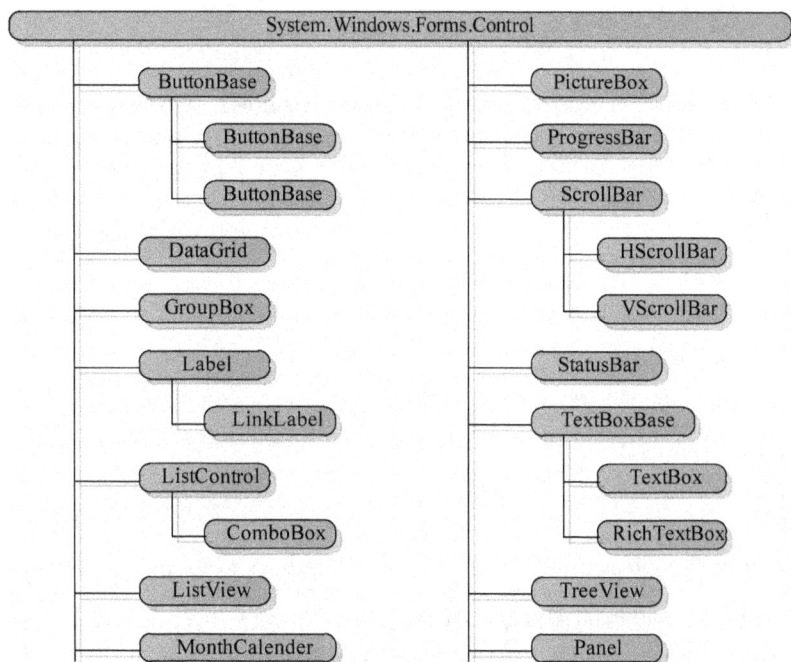

图 8-1　Windows 窗体控件之间的关系

在 Visual Studio 的【工具箱】面板中，除了展示各种控件外，还对控件进行了分类处理，将控件分为以下几种类型，如表 8-1 所示。

表 8-1　Windows 窗体控件分类

控件类型	作用
公共控件	泛指用于处理文本、信息、图形、按钮、列表的各种常用窗体控件
容器	泛指各种用于存储其他类型控件的容器类控件，例如编组盒、面板、选项卡等
WPF 互操作性	创建基于 Vista 等高版本操作系统专用窗体的控件
菜单和工具栏	泛指用于创建菜单、状态栏、工具栏的各种窗体控件
数据	泛指用于读取和显示二进制数据和数据库数据的窗体控件
组件	泛指用于实现复杂的目录显示、时间显示、进度显示等所使用的窗体控件
打印	泛指用于调用打印机硬件进行打印输出的窗体控件

续表

控件类型	作用
对话框	泛指用于显示各种常见 Windows 对话框的窗体控件，例如颜色拾取器、目录浏览对话框、字体浏览对话框、打开文件对话框、保存文件对话框等
报表	主要指用于显示批量数据报表的控件
Visual Basic PowerPacks	针对 Windows Form 控件的一种控件增补集
常规	其他 Windows 窗体控件

8.1.2 操作控件

在 Visual Studio 中，开发者可以创建一个基于 Windows 窗体应用程序的项目，然后即可在设计器中通过工具箱为窗体添加、删除、移动和对齐各种控件对象。

1. 添加控件

添加控件就是将各种窗体控件添加到对话框、MDI 或 SDI 中的过程。在添加控件时，可以自 Visual Studio 的【工具箱】面板中选择窗体控件，然后将其拖曳至指定的窗体设计器中，从而完成控件的添加，如图 8-2 所示。

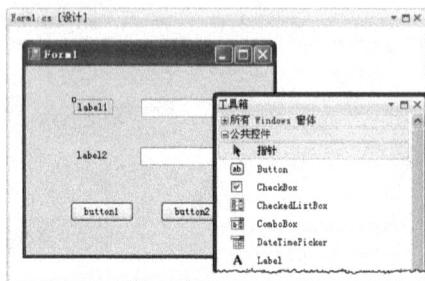

图 8-2 为窗体添加控件

2. 删除控件

删除控件操作可以将窗体中已有的控件清除，同时移除与该控件相关的代码。在删除控件时，可以在窗体设计的窗口中选择指定的控件，然后执行【编辑】|【删除】命令，或直接按 Delete 功能键，即可完成删除，如图 8-3 所示。

3. 移动和对齐控件

在编辑窗体时，开发者可以直接选中窗体控件，然后再使用鼠标对这些窗体控件进行拖曳操作。当两个控件的横坐标或纵坐标保持一致时，Visual Studio 会自动显示参考线以示这些控件可被自动对齐，如图 8-4 所示。

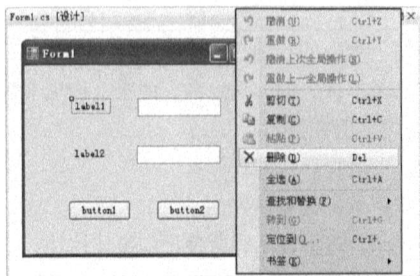

图 8-3 删除窗体控件

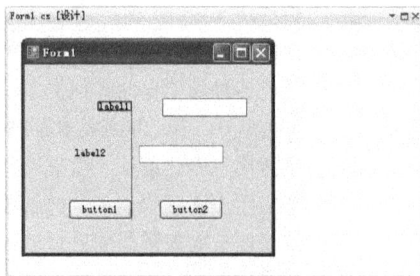

图 8-4 移动控件并对齐

在移动窗体控件时，开发者还可以按住 Ctrl 功能键，同时选择多个窗体控件，对这些窗体控件一并进行移动和对齐操作。

4．自动对齐控件

在移动控件时，开发者除了可以拖曳窗体控件外，还可以使用 Ctrl 功能键连续选择多个窗体控件，然后执行【格式】|【对齐】命令，在弹出的子菜单中选择对齐方式，对窗体控件进行自动对齐操作，如图 8-5 所示。

8.1.3 编辑窗体控件

Visual Studio 开发环境提供了【属性】面板，允许开发者在设计视图中选择指定的控件，然后再在该面板中对控件的属性进行编辑。除此之外，Visual Studio 还允许通过代码为窗体控件添加事件，以实现控件与用户的交互。

1．修改控件属性

以最简单的 Label 控件为例，在选中该控件后，开发者即可在【属性】面板中修改该控件的属性，如图 8-6 所示。

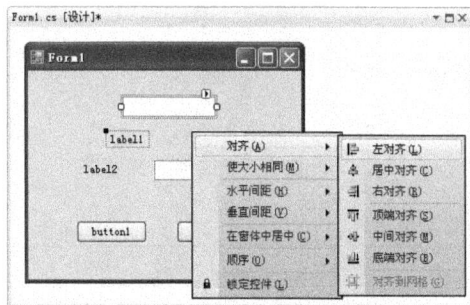

图 8-5　自动对齐控件　　　　　　图 8-6　修改控件属性

绝大多数 Windows 窗体控件都是 System.Windows.Forms 命名空间中 Control 类的成员，因此其继承了 Control 类的各种属性，如表 8-2 所示。

表 8-2　Control 类的各种属性

属性	说明
Anchor	使用这个属性可以指定当控件的容器大小发生变化时，该控件如何响应
BackColor	该属性用于设置控件的背景颜色
Bottom	该属性用于指定控件的底部到屏幕顶部的距离间。这与指定控件的高度不同
Dock	该属性用于使控件停靠在窗口的边界上
Enabled	将 Enabled 属性设置为 true 时，表示控件可以接收用户的输入；将 Enabled 属性设置为 false，表示控件不可以接收用户的输入

属性	说明
ForeColor	该属性用于设置控件的前景颜色
Height	该属性用于设置控件从高度
Left	该属性用于设置控件的左边界到屏幕左边界的距离
Name	该属性用于设置控件的名称，用户可以通过这个名称在代码中引用该控件
Parent	该属性用于设置控件的父控件
Right	该属性用于设置控件的右边界到屏幕右边界的距离
TabIndex	该属性用于设置控件在容器中的标签顺序号
TabStop	该属性用于设置指定的控件是否可以使用 Tab 键访问
Tag	该属性通常不是由控件本身使用，而是在控件中存储该控件的信息。当通过 Windows 窗体设计器给这个属性赋于一个值时，就只能赋于一个字符串值
Top	该属性用于设置控件的顶部距离屏幕顶端的距离
Visible	该属性用于指定控件是否在运行期间可见
Width	该属性用于设置控件的宽度

2．添加控件事件

如需要为窗体控件添加各种事件，则可以直接双击该控件，切换至代码视图，然后即可通过代码为控件添加事件。例如，为 button1 按钮添加双击事件，即可在设计视图中双击该按钮，切换至窗体的代码视图，如图 8-7 所示。

Windows 窗体可以使用 Event 类的绝大多数属性作为事件的类型，其同样属于 Control 类的事件，如表 8-3 所示。

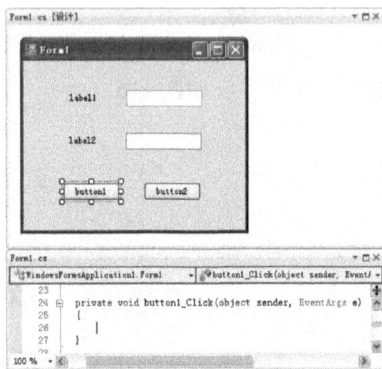

图 8-7　添加控件事件

表 8-3　Control 类的常用事件

事件	说明
Click	该事件在单击控件时触发。在某些情况下，该事件也会在用户按 Enter 键时触发
DoubleClick	该事件在双击控件是触发。当然有一些控件是没有 DoubleClic 事件的，例如，Button 控件
DragDrop	该事件在完成拖放操作时触发。也就是说，当一个对象被拖动到控件上，然后用户释放鼠标后，触发该事件
DragEnter	该事件在被拖动的对象进入控件的边界时触发
DragLeave	该事件在被拖动的对象移出控件的边界时触发
DragOver	该事件在被拖动的对象放在控件上时触发
KeyDown	该事件在控件有焦点时，按一个键时触发。这个事件总是在 KeyPress 和 KeyUp 之前引发
KeyPress	该事件在控件有焦点时，按一个键时触发。这个事件总是在 KeyDown 之后、KeyUp 之前触发。KeyDown 和 KeyPress 的区别是 KeyDown 传送被按的键的键盘码，而 KeyPress 传送被按的键的 char 值

Windows 窗体控件

事件	说明
GetFocus	该事件在控件获得焦点时触发。注意，不要用这个事件执行控件的有效性验证，而应该使用 Validating 和 Validated
LostFocus	该事件在控件失去焦点时触发。同样，不要使用这个事件执行控件的有效性验证，而应该使用 Validating 和 Validate
MouseDown	该事件在鼠标指针指向一个控件，且鼠标被按下时触发这与 Click 事件不同，因为在按钮被按下之后，且未被释放之前引发 MouseDown
MouseMove	该事件在鼠标滑过控件时触发
MouseUp	该事件在鼠标指针位于控件上，且鼠标按钮被释放时触发
Paint	该事件在绘制控件时引发
Validated	当控件的 CausesValidation 属性设置为 true，且该控件获得焦点时，引发该事件。它在 Validating 事件之后发生，表示有效性验证已经完成
Validating	当控件的 CausesValidation 属性设置为 true，且该控件获得焦点后，触发该事件。这里须注意的是，被验证有效性的控件是失去焦点的控件，而不是获得焦点的控件

3．使用控件的方法

作为一种典型的类，Control 类提供了多种方法，允许开发者操作其派生的各种控件，实现快速用户交互。Control 类常用的方法主要包括以下几种，如表 8-4 所示。

表 8-4　Control 类的常用方法

方法	说明
Contains()	检索一个值，该值指示指定控件是否为一个控件的子控件
CreateControl()	强制创建控件，包括创建句柄和其相关的子控件
CreateGraphics()	为控件创建图形对象子对象
Dispose()	通过参数释放控件占用的资源。当参数为空时释放所有，参数为逻辑值 true 时释放托管资源，否则释放非托管资源
DoDragDrop()	定义控件开始执行拖放操作
FindForm()	检索控件所在的窗体，返回窗体对象
GetAutoSizeMode()	检索控件是否允许自动调节高度
GetChildAtPoint()	检索位于指定坐标处的子控件，其参数为 Point 对象和可选的忽略子控件类型
GetNextControl()	按照子控件的 Tab 键顺序向前或向后检索下一个控件
GetStyle()	为控件检索指定控件样式位的值
GetType()	返回控件的具体类型（继承自 Object 对象）
Hide()	隐藏控件
IsInputChar()	确定一个字符是否是控件可识别的输入字符
IsInputKey()	确定指定的键是常规输入键还是需要预处理的特殊键（例如，Control、Alt、Shift 等）
Select()	为当前控件获取焦点
SelectNextControl()	按照控件在窗体中的 Tab 键顺序为下一个控件获取焦点
SetAutoSizeMode()	设置控件是否允许自动调节高度
SetStyle()	将指定的 ControlStyles 属性设置为 true 或 false
SetVisibleCore()	将控件设置为指定的可见状态
Show()	显示控件

8.2 文本窗体控件

文本窗体控件的作用是获取用户输入的文本信息，将其存储到数据库或位于本地和网络的文档中。常用的文本窗体控件主要包括 3 种，即 TextBox、RichTextBox 和 MaskTextBox 等。

8.2.1 TextBox 控件

TextBox 控件又被称作 Windows 文本框控件。该控件具有标准 Windows 文本框控件的所有附加功能，包括多行编辑、密码字符屏蔽等。通常 TextBox 控件用于显示单行文本或接受用户输入的单行文本信息。

TextBox 控件派生于 TextBoxBase 类和 Control 类，其具有许多种属性，在【属性】面板中，开发者可以方便地对该控件的属性进行编辑操作。常用的 TextBox 属性主要包括以下几种，如表 8-5 所示。

表 8-5　TextBox 控件的常用属性

属性	说明
CausesValidation	当控件的该属性设置为 true，且该控件获得焦点时，将会触发 Validating 事件和 Validated 事件。通过这两个事件可以验证失去焦点的控件中数据的有效性
CharacterCasing	该属性用于设置 TextBox 控件是否会改变输入的大小写，可以取值如下所示。 （1）Lower　文本框中输入的所有文本都转换为小写 （2）Normal　不对文本框内容进行任何转换 （3）Upper　文本框中输入的所有文本都转换为大写
MaxLength	该属性用于设置能输入到 TextBox 中字符的数量。如果这个属性值设置为 0，表示最大字符长度仅限于可用的内存
Multiline	该属性用于设置该控件是否是一个多行控件。如果该属性值设置为 true，那么用户可以输入多行文本信息
PasswordChar	该属性用于设置使用密码字符替换在单行文本框中输入的字符。如果 Multiline 属性为 true，该属性将不起作用
ReadOnly	该属性用于设置文本框是否为只读
ScrollBars	该属性用于设置指定为多行文本框时是否显示滚动条
SelectedText	该属性用于设置在文本框中选择的文本
SelectionLenth	该属性用于设置在文本中选择的字符数。如果这个值设置得比文本中总字符数大，则控件会将它重新设置为字符总数减去 SelectionStart 的值
SelectionStart	该属性用于设置文本框中被选中文本的开头
Text	该属性用于设置文本框中的文本内容
WordWrap	该属性用于设置在多行文本框中，如果一行的宽度超出了控件的宽度，其文本是否应自动换行

除上表 8-5 中的属性外，TextBox 控件还继承了 System.Windows.Forms 命名空间中

Control 类的各种属性和事件。根据 TextBox 控件的特点，可以将其继承的事件分为三大类，如下所示。

1．焦点事件

焦点事件包括 Enter、GetFocus、Leave、Validating、Validated 和 LostFocus 等，这 6 个事件在控件的焦点发生改变时，按照列出的顺序触发。Validating 和 Validated 事件具有一定的特殊性，其仅在控件获得了焦点，且其 CausesValidation 属性设置为 true 时触发。

2．键事件

键事件可以监视和改变输入到控件中的内容，其包括 KeyDown、KeyPress、KeyUp 等 3 个事件。KeyDown 和 KeyUp 获取与按的键对应的键码，这样就可以确定用户是否按了键 Shift、Ctrl 或 F1。

3．内容更改事件

内容更改事件是在文本框内的文本发生改变时触发的事件，包括 TextChanged、TextAlignChanged、SizeChanged、StyleChanged 和 ParentChanged 等。要文本框的文本信息，以及其属性或其他相关控件发生改变，就有可能触发这些事件。

在实际使用中，TextBox 控件的 Multiline 属性如为 true，则可以自动将其 Text 属性值中的 "\r\n" 字符转换为换行符，否则将忽略这一字符。下面的代码就分别定义了 3 个文本框控件，并为其定义了值，代码如下。

```
this.textBox1.Text = "Sera Chain";
this.textBox2.UseSystemPasswordChar = true;
this.textBox2.Text = "123456789";
this.textBox3.Multiline = true;
this.textBox3.Text = "      这里是填写简介使用的。\r\n      你看，还能换行的。";
```

上面的代码分别为 3 个文本框定义了 Text 属性的值，然后还设置第二个文本框的内容以密码的方式显示，并设置第三个文本框为多行模式，执行以上代码之后，即可查看文本框的 3 种不同类型的值，如图 8-8 所示。

8.2.2 RichTextBox 控件

RichTextBox 控件与 TextBox 控件一样也派生于 TextBoxBase 和 Control 类，所以其与

图 8-8　文本框的 3 种值效果

TextBox 控件有许多功能是相同的，但也存在许多不同的功能。TextBox 常用于获取短文本字符串，而 RichTextBox 用于显示和输入富格式文本（例如，文本中有黑体、斜体、下画线等），因此被称作富文本框。

RichTextBox 控件使用标准的格式化文本，称为 Rich Text Format（富文本格式）或

RTF。相比 TextBox 控件，RichTextBox 控件新增了以下几种属性，如表 8-6 所示。

表 8-6　RichTextBox 控件的新增属性

属性	说明
CanRedo	如果某个任务未完成，那么这个属性为 true，否则就是 false。该属性可以重复应用
CanUndo	如果可以在 RichTextBox 上执行撤销操作，那么这个属性就是 true，否则就是 false
RedoActionName	该属性用于包含操作名称，这样该操作可用于重复做已经在 RichTextBox 中撤销的动作
DetectUrls	将这个属性设置为 true，可以使用控件检测 URL，并格式化在浏览器中带有下划线的部分
Rtf	它对应于 Text 属性，但包含 RTF 格式的文本
SelectedRtf	使用这个属性可以获取或设置控件中被选中的 RTF 格式的文本。如果将这些文本复制到另一个应用程序中，例如，Microsoft Word，该文本会保存所有的格式化信息
SelectedText	与 SelectedRtf 一样，可以使用这个属性获取或设置被选中的文本。但与该属性的 RTF 版本不同，所有格式化的信息都会丢失
SelectionAlignment	它表示选中文本的对齐方式，可以是 Center、Left 或 Right
SelectionBullet	使用这个属性可以确定选中的文本是否格式化为项目符号的格式，或者使用它插入、删除项目符号
BulletIndent	使用这个属性可以指定项目符号的缩进像素值
SelectionColor	该属性用于修改选中文本的颜色
SelectionFont	该属性用于修改选中文本的字体
SelectionLength	该属性用于设置或获取选中文本的长度
SelectionType	该属性包含了选中文本的信息。它可以确定是选择了一个或多个 OLE 对象，还是仅选择了文本
ShowSelectionMargin	如果将这个属性设置为 true，那么就会在 RichTextBox 的左边出现一个页边距，这将使用户更易于选择文本
UndoActionName	如果用户选择撤销某个动作，那么该属性将获取该动作的名称
SelectionProtected	该属性设置为 true，可以指定不修改文本的某些部分

作为 TextBox 控件的一种增强控件，RichTextBox 控件除支持上表中的控件属性外，还支持 Control 类和 TextBox 类的所有属性。相比 TextBox 控件，RichTextBox 控件支持 3 种新的事件，如表 8-7 所示。

表 8-7　RichTextBox 控件的新增事件

事件	说明
LinkedClick	在用户单击文本中的链接时触发该事件
Protected	在用户尝试修改已经标记为受保护的文本时触发该事件
SelectionChanged	在选中文本发生改变时触发该事件。如果因某些原因不希望用户修改选中的文本，就可以在该事件中禁止修改

RichTextBox 控件提供了多种方法，可以打开和保存位于本地和互联网中的文件，并对文件进行操作，如表 8-8 所示。

表 8-8   RichTextBox 控件支持的方法

方法	作用
LoadFile()	加载现有的 RTF 或 ASCII 文本文档
SaveFile()	将文本内容保存到 RTF 或 ASCII 文本文档中
Find()	搜索参数中指定的文本，并返回搜索字符串第一个字符在控件中的位置

例如，可以将 Rtf 属性初始化为要包含显示文本的字符串，包括确定如何设置该文本格式的 RTF 代码，然后再使用 RichTextBox 控件的 Dock 属性，设置值为 Fill，编写其定义代码，如下所示。

```
richTextBox1.LoadFile(@"F:\Data\myText.rtf");
richTextBox1.Find("Text",RichTextBoxFinds.MatchCase);
richTextBox1.SaveFile(@"F:\Data\myText.rtf" , RichTextBoxStreamType,
RichText);
```

8.2.3 MaskedTextBox 控件

MaskedTextBox 控件是一个增强型的文本框控件，其除了可实现 TextBox 控件的所有功能外，还支持用于接受或拒绝用户输入的声明性语法，通过使用其 Mask 属性对文本进行验证，因此又称作掩码文本框。在 MaskedTextBox 控件中，可以指定以下几种输入情况。

❑ 必需的输入字符。

❑ 可选的输入字符。

❑ 掩码中给定位置所需的输入类型，例如，只允许数字、只允许字母或者允许字母和数字。

❑ 掩码中的原义字符，或者应直接出现在 MaskedTextBox 中的字符，例如，连字符 "-"、表示用户名和域的 "@" 和价格中的货币符号等。

❑ 输入字符的特殊处理功能，例如，大小写转换等。

当 MaskedTextBox 控件在运行时显示时，会将掩码表示为一系列提示字符和可选的原义字符，表示一个必须或可选输入的每个可编辑掩码位置都显示为单个提示字符。例如，当输入#RGB 颜色代码时，可以将数字符号 "#" 作为输入的占位符。

在使用 MaskedTextBox 控件时，可以使用 PromptChar 属性来指定自定义提示字符，或使用 HidePromptOnLeave 属性决定当控件失去焦点时能否看到提示字符。

当在掩码文本框中输入内容时，有效的输入字符将按照顺序替换各自的提示字符，如输入无效的字符，将不会发生替换。此时，如 BeepOnError 属性设置为 true，则将发出警告声，并引发 MaskInputRejected 事件。开发者可以通过处理此事件来实现自定义错误处理机制。

另外，开发者可以使用 MaskFull 属性来验证是否输入了所有必须输入的内容。Text

属性将始终检索按照掩码和 TextMaskFormat 属性设置格式的输入。

在实际应用中，MaskedTextBox 控件将所有掩码处理工作交给由 MaskedTextProvider 属性指定的 System.ComponentModel.MaskedTextProvider 类来完成。此标准提供程序支持除代理项和纵向组合字符以外所有的 Unicode 字符。但是，可以使用 AsciiOnly 属性将输入的内容限定为字符集 a～z、A～Z 和 0～9 之间的字符。

掩码不能保证输入一定会表示给定类型的有效值，例如，输入的年龄值可能为负数。通过将值的类型实例赋予 ValidatingType 属性，可以确保输入的值有效。另外，通过监视 TypeValidationCompleted 事件，可以检测当 MaskedTextBox 包含无效值时，是否将焦点从控件上移开。如果输入验证成功，可以通过 TypeValidationEventArgs 参数的 ReturnValue 属性使用表示该值的对象。

> **提 示**
>
> 虽然 MaskedTextBox 控件是 TextBoxBase 基类的成员，但其不支持多行配置或撤销功能。因此，虽然 MaskedTextBox 控件保留了与这些功能相关的属性，但其不能使用。

8.3 显示信息窗体控件

显示信息窗体控件的作用是向用户显示指定的文本、连接、状态和进度等信息，其与文本窗体控件最大的区别在于，文本窗体控件显示的文本信息可定义为可编辑的，而显示信息窗体控件则只能显示只读的信息。

显示信息窗体控件包括 Label 控件、LinkLabel 控件、StatusStrip 控件和 ProgressBar 控件等 4 种。其中，最常用的两种显示信息控件为 Label 控件和 LinkLabel 控件，其效果如图 8-9 所示。

图 8-9　两种显示信息窗体控件

8.3.1　Label 控件

Label 控件的作用是显示只读的信息文本，其通常不需要添加任何事件处理代码。Label 控件有许多可以设置的属性，当然许多属性也都派生于 Control，但有一些属性是新增的，如表 8-9 所示。

Label 控件在 Windows 窗体程序中最大的作用是提供提示性的文本内容等。例如，可使用 Label 控件为 TextBox 控件添加描述文本等，以便将控件中所要填写的内容提示给用户。

另外，Label 控件还可以用于为 Form 添加描述性文本等，以便提供有帮助作用的信息，以及窗体内部的子标题等。除此之外，Label 控件还可以用于显示有关应用程序状态的运行信息等，以便在处理数据时显示处理的内容、进度等。

表 8-9　Label 控件的常用属性

属性	说明
BorderStyle	该属性用于设置标签边框的样式。默认为是无边框的
DisabledLinkColor	（只用于 LinkLabel）用户单击 LinkLabel 后控件的颜色
FlatStyle	该属性用于设置显示控件的方式。将这个属性设置为 PopUp，表示控件一直显示为平面样式，直到用户将鼠标指针移动到该控件上面，此时，控件显示为弹起样式
Image	该属性用于设置要在标签上显示的图像（位置、图标等）
ImageAlign	该属性用于设置图像显示在标签的什么位置
LinkArea	（只用于 LinkLabel）该属性用于设置文本中显示为链接的部分
LinkColor	（只用于 LinkLabel）该属性用于设置链接的颜色
Links	（只用于 LinkLabel）LinkLabel 可以包含多个链接。利用这个属性可以查找需要的链接。控件会跟踪显示在文本中的链接
LinkVisited	（只用于 LinkLabel）返回链接是否可访问
Text	该属性用于设置或获取 Label 上的文本
TextAlign	该属性用于设置文本显示在控件的什么地方

Label 控件是最常用的 Windows 窗体控件，除了显示文本外，其还可以使用 Image 属性显示图像内容，或使用 ImageIndex 和 ImageList 等属性组合显示多个图像等。

8.3.2　LinkLabel 控件

LinkLabel 控件与 Label 控件都可以显示文本、图像等信息和图像的序列。然而，LinkLabel 控件显示的内容可以为用户提供超链接功能，允许用户单击该链接，从而实现不同类型的任务。

在 LinkLabel 控件中显示的每个超链接都是 LinkLabel.Link 类的一个实例，LinkLabel.Link 类定义超链接的显示信息、状态和位置等。另外，LinkLabel.Link 基类的 LinkData 属性使得开发者可以将信息与要显示的 URL 关联。

当用户单击该控件内的超链接时，将引发 LinkClicked 事件，表示所单击的超链接的 LinkLabel.Link 对象作为 LinkLabelLinkClickedEventArgs 对象（该对象作为参数传递）的一部分传递给事件处理程序。开发者可以使用此对象获取与所单击的超链接关联的 LinkLabel.Link 对象。LinkLabel 控件内包含的所有超链接都存储于控件的 LinkLabel.LinkCollection 类实例中。

8.4　图形图像类控件

在 C#的图形和图像类控件中，PictureBox 控件用于显示图像，ImageList 控件可提供一个存储图像的集合（该控件无法直接显示到窗体中）。

在开发 C#程序时，开发者可以直接使用格式为位图.bmp、.gif、.jpg 或者其他多种元文件格式。其中以.gif 为后缀的 GIF（Graphics Interchange Format）文件和以.jpg 为后缀的 JPEG（Joint Photographic Expert Group）文件都是得到广泛应用的图像文件格式。

8.4.1 ImageList 控件

ImageList 控件提供一个集合，可以用于存储在窗体的其他控件中使用图像，可以在图像列表中存储任意大小的图像，但在每个控件中，每个图像的大小必须相同。对于后面要介绍的 ListView 控件，则需要两个 ImageList 控件才能显示大图像和小图像。

ImageList 是一个无法在窗体中直接显示的控件。在将其拖放到窗体上时，它并不会显示于窗体上，而是在窗体的内部以代码的形式存在，并包含所有需要存储的组件。这个功能可以防止非用户界面组成的控件遮挡窗体设计器。ImageList 控件的位置是固定的，无法由 Top 等属性更改其坐标。

开发者可以在设计和执行程序时为 ImageList 控件添加图像。如果开发者知道在设计期间要显示哪些图像，就可以直接单击该控件 Images 属性右边的按钮，如图 8-10 所示。

在弹出的【图像集合编辑器】对话框中，开发者可以单击【添加】按钮，在弹出的【打开】对话框中选择图像，将这些图像添加到 ImageList 控件的集合中，并在右侧的窗格内编辑图像的名称等信息，如图 8-11 所示，单击【确定】按钮完成图像添加。

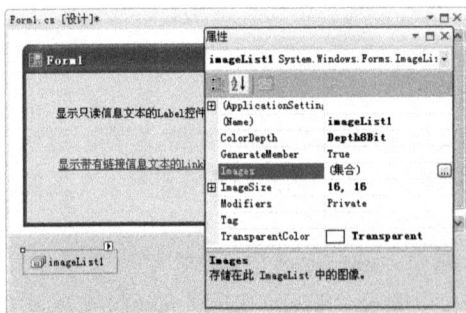

图 8-10　插入 ImageList 控件

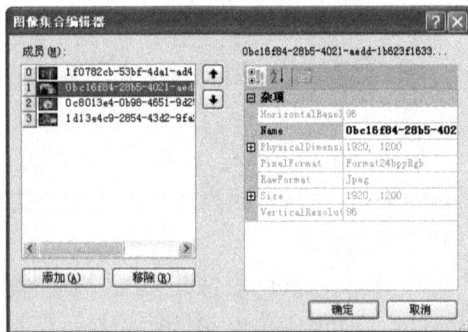

图 8-11　添加图像到集合中

ImageList 控件具有几个独特的属性，与其他控件有所不同，如表 8-10 所示。

表 8-10　ImageList 控件的属性

属性	说明
ColorDepth	该属性用于设置或获取图像列表的颜色深度
GenerateMember	该属性默认为 true，这是一个设计时的扩展属性，通过控制它的属性，用户可以很方便地设置是让这些控件变量作为类的成员变量出现，还是作为 InitializeComponent 方法中的本地变量，即如果属性设为 true，则用户能在类的其他地方引用这个控件；否则，它将成为 InitializeComponent 方法的一个本地变量，用户在其他的方法中无法对这个控件进行直接引用控制
ImageSize	该属性用于获取或设置【成员】列表中图像的大小
Tag	该属性用于获取或设置包含有关 System..Windows.Forms.ImageList 的其他数据的对象

8.4.2　PictureBox 控件

PictureBox 控件通常和 ImageList 等控件结合使用，其作用是将某个具体的图像显示出来，支持位图.bmp、.gif、.jpg、图表.ico 和图元.wmf 等多种类型的图像格式。

使用 PictureBox 控件时，其所显示的图像通常由其 Image 属性确定。除此之外，也可以设置 ImageLocation 属性，通过 Load()方法同步加载图像，或使用 LoadAsync()方法异步加载指定的图像等。下面的表格显示了 PictureBox 控件常用的属性和方法，如表 8-11 所示。

表 8-11　PictureBox 的常用属性和方法

属性或方法	说明
Image	该属性用于设置 PictureBox 控件要使用的图像
SizeMode	该属性用于设置要显示图像的显示方式，可以取如下所示的值：Normal（默认值，用于将图像放在 PictureBox 控件的左上角）、StretchImage（用于调整图像大小以适应 PictureBox 控件的显示）、AutoSize（自动调整 PictureBox 控件的大小以便能容纳图像）或 CenterImage（图像位于 PictureBox 控件的中间位置）
Region	获取或设置与控件关联的窗口区域
ClientSize	该属性用于设置 PictureBox 控件的显示区域大小
ErrorImage	该属性用于获取或设置图像在加载过程中出错时，或者图像加载取消时要显示的图像
ImageLocation	该属性用于获取或设置要在 PictureBox 控件中显示的图像路径。该属性使得 PictureBox 控件显示一个来自 Internet 上图像的任务变得十分简单
Site	该属性用于获取或设置控件的站点
Load()	在 PictureBox 控件中同步加载图像
LoadAsync()	在 PictureBox 控件中异步加载图像
CancelAsync()	取消异步图像加载

8.5　按钮类控件

按钮类控件也是 Windows 窗体中比较常见的控件，其作用是响应用户触发的鼠标行为，实现用户交互。常用的 3 种按钮类控件包括 Button、RadioButton 和 CheckBox 等。与之前介绍的 3 类控件有所区别，这 3 种按钮类控件并非直接派生于 Control 类，而是派生于 Control 类的子类 ButtonBase，因此与之前介绍的控件略有区别。

8.5.1　Button 控件

Button 控件是 Windows 窗体中最基本的按钮类控件，通常用于获取用户单击的事件，然后再执行相应的操作。Button 控件被单击时，会提供按鼠标的图形效果，其执行人物时，其实是通过 Click 事件处理程序来执行的，单击该控件时，即可调用 Click 事件处理程序。Button 控件通常可以执行以下 3 种任务。

❑ 用某种状态关闭对话框（例如，OK 和 Cancel 按钮）。

❑ 在对话框上输入数据后执行某些操作（例如，输入完用户信息后，单击【确定】
按钮进行注册）。

❑ 打开另一个对话框或应用程序。

Button 控件上显示的文本信息通常是其 Text 属性的属性值，其常用的属性如表 8-12
所示。

表 8-12　Button 控件常用的属性

属性	作用
ClickMode	获取或设置 Click 事件何时发生
Command	获取或设置当按此按钮时要调用的命令
CommandTarget	获取或设置要传递给 Command 属性的参数
CommandParameter	获取或设置要对其引发指定命令的元素
Enabled	该属性派生于 Control。如果设置该属性为 false，则该按钮就会显示为灰色，此时，单击它将不会起任何作用
FlatStyle	该属性用于设置按钮的样式。如果将样式设置为 PopUp，则该按钮就显示为平面，直到用户再将鼠标指针移动到它上面为止。此时，按钮就会弹出，显示为正常的 3D 外观
Image	该属性用于设置在按钮上显示的图像
ImageAlign	该属性用于设置按钮上的图像显示在什么地方
IsPressed	获取一个值，该值指示 ButtonBase 当前是否已被激活
IsCancel	获取或设置一个值，该值指示 Button 是否是一个"取消"按钮用户可以通过按 Esc 键激活"取消"按钮
IsDefault	获取或设置一个值，该值指示 Button 是否是一个默认按钮。用户可以通过按 Enter 键调用默认按钮
IsDefaulted	获取或设置一个值，该值指示 Button 是否是在用户按下 Enter 键时所激活的按钮
IsEnabled	获取或设置一个值，该值指示是否在用户界面中启用了此元素
IsEnabledCore	获取 IsEnabled 属性的值
IsFocused	获取一个值，该值确定此元素是否具有逻辑焦点
IsMouseOver	获取一个值，该值指示鼠标指针是否位于此元素（包括可视树上的子元素）上

Button 控件上的文本内容样式受之前介绍的 Font 系列属性控制。在添加 Button 控件
时，可以使用 FlatStyle 属性枚举定制控件的外观，该枚举包含 4 个成员，如表 8-13 所示。

表 8-13　FlatStyle 枚举成员

成员	说明
Flat	定义按钮控件以平面的方式显示
Popup	定义按钮控件以平面的方式显示，直至鼠标指针移动到控件上时才转向三维方式
Standard	定义按钮控件以三维的方式显示
System	定义该按钮控件的外观由操作系统决定

在默认状态下，按钮控件的 FlatStyle 枚举为 System 属性值，即根据操作系统决定显示控件的方式。用户可以更改该属性的值，从而保持整个窗体的风格一致。

8.5.2 RadioButton 控件

RadioButton 控件是一种复合控件，其作用是通过若干互斥选项组成一个选项集，由于在该选项集中只能选择一个选项，因此该控件称作单选按钮控件。

RadioButton 控件与 Button 控件相同，都派生自 ButtonBase 类，因此其同样继承 ButtonBase 类的各种属性和方法。在 RadioButton 控件中，与选择相关的属性如表 8-14 所示。

表 8-14　RadioButton 控件的属性

属性	说明
Appearance	获取或设置一个值，用于确定控件的外观
AutoCheck	获取或设置一个值，指示在单击控件时，Checked 值和控件外观是否自动变更
CheckAlign	获取或设置控件中文本的位置
Checked	获取或设置控件是否已被选中

相比其他几种控件，RadioButton 控件新增了 CheckChanged 事件，用于检测单选按钮是否发生改变，如窗体或组框中有多个 RadioButton 控件，则该事件会被引发两次，第一次是原被选中的 RadioButton 引发的，而第二次则是当前被选中的 RadioButton 所引发的。

8.5.3 CheckBox 控件

CheckBox 控件和 RadioButton 控件类似，都可以提供若干选项组成一个选项集，其区别在于，RadioButton 控件提供的是多个互斥的选项，而 CheckBox 则提供的是若干可以兼容的选项，允许用户同时选择其中任意一种或多种选项。由于 CheckBox 控件可以选择多种选项，因此其被称作复选框组件。

在 Windows 窗体中，CheckBox 控件可以指示某铁定条件是打开或关闭状态，因此其常用于为用户提供是/否或真/假的选项。CheckBox 控件与 RadioButton 控件相同，都可以成组使用，供用户从其中进行选择。

CheckBox 控件继承了 ButtonBase 类的所有成员，并新增了以下几种属性，如表 8-15 所示。

ThreeState 属性确定控件是支持两种状态还是三种状态，使用 Checked 属性可以获取或设置 ThreeState 属性为 false 时 CheckBox 控件的值，而 CheckState 属性则可以获取或设置 ThreeState 属性为 true 时 CheckBox 控件的值。

表 8-15　CheckBox 控件的属性

属性	说明
AutoCheck	获取或设置一个值，该值指示当单击某一 CheckBox 时，Checked 或 CheckState 的值及该 CheckBox 外观是否发生改变
CheckAlign	获取或设置 CheckBox 控件上复选框的水平或垂直对齐方式
Checked	获取或设置一个值，该值指示 CheckBox 是否处于选中状态
CheckState	获取或设置 CheckBox 的显示状态
TextAlign	获取或设置 CheckBox 控件的说明文本的对齐方式
ThreeState	获取或设置一个值，该值指示此 CheckBox 是否允许三种复选状态而不是两种。

8.6　列表类控件

列表类控件的作用与 RadioButton 控件类似，可以读取字符串集合的内容，按照字符串的条目顺序将其显示到 Windows 窗体中，供用户查看和选择。在设计应用程序时，如果需要处理未知数量或动态数量的值供用户选择，就需要使用列表类控件。

C#中包含 4 种列表类控件，即 ListBox 控件、CheckedListBox 控件、ComboBox 控件和 ListView 控件等。

8.6.1　ListBox 和 CheckedListBox 控件

ListBox 控件和 CheckedListBox 控件是两个相互关联的控件，ListBox 控件表示用于显示列表的 Windows 控件，其可显示一组列表项供用户单击；CheckedListBox 控件显示一个 ListBox 控件，并为每个列表项目提供一个复选框，供用户选择。

ListBox 控件和 CheckedListBox 控件的属性和方法基本相同，其主要包含以下几种属性，如表 8-16 所示。

表 8-16　ListBox 控件和 CheckedListBox 控件的属性

属性	说明
AllowSelection	获取一个值，指示 ListBox 当前是否启用了列表项选择功能
BackgroundImageLayout	按照 ImageLayout 枚举中的定义获取或设置 ListBox 的背景图像布局
ColumnWidth	获取或设置多列 ListBox 中列的宽度
CustomTabOffsets	获取 ListBox 中的项之间的制表符宽度
HorizontalExtent	获取或设置 ListBox 的水平滚动条可滚动的宽度
Items	获取 ListBox 的项
MultiColumn	获取或设置一个值，指示 ListBox 是否支持多列
SelectedIndex	这个值表示列表框中选中选项基于 0 的索引。如果列表框可以一次选择多个选项，那么这个属性就包含选中列表中的第一个选项
SelectedIndices	该属性是一个集合，包含列表框中选中选项的所有基于 0 的索引
SelectedItem	在只能选择一个选项的列表框中，这个属性包含选中的选项。在可以选择多个选项的列表框中，这个属性包含选中选项中的第一个选项

Windows 窗体控件 ────

属性	说明
SelectedItems	获取包含 ListBox 中当前选定项的集合
SelectedValue	获取或设置由 ValueMember 属性指定的成员属性的值
SelectionMode	该属性用于设置列表框的选择模式,可以使用 4 种选项模式。
	(1)None 不能选择任何选项
	(2)One 一次只能选择一个选项
	(3)MultiSimple 可以选择多个选项
	(4)MultiExtended 可以选择多个选项,用户还可以使用 Ctrl、Shift 和箭头进行选择
Sorted	如果这个属性设置为 true,那么会使列表框对它包含的选项按照字母顺序排序
Text	许多控件都有 Text 属性,但这里 Text 属性与其他控件的 Text 属性大不相同。如果设置列表框控件的 Text 属性,它将搜索匹配该文本的选项,并选择该选项。如果获取 Text 属性,将返回列表中第一个选中的选项。如果 SelectedMode 属性设置为 false,则不能使用这个属性

CheckedListBox 控件由于可以实现复选功能,因此和复选框类似,其具有以下 4 种独特的属性,如表 8-17 所示。

表 8-17　CheckedListBox 控件的属性

属性	说明
CheckedIndices	返回控件中被选中的元素的索引号集合
CheckedItems	返回控件中项的集合
CheckOnClick	获取或设置一个值,该值指示当选定项时是否应切换复选框
ThreeDCheckBoxes	获取或设置一个值,该值指示复选框是否有 Flat 或 Normal 的 System.Windows.Forms.ButtonState 属性

ListBox 控件和 CheckedListBox 控件具有大量继承自 ButtonBase 类的公用方法,如表 8-18 所示。

表 8-18　ListBox 控件和 CheckedListBox 控件的方法

方法	说明
ClearSelected()	该方法用于清除列表框中的所有选项
FindString()	该方法用于查找列表框中第一个以指定字符开头的字符串
GetSelected()	该方法用于返回一个表示是否选择一个选项的值
SetSelected()	该方法用于设置或清除选项
ToString()	该方法用于返回当前选中的选项

通常情况下,在处理 ListBox 和 CheckedListBox 控件时,使用的事件都与选中的选项有关,如表 8-19 所示。

表 8-19　ListBox 和 CheckedListBox 控件的常用事件

事件	作用
SelectedValueChanged	当 SelectedValue 属性被更改时发生
SelectedIndexChanged	当 SelectedIndex 属性被更改时发生
ItemCheck	当某项的选中状态被更改时发生（仅用于 CheckedListBox 控件）

8.6.2　ComboBox 控件

ComboBox 控件显示一个 ListBox 组合的文本框编辑字段，其可以从列表中选择项，也可以输入新的文本。因为 ComboBox 控件的可见部分只有文本框和按钮部分，因此在通常情况下 ComboBox 控件可以节省一个对话框。

当单击文本框右侧的箭头时，ComboBox 控件可以打开一个列表框，供用户进行选择。当用户完成选择后，列表框就会消失，回到原来的显示状态。ComboBox 控件的属性主要包括以下几种，如表 8-20 所示。

表 8-20　ComboBox 控件的属性

属性	说明
DropDownStyle	该属性用于设置组合框的显示样式。可以为以下几种之一。 （1）DropDown　用户可以编辑控件的文本框部分，且必须单击箭头按钮列表部分才能显示 （2）Simple　与 DropDown 相同，但控件的列表部分总是可见的，类似于一般的 ListBox （3）DropDownList　用户不能编辑控件的文本框部分，必须单击箭头按钮列表部分才能显示
DroppedDown	该属性用于设置控件的列表部分是否可以下拉。如果将这个属性设置 true，则列表打开
Items	该属性表示一个集合，它包含组合框中包含的所有列表选项
MaxLength	该属性用于设置输入到控件文本框部分的最大字符个数
SelectedIndex	该属性表示列表中当前选中的选项索引
SelectedItem	该属性表示列表中当前选中的选项
SelectedText	该属性表示在控件的文本框部分中被选中的文本
SelectedStart	在控件的文本框部分，该属性表示选中的第一个字符的索引
SelectionLength	在控件的文本框部分，该属性表示被选中文本的长度
Sortd	如果这个属性设置为 true，那么控件列表部分的选项将按字母排序
Text	如果将这个属性设置为 null，则删除控件中列表部分的任何选项。如果将这个属性设置为一个值，并且该值位于控件的列表部分，那么就选择该值。如果该值不在列表中，那么将显示文本框部分的文本

在使用 ComboBox 控件时，可以通过 AddRange()方法为控件分配一个对象引用数组，然后，控件将显示每个对象的默认字符串值。另外，还可以使用 Add()方法添加单个对象。除了显示和选择功能外，ComboBox 控件还可以允许将有效的项添加到控件的列表

中和在列表项中查找文本。

使用 ComboBox 控件的 BeginUpdate()方法和 EndUpdate()方法，可以将大量的项添加到列表中，而无需以重绘的方式为列表添加项。

ComboBox 控件还提供了 FindString()方法和 FindStringExact()方法，允许在列表中搜索包含特定字符串的项，以及管理当前选中的项等。

ComboBox 控件支持以下 4 种事件类型，如表 8-21 所示。

表 8-21　ComboBox 控件支持的事件

事件	说明
DropDown	该事件在下拉列表部分时触发
SelectedIndexChanged	该事件在改变了控件的列表部分中的选项时触发
KeyDown、KeyPress、KeyUp	当控件中的文本框部分获得焦点时，如果用户按下一个键，那么将会触发这些事件
TextChanged	该属性在 Text 属性发生改变时触发

8.6.3　ListView 控件

ListView 控件允许从一个列表中选择在标准对话框中打开的文件，允许显示项的列表，且每个列表项目包含项的文本名称和图标，并允许标识项的类型。在 Windows 操作系统中，资源管理器的列表就是一个典型的 ListView 控件，如图 8-12 所示。

ListView 控件既可以列表的方式显示数据，也可以在显示数据的同时显示数据中的

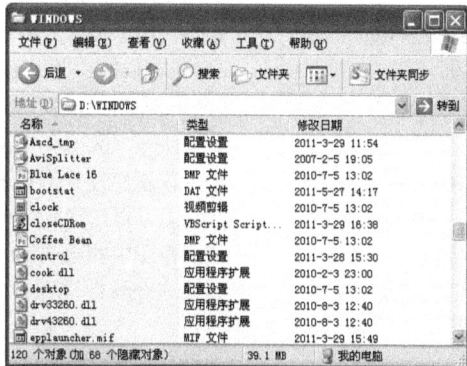

图 8-12　资源管理器的 ListView 控件

各种相关字段。在使用 ListView 控件时，可以使用其提供的各种属性对列表进行定义，如表 8-22 所示。

表 8-22　ListView 控件的属性

属性	说明
Activation	该属性用于控制用户在列表视图中激活选项的方式。通常情况下保持默认值不变。但用户可以有以下选择。 （1）Standard　这个设置是用户为自己的计算机选择的值 （2）OneClick　单击一个选项，激活它 （2）TwoClick　双击一个选项，激活它
Alignment	该属性用于控制列表视图中的选项对齐的方式，可以取以下所所列出的值。 （1）Default　如果用户拖放一个选项，那么它将仍位于拖动前的位置 （2）Left　选项与 ListView 控件的左边对齐 （3）Right　选项与 ListView 控件的顶边界对齐 （4）SnapToGrid　ListView 控件包含一个不可见的网格，选项都放在网格中
AllowColumnReorder	如果将这个属性设置为 true，那么就允许用户改变列表视图中列的顺序

续表

属性	说明
AutoArrange	如果将这个属性设置为 true,那么选项会自动根据 Alignment 属性进行排序。如果用户将一个选项拖放到列表视图的中央,且 Alignment 属性值为 Left,则选项会自动左对齐。这里需要注意的是,只有在 View 属性是 LargeIcon 或 SmallIcon 时,这个属性才有意义
CheckBoxes	如果将这个属性设置为 true,则列表视图中的每个选项会在其左边显示一个复选框。但该属性只有在 View 属性是 Details 或 List 时才有意义
CheckedIndices、CheckedItems	利用这两个属性分别可以访问索引和选项的集合,该集合包含列表中被选中的选项
Columns	列表视图可以包含列。通过这个属性可以访问列集合,而通过该集合可以增加、删除列
FocusedItem	这个属性包含列表视图中有焦点的选项。如果没有选择任何选项,该属性将为 null
GridLines	将这个属性设置为 true,则列表视图会在行和列之间绘制网格线。但只有 View 属性为 Details 时,这个属性才有意义
HeaderStyle	该属性用于设置列标题的显示方式,可选值如下所示。 (1) Clickable 列标题显示为一个按钮 (2) NonClickable 列标题不响应鼠标单击 (3) None 不显示列标题
HoverSelection	如果该属性设置为 true,那么用户可以通过将鼠标指针放在列表视图的一个选项上,以选择它
Items	列表视图中的选项集合
LabelEdit	如果这个属性设置为 true,那么用户可以在 Details 视图下编辑第一列的内容
LabelWrap	如果这个属性设置为 true,那么标签就可以重叠
LargeImageList	这个属性包含 ImageList,而 ImageList 包含大图像。这些图像可以在 View 属性为 LargeIcon 时使用
MultiSelect	如果该属性设置为 true,那么用户可以进行多项选择
Scrollable	如果该属性设置为 true,那么就可以显示滚动条
SelectedIndices、SelectedItems	这两个属性用于包含选项索引和选项的集合
SmallImageList	当 View 属性为 SmallIcon 时,这个属性包含了 ImageList,而 ImageList 包含了要使用的图像
Sorting	该属性用于设置列表视图所包含选项的顺序,可选值为 Ascending、Descending 和 None
StateImageList	该属性包含了图像的蒙版,这些图像蒙版可用作 LargeImageList 和 SmallImageList 图像的覆盖图,以表示定制的状态
TopItem	该属性用于返回列表视图顶部的选项
View	该属性用于设置列表视图中选项的显示模式。可选以下值。 (1) LargeIcon 所有选项都在其旁边显示一个大图标(32×32)和一个标签 (2) SmallIcon 所示选项都在其旁边显示一个小图标(16×16)和一个标签 (3) List 只显示一列,该列可以包含一个图标和一个标签 (4) Details 可以显示任意数量的列。只有第一列可以包含图标

与 ComboBox 控件类似，ListView 控件也提供了 BeginUpdate()方法和 EndUpdate() 方法，用于将大量的项添加到列表中，而无需以重绘的方式为列表添加项。除此之外，ListView 控件还具有如下几种方法，如表 8-23 所示。

表 8-23　ListView 控件的方法

方法	说明
Clear()	该方法用于清除列表视图，删除所有的选项和列
EnsureVisible()	在调用这个方法时，列表视图将会滚动，以显示指定的索引的选项
GetItemAt()	该方法用于返回列表视图中位于 x、y 的选项
RealizeProperties()	基础结构，初始化用于管理控件外观的 ListView 控件属性

列表视图中的选项总是 ListViewItem 类的一个实例。而 ListViewItem 用于包含要显示的信息，例如，文本和图标的索引。它有一个集合 SubItems，其中包含了另一个类 ListViewSubItem 的实例。如果 ListView 控件处于 Details 模式下，这些子选项就会显示出来。每个子选项表示列表视图中的一个列。这里子选项和主选项之间的区别是，子选项不能显示图标。

8.7　容器类控件

容器类控件的作用是提供一个基本的窗体结构，以在其中存放其他类型的控件，并对控件进行分组，实现对组内所有控件的显示、隐藏、移动等操作。容器类控件主要包括以下几种。

1．Panel 控件

Panel 控件就是包含其他控件的控件，通常称为面板。把控件组合在一起，放在一个面板上，将更容易管理这些控件。例如，可以禁用面板，从而禁用该面板上的所有控件。Panel 控件派生于 ScrollableControl，所以还可以使用 AutoScroll 属性。如果可用区域上有过多的控件要显示，就可以将它们放在一个面板上，并将 AutoScroll 属性设置为 true，这样就可以滚动查看所有的控件了。

面板在默认情况下不显示边框，但用户将 BorderStyle 属性设置为除 None 外的其他选项外将会显示边框，从而可以使用面板可视化地组合相关的控件。

2．TabControl 控件

TabControl 控件允许将相关的组件组合到一系列 TabPage 控件页面上，对其中的控件进行管理。有几个属性可以控制 TabControl 的外观，如表 8-24 所示。

在添加 TabControl 控件后，还需要为其添加 TabPage 控件，即选项页面控件，在添加每个页面时都可以设置各种属性。接着将其他子控件拖放到每个 TabPage 控件上。TabPage 的 text 属性是在 Tab 上显示的内容。Text 属性也在重写的构造函数中用作参数。一旦创建了 TabPage 控件，它基本上就是一个容器控件，用于放置其他控件。

通过查看 SelectedTab 属性可以确定当前的 Tab。每次选择新 Tab 时，都会引发 SelectedIndex 事件。通过监听 SelectedIndex 属性，再用 SelectedTab 属性确认当前 Tab，就可以根据每个 Tab 进行特定的处理。

表 8-24　TabControl 控件的属性

属性	说明
Alignment	该属性用于设置标签在标签控件的什么位置。默认的位置为控件的顶部
Appearance	该属性用于设置标签的显示方式。这里标签可以显示为一般的按钮或带有平面样式
HotTrack	如果这个属性设置为 true，则当鼠标指针滑过控件上的标签时，其外观就会发生改变
Multiline	如果这个属性设置为 true，将允许同时存在几行标签
RowCount	该属性用于返回当前显示的标签行数
SelectedIndex	该属性用于返回或设置选中标签的索引
TabCount	该属性用于返回标签的总数
TabPages	这是控件中的 TabPages 集合。使用这个集合可以添加和删除 TabPages

3. GroupBox 控件

GroupBox 控件与 Panel 控件类似，其可以多若干指定类型的控件进行编组，为控件的值进行逻辑组合操作。由于其编组功能主要用于单选按钮组和复选框组，因此又称作组框。

GroupBox 控件的典型应用是包含 RadioButton 控件的逻辑组。如果有两个组框，每个分组框都包含多个单选按钮，每组按钮都是互相排斥的，则每组同一时刻只可以选中一个单选按钮。GroupBox 控件的属性主要包括以下几种，如表 8-25 所示。

表 8-25　GroupBox 控件的属性

属性	说明
AllowDrop	该属性用于设置或获取一个值，该值指示控件是否允许使用拖放操作和事件
AutoSize	该属性用于设置或获取一个值，该值指示 GroupBox 是否根据其内容调整大小
Bounds	该属性用于设置或获取相对于其父控件的大小和位置
Controls	该属性用于获取包含在控件内的控件的集合
Enabled	该属性用于设置控件是否可以对用户交互作出响应
TabIndex	该属性用于设置或获取在控件容器中的控件的 Tab 键顺序
TopLevelControl	该属性用于获取没有另一个 Windows 窗体控件作为其父级的控件

GroupBox 本身无法接收用户交互事件，但是对其包含的控件进行操作时，会触发以下几种事件，如表 8-26 所示。

表 8-26　GroupBox 控件的事件

事件	说明
Click	该事件当用户单击 GroupBox 控件时触发
ControlAdd	在将新控件添加到 Control.ControlCollection 时触发该事件
DoubleClick	该事件当用户双击 GroupBox 控件时触发
Resize	该事件在调整控件大小时触发
TabIndexChanged	该事件在 TabIndex 属性值发生改变时触发
Validating	该事件在控件正在验证时触发

8.8 扩展练习

1. 使用基本控件、显示信息控件、按钮类控件和容器类控件

使用前面介绍的基本控件（TextBox 和 RichTextBox）、显示信息控件（Label 和 LinkLabel）、按钮类控件（Button、RadioButton、CheckBox）和容器类控件（GroupBox）来制作一个用户注册窗体，该窗体要求用户输入自己的用户名称、用户密码、真实姓名、用户性别、联系电话、联系地址、邮政编码、电子邮件、个人爱好和备注信息等内容。该窗体最终效果如图 8-13 所示。

图 8-13　用户注册窗体

2. 使用列表类控件

使用前面介绍的列表类控件（ListBox、ComboBox 和 ListView）来演示一个示例，该示例必须分别使用这 3 种列表类控件，并且每种控件必须实现最少两种呈现方式。具体如图 8-14 所示。

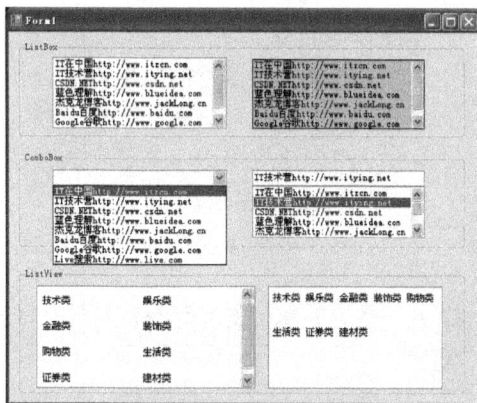

图 8-14　使用列表类控件

第9章　可视化界面设计

之前的章节介绍了各种基本的 Windows 窗体控件的使用方法。窗体控件是可视化界面的重要组成部分，在了解了这些知识后，即可着手学习可视化界面的整体设计方法，包括设计基于对话框或文档的应用程序等。

本章将从对话框和文档窗口着手，介绍进阶的应用程序菜单设计、GDI+图形设计、高级控件等方面，介绍 Windows 可视化界面设计的方法和技巧。

本章学习目标

➢ 了解基于对话框的应用程序设计方法
➢ 学习掌握基于单文档、多文档的程序设计
➢ 学习创建应用程序菜单栏的方法和技巧
➢ 学习 GDI+图形设计技术
➢ 了解 3 种高级控件的使用方法

9.1 基于对话框的应用程序

对话框是 Windows 窗体中最基本的组成部分，其本意就是与用户产生会话的一种窗体框。对话框往往用于实现一些简单的用户交互功能，例如，提示信息、获取用户选择的项目等。狭义的对话框往往由标题栏和若干窗体控件组成。例如，在 Windows 操作系统中，【Windows 安全中心】就是一种典型的对话框应用程序，如图 9-1 所示。

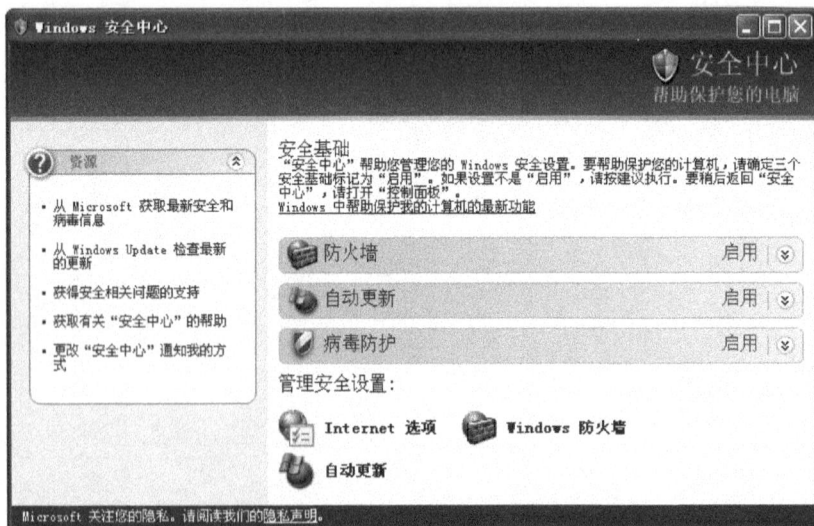

图 9-1 【Windows 安全中心】的对话框窗体

可视化界面设计

广义的对话框除了包含标题栏和若干窗体控件外，还可以包含应用程序菜单栏，通过菜单实现窗体的变化，从而实现更多更复杂的功能。例如，Windows 提供的【计算器】程序，就是典型的广义对话框窗体程序，如图 9-2 所示。

图 9-2 【计算器】的对话框窗体

对话框是 Windows 可视化界面的重要组成部分，绝大多数 Windows 应用程序都是通过对话框实现各种程序选项的选择。之前章节中设计的 Windows 窗体应用程序都是对话框程序。

9.2 基于文档的应用程序

Windows 窗体应用程序主要包括 3 种类型，除了之前介绍的对话框应用程序外，还包括单一文档界面（Single Document Interface，SDI）应用程序和多文档界面（Multiple Document Interface，MDI）应用程序等两种。后两种应用程序又合称为基于文档的应用程序。

9.2.1 SDI 应用程序

SDI（单一文档界面）应用程序，顾名思义，就是处理单独一个文档的可视化应用程序。通常情况下，这种应用程序只能打开一个单独的文档，并对该文档进行浏览、编辑等操作，并将对文档进行的编辑保存下来。

如果在打开一个文档的情况下再打开新的文档，则通常新文档会直接覆盖当前文档的显示。Windows 操作系统中提供的程序绝大多数都是 SDI 应用程序。典型的 SDI 应用程序如 Windows 操作系统自带的写字板程序等，如图 9-3 所示。

以【写字板】为例，其符合 SDI 应用程序的所有特征，例如每次只能处理一个文档，当用户打开第 2 个文档时，第 1 个文档会被自动关闭，然后才能对第 2 个文档进行打开。两个文档之间不会建立任何关系。

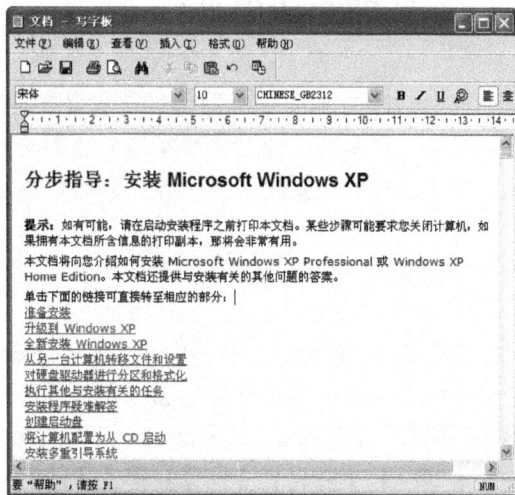

图 9-3 SDI 应用程序

9.2.2 MDI 应用程序

MDI（多文档界面）应用程序可以同时打开多个文档，每个文档都将显示在一个独立的窗口中，这些窗口之间互不干涉。MDI 程序往往会提供一些命令实现多个窗口的切换和排列。

相比 SDI 应用程序，MDI 应用程序功能更强大，编写更复杂一些，可以同时显示多个文档，并根据用户选择的其中一个文档进行编辑操作。另外，用户通常还可以对其中的任意某个窗口进行拖曳、最大化、前置等操作，或对多个窗口进行排列。

典型的 MDI 应用程序如 Adobe 公司开发的 Dreamweaver 软件，就可以同时打开多个文档，并编辑其中某个激活状态的文档，如图 9-4 所示。

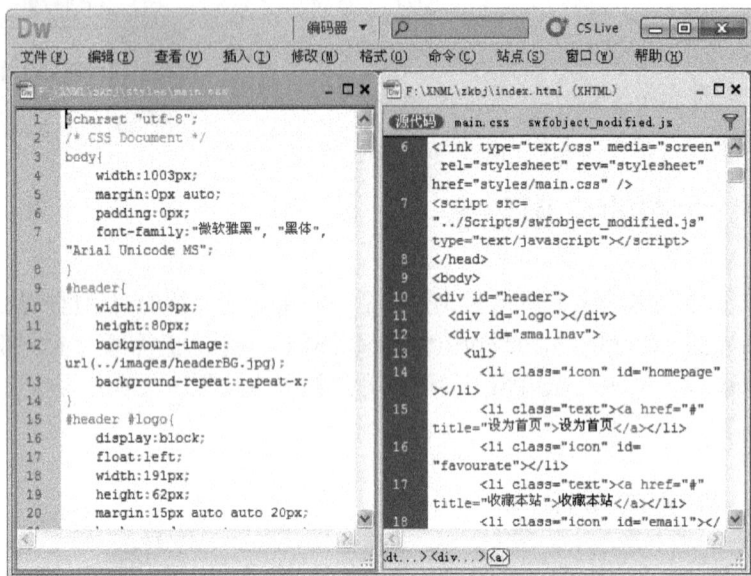

图 9-4　MDI 应用程序

以 Dreamweaver 为例，其符合所有 MDI 应用程序的特征，例如，可以同时打开多个文档、打开新的文档不会关闭旧文档、允许选择任意一个打开的文档进行编辑等。

9.3 处理窗体组件

典型的标准 Windows 窗体往往包含 3 种窗体组件，即菜单栏、工具栏和状态栏。其中，菜单栏以多列的命令菜单实现程序的功能；工具栏以按钮导航的方式实现程序的功能；而状态栏则主要用于显示各种即时信息。

9.3.1 创建菜单栏

菜单栏是 Windows 窗体程序的重要组成部分，其作用是为 Windows 窗体程序提供分组的命令选项，供用户进行选择和执行。开发者需要为每一个命令选项添加相应的代码，实现命令的功能。以 Windows 操作系统自带的【记事本】程序为例，其就包含【文件】、【编辑】、【格式】、【查看】和【帮助】等 5 个菜单栏，如图 9-5 所示。

在 Visual Studio 2010 中，使用 MenuStrip 控件定义应用程序的菜单栏，该控件可以对应用程序命令分组处理，使其更容易被访问。

可视化界面设计

1．创建命令菜单控件

为应用程序创建菜单栏，可以先创建窗体，然后再在【工具箱】中选择【菜单和工具栏】选项，再选择 MenuStrip 列表项目，如图 9-6 所示。

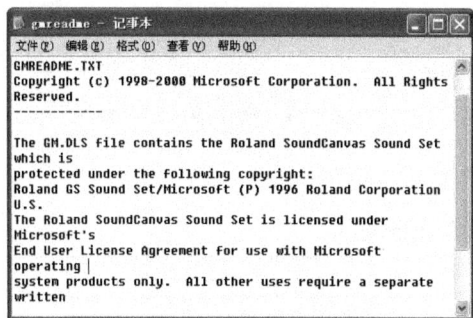

图 9-5　带菜单栏的【记事本】程序

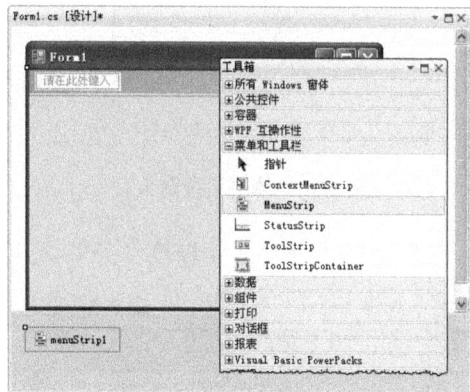

图 9-6　插入菜单栏

单击菜单栏中的第一个菜单输入文本域，然后即可输入第一组命令的名称，如图 9-7 所示。

在编辑了菜单组的名称之后，可以选择该菜单组的名称，此时，Visual Studio 将弹出该菜单，显示预设的一个空项目。与编辑菜单组类似，直接选择该项目，即可输入项目的名称，如图 9-8 所示。

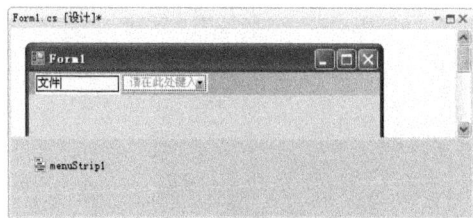

图 9-7　编辑菜单组名称

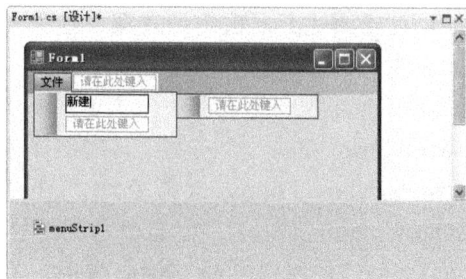

图 9-8　输入菜单项名称

在设置菜单项名称后，用户既可以在菜单项右侧添加关于该菜单的子菜单，也可以在菜单项下方添加新的菜单项，如图 9-9 所示。

在 Visual Studio 中，开发者除了可以将命令添加到菜单栏中，还可以添加几种复合控件。将鼠标光标置于新菜单项名称上方，此时该文本域中将显示一个下拉菜单的按钮。单击此按钮，即可在弹出的菜单中选择插入的控件类型，如图 9-10 和图 9-11 所示。

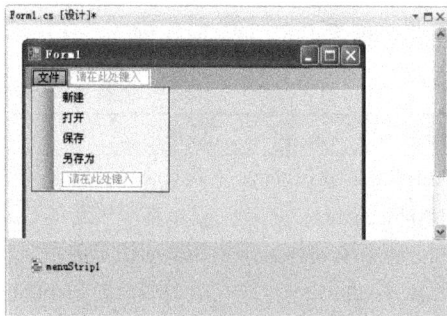

图 9-9　添加多个菜单项

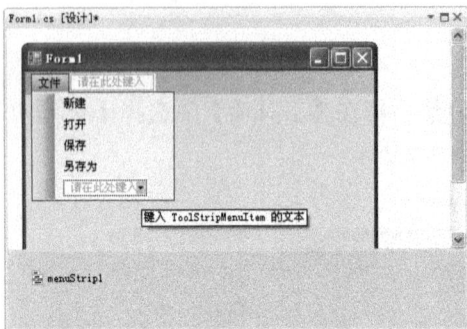

图 9-10 单击下拉箭头

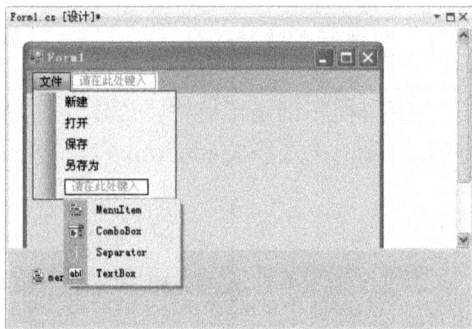

图 9-11 选择插入的控件

图 9-11 的菜单包含 4 种控件类型，其作用如表 9-1 所示。

表 9-1 菜单中允许添加的控件

控件名	作用
MenuItem	子菜单控件，与选中菜单项后在右侧添加的子菜单相同
ComboBox	内嵌菜单控件，与下拉列表控件相同，在菜单中嵌入一个内部的下拉列表
Separator	分隔线控件，在当前位置添加一个水平分隔线
TextBox	输入文本域控件，允许用户输入文本信息

2．设置菜单属性

作为一种可视化的窗体控件，在 Visual Studio 中，开发者可以像定义其他控件一样为菜单项设置属性。选中菜单窗体控件，然后即可在【属性】面板中设置菜单控件的属性，如图 9-12 所示。

在 Windows 窗体设计中，菜单项事实上是 MenuStrip 类的一个实例。该实例派生自 System.Windows.Forms 命名空间，并继承 System.Windows.Forms 类的所有成员。MenuStrip 控件可以创建支持高级用户界面和布局功能的自定义菜单，例如，文本图像排序、对齐和拖放等命令，都可以由 MenuStrip 类的实例实现。MenuStrip 类具有如下几种常用的属性，如表 9-2 所示。

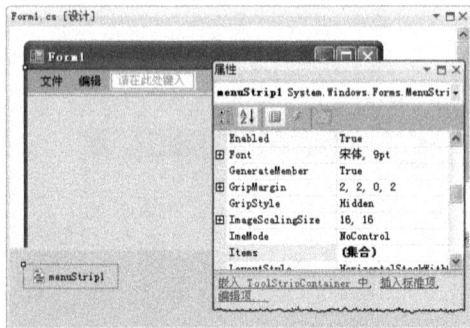

图 9-12 设置菜单项属性

表 9-2 MenuStrip 类的常用属性

属性	作用
MdiWindowListItem	获取或设置用于显示 MDI 子窗体列表的 ToolStripMenuItem
IsMdiContainer	获取或设置窗体是否为 MDI 子窗体的容器
ShowItemToolTips	获取或设置是否为 MenuStrip 显示工具提示
CanOverFlow	获取或设置 MenuStrip 是否支持溢出显示功能
ShortcutKey	获取或设置与 ToolStripMenuItem 关联的快捷键

续表

属性	作用
ShowShortcutKeys	获取或设置与 ToolStripMenuItem 关联的快捷键是否显示在 ToolStripMenuItem 旁边

在程序结构中，菜单项的 MenuStrip 实例中包含若干个菜单命令组，每个菜单命令组都是 ToolStripMenuItem 类的实例。尽管 ToolStripMenuItem 是由 ToolStripItem 派生的，但是在功能上，ToolStripMenuItem 与 MenuStrip 一起工作，实现 MenuStrip 的具体功能。可以将 MenuStrip 看作是一个容器，而容器中的成员就是 ToolStripMenuItem 等子控件。

9.3.2　编辑工具栏

工具栏也是 Windows 窗体程序的重要组成部分，几乎所有大型 Windows 程序都通过工具栏，将各种用户最常用的功能以按钮的形式展现出来。例如，Windows 自带的【通讯簿】程序，就包含【新建】、【属性】、【删除】、【查找用户】、【打印】和【操作】等功能组成的工具栏，如图 9-13 所示。

图 9-13　【通讯簿】中的工具栏

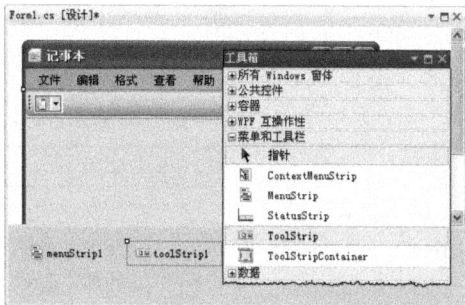

1. 创建工具栏控件

为应用程序创建工具栏，需要使用到 ToolStrip 控件及其相关的类。ToolStrip 控件可以按钮的方式显示多个命令，提供用户访问命令的快捷方式，从而提高命令的访问效率。ToolStrip 控件具有如下几种功能。

❏ 在各容器之间显示公共用户界面。

❏ 创建易于自定义的常用工具栏，允许用户进行自定义、调节按钮以及展开未显示按钮。

❏ 支持溢出和运行时项的重新排序。

❏ 通过通用的显示模型支持操作系统的典型外观和行为。

❏ 对所有容器和包含的项进行事件的一致性处理，处理方式与其他控件的事件相同。

❏ 支持用户将项从一个 ToolStrip 拖曳到另一个 ToolStrip 内。

❏ 支持创建下拉控件及用户界面类型编辑器。

创建工具栏控件，可以直接选择窗体，然后再从【工具箱】面板中选择【菜单和工具栏】选项下的 ToolStrip 列表项目，将其拖曳至窗体中，如图 9-14 所示。

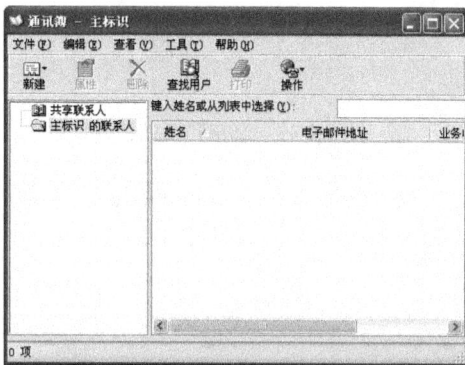

图 9-14　插入工具栏控件

在插入工具栏控件后，可单击第一个默认插入的图表右侧的箭头，在弹出的菜单中选择工具栏控件，即可将控件插入到工具栏中，如图 9-15 所示。

2. 设置工具栏属性

在选中整个工具栏后，可以在【属性】面板中设置工具栏的各种样式、外观和行为，如图 9-16 所示。

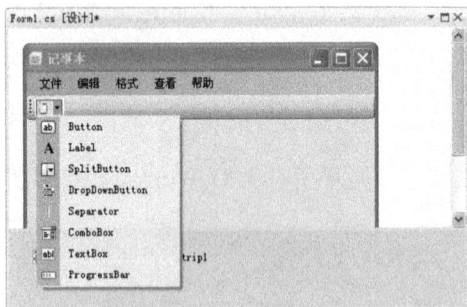

图 9-15　选择和插入控件　　　　　图 9-16　设置工具栏属性

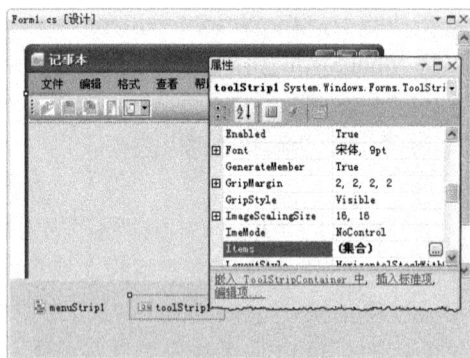

ToolStrip 控件与 MenuStrip 控件类似，都是派生自 System.Windows.Forms 命名空间的类，其包含多种属性用于定义工具栏，如表 9-3 所示。

表 9-3　ToolStrip 控件的属性

属性	作用
Dock	获取或设置 ToolStrip 停靠在父容器的哪一边缘
AllowItemReorder	获取或设置一个值，指示拖放和项重新排序是否专门由 ToolStrip 类进行处理
LayoutStyle	获取或设置一个值，指示 ToolStrip 如何对其项进行布局
IsDropDown	获取一个值，指示单击 ToolStripItem 时，ToolStripItem 是否显示下拉列表中的其他项
OverflowButton	获取 ToolStripItem，启用 ToolStrip 的"溢出"功能
Renderer	获取或设置 ToolStripRenderer 对象，对工具栏的外观和行为进行自定义
RenderMode	获取或设置应用于 ToolStrip 的绘制样式

ToolStrip 控件拥有一些伴随类，主要用于增强工具栏的灵活性，并为工具栏添加更多类型的内容，如表 9-4 所示。

表 9-4　ToolStrip 控件的伴随类

类名	作用
ToolStripItem	抽象基类，管理工具栏中包含的所有元素事件和布局
ToolStripContainer	提供一个容器，通过面板对工具栏中的元素进行布局排列和显示
ToolStripRenderer	处理工具栏对象中的绘制功能
ToolStripProfessionalRenderer	为工具栏提供 Microsoft Office 样式的外观
ToolStripManager	控制工具栏的呈现和漂浮，并控制工具栏中各种菜单的合并

续表

类名	作用
ToolStripManagerRenderMode	指定多个工具栏的绘制样式
ToolStripRenderMode	指定应用于窗体中的工具栏的绘制样式
ToolStripControlHost	承载非工具栏且需要实现工具栏功能的其他控件
ToolStripItemPlacement	指定工具栏的布局方式，包括在主工具栏中布局、在"溢出"工具栏中布局或不布局

3．工具栏中的元素

在为工具栏添加元素时，可以看到工具栏支持 8 种控件类型，例如，Button 等。事实上虽然在窗体设计中，这 8 种控件的名称为之前介绍的控件名称，但在代码中，这 8 种控件是以独立的类实现的，如下所示。

❏ **ToolStripButton**

ToolStripButton 控件的作用是创建一个支持文本和图像的工具栏按钮，可以使用 ToolStripItemImageAlign 和 ToolStripItemTextAlign 等属性获取和设置其中图像与文本的位置。

❏ **ToolStripLabel**

ToolStripLabel 控件的作用是显示不可选择的 ToolStripItem，其可以显示文本和图像，并且可以显示超链接，可使用 LinkBehavior 事件获取或设置一个表示链接的行为和值。

❏ **ToolStripSplitButton**

ToolStripSplitButton 表示左侧标准按钮和右侧下拉按钮的组合，如 RightToLeft 的值为 Yes，则这两个按钮的位置互换。

❏ **ToolStripDropDownButton**

ToolStripDropDownButton 表示当单击 ToolStripDropDownButton 时，可以从列表中选择单个项的控件，显示选项的下拉列表。

❏ **ToolStripSeparator**

ToolStripSeparator 用于分割相邻的工具栏按钮，如工具栏是平面的样式，Separator 按钮将显示为两个按钮之间的垂直直线，否则将显示三维的凹槽。

❏ **ToolStripComboBox**

ToolStripComboBox 为在 ToolStrip 中承载而优化过的 ComboBox 控件，显示一个与 ListBox 组合的编辑字段，使得用户可以从列表中选择或输入新的文本。

❏ **ToolStripTextBox**

该控件允许在应用程序中输入文本，具有多种标准 Windows 文本框控件所未有的附加功能，例如，多行编辑等。

❏ **ToolStripProgressBar**

该控件将所有 ToolStripProgressBar 的漂浮和显示功能与其典型进程跟踪功能组合在一起，在大多数情况下由 StatusStrip 承载，在很少情况下由 ToolStrip 承载。

9.3.3 编辑状态栏

状态栏也是一种重要的 Windows 窗体控件组成部分，通常出现在窗体的底部，显示程序的状态或者特定的键盘键状态等。状态栏在 Windows 窗体中具有重要的作用，例如，在 Word 等文本编辑软件中，可以存储 Insert 键的状态，显示插入编辑或改写编辑模式等，如图 9-17 所示。

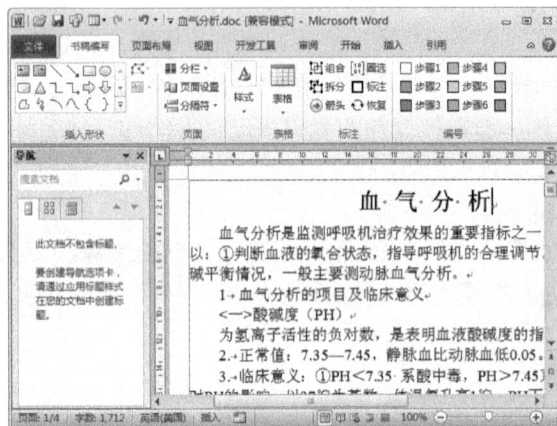

图 9-17　Word 2010 中的状态栏

1．创建状态栏

为窗体程序创建状态栏的方法与创建之前两种窗体组件相同，在【工具箱】面板中选择【菜单和工具栏】选项，然后即可选中 StatusStrip 控件，将其拖曳至窗体中，如图 9-18 所示。

在插入状态栏控件后，即可在默认插入的按钮中单击右侧的箭头，在弹出的菜单中选择插入状态栏的按钮元素，如图 9-19 所示。

图 9-18　插入状态栏控件

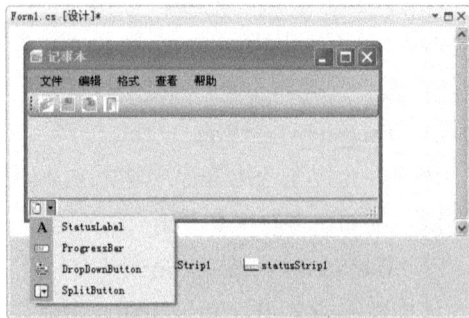

图 9-19　插入状态栏元素

状态栏允许开发者插入 4 种元素，包括 StatusLabel 等。其中，ToolStripStatusLabel 的用法与 ToolStripLabel 十分类似。ProgressBar、DropDownButton 和 SplitButton 控件就是之前介绍的 ToolStripProgressBar、ToolStripDropDownButton 和 ToolStripSplitButton 控件。

2. 设置状态栏属性

与之前几种控件类似，在编辑状态栏属性时，可以选中状态栏控件，然后在【属性】面板中设置其属性，如图 9-20 所示。

状态栏控件的属性设置与菜单栏、工具栏等控件十分类似，在此将不再赘述。

9.4 GDI+设计

早期的 Windows 应用程序通过.COM 的 GDI（Graphics Device Interface，图形设备接口）技术绘制各种矢量形状。随着.NET 技术的应用，越来越多的开发者开始使用.NET 的增强 GDI 技术（GDI+）作为标准的图形绘制框架，开发基于图形的程序。

图 9-20　设置状态栏属性

从实质上来看，GDI+为开发者提供了一组实现与各种设备（例如，显示器、打印机及其他具有图形化能力的设备）进行交互的库函数，替代开发者实现与显示器或其他显示设备进行交互。

9.4.1 了解 GDI+

GDI+是 Windows XP 中的一个子系统，其主要负责在显示屏幕和打印设备输出有关信息，是一组通过 C++类实现的应用程序编程接口。顾名思义，GDI+是以前版本 GDI 的继承者，出于兼容性考虑，Windows XP 仍然支持以前版本的 GDI，但是在开发新应用程序的时候，开发者为了满足图形输出需要应该使用 GDI+，因为 GDI+对以前的 Windows 版本中 GDI 进行了优化，并添加了许多新的功能。

作为图形设备接口的 GDI+使得开发者在输出屏幕和打印机信息的时候无需考虑具体显示设备的细节，只需调用 GDI+库输出的类的一些方法即可完成图形操作，真正的绘图工作由这些方法交给特定的设备驱动程序来完成，GDI+使得图形硬件和应用程序相互隔离，从而使开发者更容易地编写设备无关的应用程序。与之前版本的 GDI 相比，GDI+ 具有以下特点。

1. 渐变的画刷（Gradient Brushes）

GDI+允许开发者创建一个沿路径或直线渐变的画刷，来填充外形（Shapes）、路径（Paths）、区域（Regions），渐变画刷同样也可以画直线、曲线、路径，当开发者用一个

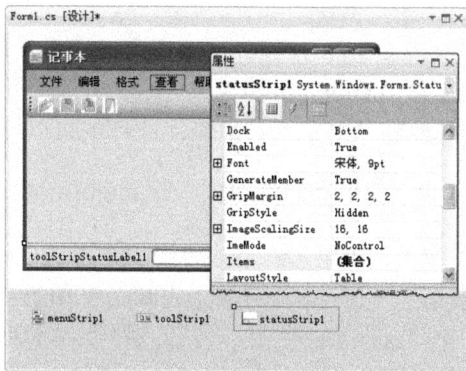

线形画刷填充一个外形（Shapes）时，颜色就能够沿外形逐渐变化。

2．基数样条函数（Cardinal Splines）

GDI+支持基数样条函数，而 GDI 不支持。基数样条是一组单个曲线按照一定的顺序连接而成的一条较大曲线。样条由一系列点指定，并通过每一个指定的点。由于基数样条平滑地穿过组中的每一个点(不出现尖角)，因而其比用直线连接创建的路径更精确。

3．持久路径对象（Persistent Path Objects）

在 GDI 中，路径属于设备描述表（DC），画完后路径就会被破坏。在 GDI+中，绘图工作由 Graphics 对象来完成，开发者可以创建几个与 Graphics 分开的路径对象，绘图操作时路径对象不被破坏，这样就可以多次使用同一个路径对象画路径。

4．变形和矩阵对象（Transformations 和 Matrix Object）

GDI+提供了一个非常强大的工具即矩阵对象，其允许编写图形的旋转、平移、缩放的代码。一个矩阵对象总是和一个图形变换对象紧密联系，例如，路径对象（Path）有一个 Transform 方法，其包含一个参数能够接受矩阵对象的地址，每次路径绘制时，都能够根据变换矩阵绘制。

5．可伸缩区域（Scalable Regions）

GDI+在区域（Regions）方面对 GDI 进行了改进，在 GDI 中，Regions 存储在设备坐标中，对 Regions 唯一可进行图形变换的操作就是对区域进行平移。而 GDI+用坐标存储区域（Regions），允许对区域进行任何图形变换（例如，缩放），图形变换以变换矩阵存储。

6．Alpha Blending（混合）

GDI+支持 Alpha Blending（混合）以实现交叉区域。也就是说，利用 Alpha 融合，开发者可以指定填充颜色的透明度，透明颜色与背景色相互融合，填充色越透明，背景色显示越清晰。

7．多种图像格式支持

图像在图形界面程序中占有举足轻重的地位，GDI+除了支持 BMP 等 GDI 支持的图形格式外，还支持 JPEG（Joint Photographic Experts Group）、GIF（Graphics Interchange Format）、PNG（Portable Network Graphics Format）、TIFF（Tag Image File Format）等图像格式，开发者可以直接在程序中读取这些图像数据，而无需考虑其所使用的压缩算法。

9.4.2 Graphics 类

Graphics 类是 GDI+中最重要的类，是 GDI+技术的核心。使用 Graphics 类可以绘制直线、曲线、图形、文本和图像等显示内容。该类属于抽象类，无法为其他类继承，但可以与其他类结合使用。

Graphics 类提供将对象绘制到显示设备的方法，其与特定的设备上下文关联。通过调用从 System.Windows.Forms.Control 继承的对象上的 Control.CreateGraphics 方法，或通过处理控件的 Control.Paint 事件并访问 System.Windows.Forms.PaintEventArgs 类的 Graphics 属性，可以获取 Graphics 对象。也可以使用 FromImage 方法从图像创建 Graphics 对象。它有以下 3 种基本类型的绘图界面。

❑ Windows 和屏幕上的控件。

❑ 要发送给打印机的页面。

❑ 内存中的位图和图像。

Graphics 类提供了可以在这些绘图界面上绘图的功能。使用 Graphics 类可以绘制圆形、椭圆、曲线、矩形、线条、弧形和文件等。表 9-5 提供了 Graphics 类的属性。

表 9-5 Graphics 类的属性

属性	说明
Clip	该属性用于获取或设置 Region，该对象限定此 Graphics 的绘图区域
ClipBounds	该属性用于获取一个 RectangleF 结构，该结构限定此 Graphics 的剪辑区域
DpiX	该属性用于获取此 Graphics 的水平分辨率
DpiY	该属性用于获取此 Graphics 的垂直分辨率
IsClipEmpty	该属性用于获取一个值，该值指示此 Graphics 的剪辑区域是否为空
IsVisibleClipEmpty	该属性用于获取一个值，该值指示此 Graphics 的可见剪辑区域是否为空
PageScale	该属性用于获取或设置此 Graphics 的全局单位和页单位之间的比例
PageUnit	该属性用于获取或设置用于此 Graphics 中的页坐标的度量单位
PixelOffsetMode	该属性用于获取或设置一个值，该值指定在呈现此 Graphics 的过程中像素如何偏移
SmoothingMode	该属性用于获取或设置此 Graphics 的呈现质量
TextContrast	该属性用于获取或设置呈现文本的灰度校正值
TextRenderingHint	该属性用于获取或设置与此 Graphics 关联的文本的呈现模式
Transform	该属性用于获取或设置此 Graphics 的几何世界变换的副本
VisibleClipBounds	该属性用于获取此 Graphics 的可见剪辑区域的边框

在使用 Graphics 类绘制图形图像时，需要调用不同的方法以决定绘制何种图形和决定所执行的行为，如表 9-6 所示。

表 9-6 Graphics 类的行为

方法	说明
Clear()	该方法用于清除整个绘图面并以指定背景色填充
DrawArc()	该方法用于绘制一段弧线，它表示由一对坐标、宽度和高度指定的椭圆部分
DrawBezier()	该方法用于绘制由 4 个 Point 结构定义的贝塞尔样条
DrawBeziers()	该方法用 Point 结构数组绘制一系列贝塞尔样条
DrawClosedCurve()	该方法用于绘制由 Point 结构的数组定义的闭合基数样条
DrawCurve()	该方法用于绘制经过一组指定的 Point 结构的基数样条

方法	说明
DrawEllipse()	该方法用于绘制一个由边框（该边框由一对坐标、高度和宽度指定）定义的椭圆
DrawIcon()	该方法用于在指定坐标处绘制由指定的 Icon 表示的图像
DrawIconUnstretched()	该方法用于绘制指定的 Icon 表示的图像，而不缩放该图像
DrawImage()	该方法用于在指定位置并且按原始大小绘制指定的 Image
DrawImageUnscaled()	该方法用于在由坐标对指定的位置，使用图像的原始物理大小绘制指定的图像
DrawImageUnscaledAndClipped()	该方法用于在不进行缩放的情况下绘制指定的图像，并在需要时剪辑该图像以适合指定的矩形
DrawLine()	该方法用于绘制一条连接由坐标对指定的两个点的线条
DrawPath()	该方法用于绘制 GraphicsPath
DrawPie()	该方法用于绘制一个扇形，该形状由一个坐标对、宽度、高度以及两条射线所指定的椭圆定义
DrawPolygon()	该方法用于绘制由一组 Point 结构定义的多边形
DrawRectangle()	该方法用于绘制由坐标对、宽度和高度指定的矩形
DrawString()	该方法用于在指定位置并且用指定的 Brush 和 Font 对象绘制指定的文本字符串
FillEllipse()	该方法用于填充边框所定义的椭圆的内部，该边框由一对坐标、一个宽度和一个高度指定
FillPath()	该方法用于填充 GraphicsPath 的内部
FillPie()	该方法用于填充由一对坐标、一个宽度、一个高度以及两条射线指定的椭圆所定义的扇形区的内部
FillPolygon()	该方法用于填充 Point 结构指定的点数组所定义的多边形的内部
FillRectangle()	该方法用于填充由一对坐标、一个宽度和一个高度指定的矩形的内部
FillRectangles()	该方法用于填充由 Rectangle 结构指定的一系列矩形的内部
FromImage()	该方法用于从指定的 Image 创建新的 Graphics
IsVisible()	该方法用于指示由一对坐标指定的点是否包含在此 Graphics 的可见剪辑区域内
Save()	该方法用于保存此 Graphics 的当前状态，并用 GraphicsState 标识保存的状态

196

9.4.3 标准坐标系统

在使用 Graphics 类绘制图形时，可以使用 Windows 操作系统中的标准坐标系统定义各种图形元素的精确位置，以及元素覆盖和显示的范围与幅度。.NET 提供了 3 种结构用于实现以上的功能，如下所示。

1. 图形元素的抽象点

Windows 坐标系统是一种基于笛卡尔坐标系的系统，其根据具体的图形元素抽象点，允许开发者以横坐标 x 和纵坐标 y 为标记来决定其在平面坐标系的位置。通常情况下，抽象点位于图形元素最左上角的位置。

在.NET 中提供了一种名为 Point 的结构，用于标识所有这种抽象点的位置，并将每一个具体的抽象点看作是 Point 结构的实例。结构是一种特殊的编程元素，其与类十分相似，具有方法、属性、接口等成员，除此之外，结构的成员还包含运算符等。结构可以存储指定格式的数据。例如，Point 结构就存储有 X 和 Y 等两种属性值作为结构的构成。

实例化一个结构的方法与实例化一个类十分类似，都需要先声明结构的名称，再通过 new 运算符为结构初始化。例如，实例化一个点，其方法如下所示。

```
Point PointName = new Point(XValue , YValue);
```

在上面的代码中，PointName 关键字表示 Point 实例的名称，XValue 关键字表示点的水平坐标，YValue 关键字表示点的垂直坐标。例如，定义点 p 的坐标为（10，12），可以直接将这两个值作为 Point 构造函数的参数进行定义，代码如下。

```
Point p = new Point(10 , 12);
```

在定义 Point 结构时，也可以先实例化一个空的 Point 结构，然后再通过 X 和 Y 等属性为结构赋值，例如，下面的代码与上面的代码事实上是等价的。

```
Point p = new Point();
p.X = 10;
p.Y = 12;
```

典型的 Windows 窗体坐标往往以忽略了窗体边框和标题栏之后的窗体内容为坐标面，以这一坐标面的左上角为原点，如图 9-21 所示。

在上面的窗体中，去除了标题栏和深蓝色的边框后，剩下的部分就是窗体坐标系的面。在图 9-21 的窗体中，工具栏的水平坐标为 0，垂直坐标也为 0。窗体中的其他元素同样是通过抽象点定义坐标的。所有可在窗体中显示的元素都具有一个 Location 坐标，其坐标值就是抽象点 Point 结构的实例。

图 9-21 窗体坐标系圆点

Point 结构包含以下几种方法，可以对其包含的 X 和 Y 值进行计算和处理，返回新的值，如表 9-7 所示。

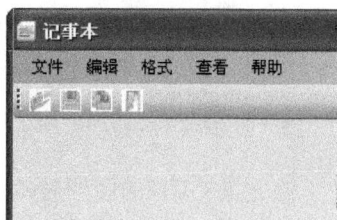

表 9-7 Point 结构包含的方法

方法	作用
Add()	将 Point 结构与一个向量结构（Vector）相加，返回一个新的 Point 结构
Equals()	判断两个 Point 结构是否相等
Multiply()	将 Point 结构转换为 Matrix 结构
Offset()	将 Point 结构中的两个坐标偏移指定的量
Subtract()	将 Point 结构中的坐标减去另一个 Point 结构或向量结构（Vector），返回向量或 Point

2．图形元素的尺寸

尺寸是指图形元素横跨和纵跃的宽度和高度，其往往是由一个整数对组成。为了定义这种尺寸，.NET 提供了 Size 结构用于存储符合图形元素尺寸的值。Size 结构与 Point 结构类似，都包含两个基本的属性，通过属性的值定义 Size 的实例。定义一个 Size 实例的方法如下。

```
Size SizeName = new Size(WidthValue , HeightValue);
```

在上面的代码中，SizeName 关键字表示尺寸实例的名称；WidthValue 表示尺寸实例中宽的大小；HeightValue 关键字表示尺寸实例中高的大小。Size 结构包含两个属性，即 Width 属性和 Height 属性，分别表示图形元素的宽度和高度。

与 Point 结构类似，Size 结构也包含多种方法，可以对图形元素的尺寸进行处理，如表 9-8 所示。

表 9-8　Size 结构包含的方法

方法	作用
Add()	将一个 Size 结构与另一个 Size 结构相加，返回新的 Size 结构
Ceiling()	将 Size 结构的尺寸进位至较大的整数值，返回新的 Size 结构
Equals()	测试两个 Size 结构是否具有相同的维度
Round()	将 Size 结构的尺寸摄入至最近的整数值，返回新的 Size 结构
Subtract()	将两个 Size 结构相减，返回新的 Size 结构
Truncate()	将 Size 结构的值舍去至较小的整数值，返回新的 Size 结构

Size 结构包含一个独立的字段 Empty 和一个属性 IsEmpty。其中，Empty 字段可以返回一个 Width 属性和 Height 属性为 0 的新 Size 结构；而 IsEmpty 属性为 true 时，该 Size 结构的 Width 属性和 Height 属性均为 0。

3．复合坐标与尺寸

在定义 GDI+的图形时，还可以使用复合的结构 Rectangle（表示一个定义矩形），同时定义图形元素的坐标和尺寸。Rectangle 结构可以存储一组 4 个整数，分别表示图形元素的水平坐标、垂直坐标、宽度和高度。定义一个 Rectangle 结构有两种方法，如下所示。

```
Rectangle RectangleName = new Rectangle(PointName , SizeName);
Rectangle RectangleName = new Rectangle(XValue , YValue , WidthValue ,
HeightValue);
```

在上面的代码中，RectangleName 关键字表示矩形结构的名称；PointName 关键字表示矩形结构的抽象点；SizeName 关键字表示矩形结构的尺寸；XValue 关键字表示矩形结构的抽象点水平坐标；YValue 关键字表示矩形结构的抽象点垂直坐标；WidthValue 关键字表示矩形结构的宽度；HeightValue 关键字表示矩形结构的高度。

Rectangle 结构包含了 11 种相互关联的属性，可以共同用于定义图形元素的尺寸和坐标，如表 9-9 所示。

表 9-9　Rectangle 结构的属性

属性	作用
Bottom	获取 y 坐标，该坐标是此 Rectangle 结构的 Y 与 Height 属性值之和
Height	获取或设置此 Rectangle 结构的高度
IsEmpty	测试此 Rectangle 的所有数值属性是否都具有零值
Left	获取此 Rectangle 结构左边缘的 x 坐标
Location	获取或设置此 Rectangle 结构左上角的坐标。其值为 Point 结构
Right	获取 x 坐标，该坐标是此 Rectangle 结构的 X 与 Width 属性值之和
Size	获取或设置此 Rectangle 的大小，其值为 Size 结构
Top	获取此 Rectangle 结构上边缘的 y 坐标
Width	获取或设置此 Rectangle 结构的宽度
X	获取或设置此 Rectangle 结构左上角的 x 坐标
Y	获取或设置此 Rectangle 结构左上角的 y 坐标

在上面的各种属性中，X 和 Y 属性可以决定 Location 属性的值，Height 和 Width 属性可以决定 Size 属性的值。Left 值和 X 值通常相等，Top 值和 Y 值通常相等。在使用复合坐标与尺寸时，还可使用 Rectangle 结构的各种方法对矩形结构内的数据进行处理和运算，如表 9-10 所示。

表 9-10　Rectangle 结构的方法

方法	作用
Ceiling()	将矩形的坐标和尺寸进位至最近的整数值，返回新的矩形
Contains()	判断点或矩形是否在原矩形面积以内
Equals()	判断两个矩形结构是否相等
FromLTRB()	根据边缘线创建指定的矩形结构
Inflate()	将矩形结构的尺寸放大指定的尺寸
Intersect()	将矩形结构替换为其自身与指定矩形结构的交集
IntersectsWith()	判断两个矩形结构是否含有交集
Offset()	对矩形结构的坐标进行偏移处理
Round()	将矩形的坐标和尺寸舍入至最近的整数值，返回新的矩形
Truncate()	将矩形的坐标和尺寸舍去至最近的整数值，返回新的矩形
Union()	获取两个矩形结构的交集

在定义图形元素时，开发者既可以通过 Point 结构和 Size 结构定义图形元素的坐标和尺寸，也可以直接通过 Rectangle 结构定义图形元素的坐标和尺寸，这两种方式的效果是完全相同的。

9.4.4　处理颜色

GDI+中的许多绘图操作都涉及到颜色。例如，在绘制线条或矩形时都需要指定使用什么颜色。在 GDI+中，颜色封装在 Color 结构中。也就是说，开发者可以通过 Color 结构访问若干系统定义的颜色。如果开发者需要以 LightGoldenrodYellow 或 LavenderBlush

颜色绘制图形,那么也可以使用系统定义的颜色。具体如下所示。

```
Color myColor;
myColor = Color.Red;
myColor = Color.Aquamarine;
myColor = Color.LightGoldenrodYellow;
myColor = Color.Black;
myColor = Color.Blue;
```

除此之外,开发者还可以使用 Color.FromArgb()方法创建用户自定义颜色,该方法要求用户必须指定一种颜色中红色、绿色和蓝色和 Alpha 通道各部分的值。具体如下所示。

```
Color myColor1;
myColor1 = Color.FromArgb(122,80,180,20);
```

虽然可以使用系统定义的颜色或用户自定义的颜色绘图,但绘图时应该注意以下几点。

❑ 颜色可以用两种不同的方式来表示,一种是 RGB,另一种是将颜色分解为 3 种组件:色调、饱和度和亮度。Color 结构包含完成分解颜色的实例方法:GetBrightness()、GetHue()和 GetStaruration()。

❑ 可以使用 Paint 应用程序来使用颜色。它可以查看颜色的 RGB 值,也可以获得该颜色的色调、饱和度和亮度值。当然,用户也可以直接输入 RGB 值来查看得到的颜色。

这里应该注意,GDI+中颜色的 Alpha 通道主要用于设置颜色的不透明度,以便创建淡入、淡出的效果。

9.4.5 定义画笔样式

在 C#中,开发者主要可以通过.NET Framework 中的 Graphices 类绘制各种基本图形。在绘制图形时,首先需要使用 Pen 类定义绘图时图形的颜色、宽度和所绘图的样式。然后,才能根据画笔的样式进行绘制操作。

定义画笔的样式,就是将 Pen 类实例化并初始化的过程。实例化和初始化 Pen 类有 4 种方法,分别用于初始化一个指定颜色的画笔或指定笔刷的画笔,如下所示。

```
Pen PenName = new Pen(BrushName);
Pen PenName = new Pen(ColorName);
Pen PenName = new Pen(BrushName , PenWidth);
Pen PenName = new Pen(ColorName , PenWidth);
```

在上面的代码中,PenName 关键字表示画笔的名称;BrushName 关键字表示画笔笔刷对象的名称;ColorName 关键字表示画笔笔刷颜色的名称;PenWidth 关键字表示画笔的宽度。

画笔的笔刷 BrushName 是 Brush 抽象基类的子类,可以为 5 种子类,如表 9-11 所示。

表 9-11　Pen 类可使用的笔刷类型

笔刷名	说明	.NET Framework 类
TextureBrush	自文件获取的填充	System.Drawing.TextureBrush
SolidBrush	单色实线笔刷	System.Drawing.SolidBrush
PathGradientBrush	指定路径的彩色渐变填充	System.Drawing.Drawing2D.PathGradientBrush
LinearGradientBrush	双色渐变和多色渐变	System.Drawing.Drawing2D.LinearGradientBrush
HatchBrush	包含阴影、前景色和背景色的样式	System.Drawing.Drawing2D.HatchBrush

在初始化 Pen 对象之后，即可通过 Pen 类的各种属性进一步定义画笔的样式，如表 9-12 所示。

表 9-12　Pen 类包含的属性

属性	作用
Alignment	获取或定义画笔的对齐方式
Brush	获取或定义画笔的笔刷类型，其值为 Brush 抽象基类的子类
Color	获取或定义画笔的颜色
DashStyle	获取或定义画笔绘制的虚线样式
DashCap	获取或定义画笔绘制的虚线终点样式，这些短划线构成整个画笔的虚线
DashOffset	获取或设置直线的起点到短划线图案起始处的距离
DashPattern	获取或设置自定义的短划线和空白区域的数组
LineJoin	获取或设置通过此画笔绘制的两条连续直线的端点的连接样式
MiterLimit	获取或设置斜接角上连接宽度的限制
PenType	获取用此画笔绘制的直线的样式
StartCap	获取或设置在通过此画笔绘制的直线起点使用的虚线样式
EndCap	获取或设置要在通过此画笔绘制的直线终点使用的虚线样式
Width	获取或设置此画笔的宽度

9.4.6　绘制几何图形

在使用画笔进行绘制时，需要先定义画笔的样式，然后再使用 Graphics 类的实例，绘制各种图形。下面将介绍直线、多边形、矩形、椭圆及圆的绘制方法。

1．绘制直线

在绘制直线时，需要先实例化一个 Graphics 对象，然后再定义画笔，最后使用 Graphics 类的 DrawLine()方法进行绘制。DrawLine()方法的使用如下所示。

```
GraphicsName.DrawLine(PenName , StartPoint , EndPoint);
```

在上面的代码中，GraphicsName 关键字表示 Graphics 对象的名称；PenName 关键字表示画笔的名称；StartPoint 关键字表示直线的起点；EndPoint 关键字表示直线的终点。

例如，绘制一个简单的红色细水平线，代码如下。

```
Graphics g;
g = this.CreateGraphics();
Pen p1 = new Pen(Color.Red);
g.DrawLine(p1, new Point(20, 60), new Point(500, 60));
```

2. 绘制多边形

在绘制多边形时，同样需要先实例化一个 Graphics 对象并定义画笔。然后需要将多边形的所有端点集成为一个数组，将数组添加为 DrawPolygon()方法的参数，如下所示。

```
GraphicsName.DrawPolygon(PenName , PointArray[]);
```

在上面的代码中，GraphicsName 关键字表示 Graphics 对象的名称；PenName 关键字表示画笔的名称；PointArray 关键字表示集成所有端点的数组名称。例如，绘制一个红色边框的五边形，代码如下所示。

```
Graphics g = this.CreateGraphics();
Pen p = new Pen(Color.Red);
Point p1 = new Point(10, 20);
Point p2 = new Point(200, 100);
Point p3 = new Point(300, 20);
Point p4 = new Point(300, 500);
Point p5 = new Point(60, 200);
Point[] pa = {p1, p2, p3, p4, p5};
g.DrawPolygon(p, pa);
```

3. 绘制矩形

矩形是在同一平面内 4 条两两相互垂直的直线组成的几何图形，在绘制矩形时，可以先实例化一个 Graphics 对象，然后再定义画笔和矩形结构，最后使用 DrawRectangle()方法进行绘制。DrawRectangle()方法包含两种重载方法，如下所示。

```
GraphicsName.DrawRectangle(PenName , XValue , YValue , WidthValue ,
HeightValue);
GraphicsName.DrawRectangle(PenName , RectangleName);
```

在上面的代码中，GraphicsName 关键字表示 Graphics 类的实例名称；PenName 表示画笔对象的名称；XValue 关键字表示矩形左上角的水平坐标；YValue 关键字表示矩形左上角的垂直坐标；WidthValue 关键字表示矩形的宽度；HeightValue 关键字表示矩形的高度。

下面的代码分别使用了两种重载方式绘制了两个矩形，代码如下所示。

```
g.DrawRectangle(Color.Red, 20, 30, 400, 500);
Rectangle rect = new Rectangle(100, 200, 300, 500);
g.DrawRectangle(Color.Blue, rect);
```

4．绘制椭圆及圆

椭圆及圆是由连续弯曲的曲线围合而成的，线条上的每一个点相对圆心都有一个对称点存在。当椭圆的所有半径都相等时，就构成了一个正圆。因为椭圆可以放到一个矩形中，所以在 GDI+编程中，椭圆用它的外接矩形来定义。绘制椭圆和圆需要使用 Graphics 中的 DrawEllipse()方法，其包含两种重载方式，与绘制矩形的 DrawRectangle()方法十分类似，代码如下。

```
GraphicsName.DrawEllipse(PenName , XValue , YValue , WidthValue ,
HeightValue);
GraphicsName.DrawEllipse(PenName , RectangleName);
```

该方法的各种参数与 DrawRectangle()方法基本相同。例如，使用该方法依次绘制椭圆和圆，代码如下。

```
Graphics g = this.CreateGraphics();
Pen p = new Pen(Color.BurlyWood);
float x = 100.8f;
float y = 20.12f;
float myWidth = 100f;
float myHeight = 200.35f;
g.DrawEllipse(p, x, y, myWidth, myHeight);
g.DrawEllipse(p, x, y, myWidth, myWidth);
```

9.5 扩展练习

1．绘制一个渐变填充的椭圆

之前的学习介绍了 GDI+所应用的各种技术，包括绘制几何图形以及定义颜色等技巧。可以结合之前的这些知识，绘制一个边框为 5px、黑色，且尺寸为 400px×250px 的椭圆形，并为其填充蓝色到红色的渐变色，如图 9-22 所示。

在绘制渐变填充的椭圆时，可以通过按钮事件触发绘制行为。然后，依次实例化图形类 Graphics，定义画笔和填充笔刷以及椭圆的外切圆。然后，再进行绘制操作。

2．使用画刷填充绘制的文本

前面的学习介绍了单色画刷 SolidBrush、阴影画刷 HatchBrush、纹理画刷 TextureBrush、线性渐变画

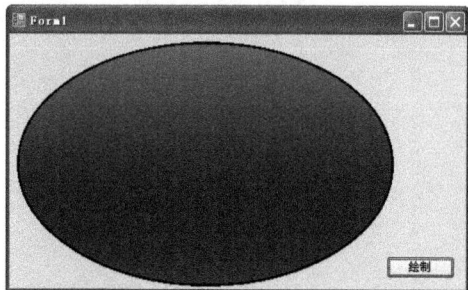

图 9-22　绘制渐变填充的椭圆

刷 LinearGradientBrush 以及绘制文本的方法 DrawString()。本练习要求读者绘制如图 9-23 所示的文本。

该练习对图 9-23 中使用画刷填充绘制的文本有如下要求。

1 第一行绘制的文本要求使用单色画刷 SolidBrush 进行填充。这里填充色为白色，并要求绘制的文本为粗体。

2 第二行绘制的文本要求使阴影画刷 HatchBrush 用进行填充。这里填充色分别为红色和黑色，

并要求绘制的文本为斜体。

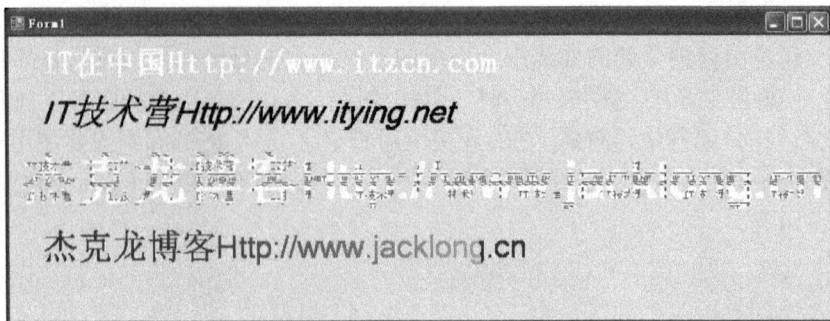

图 9-23　使用画刷填充绘制的文本

③ 第三行绘制的文本要求使用纹理画刷 TextureBrush 进行填充。这里填充使用的是图片，并要求绘制的文本为粗体。

④ 第四行绘制的文本要求使用线性渐变画刷 LinearGradientBrush 进行填充。这里填充色是蓝色和硬木色（BurlyWood）。

第10章 文 件 存 取

计算机程序处理的数据可以根据其存储的介质分为两大类，即存储在内存储器中的临时数据和存储在外存储器中的文件数据。在之前的章节中，所处理的绝大多数数据都是内存储器中的临时数据，即程序关闭后会消失的数据。

本章将介绍.NET Framework 中的 I/O 技术，即文件的同步或异步读取及写入技术，使用该技术，可以对本地外存储器中存储的数据进行读/写操作，实现数据的保存和文件的管理。

本章学习目标
➢ 理解 System.IO 相关知识
➢ 掌握路径、目录和文件及其相关类
➢ 掌握流和数据存取方法及其相关类
➢ 掌握二进制文件的读/写
➢ 理解如何实现列表显示文件
➢ 掌握如何显示驱动器信息

10.1 文件数据操作简介

文件是在计算机中存储至外存储器的数据集合，其通常保存在硬盘、软盘和各种可移动存储介质中，供各种程序读取和调用。所谓的 I/O，就是以流的方式对这些数据进行读取和写入的操作。在学习.NET 文件存取时，需要了解 Windows 文件系统和 System.IO 命名空间。

10.1.1 文件系统基础

计算机内各种信息，如程序、数据等都是以文件形式存在的，使用计算机，可以说是对各种文件的操作管理。文件系统是 Windows 的一个组件，其可以帮助用户查看和组织外存储器中的文件。

1．Windows 文件系统

Windows 操作系统支持多种类型的文件系统，例如，FAT、FAT32、NTFS 等，这些文件系统的区别在于数据存储的算法，且这些文件系统往往针对特定的操作系统。例如，DOS 和 Windows 95 系统只支持 FAT 文件系统，Windows 98 以上版本的 Windows 新增

FAT32 系统的支持，Windows NT4、Windows 2000 及以上版本操作系统还支持 NTFS 文件系统等。

所有 Windows 操作系统所使用的文件系统都不区分目录和文件的大小写，因此在这些文件系统中，使用大写和小写字母是一样的。

2．逻辑分区、目录和文件

Windows 文件存储系统将外存储器划分为若干逻辑分区，然后再将逻辑分区视为根目录实现存储的。逻辑分区包含了目录和文件两类，目录还包含子目录和文件。

在书写 Windows 文件系统中的文件时，通常需要先书写逻辑分区，以冒号 ":" 将逻辑分区和根目录、子目录依次写入。根目录和子目录需要以斜杠 "\" 隔开，如下所示。

```
LogicalDrive:\Path\SubPath\…
```

在上面的目录代码中，LogicalDrive 关键字表示逻辑分区的编号；Path 关键字表示目录名；SubPath 关键字表示子目录名。例如，在 C 逻辑分区中安装的操作系统，其系统目录如下所示。

```
C:\Windows\
```

Windows 文件系统中的文件是通过两种名称表示的。在早期的 Windows 系统中，沿用了 DOS 系统的 8.3 文件名格式，即 8 个字符的文件名加 3 个字符的扩展名，文件名与扩展名之间以英文句号 "." 隔开。例如，文本编辑器命令的名称为 Edit.com。

文件名可以是英文、数字、中文或其他非冒号 ":"、斜杠 "\"、反斜杠 "/"、星号 "*"、引号 """"、尖括号 "<>" 和竖线 "|" 的符号。

自 Windows 98 操作系统以来，操作系统就允许用户以更多的字符表示文件名和扩展名，从而更清楚地通过文件名反映文件的内容。

在定位一个文件时，用户可以直接通过目录+文件名+扩展名的方式书写文件的存储地址，以对文件进行访问，例如，位于 Windows 系统目录下的记事本程序，其路径如下。

```
C:\Windows\NOTEPAD.exe
```

3．通配符的使用

在 Windows 文件系统中，除了直接输入目录和文件名来访问文件外，还可以使用指定的通配符进行访问。通配符的作用就是替换目录和文件名中的字符，从而访问批量的文件。常用的 Windows 系统通配符主要包括以下几种，如表 10-1 所示。

表 10-1　Windows 系统的文件通配符

通配符	作用	示例
*	替代多个字符	file1.*
?	替代单个字符	note?ad.exe
[]	替代以正则表达式代替的字符	[a-zA-Z].exe

4．绝对路径和相对路径

绝对路径和相对路径是表示文件所处路径的两种方式。绝对路径，顾名思义，就是无论在任何当前位置，都可以使用的文件路径；而相对路径则是针对指定的位置而使用的路径。

以 Windows 操作系统自带的记事本程序为例，当系统逻辑分区为 C 盘时，该程序的绝对路径就是 C:\Windows\NOTEPAD.exe。用户在操作系统的任意位置，都可以使用这一路径访问记事本程序，无论当前目录为 C 盘、D 盘或者其他任何位置。

相对路径是基于当前目录的。例如，当前目录为系统的 Windows 目录，则可以通过直接使用文件名的方式访问记事本程序，如 NOTEPAD.exe。而如果处于 C 盘根目录，则可以通过 Windows\NOTEPAD.exe 的相对方式对记事本程序进行访问。

在使用相对路径时，可以通过斜杠"\"访问逻辑分区的根目录，例如，在 Windows 系统分区下的 System 目录中，访问 C 盘根目录的 boot.ini 文件，如下所示。

```
\boot.ini
```

如果需要访问上一级目录中的文档，则可以使用两个英文句号"."替代上一级目录的名称。例如，访问 C 盘根目录还可以使用如下方法。

```
..\..\boot.ini
```

在访问当前目录的子目录时，可以直接通过局部的路径进行访问。例如，同样处于 C:\Windows\System32\目录下，访问位于 C:\Windows\System32\Drivers\etc\目录下的 hosts 文件，可以直接书写以下路径。

```
Drivers\etc\hosts
```

●--- 10.1.2 System.IO 命名空间 ---、

在了解了 Windows 文件系统的基础知识后，还需要了解.NET 中的 System.IO 命名空间。System.IO 命名空间的作用是读/写文件和数据流的类型，提供基本文件和目录的支持。

在 System.IO 命名空间中，提供了如下几种类，用于实例化具体的文件和目录，如表 10-2 所示。

表 10-2　System.IO 命名空间的类

类名	说明
BinaryReader	用特定的编码将基元数据类型读取二进制值
BinaryWriter	以二进制形式将基元类型写入流，并支持用特定的编码写入字符串
BufferedStream	给另一流上的读写操作添加一个缓冲层。无法继承此类

类名	说明
Directory	公开用于创建、移动和枚举目录和子目录的静态方法
DirectoryInfo	公开用于创建、移动和枚举目录和子目录的实例方法
File	提供用于创建、复制、删除、移动和打开文件的静态方法
FileInfo	提供创建、复制、删除、移动和打开文件的实例方法
FileLoadException	当找到托管程序集却不能加载它时引发的异常
FileNotFoundException	试图访问磁盘上不存在的文件失败时引发的异常
FileStream	既支持同步读/写操作，也支持异步读/写操作
FileSystemInfo	为 FileInfo 和 DirectoryInfo 对象提供基类
FileSystemWatcher	侦听文件系统更改通知，并在目录或目录中的文件发生更改时引发事件
InvalidDataException	在数据流的格式无效时引发的异常
IOException	发生 I/O 错误时引发的异常
MemoryStream	创建以内存作为其支持存储区的流
Path	对包含文件或目录路径信息的 String 实例执行操作。这些操作是以跨平台的方式执行的
PathTooLongException	当路径名或文件名超过系统定义的最大长度时引发的异常
Stream	提供字节序列的一般视图
StreamReader	以一种特定的编码从字节流中读取字符
StreamWriter	以一种特定的编码向流中写入字符
StringReader	实现从字符串进行读取
StringWriter	实现一个用于将信息写入字符串
TextReader	表示可读取连续字符系列的阅读器
TextWriter	表示可以编写一个有序字符系列的编写器。该类为抽象类

表 10-2 列出了很多 System.IO 命名空间与文件相关的类，其中 Directory 类公开用于创建、移动和枚举目录和子目录的静态方法；DirectoryInfo 类提供了文件或目录的相关信息；File 类提供用于创建、复制、删除、移动和打开文件的静态方法；File Info 类不像 File 类，它没有静态方法，仅可用于实例化的对象。

10.2　路径、目录和文件

路径是文件和目录存储的位置，目录是存储文件的容器，文件则是存储数据的集合。在 C#这样面向对象编程的语言中，这 3 种抽象概念都是以类的方式存在的，且每一个具体的路径、目录和文件都是一个类的实例。

10.2.1　目录和目录信息类

在 C#中，将所有的 Windows 目录看作是一个类，并将具体的某个类看作是一个对象。使用 C#，需要通过 System.IO 命名空间中的 Directory 类和 DirectoryInfo 类对目录进行处理。

1．Directory 目录类

在读/写 Windows 文件系统的目录时，需要使用到 Directory 类，该类的作用是对具体的目录进行创建、删除、移动等操作。Directory 类包含如下几种方法，如表 10-3 所示。

表 10-3　Directory 类的方法

方法	说明
CreateDirectory()	该方法接受一个参数，用于根据参数创建目录。该方法返回一个 DirectoryInfo 类实例。表示新创建的目录或者子目录。注意，如果目录已经存在，会返回代表指定的目录的类实例，不会创建目录，也不会产生异常
Delete()	该方法接受一个或两个参数。在两个重载的方法中，第一个参数包含要删除的目录，如果使用带有一个参数的方法，当目录不为空时，系统将会抛出异常。第二个方法需要一个附加的 bool 参数，该参数为 true 时，将会从目录中删除所有的子目录和文件；否则，会再次抛出 System.IO.IOException 异常
Equals()	该方法用于确定两个 Object 实例是否相等
Exists()	该方法接受一个参数。参数是包含当前工作目录的字符串。返回指示目录是否存在的 bool 值。如果存在，返回 true；否则返回 false
GetAccessControl()	该方法获取一个 DirectorySecurity 对象，该对象封装指定目录的访问控制列表（ACL）项
GetCreationTime()	该方法接受一个参数。该参数为包含目录的字符串。返回一个日期时间型数值，该数值表示该目录创建的时间和日期，这里时间是指本地时间
GetCurrentDirectory()	该方法用于获取应用程序的当前工作目录
GetDirectories()	该方法用于获取指定目录的子目录名称，它接受一个或两个参数，在两个重载的方法中，第一个参数表示目录名。如果带一个参数，方法返回参数所表示目录的子目录。在接受两个参数的方法中第二个参数表示与第一个参数所表示目录的子目录中匹配的目录名，如果存在就返回所匹配目录的绝对目录，否则不返回任何信息
GetFiles()	该方法用于返回指定目录中文件的名称，它接受一个或两个参数，在两个重载的方法中，第一个参数表示目录名。如果带一个参数，方法返回参数所表示目录所包含的文件。在接受两个参数的方法中第二个参数表示与第一个参数所表示目录所包含的文件中匹配的文件名，如果存在就返回所匹配文件的绝对目录，否则不返回任何信息
GetFileSystemEntries()	该方法用于返回指定目录中所有文件和子目录的名称
GetHashCode()	该方法用作特定类型的哈希函数。GetHashCode 适合在哈希算法和数据结构（如哈希表等）中使用
GetLastAccessTime()	该方法用于返回上次访问指定文件或目录的日期和时间。该值为 DateTime 结构，用本地时间表示
GetLastWriteTime()	该方法用于返回上次写入指定文件或目录的日期和时间，也是为 DateTime 结构，用本地时间表示
GetLogicalDrives()	该方法用于检索此计算机上格式为 "<驱动器号>:\" 的逻辑驱动器的名称
GetParent()	该方法用于检索指定路径的父目录，包括绝对路径和相对路径
GetType()	该方法用于获取当前实例的 Type，它从 Object 继承
Move()	该方法用于将文件或目录及其内容移动到新位置
SetCreationTime()	该方法用于为指定的文件或目录设置创建日期和时间

续表

方法	说明
SetCurrentDirectory()	该方法用于将应用程序的当前工作目录设置为指定的目录
SetLastAccessTime()	该方法用于设置上次访问指定文件或目录的日期和时间
SetLastWriteTime()	该方法用于设置上次写入目录的日期和时间
ToString()	该方法用于返回表示当前 Object 的 String，它从 Object 继承

2．DirectoryInfo 目录信息类

Directory 类本身是一个抽象类，其并不能实例化为具体的对象。因此在操作时，需要使用 DirectoryInfo 类操作具体的目录对象。DirectoryInfo 类作为目录的实例，其具有如下几种属性，如表 10-4 所示。

表 10-4　DirectoryInfo 类的属性

名称	说明
Attributes	获取或设置当前文件或目录的特性
CreationTime	获取或设置当前文件或目录的创建时间
CreationTimeUtc	获取或设置当前文件或目录的创建时间，其格式为协调世界时（UTC）
Exists	获取指示目录是否存在的值
Extension	获取表示文件扩展名部分的字符串
FullName	获取目录或文件的完整目录
LastAccessTime	获取或设置上次访问当前文件或目录的时间
LastAccessTimeUtc	获取或设置上次访问当前文件或目录的时间，其格式为协调世界时（UTC）
LastWriteTime	获取或设置上次写入当前文件或目录的时间
LastWriteTimeUtc	获取或设置上次写入当前文件或目录的时间，其格式为协调世界时（UTC）
Name	获取此 DirectoryInfo 实例的名称
Parent	获取指定子目录的父目录
Root	获取路径的根部分

3．创建目录

例如，创建一个具体的目录，应使用 DirectoryInfo 类先定义目录的实例，然后再调用 Directory 类的方法进行创建，如下所示。

```
DirectoryInfoName = Directory.CreateDirectory(PathName);
DirectoryInfoName = Directory.CreateDirectory(FolderName);
```

在上面的代码中，DirectoryInfoName 关键字表示目录的实例名称；PathName 关键字表示路径的字符串；FolderName 关键字表示目录名称的字符串。例如，在 C 盘创建一个名为"C#"的目录，可以使用以下方式。

```
DirectoryInfo dir;
dir = Directory.CreateDirectory("c:\\C#");
```

上面的代码为 C 盘创建了一个名为"C#"的目录。需要注意的是，由于字符串本身不能识别斜杠"\"符号，因此需要使用转义符"\\"对其进行转义处理。

4．删除目录

删除目录与创建目录的方法不同，在删除目录时，无需创建目录的实例，直接调用 Directory 类的 Delete()方法即可，如下所示。

```
Directory.Delete("C:\\C#");
Directory.Delete("C:\\C#" , true);
```

上面的代码展示了 Delete()方法的两种用法。在使用第一种用法时，将直接删除空的目录（仅在目录为空时有效）；第二种方法则可以对非空目录进行删除操作，且当第二个参数为 true 时，删除目录下的子目录和文件。

在使用 Delete()方法时，系统将直接对目录进行删除，且并不会将目录放入回收站中。因此在使用这一命令时需要谨慎操作。

5．移动目录

Directory 类提供了 Move 方法，允许将一个目录移动到相同逻辑分区的另一个目录中。除此之外，还可以实现对目录名称的重定义，其使用方法如下。

```
Directory.Move(SourcePath , TargetPath);
```

在上面的代码中，SourcePath 关键字表示源目录；TargetPath 关键字表示目标目录。例如，将之前创建的 C:\C#目录修改为 C:\C#.net，代码如下。

```
Directory.Move("C:\\C#" , "C:\\C#.net");
```

在使用 Move()方法时需要注意，Move()方法本身的操作原理是修改文件系统的文件分配表，因此其只能针对特定逻辑分区操作，不能执行跨逻辑分区的目录移动。

10.2.2 文件和文件信息类

在操作 Windows 文件系统中的具体文件时，可以使用 System.IO 命名空间中的 File 类。File 类是一个抽象类，其提供了多种方法和属性，以对文件进行操作或读取文件的信息。

1．操作文件的方法

File 类的操作方式与 Directory 类相似，可以用于创建、删除、移动和打开基于文本格式的文档。其包含多种方法，如表 10-5 所示。

表 10-5 File 类的各种方法

常用方法	重载方式	说明
Copy	File.Copy(String,String)	将现有文件复制到新文件。不允许改写同名的文件
	File.Copy(String, String,Boolean)	将现有文件复制到新文件。允许改写同名的文件

常用方法	重载方式	说明
Create	File.Create(String)	在指定路径中创建文件
	File.Create(String,Int32)	创建或改写指定的文件
	File.Create(String,Int32, FileOptions)	创建或改写指定的文件，并指定缓冲区大小和一个描述如何创建或改写该文件的 FileOptions 值
	File.Create(String,Int32, FileOptions,FileSecurity)	创建或改写具有指定的缓冲区大小、文件选项和文件安全性的指定文件
CreateText	File.CreateText(String)	创建或打开一个文件用于写入 UTF-8 编码的文本
Decrypt	File.Decrypt(String)	解密由当前用户使用 Encrypt 方法加密的文件
Delete	File.Delete(String)	删除指定的文件。如果指定的文件不存在，也不会引发异常
Encrypt	File.Encrypt(String)	将某个文件加密，使得只有加密该文件的账户，才能将其解密
Exists	File.Exists(String)	用于判断指定的文件是否存在
GetAttributes	File.GetAttributes(String)	获取指定文件的属性
Move	File.Move(String,String)	将指定文件移到新位置，并提供指定新文件名的选项
Open	File.Open (String, FileMode)	打开指定路径上的 FileStream，具有读/写访问权限
	File.Open(String,FileMode, FileAccess)	以指定的模式和访问权限打开指定路径上的 FileStream
	File.Open(String,FileMode, FileAccess,FileShare)	打开指定路径上的 FileStream，具有指定的读、写或读/写访问模式以及指定的共享选项
OpenRead	File.OpenRead(String)	打开现有文件以进行读取
OpenText	File.OpenText(String)	打开现有 UTF-8 编码文本文件以进行读取
OpenWrite	File.OpenWrite	打开现有文件以进行写入
ReadAllBytes	File.ReadAllBytes(String)	打开一个文件，将文件的内容读入一个字符串，然后关闭该文件
ReadAllLines	File.ReadAllLines(String)	打开一个文本文件，读取文件的所有行，然后关闭该文件
	File.ReadAllLines(String, Encoding)	打开一个文件，使用指定的编码读取文件的所有行，然后关闭该文件
ReadAllText	File.ReadAllText(String)	打开一个文本文件，读取文件的所有行，然后关闭该文件
	File.ReadAllText(String, Encoding)	打开一个文本文件，使用指定编码读取文件的所有行，然后关闭该文件
Replace	File.Replace(String,String, String)	使用其他文件的内容替换指定文件的内容，这一过程将删除原始文件，并创建被替换文件的备份
	File.Replace(String,String, String,Boolean)	用其他文件的内容替换指定文件的内容，删除原始文件，并创建被替换文件的备份和忽略合并错误（可选）
SetAttributes	File.SetAttributes(string, FileAttributes)	设置指定路径上文件的指定的 FileAttributes
SetCreationTime	File.SetCreationTime (string,DateTime)	设置创建该文件的日期和时间

212

续表

常用方法	重载方式	说明
SetLastAccess Time	File.SetLastAccessTime (string,DateTime)	设置上次访问指定文件的日期和时间
SetLastWriteTi me	File.SetLastWriteTime (string,DateTime)	设置上次写入指定文件的日期和时间
WriteAllBytes	File.WriteAllBytes(string, byte[])	创建一个新文件，在其中写入指定的字节数组，然后关闭该文件。如果目标文件已存在，则改写该文件
WriteAllLines	File.WriteAllLines(String, String[])	创建一个新文件，在其中写入指定的字符串数组，然后关闭该文件。如果目标文件已存在，则改写该文件
	File.WriteAllLines(String, String[],Encoding)	创建一个新文件，使用指定的编码在其中写入指定的字符串数组，然后关闭文件。如果目标文件已存在，则改写该文件
WriteAllText	File.WriteAllText(String, String)	创建一个新文件，使用指定的编码在其中写入指定的字符串数组，然后关闭该文件。如果目标文件已存在，则改写该文件

2. 文件信息类

与 Directory 类类似，File 类也是一个抽象类，其只能对文件进行方法操作，无法被实例化为一个具体的文件。在操作文件时，需要使用 FileInfo 类定义文件的具体实例。

如果开发者打算多次重用某个对象，就可考虑使用 FileInfo 的实例方法，而不是 File 类的相应静态方法，因为 FileInfo 的实例方法并不总是需要进行安全检查。默认情况下，该类将向所有开发者授予对新文件的完全读/写访问权限。FileInfo 同样提供了多种方法用于操作文件，其使用与 File 类完全相同。另外，在使用 FileInfo 类实例化具体的文件对象后，还可以通过以下几种属性访问文件的信息，如表 10-6 所示。

表 10-6　FileInfo 类的属性

属性	说明
Directory	该属性用于获取父目录的实例
DirectoryName	该属性用于获取表示目录的完整路径的字符串
Exists	该属性已重写，用于获取指示文件是否存在的值
IsReadOnly	该属性用于获取或设置确定当前文件是否为只读的值
Length	该属性用于获取当前文件的大小
Name	该属性已重写，用于获取文件名

3. 打开文件

在对文件进行操作时，需要首先通过 Exists()方法确定文件是否存在，然后才能对文件进行读取、写入、加密或解密等操作。在使用 Open()方法打开文件时，可以使用其两类枚举参数 FileMode 和 FileAccess 对文件的访问模式和操作权限进行控制。

FileMode 枚举的作用是定义打开文件时对文件进行的预处理，其包含以下几种成员，如表 10-7 所示。

表 10-7　FileMode 枚举的成员

值	说明
Append	打开现有文件并查找到文件尾，或创建新文件。FileMode.Append 只能同 FileAccess.Write 一起使用。任何读尝试都将失败并引发 ArgumentException
Create	创建一个新文件，但注意有可能覆盖已经存在的文件
CreateNew	指定操作系统应创建新文件。此操作需要 FileIOPermissionAccess.Write。如果文件已存在，则将引发 IOException
Open	指定操作系统应打开现有文件。打开文件的情况取决于 FileAccess 所指定的值。如果该文件不存在，则引发 System.IO.FileNotFoundException
OpenOrCreate	指定操作系统打开现有文件，如果该文件不存在，则创建之
Truncate	截短一个已经存在的文件

FileAccess 枚举的作用是定义打开文件时的读写操作权限，其包含以下几种成员，如表 10-8 所示。

表 10-8　FileAccess 枚举的成员

值	说明
Read	对文件的读访问。可从文件中读取数据。同 Write 组合即构成读写访问权
ReadWrite	对文件的读访问和写访问。可从文件读取数据和将数据写入文件
Write	文件的写访问。可将数据写入文件。同 Read 组合即构成读/写访问权

4．文件的属性

在读取文件时，往往可以通过 File 类的静态方法 GetAttributes()和 SetAttributes()获取或设置文件的属性信息。C#提供了 FileAttributes 枚举用于存储和实例化文件的属性信息，其包含以下几种成员，如表 10-9 所示。

表 10-9　FileAttributes 枚举的成员

成员	作用
Archive	文件的存档状态，应用程序使用此属性为文件添加备份或移除标记
Compressed	定义文件已被压缩
Device	保留属性，供设备使用
Directory	文件为一个目录
Encrypted	定义该文件或目录为加密状态，对于文件而言，表示其中所有的数据都是加密的，对于目录而言，表示在该目录中新创建的文件和目录在默认状态下是加密的
Hidden	定义该文件为隐藏状态
Normal	定义该文件为无其他属性的标准状态
NotContentIndexed	定义操作系统的内容索引服务不会创建基于此文件的索引
Offline	定义文件为脱机状态，文件数据不能立即使用
ReadOnly	定义文件为只读文件

续表

成员	作用
ReparsePoint	文件包含一个重新分析点，其是一个与文件或目录关联的用户定义数据块
SparseFile	定义文件为稀疏文件，即数据为 0 的大文件
System	定义文件为系统文件，是操作系统的组件或由操作系统独占使用
Temporary	定义文件为临时文件，文件系统试图将所有数据保留在内存中一边更快速的访问，当其无用时可以被删除

10.2.3 路径类

在操作文件和目录时，往往还需要通过 Path 类对包含文件或目录路径信息的 String 实例执行操作，这些操作是以跨操作系统的方式执行的。Path 类的大多数成员不与文件系统交互，并且不验证路径字符串指定的文件是否存在。

修改路径字符串的 Path 类成员对文件系统中文件的名称没有影响。但 Path 成员确实验证指定路径字符串的内容；并且如果字符串包含在路径字符串中无效的字符，则引发 ArgumentException 异常。例如，在基于 Windows 操作系统的计算机上，无效路径字符可能包括引号（"）、小于号（<）、大于号（>）、管道符号（|）、退格（\b）、空（\0）以及 16～18 和 20～25 的 Unicode 字符。

Path 类的成员使开发者可以快速方便地执行常见操作，例如，确定文件扩展名是否是路径的一部分，以及将两个字符串组合成一个路径名。另外，Path 类的所有成员都是静态的，因此无需具有路径的实例即可被调用。Path 类包含以下几种方法，如表 10-10 所示。

表 10-10　Path 类的公共静态方法

公共方法	说明
ChangeExtension()	该方法用于更改路径字符串的扩展名
Combine()	该方法用于合并两个路径字符串
Equals()	该方法用于确定两个 Object 实例是否相等，从 Object 继承
GetDirectoryName()	该方法用于返回指定路径字符串的目录信息
GetExtension()	该方法用于返回指定的路径字符串的扩展名
GetFileName()	该方法用于返回指定路径字符串的文件名和扩展名
GetFileNameWithoutExtension()	该方法用于返回不具有扩展名的指定路径字符串的文件名
GetFullPath()	该方法用于返回指定路径字符串的绝对路径
GetInvalidFileNameChars()	该方法用于获取包含不允许在文件名中使用的字符的数组
GetInvalidPathChars()	该方法用于获取包含不允许在路径名中使用的字符的数组
GetPathRoot()	该方法用于获取指定路径的根目录信息
GetRandomFileName()	该方法用于返回随机文件夹名或文件名
GetType()	该方法用于获取当前实例的 Type。从 Object 继承
HasExtension()	该方法用于确定路径是否包括文件扩展名

续表

公共方法	说明
IsPathRooted()	该方法用于获取一个值，该值指示指定的路径字符串是包含绝对路径信息还是包含相对路径信息
ReferenceEquals()	该方法用于确定指定的 Object 实例是否是相同的实例。它从 Object 继承
ToString()	该方法用于返回表示当前 Object 的 String

10.3 目录和文件对话框

目录和文件对话框是在 Windows 窗体中读取指定目录下文档的一种对话框，其可以通过可视化的方式显示指定逻辑分区下的目录结构，并允许用户通过该对话框选择若干个文件，或某目录下所有的文件。.NET Framework 提供了抽象基类 CommonDialog，并通过该基类实现的 OpenFileDialog 和 SaveFileDialog 用于实现目录或文件的打开和保存。

10.3.1 打开文件对话框

OpenFileDialog 类可以实现一个打开文件的对话框，其提供了诸多方法，用于实现打开文件时目录和文件的选择，并将所打开的目录或文件的路径传输给程序。除此之外，还可以通过文件名或扩展名对文件进行筛选。典型的 OpenFileDialog 类可以实现如下效果，如图 10-1 所示。

图 10-1 【打开】对话框

1. OpenFileDialog 类的成员

OpenFileDialog 类提供了多种方法，以在打开文件时实现文件的权限控制，以及垃圾回收机制等，如表 10-11 所示。

表 10-11 OpenFileDialog 类的方法

方法	说明
OpenFile()	该方法用于打开用户选定的具有只读权限的文件。该文件由 FileName 属性指定
Reset()	该方法用于将所有属性重新设置为其默认值
ShowDialog()	该方法已重载，用于运行通用对话框。它从 CommonDialog 继承
Dispose()	该方法用于释放由 Component 占用的资源
Finalize()	该方法用于在通过垃圾回收将 Component 回收之前，释放非托管资源并执行其他清理操作

在用户操作 OpenFileDialog 类的对话框实例后，开发者可以通过 OpenFileDialog 的事件触发各种行为，如表 10-12 所示。

表 10-12　OpenFileDialog 类的行为

事件	说明
Disposed	添加事件处理程序以侦听组件上的 Disposed 事件
FileOk	当用户单击文件对话框中的"打开"或"保存"按钮时触发。它从 FileDialog 继承
HelpRequest	当用户单击通用对话框中的"帮助"按钮时触发。它从 CommonDialog 继承

在使用 OpenFileDialog 类的对话框实例后，开发者还可以通过 OpenFileDialog 类的属性，读取文件的各种信息，如表 10-13 所示。

表 10-13　OpenFileDialog 类的属性

属性	说明
AddExtension	该属性用于获取或设置一个值，该值指示如果用户省略扩展名，对话框是否自动在文件名中添加扩展名，从 FileDialog 继承
CheckFileExists	该属性用于获取或设置一个值，该值指示如果用户指定不存在的文件名，对话框是否显示警告
CheckPathExists	该属性用于获取或设置一个值，该值指示如果用户指定不存在的路径，对话框是否显示警告
FileName	该属性用于获取或设置一个包含在文件对话框中选定的文件名的字符串
FileNames	该属性用于获取对话框中所有选定文件的文件名
Filter	该属性用于获取或设置当前文件名筛选器字符串，该字符串决定对话框的"另存为文件类型"或"文件类型"框中出现的选择内容
InitialDirectory	该属性用于获取或设置文件对话框显示的初始目录
Multiselect	该属性用于获取或设置一个值，该值指示对话框是否允许选择多个文件
ReadOnlyChecked	该属性用于获取或设置一个值，该值指示是否选定只读复选框
ShowHelp	该属性用于获取或设置一个值，该值指示文件对话框中是否显示"帮助"按钮
ShowReadOnly	该属性用于获取或设置一个值，该值指示对话框是否包含只读复选框
Title	该属性用于获取或设置文件对话框标题，默认值为"打开"
ValidateNames	该属性用于获取或设置一个值，该值指示对话框是否只接受有效的 Win32 文件名

2. 使用 OpenFileDialog 类

在使用打开文件对话框时，可以先实例化 OpenFileDialog 类的对象，然后再通过 ShowDialog()方法将对话框显示出来，代码如下。

```
OpenFileDialog myDialog = new OpenFileDialog();
myDialog.ShowDialog();
```

在调用 ShowDialog()之前要创建 OpenFileDialog 类的实例，然后再调用 ShowDialog() 方法，用户可以改变对话框的操作方式和外观，当然，还可以通过一定的设置来限制打开的文件。

在控制台应用程序中使用 OpenFileDialog 时，必须引用程序集 System.Windows. Forms，且必须包含命名空间 System.Windows.Forms。而对于在 Visual Studio 2010 中创

建的 Windows 窗体应用程序，这已经由应用程序向导完成了。

10.3.2 保存文件对话框

保存文件对话框可以将当前内存中的数据保存在指定扩展名的文件中，同时还允许创建一个新的文件。在使用保存文件对话框时，需要使用到 SaveFileDialog 类，其与 OpenFileDialog 类相似，都是由 CommonDialog 类继承而来，因此绝大多数 SaveFileDialog 类的成员与 OpenFileDialog 都是通用的。相比 OpenFileDialog 类，SaveFileDialog 类具有以下特点。

❑ **标题**

SaveFileDialog 类使用 title 属性来设置对话框的标题，这与 OpenFileDialog 类似。如果没有设置标题，默认标题为"保存"。

❑ **文件扩展名**

文件扩展名的作用是对若干文件进行筛选，选择合适类型的文件。在进行文件扩展名的筛选时，需要先定义 AddExtension 属性，定义了文件扩展名是否自动添加到用户输入的文件名上。

如果用户没有输入扩展名，那么就使用 DefaultExt 属性设置的文件扩展名。如果这个属性为空，那么就使用当前选择的 Filter 中定义的文件扩展名。如果同时设置了 Filter 和 DefaultExt，则不论 Filter 是什么，都使用 DefaultExt 属性中设置的文件扩展名。

❑ **有效性验证**

为了自动验证文件名的有效性，可以使用 ValidateNames、CheckFileExists 或 CheckPathExists 属性，这一点与 OpenFileDialog 相同。OpenFileDialog 和 SaveFileDailog 的区别在于，SaveFileDialog 类中的 CheckFileExists 属性的默认值为 false，用于表示可以提供新文件名，以进行保存。

❑ **覆盖已有文件**

与 OpenFileDialog 类中的文件名有效性检查相比，SaveFileDialog 类要进行的检查更多，设置的属性更多。首先，如果 CreatePrompt 属性设置为 true，那么会询问用户是否要创建一个新文件。如果 OverwritePrompt 属性设置为 true，就会询问用户是否真的想要覆盖已有的文件。在.NET Framework 中，OverwritePrompt 属性默认设置为 true，而 CreatePrompt 属性默认设置为 false。

10.4 文件流的操作

在了解了 Windows 文件系统，以及路径、目录和文件等基础后，即可着手对本地磁盘中的文件进行读/写操作。

10.4.1 流式存取基础

在操作 Windows 文件系统中的文件时，需要先了解 3 个概念，即文件流、顺序文件和随机文件。在.NET Framework 中进行的所有输入和输出工作都要使用到流，因此操作文件也称作操作文件流。顺序文件和随机文件是文件流的两种具体存储方式。

1．什么是文件流

流是串行化设置的抽象表示。串行化设备可以以线性方式存储数据，并可以以同样的方式访问：一次访问一个字节。此设备可以是磁盘文件、打印机、内存位置和任何其他支持以线性方式读/写的对象。

通过使用设备抽象，就可以隐藏流的基础性的目标/源。这种抽象的级别使得代码可以重用，允许编写更通用的程序。因此，当应用程序从文件输入流或网络输入流中读取数据时，就可以转换并重用类似的代码。

另外，通过使用流，还可以忽略每一种设备的物理机制。因此从文件流中读取文件时，开发者无需担心磁盘开销或内存分配问题。当向某些外部目标写数据时，就要用到输出流，这可以指物理磁盘文件、网络位置、打印机或其他程序。理解流编程技术可以带来许多高级应用。

输入流用于将数据读取到程序可以访问的内存或变量中。到目前为止，本书所介绍的输入流形式是键盘。除键盘外，还可以是其他数据采集系统，例如，麦克风等输入的音频流等。在这里只讨论读磁盘文件的内容，因为适用于读/写磁盘文件的概念也适用于大多数设备。

2．顺序文件和随机文件

文件是存储在媒体介质上的数据的有序集合，是数据读/写操作的基本目标和对象。所有输入/输出的信息都是文件。按照文件内容的组织形式，大致可以将其分为两种，如下所示。

❑ 顺序文件

顺序文件也称为文本文件，其可以由任何文本编辑器进行编辑，包含不同长度的记录。在顺序文件中，每一条记录通常由换行符分隔，每一个记录包含一个或多个域，由分隔符分隔域。分隔符可以是逗号","或其他任意的特殊字符。顺序文件的读/写必须从头到尾进行，不能在读取某个记录时还没有读取它前面的记录。常见的文本文档（.txt）、XML 文档（.xml）和网页文档（.html）都是顺序文件。

❑ 随机文件

随机文件也称为直接访问文件，其通常是由特定的二进制编码组成的文件。随机文件中的记录具有固定的大小，因此可以直接被程序所访问。由于随机文件可以被快速访问到指定的某条记录，因此其执行性能要比顺序文件更高一些。

10.4.2　读写顺序文件

在进行流式顺序文件存取时，需要使用到 StreamReader 类和 StreamWriter 类，这两个类分别用于实现顺序文件的读取和写入，为开发者提供了按文本模式读/写数据的方法。StreamReader 类用于文件流的读取，其包含如下几种方法，如表 10-14 所示。

表 10-14　**StreamReader** 类的方法

方法	说明
Close()	该方法用于关闭 StreamReader 对象和基础流，并释放与读取器关联的所有系统资源
Read()	该方法用于读取输入流中的下一个字符或下一组字符
ReadBlock()	该方法用于从当前流中读取最大 count 的字符并从 index 开始将该数据写入 buffer
ReadLine()	该方法用于从当前流中读取一行字符并将数据作为字符串返回
ReadToEnd()	该方法用于从流的当前位置到末尾读取流
Peek()	该方法用于返回下一个可用的字符，但不使用它
Finalize()	该方法用于允许 Object 在"垃圾回收"回收 Object 之前尝试释放资源并执行其他清理操作

在写入流媒体时，需要使用 StreamWriter 类，其同样提供了多种方法供开发者使用，如表 10-15 所示。

表 10-15　**StreamWriter** 类的方法

方法	说明
Close()	该方法用于关闭当前的 StreamWriter 对象和基础流
Flush()	该方法用于清理当前编写器的所有缓冲区，并使所有缓冲数据写入基础流
Write()	该方法用于将字符串写入流
WriteLine()	该方法用于将一行数据写入流

10.4.3　读写随机文件

在读/写二进制随机文件时，需要使用到.NET Framework 提供的 FileStream 类。FileStream 类可以对顺序文件进行读取、写入、打开和关闭操作，并对其他与文件相关的操作系统句柄进行操作，如管道、标准输入和标准输出。FileStream 类同时支持同步或异步操作。

与 StreamReader 类和 StreamWriter 类相比，FileStream 类主要可以操作字节和字节数组，而前两者只能操作字符文本数据。FileStream 类提供了如下几种方法，如表 10-16 所示。

表 10-16　**FileStream** 类的方法

方法	说明
BeginRead()	该方法已重写，用于开始异步读
BeginWrite()	该方法已重写，用于开始异步写
Close()	该方法用于关闭当前流并释放与之关联的所有资源（如套接字和文件句柄）
EndRead()	该方法已重写，用于等待挂起的异步读取完成
EndWrite()	该方法已重写，用于结束异步写入，在 I/O 操作完成之前一直阻止
Flush()	该方法已重写，用于清除该流的所有缓冲区，使得所有缓冲的数据都被写入到基础设备中
Lock()	该方法用于允许读取访问的同时防止其他进程更改 FileStream

续表

方法	说明
Read()	该方法已重写，用于从流中读取字节块并将该数据写入给定缓冲区中
ReadByte()	该方法已重写，用于从文件中读取一个字节，并将读取位置提升一个字节
Seek()	该方法已重写，用于将该流的当前位置设置为给定值
SetLength()	该方法已重写，用于将该流的长度设置为给定值
Unlock()	该方法用于允许其他进程访问以前锁定的某个文件的全部或部分
Write()	该方法已重写，用于使用从缓冲区读取的数据将字节块写入该流
WriteByte()	该方法已重写，用于将一个字节写入文件流的当前位置
Finalize()	该方法已重写，用于确保"垃圾回收"回收 FileStream 时释放资源并执行其他清理操作

除了上表中的方法以外，FileStream 类还提供了多种属性，允许在读/写二进制文件时判断若干读/写状态，如表 10-17 所示。

表 10-17　FileStream 类的属性

属性	说明
CanRead	该属性用于获取一个值，该值指示当前流是否支持读取
CanSeek	该属性用于获取一个值，该值指示当前流是否支持查找
CanTimeout	该属性用于获取一个值，该值确定当前流是否可以超时
CanWrite	该属性用于获取一个值，该值指示当前流是否支持写入
Handle	该属性用于获取当前 FileStream 对象所封装文件的操作系统文件句柄
IsAsync	该属性用于获取一个值，该值指示 FileStream 是异步还是同步打开的
Length	该属性用于获取用字节表示的流长度
Name	该属性用于获取传递给构造函数的 FileStream 的名称
Position	该属性用于获取或设置此流的当前位置
ReadTimeout	该属性用于获取或设置一个值，该值确定流在超时前尝试读取多长时间
SafeFileHandle	该属性用于获取 SafeFileHandle 对象，该对象表示当前 FileStream 对象封装的文件的操作系统文件句柄
WriteTimeout	该属性用于获取或设置一个值，该值确定流在超时前尝试写入多长时间

10.4.4　读写二进制流数据

如果需要读/写更复杂的二进制文件，则可以使用 NET Framework 类库提供的 BinaryReader 类和 BinaryWriter 类等。

BinaryReader 类和 BinaryWriter 类的使用方法与 StreamReader 类和 StreamWriter 类大同小异，开发者可以使用 BinaryWriter 类向二进制文件写入数据；使用 BinaryReader 类从二进制文件读取数据。下面的代码依次创建了基于这两个类的实例，代码如下。

```
BinaryWriter binWriter = new BinaryWriter(File.Open(fileName,
    FileMode.Create));
BinaryReader binReader = new BinaryReader(File.Open(fileName,
```

```
FileMode.Open));
```

BinaryReader 类提供了多种方法，允许选择从二进制流数据中读取的数据类型，如表 10-18 所示。

表 10-18　BinaryReader 类的方法

方法	说明
Close()	该方法用于关闭当前 BinaryReader 及基础流
PeekChar()	该方法用于返回下一个可用的字符，并且不提升字节或字符的位置
Read()	该方法已重载，用于从基础流中读取字符，并提升流的当前位置
ReadBoolean()	该方法用于从当前流中读取 Boolean 值，并使该流的当前位置提升 1 个字节
ReadByte()	该方法用于从当前流中读取下一个字节，并使流的当前位置提升 1 个字节
ReadBytes()	该方法用于从当前流中将 count 个字节读入字节数组，并使当前位置提升 count 个字节
ReadChar()	该方法用于从当前流中读取下一个字符，并根据所使用的 Encoding 和从流中读取的特定字符，提升流的当前位置
ReadDecimal()	该方法用于从当前流中读取十进制数值，并将该流的当前位置提升 16 个字节
ReadDouble()	该方法用于从当前流中读取 8 字节浮点值，并使流的当前位置提升 8 个字节
ReadInt16()	该方法用于从当前流中读取 2 字节有符号整数，并使流的当前位置提升 2 个字节
ReadInt32()	该方法用于从当前流中读取 4 字节有符号整数，并使流的当前位置提升 4 个字节
ReadInt64()	该方法用于从当前流中读取 8 字节有符号整数，并使流的当前位置向前移动 8 个字节
ReadSByte()	该方法用于从此流中读取一个有符号字节，并使流的当前位置提升 1 个字节
ReadSingle()	该方法用于从当前流中读取 4 字节浮点值，并使流的当前位置提升 4 个字节
ReadString()	该方法用于从当前流中读取一个字符串。字符串有长度前缀，一次 7 位地被编码为整数
Dispose()	该方法用于释放由 BinaryReader 占用的非托管资源，还可以另外再释放托管资源
FillBuffer()	该方法用于用从流中读取的指定字节数填充内部缓冲区

BinaryWriter 类可以方便地读取任意类型二进制流数据，其提供了多种方法用于获取数据和定义数据的类型，如表 10-19 所示。

表 10-19　BinaryWriter 类的方法

方法	说明
Close()	该方法用于关闭当前的 BinaryWriter 和基础流
Flush()	该方法用于清理当前编写器的所有缓冲区，使所有缓冲数据写入基础设备
GetType()	该方法用于获取当前实例的类型，可以是类类型、接口类型、数组类型、值类型、枚举类型、类型参数、泛型类型定义，以及开放或封闭构造的泛型类型
Seek()	该方法用于设置当前流中的位置
Write()	该方法已重载，用于将值写入当前流
Dispose()	该方法用于释放由 BinaryWriter 占用的非托管资源，还可以另外再释放托管资源
Finalize()	该方法用于允许 Object 在"垃圾回收"回收 Object 之前尝试释放资源并执行其他清理操作

10.5　扩展练习

1．读/写二进制文件

使用之前介绍的 BinaryReader 和 Binary-Writer 类来读/写二进制文件，最终效果如图 10-2 所示。

① 在 Visual Studio 中创建 Windows 窗体应用程序。

② 设计读/写二进制文件的窗体。

③ 为"写入数据"和"读取数据"等两个按钮编写事件代码。

④ 编写异常调试，输出操作状态。

2．读取文件信息

使用之前介绍的 File 类、FileInfo 类以及

OpenFileDialog 类等，编写一个读取文件名称、文件扩展名、文件路径、文件类型和文件大小的应用程序。

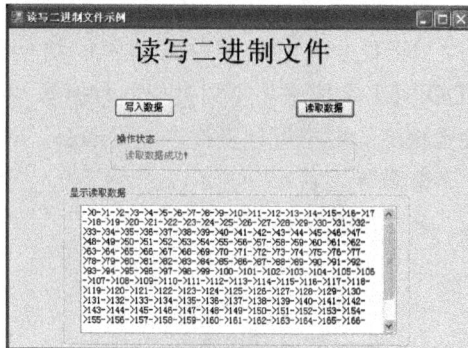

图 10-2　读/写二进制数据

第11章 ADO.NET 数据库编程

数据库是软件开发中的重要组成部分，软件中需要的所有数据都是存储在数据库中的。.NET 为应用程序对数据库的访问提供了友好而且非常强大的支持，它提供了 ADO.NET 类库来与不同类型的数据源及数据库进行交互。使用 ADO.NET 类库可与对各种数据库的数据进行操作，如 Oracle、Microsoft SQL Server、Microsoft Access 等。

本章学习目标
➢ 了解数据库的基础知识
➢ 了解常用数据库介绍
➢ 了解 ADO.NET 类
➢ 掌握如何连接数据
➢ 掌握如何对数据库数据进行操作
➢ 掌握 DataSet 的使用

11.1 数据库基础

随着数据库技术的发展，数据库已经从早期的单纯用于存储数据而转变为用户所需要的各种数据管理的方式。本节就会对数据库的基础知识进行简单的介绍，使读者对数据库有一个基本的了解。

11.1.1 数据库基本知识

数据库是一个长期存储在计算机内的、有组织、有结构、统一管理的数据集合。它是一个按照数据结构来存储和管理数据的计算机软件系统。数据库有很多种类型，从最简单的存储各种数据的表格到能够进行海量数据存储的大型数据库系统都在各个方面得到了广泛的应用。

J.Martin 给数据库下了一个比较完整的定义：数据库是存储在一起的相关数据的集合，这些数据是结构化的，无有害的或不必要的冗余，并为多种应用服务；数据的存储独立于使用它的程序；对数据库插入新数据、修改和检索原有数据均能按一种公用的和可控制的方式进行。当某个系统中存在结构上完全分开的若干个数据库时，则该系统包含一个"数据库集合"。

使用数据库可以带来许多好处：如减少了数据的冗余度，从而大大地节省了数据的存储空间；实现数据资源的充分共享等。此外，数据库技术还为用户提供了非常简便的使用手段使用户可以轻松地编写有关数据库应用程序。

11.1.2 常用数据库系统

在日常工作中，常用的数据库系统有很多，按照可存储数据量多少来划分可以分为大型数据库、小型数据库。其中，常用的大型数据包括 Oracle、DB2、Microsoft SQL Server 等；常用的小型数据库包括 Mysql、Access 等。

1．DB2

DB2 是 IBM 出口的一系列关系型数据库管理系统，分别在不同的操作系统平台上服务。虽然 DB2 产品是基于 UNIX 的系统和个人计算机操作系统，但在基于 UNIX 系统和微软的 Windows 系统下的 Access 方面，DB2 追寻了 Oracle 的数据库产品。

DB2 主要应用于大型应用系统，具有较好的可伸缩性，可支持从大型机到单用户环境，应用于 OS/2、Windows 等平台下。DB2 提供了高层次的数据利用性、完整性、安全性、可恢复性，以及小规模到大规模应用程序的执行能力，具有与平台无关的基本功能和 SQL 命令。它以拥有一个非常完备的查询优化器而著称，其外部连接改善了查询性能，并支持多任务并行查询。

2．Oracle

Oracle Database 又名 Oracle RDBMS，或简称 Oracle。它是甲骨文公司推出的一款关系型数据库管理系统，到目前为止在数据库市场上占有主要份额。它是一种大型数据库系统，一般应用于商业和政府部门。

Oracle 的功能非常强大，能够处理大批量的数据，在网络方面的应用也非常地多。Oracle 数据库是基于"客户端/服务器"模式结构，客户端应用程序执行与用户进行交互的活动。Oracle 接收用户信息，并向"服务器端"发送请求，服务器系统负责管理数据信息和各种操作数据的活动。

3．Microsoft SQL Server

SQL Server 是一个关系数据库管理系统，它最初是由 Microsoft、Sybase 和 Ashton-Tate 这 3 家公司共同开发的，于 1988 年推出了第一个 OS/2 版本。在 Windows NT 推出后，Microsoft 与 Sybase 在 SQL Server 的开发上就分道扬镳了，Microsoft 就将 SQL Server 移植到 Windows NT 系统上，专注于开发推广 SQL Server 的 Windows NT 版本。

4．MySQL

MySQL 数据库是一个小型关系型数据库管理系统，它是一个真正的多用户、多线程 SQL 数据库服务器。它是基于"客户端/服务器端"结构的实现，由一个服务器守护程序 mysqld 和很多不同的客户程序及库组成。

MySQL 最大的优点是开源免费特性；缺点就是应对超大型服务力不从心，而且配套软件不够完善。

5．Microsoft Office Access

Microsoft Office Access 是由微软发布的关联式数据库管理系统。它结合了 Microsoft Jet Database Engine 和图形用户界面两项特点，是 Microsoft Office 的系统程式之一。它还能够存取 Microsoft SQL Server、Oracle、Access/Jet 或者任何 ODBC 兼容数据库内的资料。

Access 在很多地方得到广泛使用，例如，小型企业、大公司的部门，喜爱编程的开发人员专门利用它来制作处理数据的桌面系统。它也常被用来开发简单的 Web 应用程序，这些应用程序都利用 ASP 技术在 Internet Information Services 运行。

11.1.3 SQL 语句

SQL（Structured Query Language，结构化查询语言）是一种数据库查询和程序设计语言，它通常用于存取数据以及查询、更新和管理关系型数据库系统。本节将会对 SQL 语句的相关知识进行简单的介绍。

SQL 语言包含 4 个部分，分别是数据定义语言（DDL）、数据操作语言（DML）、数据查询语言（DQL）和数据控制语言（DCL）等。

1．DDL

DDL 用于定义和管理对象，例如，数据库、数据表和视图。它通常包括每个对象的 CREATE、ALTER 以及 DROP 命令。举例来说，CREATE TABLE、ALTER TABLE 以及 DROP TABLE 这些语句就可以用来创建新表、修改表（其属性）、删除表等。

创建新表的语法如下所示。

```
CREATE TABLE 表名(
数据名 数据类型 数据限制条件
)
```

修改表的基本用法如下所示。

```
ALTER TABLE 表名
    ADD 新列名
    DROP 约束名
    MODIFY 列名
```

删除表的基本用法如下所示。

```
DROP 表名
```

2．DML

DML（Data Manipulation Language，数据库操作语言）可以使用 INSERT、UPDATE

以及 DELETE 等语句来操作数据库对象所包含的数据。

INSERT 语句用来在数据表或视图中插入以后数据，它的基本用法如下所示。

```
INSERT INTO 表名 VALUES（数据内容）
```

UPDATE 语句用来更新或修改某表中一行或多行中的值，其基本用法如下所示。

```
UPDATE 表名
SET 数据名=新数据
WHERE 修改条件
```

DELETE 语句用于删除某个表中的所有或其中一部分数据，基本用法如下所示。

```
DELETE
FROM 表名
WHERE 删除条件
```

3．DQL

DQL（Data Query Language，数据查询语言）通常是使用 SELECT 语句来查询数据库数据的。

SELECT 语句的基本用法如下所示。

```
SELECT 数据名（可多个）
FROM 表名
WHERE 查询条件
GROUP BY 分组表达式
HAVING 查询条件
ORDER BY 排序表达式
```

4．DCL

DCL（Data Control Language，数据库控制语言）是用来设置或更改数据库用户或角色权限的语句，包括 Grant、DENY、REVOKE 等语句。在默认状态下，只有 sysadmin、dbcreator、db_owner 或 db_securityadmin 等人员才有权利执行 DCL 语言。

11.2　ADO.NET 技术

ADO.NET 是一组向.NET 程序员公开数据访问服务的类。ADO.NET 为创建分布式数据共享应用程序提供了一组丰富的组件。它提供了对关系数据、XML 和应用程序数据的访问，因此它是.NET Framework 中不可缺少的一部分。ADO.NET 支持多种开发需求，包括创建由应用程序、工具、语言或 Internet 浏览器使用的前端数据库客户端和中间层业务对象。

11.2.1　ADO.NET 简介

ADO（ActiveX Data Object）对象是继 ODBC（Open Database Connectivity，开放数

据库连接架构）之后微软主推存取数据的最新技术，ADO 对象是程序开发平台用来和 OLE DB 沟通的媒介，ADO.NET 是 ADO 的最新版本。ADO.NET 不像以前的 ADO 只是为了存取数据库设计的，ADO.NET 是为了广泛的数据控制而设计的，所以使用起来会比以前的 ADO 更灵活更有弹性。

ADO.NET 的出现并不是要来取代 ADO 的，而是为了提供更有效率的数据存取。微软通过最新的.NET 技术提供了可以满足众多需求的架构，这个架构就是.NET 共享对象类别库。这个共享对象类别库不但涵盖了 Windows API（Windows Application Programming Interface，Windows 应用程序设计界面）的所有功能，还提供更多的功能及技术；另外它还将以前放在不同 COM 组件上、常常使用的对象及功能一并包括进来。除此之外 ADO.NET 还将 XML 整合进来，这样一来数据的交换就变得非常轻松容易了。

ADO.NET 对 Microsoft SQL Server 和 XML 等数据源以及通过 OLE DB 和 XML 公开的数据源提供一致的访问。数据共享使用者应用程序可以使用 ADO.NET 来连接到这些数据源，并检索、处理和更新所包含的数据。

ADO.NET 有效地从数据库操作中将数据访问分解为多个可以单独使用或一前一后使用的不连续组件。ADO.NET 包含用于连接到数据库、执行命令和检索结果的.NET Framework 数据提供程序。用户可以直接处理检索到的结果，或将其放入 ADO.NET DataSet 对象，以便与来自多个源的数据或在层之间进行远程处理的数据组合在一起，以特殊方式向用户公开。ADO.NET DataSet 对象也可以独立于.NET Framework 数据提供程序使用，以管理应用程序本地的数据或源自 XML 的数据。

ADO.NET 类在 System.Data.dll 中，并且与 System.Xml.dll 中的 XML 类集成。当编译使用 System.Data 命名空间的代码时，可以引用 System.Data.dll 和 System.Xml.dll。

11.2.2　ADO.NET 类库

.NET Framework 数据提供程序用于连接到数据库、执行命令和检索结果，这些结果将直接处理或放置在 DataSet 中以便与来自多个源的数据或层之间进行远程处理的数据组合在一起，以特殊的方式向用户公开。.NET Framework 数据提供程序是轻量的，它在数据源和代码之间创建最小的分层，并在不降低功能性的情况下提供高性能。

ADO.NET 支持的数据访问方式及命名空间如表 11-1 所示。

表 11-1　.NET Framework 中所包含的数据提供程序

.NET Framework 数据提供程序	说明
.NET Framework 用于 SQL Server 的数据提供程序	提供对 Microsoft SQL Server7.0 版或更高版本的数据访问。使用 System.Data.SqlClient 命名空间
.NET Framework 用于 OLE DB 的数据提供程序	适合于使用 OLE DB 公开的数据源。使用 System.Data.OleDb 命名控件
.NET Framework 用于 ODBC 的数据提供程序	适合使用 ODBC 公开的数据源。使用 System.Data.Odbc 命名控件
.NET Framework 用于 Oracle 的数据提供程序	适用于 Oracle 数据源。用于 Oracle 的.NET Framework 数据提供程序支持 Oracle 客户端软件 8.1.7 和更高版本，并使用 System.Data.OracleClient 命名空间

.NET Framework 数据提供程序	说明
EntityClient 提供程序	提供对实体数据模型（EDM）应用程序的数据访问。使用 System.Data.EntityClient 命名空间

ADO.NET 体系结构中的对象可以分成两组：.NET Framework 数据提供程序（包括 Connection、Command、DataAdapter、DataReader 及 DataSet 等对象）和 ADO.NET 包括的对象，如表 11-2 所示。

表 11-2　ADO.NET 体系结构中的对象

对象	说明
Connection	建立与特定数据源的连接。所有 Connection 对象的基类均为 DbConnection 类
Command	对数据源执行命令。公开 Parameters，并可在 Transaction 范围内从 Connection 执行。所有 Command 对象的基类均为 DbCommand 类
DataReader	从数据源中读取只进且只读的数据流。所有 DataReader 对象的基类均为 DbDataReader 类
DataAdapter	使用数据源填充 DataSet 并解决更新。所有 DataAdapter 对象的基类均为 DbDataAdapter 类
DataSet	该对象是 ADO.NET 数据体系结构中的主要对象。可以将它看作一种驻留在客户端的小型关系数据库，并与特定的数据库无关。DataSet 对象包括一个 DataTable（表）对象的集合和一个 DataRelation（关系）对象的集合

229

11.3　连接数据库

在对数据库进行操作之前，首先需要定义一个数据库连接。原因是只有定义了连接才可以使用这个连接将应用程序和数据库连接起来，才可以通过应用程序对数据库中的数据进行增删改查等操作。

而在定义数据库连接之前必须要引入命名空间，原因是.NET Framework 类库中的类都被组织在命名空间内，ADO.NET 由分散在几个.NET 命名空间内的几十个类组成，表 11-3 中所示的是经常会使用到的命名空间。

表 11-3　ADO.NET 部分命名空间

命名空间	说明
System.Data	这个命名空间包含表示内存数据的类。这些类独立于数据的源。也就是说，无论数据来自 SQL Server、Access 还是 XML 文件，都可以使用相同的类。这些类之中最重要的是 DataSet 类
System.Data.Comman	由各种.NET Framework 数据提供程序共享的类，如 DataAdapter
System.Data.Sql	支持 SQL Server 特定功能的类
System.Data.SqlClient	这个命名空间包含直接连接到 SQL Server 的类。这些类直接用于 SQL Server 数据库中的数据，或者作用于将 System.Data 类关联到 SQL Server 数据库的服务器
System.Data.SqlTypes	这个命名空间包含其范围与语义跟 SQL Server 本机数据类型的范围与语义相匹配的类。例如，SQL Server money 型列中的任意一个值都可以用 System.Data.SqlTypes.Money 类的一个实例来表示

System.Data.SqlClient 就是 ADO.NET 数据提供者的一个例子，与 SQL Server 数据库打交道。其他数据提供程序提供访问其他数据源的途径。例如，System.Data.OracleClient 命名空间与 Oracle 数据库打交道，而 System.Data.OleDb 命名空间与其他 OLE DB 数据元打交道。它们的类与 SqlClient 命名空间中的其他类在工作方式上是相似的。

11.3.1　定义连接字符串

在访问数据库之前，必须要提供某种类型的连接参数，例如，在连接数据时必须明确地告诉程序连接的是哪一个数据库、用户名、密码及安全性处理等，而这些都是通过一个字符串来定义的，即连接字符串。

若连接字符串的语法错误就会生成运行时异常，但这只有在数据源验证了连接字符串中的信息后，才可以发现其他的错误。验证了连接字符串信息后，数据源设置启用该连接的各种选项。

ADO.NET 中包含了 Connection 连接类，通过在连接字符串中提供必要的身份验证信息，使用 Connection 对象连接到特定的数据源。但所使用的 Connection 对象取决于数据源的类型，原因是.NET Framework 提供的每一个.NET Framework 数据提供程序都包含一个 Connection 对象，具体如下。

- ❑ SQL Server .NET Framework 数据提供程序包括一个 SqlConnection 对象。
- ❑ OLE DB .NET Framework 数据提供程序包括一个 OleDbConnection 对象。
- ❑ ODBC .NET Framework 数据提供程序包括一个 OdbcConnection 对象。
- ❑ Oracle .NET Framework 数据提供程序包括一个 OracleConnection 对象。

本章着重讲解用于连接 SQL Server 数据库的连接字符串，通过 SqlConnection 的 ConnectionString 属性可以为 SQL Server 数据源获取或设置连接字符串。连接 SQL Server 数据库的连接字符串代码如下所示。

```
"Data Source=localhost;Initial Catalog=Northwind;Integrated Security=
True"
```

在上面代码的连接字符串中，参数是用分号分隔开的，各参数的含义如下所示。

Data Source 表示要连接的数据库服务器。SQL Server 允许在同一台计算机上运行多个不同的数据库服务器实例，所以这里在本地机器上连接默认的 SQL Server 实例。如果使用 SQL Express，就将服务器部分改为 server=./sqlexpress。

Initial Catalog 表示的是要连接的数据库，每一个 SQL Server 进程都可以有几个数据库实例。

Integrated Security 该属性表示使用 Windows 身份验证。通常情况下建议使用 Windows 身份验证（通常称为集成安全性）连接到服务器数据库上。要指定 Windows 身份验证，可以将 SQL Server .NET Framework 数据提供程序的 Integrated Security 设置为 true 或 SSPI，都可以指定为 Windows 身份验证。

11.3.2　存储连接字符串

存储连接字符串的方法是直接将连接字符串存储在应用程序配置文件中，或者是在应用程序的某个地方通过硬编码连接字符串，或者是以预定义的方式存储连接字符串，甚至是以类型未知的方式使用数据库连接。例如，现在可以编写应用程序，插入各个数据库提供程序，而这些都无需修改主应用程序。

要定义并存储数据库连接字符串，应使用配置文件中新的<connectionStrings>段。在这里可以指定连接的名称、数据库连接字符串的参数，还需要指定这个连接类型的提供程序。下面是一个例子：

```
<configuration>
…
   <connectionStrings>
      <add name="Northwind" providerName="System.Data.SqlClient"
      connectionString=" Data Source=localhost;Initial Catalog=
      Northwind;Integrated Security=True "/>
   <connectionStrings>
<configuration>
```

在上述所示的程序代码中，在 Web.Config 文件中的<connectionStrings>配置节点下面设置了一个数据库连接字符串，指向 Northwind 示例数据库。<connectionStrings>配置节点中的连接字符串存储为键/值对的形式，可以在运行时使用名称查找存储在connectionString 属性中的值。

11.3.3　读取连接字符串

System.Configuration 命名空间提供使用配置文件中存储的配置信息的类。ConnectionStringSettings 类具有两个属性，映射到 11.3.2 节所示的<connectionStrings>示例部分中显示的名称，即<add>内的 name 值。

以下示例通过将连接字符串的名称传递给 ConfigurationManager，再有其返回ConnectionStringSettings 对象，以便从配置文件中检索连接字符串。connectionStrings 属性用于显示此值，具体如下所示。

```
using System;
using System.Collections.Generic;
using System.Linq;
using System.Text;
using System.Configuration;
namespace SuperMarket
{
   class Class1
   {
      public static string GetConnString()
```

```
        {
            String strConn = String strConn = System.Configuration. Confi-
            gurationManager.ConnectionStrings["ConnectionString"].Conne-
            ctionString;
            if (strConn == null)
            {
                return null;
            }
            else {
                return strConn;
            }
        }
    }
}
```

提示

在程序中添加 System.Conguration 命名空间时，不能直接写 System.Configuration，要首先在项目的引用文件夹下添加该命名空间的应用后再写 System.Configuration。

232

11.3.4　测试连接

了解了如何定义、存储和读取连接字符串后，就可以通过使用 SQL.NET 数据提供程序的连接对象 SqlConnection 建立一个和 SQL Server 数据库的连接了。

本节将通过使用数据库连接对象 SqlConnection 连接 SQL Server 数据库，进行测试连接。本例将从配置文件中读取连接字符串，然后使用读取到的连接字符串作为参数传递给 SqlConnection，从而建立 SQL Server 数据库连接，具体步骤如下所示。

1 在 Visual Studio 2010 中创建一个 Windows 应用程序，并在该项目中添加一个 testApp.config 配置文件、一个类文件；然后，SQL Server 2008 中添加数据库 TestDB。

2 接下来在配置文件中创建连接 SQL Server 数据库的连接字符串，该配置文件主要代码如下所示。

```
<?xml version="1.0" encoding="utf-8" ?>
<configuration>
  <appSettings>
  </appSettings>
  <connectionStrings>
    <add name="ConnectionString" connectionString="Data Source=localhost;
    Initial Catalog=TestDB;Integrated Security=True" providerName=
    "System.Data.SqlClient"/>
  </connectionStrings>
</configuration>
```

3 然后，对 Windows 窗体进行设计，向窗体内添加 Label、Button 和 RichTextBox 等控件，并对这些控件的属性进行设置。其中，Button 用于控制数据库连接；RichTextBox

ADO.NET 数据库编程 ————

控件用于显示连接字符串，如图 11-1 所示。

4 接下来编写类 Class1，在类中定义一个静态方法用于
获取数据库连接字符串，代码如下所示。

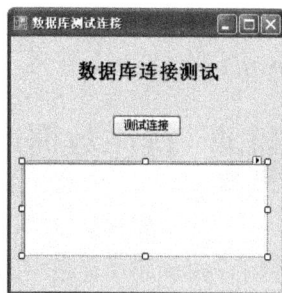

图 11-1　窗体效果

```csharp
using System;
using System.Collections.Generic;
using System.Linq;
using System.Text;
using System.Configuration;
namespace Test
{
    class Class1
    {
        public static string GetConn()
        {
            ConnectionStringSettings settings = ConfigurationManager.
            ConnectionStrings["ConnectionString"];
            String strconn = "";
            if (settings != null)
            {
                strconn = settings.ConnectionString;
                return strconn;
            }
            else
                return null;
        }
    }
}
```

5 然后，为 Form1 窗体中的【测试连接】按钮添加单击事件触发函数 connection
Click()，代码如下所示。

```csharp
public void connectionClick(object sender,System.EventArgs e)
{
    String strConn = Class1.GetConn();
    SqlConnection sqlconn = new SqlConnection(strConn);
    sqlconn.Open();
    if (sqlconn.State == ConnectionState.Open)
    {
        richTextBox1.Text = "数据库连接字符串为：" + strConn;
        label1.Text = "数据库连接已打开";
        sqlconn.Close();
    }
    else {
        richTextBox1.Text = "";
        label1.Text = "数据库连接失败";
    }
}
```

⑥ 执行【调试】|【只执行（不调试）】命令运行该程序，单击【测试连接】按钮，执行效果如图 11-2 所示。

11.4 操作数据库

数据库是一个通用化的综合性的数据集合，它可以供各种用户共享且具有最小的冗余度和较高的数据与程序的独立性。数据库中的数据按照一定的数据模型组织、描述和存储。

图 11-2 测试连接

操作数据库主要是对数据库中的数据进行查询、删除、修改以及向数据库中添加数据等。本节将介绍有关 ADO.NET 中的 DataAdapter、DataSet、DataReader、DataTable 以及 DataView 等内容。

11.4.1 使用 DataAdapter 填充 DataSet 对象

DataReader 是用于填充 DataSet 和更新数据源的一组 SQL 命令和一个数据库连接，DataAdapter 还将对 DataSet 的更改解析回数据源。DataAdapter 使用.NET Framework 数据提供程序的 Connection 对象连接到数据源，并使用 Command 对象从数据源检索数据以及将更改解析回数据源。

DataAdapter 对象可以建立并初始化数据表（即 DataTable），对数据源执行 SQL 指令，与 DataSet 对象结合，提供 DataSet 对象存取数据，可视为 DataSet 对象的操作核心，是 DataSet 对象与数据操作对象之间的沟通媒介。DataAdapter 对象可以隐藏 Connection 对象与 Command 对象沟通的数据，可用 DataSet 对象存取数据源。

DataAdapter 用作 DataSet 和数据源之间的桥接器和保存数据。DataAdapter 通过映射 Fill（这更改了 DataSet 中的数据以便与数据源中的数据相匹配）和 Update（这更改了数据源的数据以便与 DataSet 中的数据相匹配）来提供这一桥接器。

ADO.NET 中的 DataSet 是数据的内存驻留表示形式，它提供了独立于数据源的一致关系编程模型。DataSet 表示整个数据集，其中包含表、约束和表之间的关系。由于 DataSet 独立于数据源，所以它可以包含应用程序本地的数据，也可以包含来自多个数据源的数据。与现有数据源的交互通过 DataAdapter 来控制。

DataAdapter 的 SelectCommand 属性是一个 Command 对象，用于从数据源中检索数据。DataAdapter 的 InsertCommand、UpdateCommand 和 DeleteCommand 属性也是 Command 对象，用于按照对 DataSet 中数据的修改来管理对数据源中数据的更新。

DataAdapter 的 Fill 方法用于使用 DataAdapter 的 SelectCommand 的结果来填充 DataSet。Fill 将要填充的 DataSet 和 DataTable 对象（或要使用从 SelectCommand 中返回的行来填充的 DataTable 的名称）作为它的参数。也就是说，它使用 DataReader 对象来隐式地返回用于在 DataSet 中创建表的列名称和类型以及用于填充 DataSet 中的表行的数据。下面来看一个使用 DataAdapter 来填充 DataSet 对象的示例，具体代码如下所示。

```
public DataSet getDataSet()
```

```
{
    String sqlString = System.Configuration.ConfigurationManager.
    ConnectionStrings["ConnectionString"].ConnectionString;
    SqlConnection sqlconn = new SqlConnection(sqlString);
    String strSql = "select * from Employee";
    SqlDataAdapter sda = new SqlDataAdapter(strSql,sqlconn);
    DataSet ds = new DataSet();
    sda.Fill(ds,"Employee");
    return ds;
}
```

DataAdapter 如果遇到多个结果集，将在 DataSet 中创建多个表，并向这些表提供递增的默认名称 TableN，以表示 Table0 的 "Table" 为第一个表名。如果以参数形式向 Fill 方法传递表名，则将向这些表提供递增的默认名称 TableNameN，以表示 TableName0 的 "TableName" 为第一个表名。

可以将任意数量的 DataAdapter 对象与 DataSet 对象一起使用，并且每个 DataAdapter 都可以用于填充一个或多个 DataTable 对象并将更新解析回相关数据源。下面来看多个 DataAdapter 填充 DataSet 对象的实例，具体代码如下所示。

```
public DataSet getMDataSet()
{
    String sqlString = System.Configuration.ConfigurationManager.
    ConnectionStrings["ConnectionString"].ConnectionString;
    using (SqlConnection sqlconn = new SqlConnection(sqlString))
    {
        String strSql1 = "select sEmployeerName,iAge from Employee";
        String strSql2 = "select * from Employee";
        SqlDataAdapter sda1 = new SqlDataAdapter(strSql1,sqlconn);
        SqlDataAdapter sda2 = new SqlDataAdapter(strSql2, sqlconn);
        DataSet ds = new DataSet();
        sda1.Fill(ds,"Employee");
        sda2.Fill(ds,"Employees");
        return ds;
    }
}
```

11.4.2 使用 Command 对象

当建立与数据源的连接后，可以使用 Command 对象来执行命令并从数据源中返回结果。用户可以使用 Command 构造函数来创建命令，该构造函数采用在数据源、Connection 对象和 Transaction 对象中执行的 SQL 语句的可选参数。也可以使用 Connection 的 CreateCommand 方法来创建用于特定连接的命令。用户可以使用 CommandText 属性来查询和修改 Command 对象的 SQL 语句。

每个.NET Framework 数据提供程序包括一个 Command 对象：OLE DB.NET

Framework 数据提供程序包括一个 OleDbCommand 对象；SQL Server.NET Framework 数据提供程序包括一个 SqlCommand 对象、ODBC.NET Framework 数据提供程序包括一个 OdbcCommand 对象；Oracle.NET Framework 数据提供程序包括一个 OracleCommand 对象。这些对象有一些公共的属性和方法，如表 11-4、表 11-5 所示。

表 11-4　Command 对象公共属性

属性	说明
CommandText	该属性用于获取或设置要对数据源执行的 SQL 语句或存储过程
CommandTimeout	该属性用于获取或设置在终止对执行命令的尝试并生成错误之前的等待时间
CommandType	该属性用于获取或设置一个指示如何解释 CommandText 属性的值
Connection	该属性用于获取或设置 OleDbCommand 的实例使用的 OleDbConnection
DesignTimeVisible	该属性用于获取或设置一个值，该值指示命令对象在自定义的 Windows 窗体设计器控件中是否应可见
Transaction	该属性用于获取或设置将在其中执行 OleDbCommand 的 OleDbTransaction
UpdatedRowSource	该属性用于获取或设置命令结果在由 OleDbDataAdapter 的 Update 方法使用时如何应用于 DataRow

表 11-5　Command 对象公共方法

方法	说明
Cancel()	该方法用于试图取消执行当前 Command 对象
ExecuteNonQuery()	该方法针对 Connection 执行 SQL 语句并返回受影响的行数
ExecuteReader()	该方法用于将 CommandText 发送到 Connection 并生成一个 OleDbDataReader
ExecuteScalar()	该方法用于执行查询，并返回查询所返回的结果集中第一行的第一列，而忽略其他列或行
ExecuteXmlReader()	该方法用于将 CommandText 发送到 Connection 并生成一个 XmlReader 对象

下面将通过一个小实例来具体说明 Command 对象的使用，本实例是运用 SQL Server 数据库进行操作的，具体实现执行 Command 命令后返回的数据显示到控制台上，该实例具体代码如下所示。

```
public void CreateCommand()
{
    using(SqlConnection sqlconn = new SqlConnection(ConfigurationManager.
    ConnectionStrings["ConnectionString"].ConnectionString))
    {
        SqlCommand scmd = new SqlCommand();
        scmd.Connection = sqlconn;
        scmd.CommandText = "delete from Employee where EmpId=1";
        //系统默认设置 Text 执行存储过程的时候属性设置为 Stored Procedure
        scmd.CommandType = CommandType.Text;
        sqlconn.Open();
        int i = scmd.ExecuteNonQuery();
        scmd.Dispose();
        sqlconn.Close();
```

```
        Console.WriteLine("执行行数为: "+i.ToString());
        Console.ReadLine();
    }
}
```

11.4.3 使用 DataReader 类

ADO.NET 中的 DataReader 可以从数据库中检索只读、只进的数据流。查询结果在查询执行时返回，并存储在客户端的网络缓冲区中，直到用户使用 DataReader 的 Read 方法对它们发出请求。使用 DataReader 可以提高应用程序的性能，原因是它只要数据可用就立即检索数据，并且（默认情况下）一次只在内存中存储一行，减少了系统开销。

随.NET Framework 提供的每个.NET Framework 数据提供程序包括一个 DataReader 对象：OLE DB.NET Framework 数据提供程序包括一个 OleDbDataReader 对象，SQL Server .NET Framework 数据提供程序包括一个 SqlDataReader 对象、ODBC.NET Framework 数据提供程序包括一个 OdbcDataReader 对象，Oracle.NET Framework 数据提供程序包括一个 OracleDataReader 对象。这些对象有一些公共的方法和属性，如表 11-6、表 11-7 所示。

表 11-6 公共方法

方法	说明
Close()	该方法用于关闭当前 DataReader 对象
Dispose()	该方法用于释放有 DbDataReader 占用的资源。从 DbDataReader 继承
GetName()	该方法用于获取指定列的名称
IsDBNull()	该方法用于获取一个值，这个值用于指示列中是否包含不存在的缺少的值
NextResult()	当读取批处理 Transact-SQL 语句的结果时，使数据读取器前进到下一个结果
Read()	该方法用于推进到下一行，如果还有其他行，则返回 true；如果已经到达结果集的末尾，则返回 false
GetXXX()	该方法用于获取指定列的 XXX 形式的值，这里的 XXX 可以是 String、Int32、Double 等各种数据类型，例如，GetString、GetInt32 等

表 11-7 公共属性

属性	说明
Depth	该属性用于获取一个值，该值用于指示当前行的嵌套深度
FieldCount	该属性用于获取当前行中的列数
HasRows	该属性用于获取一个值，该值指示 SqlDataReader 是否包含一行或多行
IsClosed	该属性用于检索一个布尔值，该值指示是否已关闭指定的 DataReader 实例
Item	该属性用于获取已本机格式表示的列的值
RecordsAffected	该属性用于获取执行 Transact-SQL 语句所更改、插入或删除的行数
VisibleFieldCount	该属性用于获取 DataReader 中未隐藏的字段的数目

下面的示例将创建一个基于 SQL Server 数据库的 SqlDataReader 来具体讲解 SqlDataReader 类，若要创建 SqlDataReader，必须调用 SqlCommand 对象的 ExecuteReader 方法，而不要直接使用构造函数。在使用 SqlDataReader 时，关联的 SqlConnection 正忙于为 SqlDataReader 服务，SqlConnection 无法执行任何其他的操作，只能将其关闭。除非调用 SqlDataReader 的 Close()方法，否则会一直处于此状态。创建好 SqlDataReader，然后读取数据并关闭 SqlDataReader，具体代码如下所示。

```csharp
using System;
using System.Collections.Generic;
using System.Linq;
using System.Text;
using System.Configuration;
using System.Data;
using System.Data.SqlClient;
namespace Test
{
    class Class1
    {
        static void Main(String[] args)
        {
            using(SqlConnection sqlconn=new SqlConnection(Configuration-
            Manager.ConnectionStrings["ConnectionString"].ConnectionString))
            {
                SqlCommand cmd = sqlconn.CreateCommand();
                cmd.CommandText = "select * from Employee";
                sqlconn.Open();
                SqlDataReader sdr = cmd.ExecuteReader();
                while(sdr.Read())
                {
                    Console.WriteLine("员工名称：{0}员工年龄：{1}联系电话：{2}",
                    sdr.GetString(0),sdr.GetInt32(1),sdr.GetString(2));
                }
                sdr.Close();
                sqlconn.Close();
                Console.Read();
            }
        }
    }
}
```

上述代码中因为使用到了 SqlCommand、SqlConnection 和 SqlDataReader 等 3 个对象，因此需要在项目中添加 System.Data.SqlClient 命名空间的引用。

11.4.4 使用 DataTable 和 DataVeiw 类

DataTable 表示一个与内存有关的数据表，可以使用工具栏中的控件拖放来创建和使用，也可以在编写程序过程中根据需要独立创建和使用，最常见的情况是作为 DataSet 的成员使用，在这种情况下就需要用在编写过程中根据需要动态创建数据表。

下面的示例就是用代码创建一个 DataTable 并将首行值打印出来，具体代码如下所示。

```
public void CreateDataTable()
{
    //创建一个列并设置列名为 ColumnOne
    DataColumn firstColumn = new DataColumn();
    firstColumn.ColumnName = "ColumnOne";
    firstColumn.DataType = System.Type.GetType("System.Int32");
    //把 ColumnOne 设置为自增列，增值为 1
    firstColumn.AutoIncrement = true;
    firstColumn.AutoIncrementSeed = 0;
    firstColumn.AutoIncrementStep = 1;
    //把 ColumnOne 放置在新建的表中
    DataTable td = new DataTable("ColumnOne");
    td.Columns.Add(firstColumn);
    DataRow dr;
    //添加 20 个新行
    for (int i = 0; i < 20;i++ )
    {
        dr = td.NewRow();
        td.Rows.Add(dr);
    }
    //显示所有的数据
    String data = "";
    DataRowCollection drc = td.Rows;
    for (int j = 0; j < td.Rows.Count;j++ )
    {
        DataRow dr2 = drc[j];
        data += dr2["ColumnOne"] + " ";
    }
    //输出数据
    Console.WriteLine(data);
    Console.ReadLine();
}
```

DataTable 作为 DataSet 的成员使用时，需要在编程过程中根据需要创建数据表，代码如下所示，是使用 Add()方法将 DataTable 添加至 DataSet 中的。

```
DataTable td = new DataTable("ColumnOne");
DataSet ds = new DataSet();
ds.Tables.Add(td);
```

DataView 表示用于排序、筛选、搜索、编辑和导航的 DataTable 的可绑定数据的自定义视图。将 DataView 同数据库的视图类比，有一点不同，数据库的视图可以跨表建立视图，DataView 则只能对某一个 DataTable 建立视图。DataView 一般通过 DataTable 的

DefaultView 属性来建立,再通过 RowFilter 属性和 RowStateFilter 属性建立这个 DataTable 的一个子集。表 11-8 和表 11-9 分别为 DataView 类的常用方法与属性。

表 11-8　DataView 常用方法

方法	说明
AddNew()	该方法用于将新行添加到 DataView 中
Delete()	该方法用于删除指定索引位置的行
Dispose()	该方法用于释放 DataView 对象所使用的资源（内存除外）
Find()	该方法用于按指定的排序关键字值字 DataView 中查找行
FindRows()	该方法用于返回 DataRowView 对象的数组,这些对象的列与指定的排序关键字值匹配
ToTable()	该方法用于根据现有 DataView 中的行创建并返回一个新的 DataTable
Close()	该方法用于关闭 DataView
Open()	该方法用于打开一个 DataView

表 11-9　DataView 常用属性

属性	说明
AllowDelete	该属性用于获取或设置一个值,该值指示是否允许删除
AllowEdit	该属性用于获取或设置一个值,该值指示是否允许编辑
AllowNew	该属性用于获取或设置一个值,该值指示是否可以使用 AddNew 添加新行
ApplyDefaultSort	该属性用于获取或设置一个值,该值指示是否使用默认排序
Count	该属性用于在应用 RowFilter 和 RowStateFilter 之后获取 DataView 中记录的数量
Item	该属性用于从指定的表获取一行数据
RowFilter	该属性用于获取或设置用于筛选在 DataView 中查看哪些行的表达式
RowStateFilter	该属性用于获取或设置用于 DataView 中的行状态筛选器
Sort	该属性用于获取或设置 DataView 的一个或多个排序列以及排序顺序
Table	该属性用于获取或设置源 DataTable
IsOpen	该属性用于获取一个值,该值指示数据源当前是否已经打开并在 DataTable 上映射数据视图

接下来定义一个 DataView 来控制上面实例中的 DataTable,删除该 DataTable 中的一行。然后,再次创建一个 DataTable,并打印到控制台上,代码如下所示。

```
DataView dvw = new DataView();
dvw.Delete(15);
dvw.AddNew();
DataTable dt = dvw.ToTable();
//显示所有数据
String data = "使用 DataView 创建并返回的 DataTable";
DataRowCollection drc = dt.Rows;
for (int i = 0; i < dt.Rows.Count;i++ )
{
    DataRow dr = drc[i];
```

```
        data += dr["ColumnOne"] + "";
    }
```

11.4.5 定义数据库关系

DataRelation 用于描述在 DataSet 中的多个 DataTable 之间的关系。每一个 DataSet 都有 DataRelations 的 Relations 集合,这使得用户可以定义数据库关系,也就是定义数据库中表之间的关系。使用 DataRelation 通过 DataColumn 对象将两个 DataTable 对象相互关联。例如,在"员工/工资"关系中,员工信息表是关系的父表,员工工资表是子表。此关系类似于主键/外键之间的关系。

这里,关系是在父表和子表中的匹配的列之间创建的,即两个列的 DataType 值必须相同。关系还可以将父级 DataRow 中的各种更改层叠到其子行。若要控制在子行中更改值,需要将 ForeignKeyConstraint 添加到 DataTable 对象的 ConstraintCollection。ConstraintCollection 用于确定在删除或更新父表中的值时采取什么操作。

在创建 DataRelation 时,它首先验证是否可以建立关系。在将它添加到 DataRelationCollection 之后,通过禁止会使关系无效的任何更改来维持此关系。在创建 DataRelation 和将其添加到 DataRelationCollection 之间的这段时间,可以对父行或子行进行其他更改。但是,如果这样会使关系不再有效,并且会生成异常。

下面来看一个定义数据库关系的示例方法。该示例方法创建一个新的 DataRelation 并将其添加到 DataSet 的 DataRelationCollection 中,具体代码如下所示。

```
private void CreateRelation()
{
    DataSet ds = new DataSet();
    String strConn = Class1.GetConn();
    SqlConnection sqlconn = new SqlConnection(strConn);
    String strSql1 = "select EmpId,EmpName,EmpAge from Employee";
    SqlDataAdapter sda1 = new SqlDataAdapter(strSql1,sqlconn);
    String strSql2 = "select EmpId,EmpWages from EmployeeWage";
    SqlDataAdapter sda2 = new SqlDataAdapter(strSql2,sqlconn);
    sda1.Fill(ds,"Employee");
    sda2.Fill(ds,"Wages");
    DataColumn parentColumn = ds.Tables["Employee"].Columns["EmpId"];
    DataColumn childColumn = ds.Tables["Wages"].Columns["EmpId"];
    DataRelation dr;
    dr = new DataRelation("EmpWage",parentColumn,childColumn);
    ds.Relations.Add(dr);
}
```

11.4.6 使用 Command Builder 生成 SQL 语句

DataAdapter 不会自动生成实现 DataSet 更改与关联的 SQL Server 实例之间协调所需

的 Transact-SQL 语句。但是，如果设置了 DataAdapter 的 SelectCommand 属性，并且是 DataTable 映射到单个数据库表或从单个数据库表生成，则可以创建一个 CommandBuilder 对象来自动生成用于单表更新的 Transact-SQL 语句。而通过连接两个或更多的表来创建的数据库视图不会被视为单个数据库表。在这种情况下，不能使用 CommandBuilder 自动生成命令，而必须是显式指定命令。

随 .NET Framework 提供的每个 .NET Framework 数据提供程序包括一个 CommandBuilder 对象：OLE DB .NET Framework 数据提供程序包括一个 SqlCommandBuilder 对象，ODBC .NET Framework 数据提供程序包括一个 OdbcCommandBuilder 对象，Oracle .NET Framework 数据提供程序包括一个 OracleCommand 对象。

每当设置了 DataAdapter 属性，SqlCommandBuilder 就将其本身注册为 RowUpdating 事件的侦听器。一次只能将一个 SqlDataAdapter 与一个 SqlCommandBuilder 对象（或相反）互相关联。为了生成 INSERT、UPDATE 或 DELETE 语句，SqlCommandBuilder 会自动使用 SelectCommand 属性来检索所需的元数据集。如果在检索到元数据后更改 SlectCommand，则应调用 RefreshSchema 方法来更新元数据。SelectCommand 需要至少返回一个主键列或唯一的列，如果没有任何返回，就会产生 InvalidOperation 异常，不能生成命令。

下面来看一个使用 SqlCommandBuilder 对象生成 SQL 语句删除数据的实例，该实例用于在数据库中删除一条记录。但与以往不同的是，这里不再需要定义 DeleteCommand 属性的 DELETE 语句，代码如下所示。

```
public void UseSqlCommandBuilder()
{
    using(SqlConnection sqlconn = new SqlConnection(ConfigurationManager.
    ConnectionStrings["ConnectionString"].ConnectionString))
    {
        SqlDataAdapter sda = new SqlDataAdapter();
        sda.SelectCommand = new SqlCommand("select * from Employee",
        sqlconn);
        DataSet ds = new DataSet();
        sda.Fill(ds,"Employee");
        DataTable dt = ds.Tables[0];
        int rowCnt = dt.Rows.Count;
        Console.WriteLine("读取数据后，行数: "+rowCnt.ToString());
        dt.Rows.Remove(dt.Rows[0]);
        SqlCommandBuilder scb = new SqlCommandBuilder(sda);
        sda.Update(ds,"Employee");
        Console.WriteLine("更新后，行数: "+ds.Tables[0].Rows.Count);
    }
}
```

ADO.NET 数据库编程 ————

11.5 DataSet 应用

　　DataSet 是 ADO.NET 中的关键对象，可以把它当成是内存中的数据库。DataSet 是不依赖于数据库的独立数据集合，所谓独立，就是说即使断开数据链路或者关闭数据库，DataSet 依然是可用的。原因是 DataSet 在内部是用 XML 来描述数据的，由于 XML 是一种与平台无关、与语言无关的数据描述语言，所以 DataSet 可以容纳具有复杂关系的数据，而且不依赖于数据库链路，因此可以使用它进行所有复杂的操作。

11.5.1 更新 DataSet

　　数据库的更新要用到 DataAdapter 适配器的 Update()方法，DataAdapter 的 Update()方法可以用来将 DataSet 中的更改解析回数据源。与 Fill()方法类似，Update 方法将 DataSet 的实例和可选的 DataTable 对象或 DataTable 名称用作参数。DataSet 实例包含已做出更改的 DataSet，而 DataTable 标识从其中检索更改的表。

　　如果 DataTable 映射到单个数据库表或从单个数据库表生成，则可以利用 CommandBuilder 对象自动生成 DataAdapter 的 DeleteCommand、InsertCommand 和 UpdateCommand 来更新 DataSet，但多表时，就只能使用显示更新设置 DataAdapter 的 UpdateCommand 来更新 DataSet。

　　DataAdapter 调用 Update()方法时，DataAdapter 将分析已做出的更改并执行相应的命令，包括 INSERT、UPDATE 或 DELETE。当 DataAdapter 遇到对 DataRow 的更改时，它会将 InsertCommand、UpdateCommand 或 DeleteCommand 来处理该更改，这样就可以通过在设计时指定命令语法。

　　下面的实例就将演示如何通过显示设置 DataAdapter 的 UpdateCommand 来执行对已修改行的更新，代码如下所示。

```
public static void UpdateDataSet()
{
    using(SqlConnection sqlconn = new SqlConnection(ConfigurationManager.
    ConnectionStrings["ConnectionString"].ConnectionString))
    {
        SqlDataAdapter sda = new SqlDataAdapter("select * from Employee",
        sqlconn);
        sda.UpdateCommand = new SqlCommand("update Employee set EmpName=
        @EmpName where EmpId=@EmpId",sqlconn);
        SqlParameter sparam = sda.UpdateCommand.Parameters.Add("@EmpId",
        SqlDbType.Int);
        sparam.SourceColumn = "EmpId";
        //Original 表示该行原始数据
        sparam.SourceVersion = DataRowVersion.Original;
        sda.UpdateCommand.Parameters.Add("@EmpName",SqlDbType. VarChar,
        50,"EmpName");
```

```
        DataSet ds = new DataSet();
        sda.Fill(ds,"Employee");
        DataRow dr = ds.Tables["Employee"].Rows[0];
        dr["EmpName"] = "王文英";
        sda.Update(ds,"Employee");
        Console.WriteLine("编号: "+dr["EmpId"]+"---姓名: "+dr["EmpName"]);
        Console.WriteLine("员工名称修改成功! ");
        Console.ReadLine();
    }
}
```

然后，在 Main()方法中调用该方法。单击【启动调试】按钮执行该程序，控制台会显示程序执行结果，如图 11-3 所示。

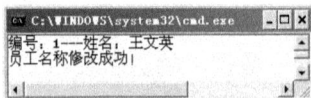

● 11.5.2　向 DataSet 添加数据

11.5.1 节已经讲到如何更新 DataSet 中的值从而更新数据库表中的已有数据，但当需要向数据库表中添加新数据时，就需要了解如何通过添加 DataSet 数据，从而快速、方便地向数据库表中添加数据。

图 11-3　程序执行结果 1

向 DataSet 添加数据的过程是：首先为 DataSet 中要插入数据的 DataTable 创建一个行；然后，根据需要设置 DataRow 字段值；最后，将新的对象传递给 DataTable.Rows 集合的 Add 方法。

下面的实例将会演示如何通过添加 DataSet 数据将新添的数据插入到数据库中，具体代码如下所示。

```
public static void InsertDataSet()
{
    using(SqlConnection sqlconn = new SqlConnection(ConfigurationManager.
    ConnectionStrings["ConnectionString"].ConnectionString))
    {
        SqlDataAdapter sda = new SqlDataAdapter();
        sda.SelectCommand = new SqlCommand("select * from Employee",
        sqlconn);
        DataSet ds = new DataSet();
        sda.Fill(ds,"Employee");
        int rowCnt = ds.Tables[0].Rows.Count;
        Console.WriteLine("数据总行数为: "+rowCnt.ToString());
        DataRow dr = ds.Tables[0].NewRow();
        Console.WriteLine("输入要添加的数据后，请按回车键");
        Console.WriteLine("请输入员工名称: ");
        dr["EmpName"] = Console.ReadLine();
        Console.WriteLine("请输入员工年龄: ");
        dr["EmpAge"] = Console.ReadLine();
        ds.Tables[0].Rows.Add(dr);
        SqlCommandBuilder scb = new SqlCommandBuilder(sda);
        sda.Update(ds,"Employee");
```

244

ADO.NET 数据库编程

```
Console.WriteLine("添加新数据后，数据总行数为："+ds.Tables[0].Rows.
Count.ToString());
Console.WriteLine("员工信息添加成功！");
sda.Dispose();
Console.Read();
        }
    }
```

上面的实例中，首先为加载的 DataTable 添加一个新行，并且根据需要填入数据，而后将行用 DataTable.Rows 集合的 Add()方法加入到 DataTables 的行中，最后更新 DataSet 到数据库中。执行上面的实例，在控制台中输入要添加的数据，如图 11-4 所示。

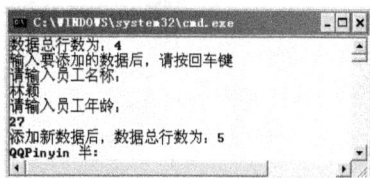

图 11-4　程序执行结果 2

11.5.3　对 DataSet 排序和筛选

数据集 DataSet 在被填充了数据之后，应用程序可能需要以各种方式来查看数据集的数据。例如，可能会想以特定的顺序查看记录或只查看记录中的某一部分。因为数据集与数据源是断开连接的，因此通常情况下重新执行 SQL 命令来执行这些操作是不现实的，而且这样会耗费大量的资源，所以只能通过 DataSet 来进行选择和排序。

DataSet 中填充的数据是以表的形式存在的，而 DataTable 是可以使用 Select()方法对表进行筛选，该方法并不更改表中记录的内容和顺序，值是从内存中按条件把数据提取并进行排序。而且还可以使用 DataView 类视图的方法对 DataSet 数据几种的 DataTable 进行排序、筛选等操作。

下面的示例将会结合这两种方法对 DataSet 进行排序，并输出到控制台中，具体代码如下所示。

```
public static void SortData()
{
    using(SqlConnection sqlconn = new SqlConnection(ConfigurationManager.
    ConnectionStrings["ConnectionString"].ConnectionString))
    {
    String strSql="select * from Employee";
    using(SqlDataAdapter sda = new SqlDataAdapter(strSql,sqlconn))
    {
        DataSet ds = new DataSet();
        sda.Fill(ds,"Employee");
        DataTable dt = ds.Tables["Employee"];
        for (int i = 0; i < dt.Rows.Count;i++ )
        {
            Console.WriteLine("员工编号："+dt.Rows[i]["EmpId"]+"员工名
                称："+dt.Rows[i]["EmpName"]+"年龄："+dt.Rows[i]["EmpAge"]);
        }
        DataRow[] dr = dt.Select("EmpAge>25","EmpAge",DataView-
        RowState.CurrentRows);
```

```
Console.WriteLine("-------------DataTable Select()方法进行排序
和筛选");
for (int j = 0; j < dr.Length;j++ )
{
    Console.WriteLine("员工编号: " + dr[j]["EmpId"] + "员工名称:
    " + dr[j]["EmpName"] + "年龄: " + dr[j]["EmpAge"]);
}
Console.WriteLine("-------------DataView方法进行排序和筛选");
DataView dv = dt.DefaultView;
dv.Sort = "EmpAge";
dv.RowFilter = "EmpName like '%张%'";
for (int k = 0; k < dv.ToTable().Rows.Count;k++ )
{
    Console.WriteLine("员工编号: " + dv.ToTable().Rows[k]
      ["EmpId"] + "员工名称: " + dv.ToTable().Rows[k]["EmpName"]
    + "年龄: " + dv.ToTable().Rows[k]["EmpAge"]);
}
Console.Read();
        }
    }
}
```

执行【调试】|【执行调试】命令，执行该程序，显示两种方式下的排序和筛选数据的结果如图 11-5 所示。

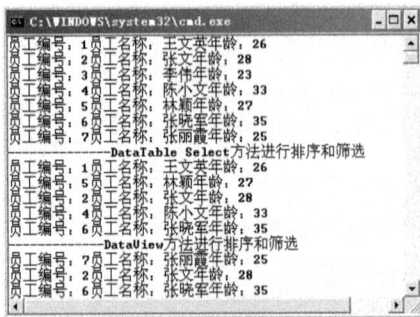

图 11-5   执行结果

11.6 扩展练习

1．查询数据库数据

在 SQL Server 中创建一个名为 Company（公司）的数据库，该数据库中包含 EmployInfo（员工信息表）、EmployeeWages（员工工资表）。其中，EmployInfo 表包含的字段有 EmpId、EmpName、EmpAge、EmpAddress、EmpTel 等；EmpWages 表包含的字段有 WageId、EmpId、

EmpWage 等。要求完成的操作如下。

❶ 在 SQL Server 中创建 Company 数据库及其 EmployInfo 和 EmpWages 表。

❷ 在 Visual Studio 中创建一个员工管理窗体，并添加相应的控件。

❸ 定义数据库连接字符串，连接到 Company 数据库。

4 在窗体中添加 DataGridView 控件,用于显示员工信息及工资情况。

5 添加 TextBox 控件,可按照 TextBox 中输入的员工名称筛选显示员工信息。

2. 操作数据库数据

继续使用 Company 数据库中的数据,该练习中需要对数据库中的数据进行查询、筛选外,还可以对符号条件的数据进行修改或删除。

1 在员工管理窗体中,添加【修改】按钮和【删除】按钮。

2 为【修改】按钮添加鼠标单击事件,单击该按钮可更新修改过的数据至数据库中。

3 为【删除】按钮添加鼠标单击事件,单击该按钮可删除数据库中符号条件的员工信息。

第 12 章　超市管理系统

随着我国超市经营规模日趋扩大，小型超市在业务上需要时刻更新产品的销售信息，不断添加商品信息，并对商品信息进行统计分析。因此，在超市管理中需要引进现代化的办公软件，实现超市庞大商品的控制和传输，从而方便销售行业的管理和决策。

在本章所讲的超市管理系统就可以帮助销售部门提高工作效率，帮助超市工作人员利用计算机，极为方便地对超市的有关数据进行管理、输入、输出、查找等有关操作，使杂乱的超市数据能够具体化、直观化、合理化。

本章学习目标

➢ 了解超市管理系统的需求分析
➢ 理解超市管理系统的功能分析
➢ 掌握超市管理系统的总体结构
➢ 理解超市管理系统的用例图
➢ 理解超市管理系统的模块设计
➢ 掌握超市管理系统的数据库设计

12.1　系统设计分析

12.1.1　需求分析

目前，我国零售业信息化状况的 3 个层面的分布基本明朗：在高端企业，进销调存核心结构体系基本运作正常，面临的主要问题是数据的深挖掘和加工、财务业务系统的高度集成、根据企业的并购重组保证系统和数据的统一、稳定；在中端企业，分散营运向集中管理转变，进销调存核心结构系统正在由分散单店管理、销售核算向连锁管理、进价核算过渡；在低端企业，刚刚涉足，转向连锁零售业，对于信息化认识处于表面层次，业务流程和信息系统建设需要一段时间的探索、认识和渐进过程。而整个零售行业对信息化的认识已经逐渐趋向一致：信息化是企业可持续发展、增强核心竞争力的必要手段。

超市软件系统从企业运营及管理的实际情况出发，结合当前中国零售业业态发展趋势，顺应了零售行业对信息化的要求，为商业管理信息系统提供了系统全面的技术解决方案。基于以上原因，超市信息管理系统目前在各个商业领域都发挥了很大的作用，也得到了越来越多的大、中、小型商业企业的应用。但就目前的应用状况分析，管理系统在中、高端企业得到了广泛的应用和重视，在小型企业、零售店的应用仅局限于信息化的表面层次，没有得到高度的重视。同时，小企业也因资金问题而限制了其向更高程度信息化的应用。

12.1.2　功能分析

在对超市销售系统有了深入了解之后，为了解决超市工作人员在商品管理和日常销售中所存在的不足，从超市工作人员能够更容易、更方便地使用计算机对超市的有关数据进行管理，以实现无纸化操作的方面进行分析，超市系统应实现以下功能。

1．登录模块

登录模块根据用户角色的不同，在登录成功以后被赋于不同的操作权限。管理员拥有超市管理系统中的所有权限，普通员工拥有添加会员、查看统计信息和日常销售的权限。

2．商品类别管理模块

商品类别管理模块具有对商品类别进行添加、编辑以及删除等功能。在超市管理系统中，设定商品类别共有两级，因此，在添加时需要用户设置所添加的商品类别是一级的还是二级的。

3．商品管理模块

商品管理模块具有添加和编辑商品功能。这里商品的信息主要包括商品名称、EAN（商品条形码）、价格、所属商品类别、单位和是否允许折扣等。其中所属商品类别是指它对应于商品类别信息中的商品类别名称。

4．员工管理模块

员工管理模块具有添加、编辑、删除员工等功能。这里员工的信息主要包括员工名称、登录密码、角色等。其中，角色指的是员工在超市管理系统中所拥有的权限范围，角色不同说明其拥有的权限是不同的。

5．会员管理模块

会员管理模块具有添加、编辑、删除会员等功能。这里会员的主要信息包括会员名称、联系电话和积分。其中，联系电话是唯一的、能够区分会员身份的凭证；积分则可以用来区分消费额折扣度。

6．积分规则管理模块

积分规则管理模块可对超市中已制定的积分规则进行编辑。其中，可编辑的信息包括积分额和积分额所对应的折扣度。

7．查看统计信息模块

查看统计信息模块具有查询所有销售记录、查询一定时间范围内的销售记录和获得销售总额等功能。

8. 日常销售模块

日常销售模块具有的功能包括进行日常销售、添加销售记录和得出顾客消费总额等功能。其中，销售记录包括的信息主要包括商品编号、销售价格、销售数量、销售时间和顾客（包括普通顾客、会员）等。

12.2 系统设计概要

本超市管理系统的设计目标是能够对小型超市的各种商品及销售信息进行管理。如前所述，在该超市管理系统中根据每位员工所属的角色不同，被赋于不同的操作权限，这里通过控制操作菜单的可用性来限制员工的操作权限。而操作菜单是根据超市管理系统的划分的各模块创建的。所以，在进行实际开发之前，本章将向读者介绍该超市管理系统的总体结构，以及系统中使用的用例图。

12.2.1 系统总体结构

根据前面有关系统功能的分析和超市销售系统的特点，再经过模块化的分析得到超市管理系统功能模块的划分，本系统包括登录模块、商品类别管理模块、商品管理模块、员工管理模块、会员管理模块、积分规则管理模块、查看统计信息模块以及日常销售模块。图 12-1 所示为该超市管理系统的总体结构图。

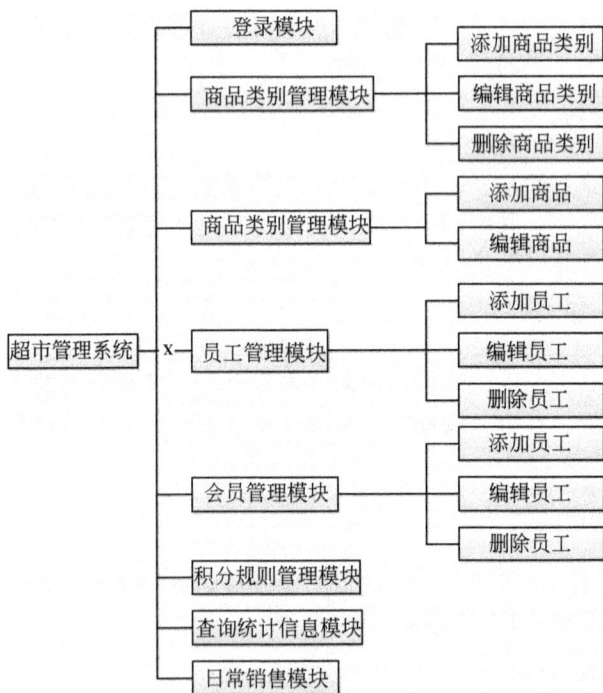

图 12-1　超市管理系统总体结构图

12.2.2　系统用例图

用例图由 Ivar Jacobson 在开发 AXE 系统中首先使用，并添加到由他所倡导的 OOSE 和 Objectory 方法中。用例图引起了面向对象领域的极大关注，自 1994 年 Ivar Jacobson 的著作出版后，面向对象领域已广泛接纳了这一概念，并认为它是第二代面向对象技术的标志。使用用例图可以描述外部参与者所理解的系统功能，也就是说用例图描述了用例、参与者以及它们之间的关系。

参与者代表与系统接口的任何事件或人，它是指代表某一种特定功能的角色，因此参与者是虚拟的概念，它可以是人，也可以是外部系统或设备。同一个人也能对应多个参与者，因为一个人是可能扮演多个角色的。参与者总在被建模的系统的外部，它们从来不是系统的一部分。

用例是对系统行为的描述，它可以促进设计人员、开发人员与用户的沟通，理解正确的需求；还可以划分系统与外部实体的界限，是系统设计的起点，是类、对象、操作的来源，而通过逻辑视图的设计，可以获得软件的静态结构。

在参与者和用例之间存在的关系通常称为通信关联，因为它代表参与者和用例之间的通信。关联可以是双向导航（从参与者到用例，并从用例到参与者）或单向导航（从参与者到用例，或从用例到参与者）。导航的方向表明了是参与者发起了和用例的通信还是用例发起了和参与者的通信。图 12-2 所示为用户登录用例图。

如图 12-2 所示，不带箭头的线段将参与者和用例关联起来，以表示两者之间交换信息。其中，参与者为"用户"，用例为"登录超市管理系统"，所以这里可以看到一位员工正在登录工资管理系统。由于根据角色的不同，用户在登录工资管理系统后将获得不同的操作权限，所以登录管理的用例图如图 12-3 所示。

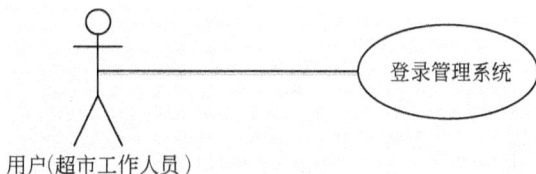

图 12-2　用户登录用例图

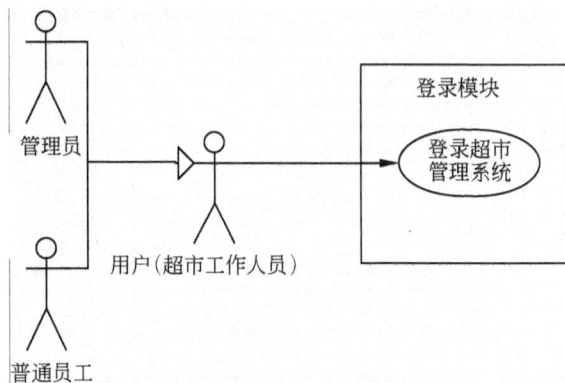

图 12-3　登录管理用例图

图 12-3 所示的登录管理用例图中使用了泛化技术，这里的参与者"管理员"和"普

通员工"称为泛化参与者，而参与者"用户（超市工作人员）"称为泛型参与者。对超市管理系统来说，不管该员工是管理员，还是普通员工，都称为超市管理系统的用户，所以可以看出泛化参与者在系统中扮演较为具体的角色。

泛化可以应用于参与者和用例来表示其子项（泛化参与者）从父项（泛型参与者）继承功能，而且泛化还表示父亲的每个孩子都有略微不同的功能和目的以确保自己的唯一性。

管理员角色可对系统中的所有模块进行管理，不同模块的管理员用例图如图 12-4～图 12-10 所示。

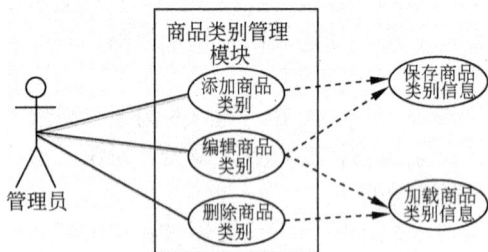

图 12-4　管理员角色商品类别管理模块用例图

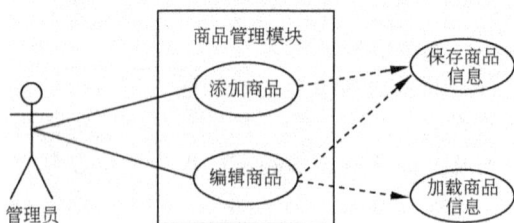

图 12-5　管理员商品管理模块用例图

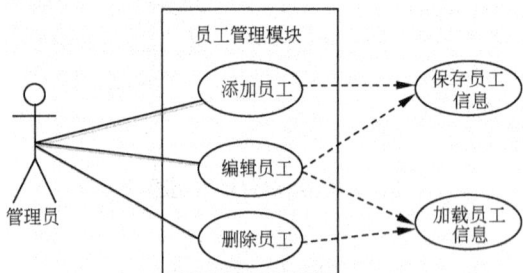

图 12-6　管理员员工管理模块用例图

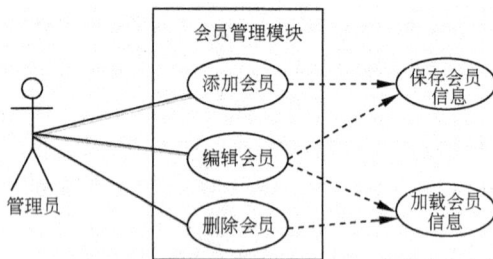

图 12-7　管理员会员管理模块用例图

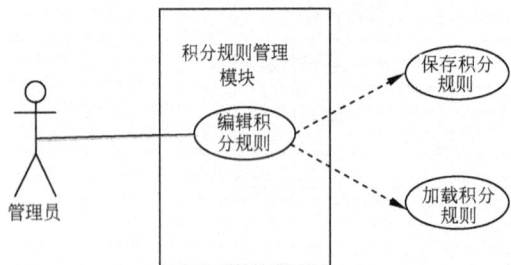

图 12-8　管理员积分规则管理模块用例图

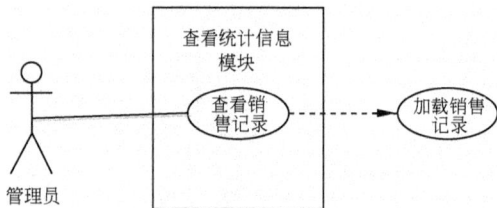

图 12-9　管理员查看统计信息模块用例图

普通员工角色只能对系统中的日常销售模块、查看统计信息模块和会员管理模块中的添加会员进行管理，各模块普通员工用例图如图 12-11～图 12-13 所示。

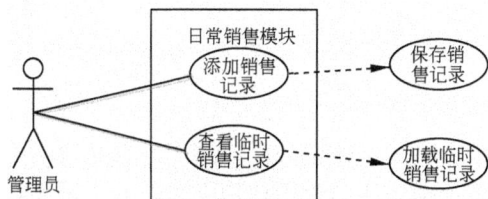
图 12-10　管理员日常销售模块用例图

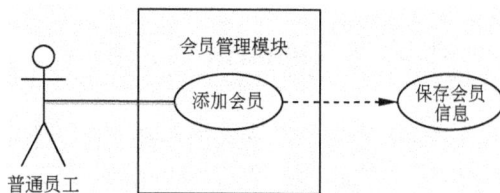
图 12-11　普通员工会员管理模块用例图

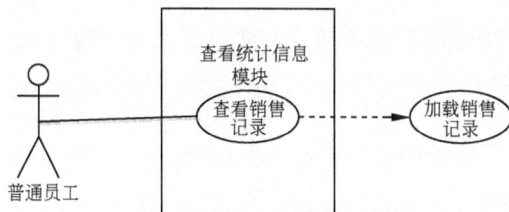
图 12-12　普通员工查看统计信息模块用例图

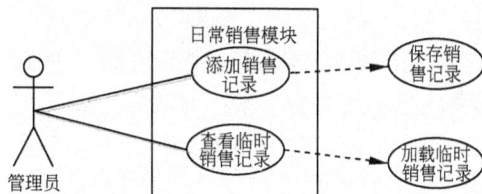
图 12-13　普通员工日常销售模块用例图

　　读者也许已经从上述图中注意到了带箭头的虚线和它所指向的用例，这里用于表示一个用例为执行其功能从其他用例引入功能，它们之间形成包含关系。其中，箭头指向的用例为被包含用例，而另一则用例为包含用例。也就是说，当管理员添加会员后，必须保存会员信息；当管理员查看会员信息时，必须先加载会员信息。

12.3　系统模块设计

　　上面根据系统功能的模块化分析得出了系统总体结构，也就是超市管理系统功能模块的划分，接着为了使读者进一步理解超市管理系统功能，使用超市管理系统用例图加以说明，这一节将介绍超市管理系统各个模块实现流程的设计。

12.3.1　登录

　　用户登录的实现流程是用户在登录窗口输入用户名称和密码，单击【登录】按钮，系统开始验证用户提交的登录信息是否正确。如果正确，则获取该用户的角色，打开超市管理系统，并根据用户角色赋于相应的操作权限；否则给出错误信息。具体实现流程如图 12-14 所示。

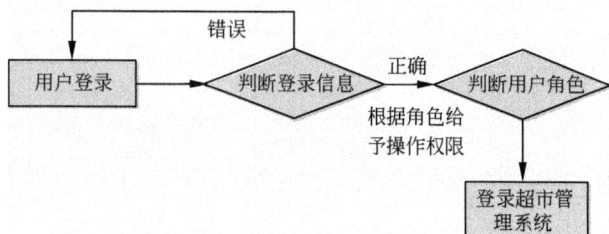
图 12-14　用户登录流程

12.3.2 商品类别管理

商品类别管理模块用于实现商品类别的添加、删除、编辑功能。其中，商品类别添加的实现流程是用户在商品类别管理窗口中，选择添加商品类别选项卡页，输入所要添加商品类别的信息后，单击【添加】按钮，系统获得用户提交的商品类别信息，并写入到超市管理系统的数据库中，最后返回商品类别添加的执行结果。

商品类别的添加、删除与编辑都是通过使用编写的数据库操作类来实现更新和数据显示的。其中，删除与编辑中的数据列表通过使用 init()函数调用数据库操作类（DataOper）中的 query()函数来实现；而添加、删除与编辑则分别使用 add_click()、modify_click()和 deleteG_click()函数调用 DataProcessor()函数来实现。图 12-15 所示为商品类别管理的实现流程。

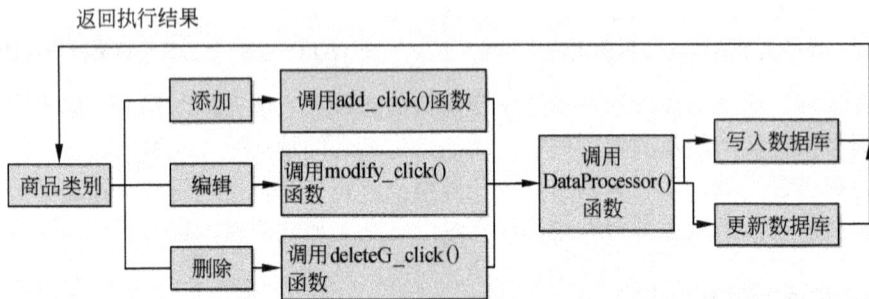

图 12-15　商品类别管理流程

12.3.3 商品管理

商品管理模块用于实现商品信息的添加和编辑功能。其中，商品信息添加的实现流程是用户在商品管理窗口中，选择添加商品选项卡页，输入所要添加商品的信息后，单击【添加】按钮，系统获得用户提交的商品信息，并写入到超市管理系统的数据库中，最后返回商品添加的执行结果。

商品的添加与编辑与商品类别管理的实现方法基本相同。只不过在这里添加使用的方法是 addGoods()，而编辑使用的方法是 modifyClick()。图 12-16 所示为商品管理的实现流程。

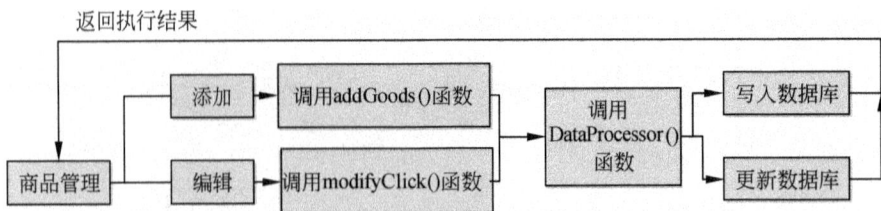

图 12-16　商品管理流程

12.3.4 员工管理

员工管理模块用于实现员工信息的添加、删除和编辑功能。其中，员工信息添加的实现流程是用户在员工管理窗口中，选择添加员工选项卡页，输入所要添加员工的信息后，单击【添加】按钮，系统获得用户提交的员工信息，并写入到超市管理系统的数据库中，最后返回员工信息添加的执行结果。

员工的添加与编辑与商品类别管理的实现方法基本相同。只不过在这里添加使用的方法是 addAssitant()，编辑使用的方法是 modifyAssistant()，而删除使用的方法是 del_click()。图 12-17 所示为员工管理的实现流程。

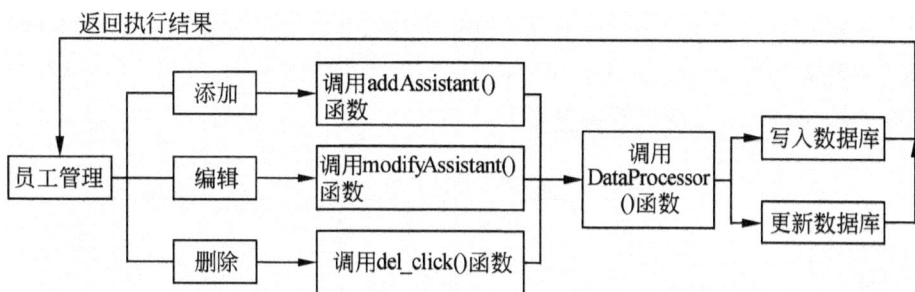

图 12-17 员工管理流程

12.3.5 会员管理

会员管理模块用于实现会员信息的添加、删除以及修改功能。该模块中各功能的实现流程与商品类别管理中各功能的实现流程基本相同。唯一不同的是，该模块中会员的添加是调用 addMember()方法将数据添加到数据库中，而编辑和删除分别是调用 modifyMemeber()和 del_click()方法将更新后的信息存储到数据库。图 12-18 所示为会员管理的实现流程。

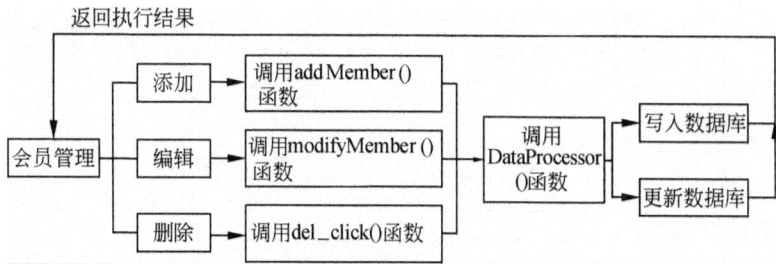

图 12-18 会员管理流程

12.3.6 积分规则管理

积分规则管理模块用于编辑超市中的所有积分规则。积分规则的编辑与之前会员管理中的编辑实现流程基本相同。图 12-19 所示为积分规则管理的实现流程。

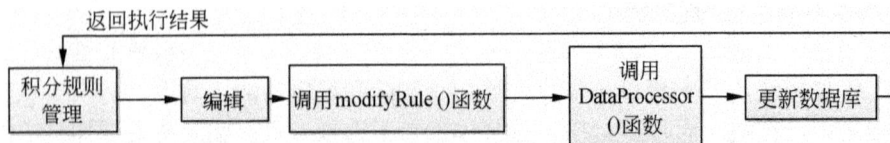

图 12-19　积分规则管理流程

12.3.7　查看统计信息

查看统计信息模块可以查看所有或一段时间内的销售记录及销售额。查看统计信息中的查看功能是通过使用 queryInfo() 方法调用数据库操作类中的 query() 方法来实现的。图 12-20 所示为查看统计信息的实现流程。

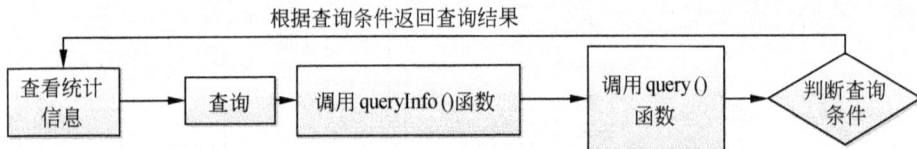

图 12-20　查看统计信息流程

12.3.8　日常销售

日常销售模块的功能是添加销售记录及查看临时销售记录。日常销售模块中的添加销售记录功能是通过使用 addSell() 方法实现的，而查看临时销售记录功能是使用 init() 方法实现的。图 12-21 所示为日常销售的实现流程。

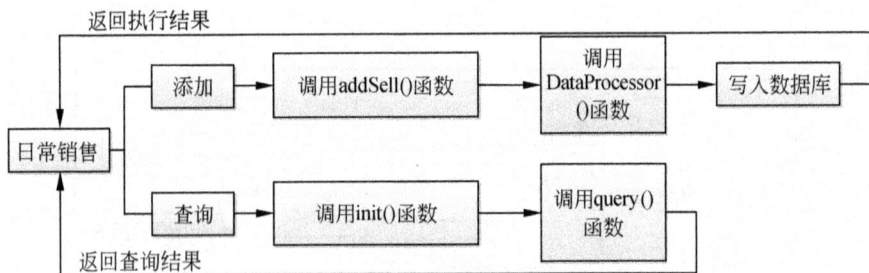

图 12-21　日常销售流程

12.4　数据库设计

在对超市管理系统进行了需求分析、功能分析之后，接着就要考虑如何根据系统总体结构来合理设计存储超市管理系统数据的数据表结构了。本系统使用 SQL Server 作为后台数据库，下面将设计实现该系统数据库。

首先在 SQL Server 数据库中创建一个数据库 db_SuperMarket，用于存放超市管理系统的所有数据。然后在该数据库中创建一个用户信息表 t_UserInfo，用于专门存储超市中所有用户的信息，如用户编号（自动编号）、用户姓名、用户密码、联系电话、角色等。下面将对该表及其结构进行介绍，如表 12-1 所示。

表 12-1 用户信息表

字段名	数据类型	是否允许为空	备注
iUserId	int	否	用户编号
sUserName	varchar(50)	否	用户姓名
sPsw	nchar(10)	否	用户密码
tiRole	tinyint	否	用户角色

在该数据库中创建会员信息表 t_MemberInfo，用于存储用户信息，如会员编号、会员名称、联系电话以及积分等。具体如表 12-2 所示。

表 12-2 会员信息表

字段名	数据类型	是否允许为空	备注
iMemberId	int	否	会员编号
sMemberName	varchar(50)	否	会员姓名
sTel	nchar(20)	否	联系电话
ibonus	int	否	积分

创建商品类别表 t_GoodsType，用于存储商品类别的相关信息，如商品类别编号、商品类别名称、父类别编号等。具体如表 12-3 所示。

表 12-3 商品类别表

字段名	数据类型	是否允许为空	备注
iGoodsTypeId	int	否	商品类别编号
sGoodsTypeName	varchar(50)	否	商品类别名称
iParentId	int	否	父类别编号

创建商品信息表 t_GoodsInfo，用于存储商品的相关信息，如商品编号、商品名称、EAN 号、商品所属类别编号、是否允许折扣、价格和单位等。具体如表 12-4 所示。

表 12-4 商品信息表

字段名	数据类型	是否允许为空	备注
iGoodsId	int	否	商品编号
sGoodsName	varchar(50)	否	商品名称
EAN	nchar(13)	否	EAN 号
iGoodsTypeId	int	否	所属商品类别编号
tiDiscount	tinyint	否	是否允许折扣
flPrice	float	否	价格
sUnit	nchar(10)	是	单位

创建积分规则表 t_BonusRule，用于存储超市中的所有积分规则，如规则编号、积分、

折扣等。具体如表 12-5 所示。

表 12-5　积分规则表

字段名	数据类型	是否允许为空	备注
iBonusRuleId	int	否	规则编号
iBonus	int	否	积分
flDiscount	float	否	折扣

创建销售记录表 t_SellInfo，用于存储超市中的所有销售记录，如销售流水号、商品编号、销售价格、销售数量、销售时间和顾客编号等。具体如表 12-6 所示。

表 12-6　销售记录表

字段名	数据类型	是否允许为空	备注
bSellId	bigint	否	销售流水号
iGoodsId	int	否	商品编号
flPrice	float	否	销售价格
flCount	float	否	销售数量
dtSell	datetime	否	销售时间
iMemberId	int	否	顾客编号

创建销售临时记录表 t_TempSell，用于存储超市中销售商品时所产生的临时销售记录，如临时销售记录编号、商品名称、销售数量、折扣、销售额和顾客编号等。具体如表 12-7 所示。

表 12-7　销售临时记录表

字段名	数据类型	是否允许为空	备注
iTempId	bigint	否	临时销售记录编号
sGoodsName	int	否	商品名称
flCount	float	否	销售数量
discount	float	否	折扣
sumPrice	datetime	否	销售额
memid	int	是	顾客编号

12.5　登录及系统主窗体模块

登录模块中所包含的功能主要包括判断用户输入的登录信息与数据库中的数据是否相符及获取并判断用户角色。系统主窗体是用户登录成功后进入的窗体，该窗体中包括了所有用户能够使用的功能列表，是进行各种操作的媒介。

12.5.1　编写数据库操作类

超市管理系统查询及操作的信息都是存储在数据库中的，因此，首先就需要在本项目中创建一个数据库操作类，以便对数据库进行连接，以及对数据进行查询、添加、删除、修改等操作，具体步骤如下所示。

1 在 Visual Studio 2010 中，创建一个名为 SuperMarket 的窗体应用程序并打开该空白窗体。在【属性】面板中将该窗体的 Name 属性设置为 "Load"，Text 属性设置为 "登录"。

2 在【解决方案资源管理器】面板中，右击 SuperMarket 树状菜单元素，执行【添加】|【类】命令，在弹出的【添加新项】对话框中，选择 "类" 模板，输入名称为 "DataOper.cs"，创建 DataOper 数据库操作类，如图 12-22 所示。

3 打开 DataOper.cs 代码文件，为 Data Oper 类定义成员变量 StrConn、conn、ds、sda 和 sc，代码如下所示。

图 12-22　添加新项

```
class DataOper
{
    private static String StrConn;
    private static SqlConnection conn;   //SQL Server 数据库的一个打开的连接
    private static DataSet ds;            //数据在内存中的缓存
    private static SqlDataAdapter sda;
    //用于填充 DataSet 和更新 SQL Server 数据库的一组数据命令和一个数据库连接
    private static SqlCommand sc;        //执行数据库查询语句
```

4 然后，定义函数 goToConnect()用于连接 SQL Server 数据库，以便对数据库内的数据进行操作，代码如下所示。

```
public void goToConnect()
{
    StrConn = "Data Source=localhost;Initial Catalog=db_SuperMarket;Inte-
    grated Security=True";
    try {
        conn = new SqlConnection(StrConn);       //新建数据库连接
    }
    catch (System.Data.SqlClient.SqlException ex)
    {
        throw new Exception(ex.Message);         //抛出异常
    }

}
```

5 定义具有返回值的函数 query()，返回类型为 DataSet 类型。该函数用于根据用户输入的数据库查询语句返回 DataSet 类型的数据集，代码如下所示。

```
public DataSet query(String StrSql)
{
    ds = new DataSet();
    conn.Open();                                 //打开数据库连接
    sda = new SqlDataAdapter(StrSql, conn);
    sda.Fill(ds, "ds");
```

```
        conn.Close();                        //关闭数据库连接
        return ds;
    }
```

⑥ 定义具有返回值的函数 DataProcessor()，返回类型为 int 类型。该函数用于根据用户输入的 INSERT、DELETE 或 UPDATE 等语句来执行对数据库数据的添加、删除和修改等操作，并返回影响行数，代码如下所示。

```
public int DataProcessor(String StrSql)
{
    int Row = 0;                             //影响行数
    conn.Open();                             //打开数据库连接
    sc = conn.CreateCommand();
    sc.CommandText = StrSql;
    Row = sc.ExecuteNonQuery();
    conn.Close();                            //关闭数据库连接
    return Row;
}
```

12.5.2 登录窗体

实现用户登录的首要条件是需要有登录窗体，以便用户填写登录信息。在窗体代码文件中，需要对用户输入的信息进行判断，并根据用户角色进入超市管理系统。具体步骤如下所示。

① 打开 12.5.2 节创建的【登录】窗体，向该窗体中添加 Label、TextBox 和 Button 等控件，并在【属性】面板中对这些控件的属性进行设置，如图 12-23 所示。

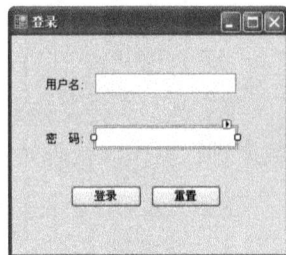

图 12-23 【登录】窗体

> **提示**
>
> 用户名的 TextBox 的 name 为 userName；密码的 TextBox 的 name 为 userPsw；登录的 Button 的 name 为 loadBtn；重置的 Button 的 name 为 resetBtn。

② 打开 Load.cs 代码文件，定义类型为 DataOper 的 dop 成员变量，并在构造函数中定义该窗体的位置为屏幕正中央并实例化 DataOper 类，代码如下所示。

```
public partial class Load : Form
{
    DataOper dop;
    public Load()
    {
        InitializeComponent();
        this.StartPosition = FormStartPosition.CenterScreen;
        dop = new DataOper();
    }
```

260

3 为【登录】按钮定义单击事件触发函数 load_click()，用于判断用户输入信息是
否有误，并获取用户的角色，代码如下所示。

```
private void load_click(object sender,EventArgs e)
{
    if (userName.Text == "" || userPsw.Text == "")
    {
        MessageBox.Show("用户名或密码不能为空！");
    }
    else {
        dop.goToConnect();
        String Sql = "select iUserId,tiRole from t_UserInfo where sUserName='"
        + userName.Text + "' and sPsw='" + userPsw.Text + "'";
        DataSet ds = new DataSet();
        ds = dop.query(Sql);
        if (ds.Tables[0].Rows.Count != 0)
        {
            int iUserId = int.Parse(ds.Tables[0].Rows[0][0].ToString());
            int tiRole = int.Parse(ds.Tables[0].Rows[0][1].ToString());
            this.Visible = false;
        }
        else {
            MessageBox.Show("用户名或密码输入有误！");
        }
    }
}
```

4 为密码文本框添加键盘事件触发函数 enter_click()，在该函数中判断用户按的是
Enter 键时执行 load_click()函数，代码如下所示。

```
//单击回车键
private void enter_click(object sender,System.Windows.Forms.KeyEvent-
Args kea)
{
    if(kea.KeyCode == Keys.Enter)//判断按下的是否是回车键
    {
        load_click(sender,kea);
    }
}
```

5 为【重置】按钮定义单击事件触发函数 resetClick()，在该函数中将用户名框和密
码框清空，代码如下所示。

```
//重置
private void resetClick(object sender,System.EventArgs e)
{
    userName.Text = "";
    userPsw.Text = "";
}
```

6 在 SuperMarket 项目中，添加 Windows 窗体，并命名为 MainBoard.cs。打开 MainBoard 空白窗体，将窗体的 Text 属性设置为"超市管理系统"。

7 在【属性】面板中，设置窗体的 MaximizeBox 和 MinimizeBox 属性设置为 false；MaximumSize 和 MinimumSize 均为"650,500"，ControlBox 为 false。然后，为该窗体添加背景图片，并向窗体中添加 MenuStrip 控件，如图 12-24 所示。

图 12-24　系统主窗体 1

> **提示**
>
> MaximumSize 和 MinimumSize 分别表示窗体大小可调整的最大和最小值。当这两个属性的值相同时，则该窗体不能被鼠标拖动改变大小。

8 在 MainBoard.cs 代码文件的 MainBoard()构造函数中设置窗体显示位置为"屏幕正中央"。然后打开 Load.cs 代码文件，添加类型为 MainBoard 的成员变量 mb，并在 load_click()函数中的 if 语句内添加如下所示的代码。

```
mb = new MainBoard();      //实例化 MainBoard 类
mb.Show();                 //显示主窗体
if (tiRole == 0)
{
    mb.商品类别管理ToolStripMenuItem.Enabled = false;
    mb.商品管理ToolStripMenuItem.Enabled = false;
    mb.编辑会员ToolStripMenuItem.Enabled = false;
    mb.删除会员ToolStripMenuItem.Enabled = false;
    mb.营业员管理ToolStripMenuItem.Enabled = false;
    mb.积分规则管理ToolStripMenuItem.Enabled = false;
}
```

9 执行以上程序，打开【登录】窗体，当用户以普通营业员的身份进入系统时，有一部分功能菜单是不可用的，如图 12-25 所示。

图 12-25　系统主窗体 2

12.5.3　注销和退出

当用户登录进入到系统主窗体后，用户可能会需要以另外一个身份重新登入本系统或直接退出本系统。本系统中的注销和退出就实现了这两个功能，具体操作步骤如下所示。

1 打开 MainBoard.cs 代码文件，定义 logout()函数用于用户注销，重新进行登录，并为【注销】菜单添加单击事件触发函数 logout()，代码如下所示。

```
//注销
public void logout(object sender,EventArgs e)
{
    foreach (Form f in Application.OpenForms)
    {
        if ((f is Load) && (!f.Visible))//如果窗体是 Load，并且是隐藏的
        {
            f.Visible = true;                //那么窗体就显示
        }
    }
    this.Close();
}
```

2 然后，为【退出】菜单添加单击事件触发函数 exit()，用于用户退出本系统，代码如下所示。

```
//退出
public void exit(object sender, EventArgs e)
{
    MessageBoxButtons mbb = MessageBoxButtons.OKCancel;
    DialogResult dr = MessageBox.Show("确定要退出该系统吗？","退出系统",mbb);
```

```
if (dr == DialogResult.OK)
{
    this.Close();
    Application.Exit();
}
}
```

3 执行程序，正确登入该系统后，执行【退出】菜单，会出现如图 12-26 所示的执行结果。

图 12-26　退出系统

12.6　商品类别管理模块

超市中会销售各种各样的商品，难以进行统一的管理。在这种情况下，商品按照相同的特点进行分类，就会很容易对商品进行管理。商品类别管理模块包括添加商品类别、编辑商品类别和删除商品类别 3 个功能，分别用来对商品的类别进行添加、修改和删除。

12.6.1　添加商品类别

添加商品类别用于添加新的商品类别至数据库中，是商品类别管理模块中最基础的功能。首先，需要创建商品类别管理窗体，具体操作步骤如下所示。

1 右击 SuperMarket 树状菜单元素，执行【添加】|【Windows 窗体】命令，在弹出的【添加新项】对话框中，选择"Windows 窗体"模板，输入名称为"GoodsType.cs"，并打开该空白窗体。

2 在【属性】面板中，设置窗体的 Text 属性为"商品类别管理"，MaximizeBox 和 MinimizeBox 属性设置为 false；MaximumSize 和 MinimumSize 均为"405,236"。

3 然后，向该窗体中添加 TabControl 控件。在【属性】面板中，单击 TabPages 属

性中的【浏览】按钮 ，弹出【TabPage 集合编辑器】对话框。在该对话框中，为 TabControl
控件添加 tabpage 控件，并为 tabPage 设置 text 属性，如图 12-27 所示。

4 在第一个 tabPage 中添加 TreeView、Label、TextBox、CheckBox、ComboBox 和
Button 控件，并在【属性】面板中对这些控件的属性进行设置，如图 12-28 所示。

图 12-27 TabPage 集合编辑器

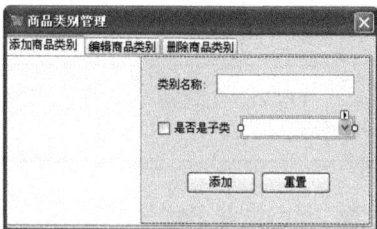

图 12-28 添加商品类别

> **提 示**
>
> 类别名称的 TextBox 的 name 为 typeName；是否是子类的 CheckBox 的 name 为 checkChild；
> 商品类别的 ComboBox 的 name 为 parentType；添加的 Button 的 name 为 addBtn；重置的 Button
> 的 name 为 resetBtn。

5 打开 GoodsType.cs 代码文件，定义成员变量 dop 实例化 DataOper 类，并在构造
函数内定义其显示位置为"屏幕正中央"，代码如下所示。

```
DataOper dop = new DataOper();
public GoodsType()
{
    InitializeComponent();
    this.StartPosition = FormStartPosition.CenterScreen;
}
```

6 定义函数 init()用于为 3 个 TabPage 中的 TreeView 和 ComboBox 控件添加数据源。
首先，需要在该函数中定义查询语句查询商品类别中的一级分类，将查询到的结果定义
为 ComboBox 的数据源，并创建 TreeView 类型的数组，代码如下所示。

```
//自定义初始化
private void init()
{
    //查询数据库
    String strSql = "select * from t_GoodsType where iParentId=0";
    dop.goToConnect();
    DataSet ds = new DataSet();
    ds = dop.query(strSql);
    parentType.DataSource = ds.Tables[0];
```

```
bigType2.DataSource = ds.Tables[0];
parentType.DisplayMember = "sGoodsTypeName";
parentType.ValueMember = "iGoodsTypeId";
bigType2.DisplayMember = "sGoodsTypeName";
bigType2.ValueMember = "iGoodsTypeId";
//创建商品类别树数组
TreeView[] tvw = new TreeView[3] { treeView1, treeView2, treeView3 };
```

提示

treeView2 和 treeView3 是其他两个选项卡页中的控件，在以后的章节中会对这两个树进行添加。

7 init()函数中定义了 3 层 for 循环语句，第一层循环的作用是遍历 TreeView 数组，将 TreeView 的节点清空并为每一个树添加根节点，代码如下所示。

```
for (int i = 0; i < tvw.Length; i++)
{
    tvw[i].Nodes.Clear();
    tvw[i].BeginUpdate();
    tvw[i].Nodes.Add("商品类别");
```

266

提示

若要向 TreeView 一次添加一项时维持性能，可调用 BeginUpdate()方法。在调用 EndUpdate()方法前，BeginUpdate()方法会阻止控件绘制。

若要允许控制控件继续绘制，可在将所有树节点添加到树视图后调用 EndUpdate()方法。

8 第二层循环的作用是遍历第一次查询的结果，并将遍历出的每一个一级商品类别赋值给 TreeView 中的一级子节点。然后，再次定义查询语句查询每个一级类别下的二级类别，代码如下所示。

```
for (int m = 0; m < ds.Tables[0].Rows.Count; m++)
{
    tvw[i].Nodes[0].Nodes.Add(ds.Tables[0].Rows[m][1].ToString());
    tvw[i].Nodes[0].Nodes[m].Text = ds.Tables[0].Rows[m][1].ToString();
    tvw[i].Nodes[0].Nodes[m].Name = ds.Tables[0].Rows[m][0].ToString();
    String strSql2 = "select * from t_GoodsType where iParentId=" + ds.
    Tables[0].Rows[m][0];
    DataSet ds2 = new DataSet();
    ds2 = dop.query(strSql2);
```

9 第二层循环的作用是遍历第二次查询的结果，并将每一个二级商品类别赋值给 TreeView 中相应的二级子节点，然后结束所有循环，代码如下所示。

```
    if (ds2.Tables[0].Rows.Count > 0)
    {
        for (int n = 0; n < ds2.Tables[0].Rows.Count; n++)
        {
```

```
        tvw[i].Nodes[0].Nodes[m].Nodes.Add(ds2.Tables[0].Rows[n][1].
        ToString());
        tvw[i].Nodes[0].Nodes[m].Nodes[n].Text=ds2.Tables[0].Rows[n]
        [1].ToString();
        tvw[i].Nodes[0].Nodes[m].Nodes[n].Name =ds2.Tables[0].Rows
        [n][0].ToString();
        }
    }
}
parentType.SelectedIndex = int.Parse(ds.Tables[0].Rows[0][0].
ToString()) - 1;
tvw[i].EndUpdate();
}
```

10 在构造函数中调用 init()函数,使每一次打开该窗体时都能执行该函数。然后,为【添加商品类别】选项卡页中的【添加】按钮添加单击事件触发函数 add_click(),在该函数中首先需要判断用户是否输入了类别名称、该类别是否是子类,然后判断输入的类别名称是否已存在,代码如下所示。

```
//添加商品类别
private void add_click(object sender,EventArgs e)
{
    String goodsTypeName = typeName.Text;
    if (goodsTypeName == "")
    {
        MessageBox.Show("类别名称不能为空!");
    }
    else {
        int i = 0;
        if (checkChild.Checked)
        {
            i = int.Parse(parentType.SelectedValue.ToString());
        }
        String strSql = "select count(*) from t_GoodsType where sGoods-
        TypeName='" + goodsTypeName + "'";
        DataSet ds = new DataSet();
        ds = dop.query(strSql);
        if (int.Parse(ds.Tables[0].Rows[0][0].ToString()) > 0)
        {
            MessageBox.Show("该类型名已存在!请重新输入···");
            typeName.Text = "";
            typeName.Focus();
        }
```

11 当判断出用户输入的商品类别不存在时,将用户输入的商品类别存储至数据库中,代码如下所示。

```
    else
```

```
{
    String strSql2 = "insert into t_GoodsType(sGoodsTypeName,iParentId)
    values('" + goodsTypeName + "'," + i + ")";
    int Row = dop.DataProcessor(strSql2);
    if (Row >= 1)
    {
        MessageBox.Show("商品类别添加成功！");
        init();
    }
}
```

　12　打开 MainBoard.cs 代码文件，为【商品类别管理】菜单下的 3 个菜单项添加单击触发函数 showGoodsType()。在该函数中，会根据用户单击的菜单项在【商品类别管理】窗体中显示相应的选项卡页，代码如下所示。

```
//商品类别
private void showGoodsType(object sender,EventArgs e)
{
    ToolStripMenuItem tsml = (ToolStripMenuItem)sender;
    GoodsType gt = new GoodsType();
    String tag = tsml.Text;
    gt.Show();
    switch(tag)
    {
        case "添加商品类别":
            gt.tabControl1.SelectedTab = gt.tabPage1;
            break;
        case "编辑商品类别":
            gt.tabControl1.SelectedTab = gt.tabPage2;
            break;
        case "删除商品类别":
            gt.tabControl1.SelectedTab = gt.tabPage3;
            break;
    }
    this.Enabled = false;
}
```

　13　执行该系统，执行【商品类别管理】|【添加商品类别】命令，弹出【商品类别管理】对话框，在【添加商品类别】选项卡页中添加商品类别，如图 12-29 所示。

12.6.2　编辑商品类别

　　商品类别的名称不是固定不变的，有时候需要根据实际需要对商品类别的名称进行修改，甚至有时候还需要对该商品类别所属的类别进行调整。而本节的内容就是编辑商品类别程序的制作，具体步骤如下所示：

超市管理系统 ────

1 打开 12.6.1 节创建的【商品类别管理】对话框，选择【编辑商品类别】选项卡页。然后，向该选项卡页中添加 TreeView、Label、TextBox 等控件，并在【属性】面板中对这些控件的属性进行设置，如图 12-30 所示。

图 12-29　添加商品类别

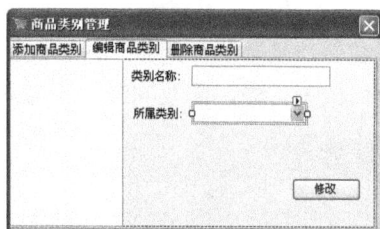

图 12-30　编辑商品类别

> **提 示**
>
> 类别名称的 TextBox 的 name 为 typeName2；所属类别的 ComboBox 的 name 为 bigType2；修改的 Button 的 name 为 modifyBtn；重置的 Button 的 name 为 resetBtn2。

2 打开 GoodsType.cs 代码文件，12.6.1 节已讲过在 init()函数中给 TreeView 控件的树节点和 ComboBox 赋值，本节就不再赘述。

3 为 TreeView 控件添加单击树节点函数 treeNode_click()，该函数会判断用户单击的是一级树节点还是二级树节点，并将节点的 Name 和 Text 属性值分别赋值给成员变量 id 和 nodename，代码如下所示。

```
//单击树 2 节点
int id = 0;
String nodename = "";
private void treeNode_click(object sender,System.Windows.Forms.TreeNode-
MouseClickEventArgs tnm)
{
    TreeNode tn = (TreeNode)tnm.Node;
    int i = tn.Level;          //获取节点级别

    if(i == 1)
    {
        id = int.Parse(tn.Name.ToString());
        bigType2.Enabled = false;
    }
```

```
    else if (i == 2)
    {
        id = int.Parse(tn.Name.ToString());
        bigType2.Enabled = true;
    }
    nodename = tn.Text;
}
```

4 然后，定义 modify_click()函数，并设置【修改】按钮的单击事件触发函数为该
函数。该函数的作用是当用户单击【修改】按钮时，根据用户输入对用户选择的内容进
行修改。首先，需要判断用户输入的商品类型名称是否为空或已存在，代码如下所示。

```
if (id == 0 || typeName2.Text == "")
{
    MessageBox.Show("修改的类型必须从树中选择且商品类型不能为空！");
}
else {
    String goodsTypeName = typeName2.Text;
    String strSql = "select count(*) from t_GoodsType where sGoodsType-
    Name='" + goodsTypeName + "'";
    DataSet ds1 = new DataSet();
    ds1 = dop.query(strSql);
    if (goodsTypeName != nodename && int.Parse(ds1.Tables[0].Rows[0][0].
    ToString()) > 0)
    {
        MessageBox.Show("该类型名已存在！请重新输入···");
        typeName.Text = "";
        typeName.Focus();
    }
```

5 然后，根据用户选择的树节点的级别，对商品类别进行相应的修改，修改完成
后，调用 init()函数，代码如下所示。

```
    else
    {
        int iParentId = 0;
        String sql="";
        if (bigType2.Enabled == true)
        {
            iParentId = int.Parse(bigType2.SelectedValue.ToString());
            sql = "update t_GoodsType set sGoodsTypeName='" + goodsTypeName + "',
            iParentId="+iParentId+"  where iGoodsTypeId=" + id;
        }
        else
        {
          sql = "update t_GoodsType set sGoodsTypeName='" + goodsTypeName + "'
          where iGoodsTypeId=" + id;
        }
        int Row = dop.DataProcessor(sql);
```

```
        if (Row >= 1)
        {
            MessageBox.Show("商品类别修改成功! ");
            init();
        }
    }
```

⑥ 执行以上程序,打开【商品类别管理】对话框,选择【编辑商品类别】选项卡页,选择商品类别进行编辑,如图 12-31 所示。

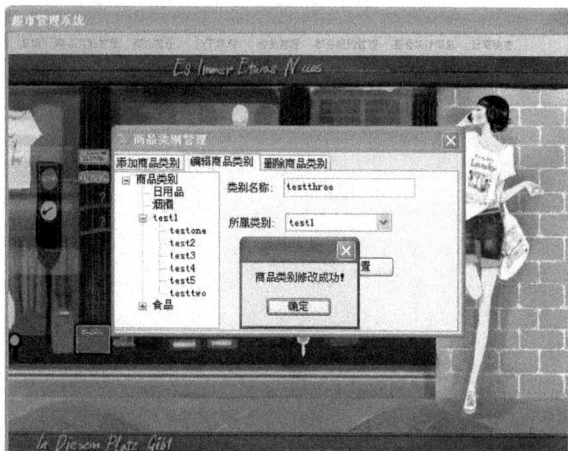

图 12-31 编辑商品类别

12.6.3 删除商品类别

有些商品类别可能会由于各种原因不再需要,这时候就要将这些商品类别从数据库中删除。在删除商品类别时需要根据商品类别下是否具有子类别和商品,做出不同的操作。本节的内容就是删除商品类别功能的制作,具体步骤如下所示。

① 打开前面章节创建的【商品类别管理】窗体,选择【删除商品类别】选项卡页,并向该选项卡页中添加 TreeView、Panel 等控件。然后,在【属性】面板中对这些控件的属性进行设置,如图 12-32 所示。

② 向 Panel 控件中添加 Label、TextBox 和 Button 等控件,并对这些控件的属性进行设置,如图 12-33 所示。

图 12-32 编辑商品类别

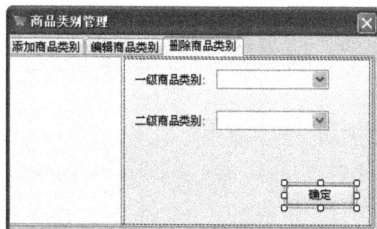

图 12-33 删除商品类别

提 示

一级商品类别的 ComboBox 的 name 为 firstType；二级商品类别的 ComboBox 的 name 为 secondType；确定的 Button 的 name 为 changeType。

③ 打开 GoodsType.Designer.cs 文件，输入 panel1.Hide()语句使 Panel 控件隐藏。然后，打开 GoodsType.cs 代码文件，12.6.2 节已讲过在 init()函数中给 TreeView 控件的树节点和 ComboBox 赋值，本节就不再赘述。

④ 商品类别分为两级，因此在进行删除时需要采用两种方法分别删除商品类别。首先，定义 deleteS_click()函数删除二级商品类别，并将该商品类别下的商品编号存入数组中，代码如下所示。

```
int[] GoodsId;//商品编号
//删除小商品类别
public int deleteS_click(int dId)
{
    int Row = -1;
    DataOper dop = new DataOper();
    DataSet ds = new DataSet();
    String strSql = "select iGoodsId from t_GoodsInfo where iGoodsTypeId=
"+dId;
    ds = dop.query(strSql);
    GoodsId = new int[ds.Tables[0].Rows.Count];
    if (ds.Tables[0].Rows.Count <= 0)
    {
        isGoods = "此类下无商品！";
    }
    else {
        for (int i = 0; i < ds.Tables[0].Rows.Count; i++)
        {
            GoodsId[i] = int.Parse(ds.Tables[0].Rows[i][0].ToString());
        }
    }
    String strSql2 = "delete from t_GoodsType where iGoodsTypeId=" + dId;
    Row = dop.DataProcessor(strSql2);
    return Row;
}
```

⑤ 定义函数 deleteB_click()用于删除一级商品类别，并调用 deleteS_click()函数删除其包含的二级类别，代码如下所示。

```
String isGoods = "";
//删除大商品类别
public int deleteB_click(int dId)
{
    String strSql = "select iGoodsTypeId from t_GoodsType where iParentId="
    + dId;
```

```
        DataOper dop = new DataOper();
        DataSet ds = new DataSet();
        int Row = -1;
        ds = dop.query(strSql);
        if (ds.Tables[0].Rows.Count <= 0)
        {
            isGoods = "此类下无商品！";
        }
        else {
            for (int i = 0; i < ds.Tables[0].Rows.Count;i++ )
            {

                deleteS_click(int.Parse(ds.Tables[0].Rows[i][0].ToString()));
            }
        }
        String strSql2 = "delete from t_GoodsType where iGoodsTypeId="+dId;
        Row = dop.DataProcessor(strSql2);
        return Row;
    }
```

6 为 TreeView 控件定义单击节点触发函数 click_node()，在该函数中会获取用户单击的节点判断节点级别并获取节点的 name 赋值给成员变量 delId，设置节点的 ContextMenuStrip 属性值为之前创建的 ContextMenuStrip 快捷菜单，代码如下所示。

```
//单击树 3 节点
String NodeName = "";
int delId = 0;
public void click_node(object sender,System.Windows.Forms.TreeNodeMouse-
ClickEventArgs tnm)
{
    TreeNode tn = (TreeNode)tnm.Node;
    if(tn.Level==1)              //判断节点级别
    {
        NodeName = "BigNode";
        delId = int.Parse(tn.Name);
        tn.ContextMenuStrip = contextMenuStrip1;
    }else if(tn.Level==2)
    {
        NodeName = "SmallNode";
        delId = int.Parse(tn.Name);
        tn.ContextMenuStrip = contextMenuStrip1;
    }
}
```

7 然后，为【删除节点（商品另选类别）】快捷菜单菜单项添加单击事件触发函数 deleteG_click()。在该函数中，会定义一个具有确定【取消】、【按钮】的对话框，用于用户在单击快捷菜单删除商品类别时，提示用户是否确定要删除该类别，然后根据用户选择做出不同的操作，代码如下所示。

```
//删除商品类别(商品另选类别)
public void deleteG_click(object sender,EventArgs e)
{
    MessageBoxButtons mbb = MessageBoxButtons.OKCancel;
    DialogResult dr = MessageBox.Show("您确定要删除该商品类别吗？","系统提示",
    mbb);
    int Row = -1;
    if (dr == DialogResult.OK)
    ...
```

⑧ 当用户确定删除时，还需要根据用户选择的商品类别的级别分别调用 deleteB_click()和deleteS_click()函数。商品类别删除成功后，若该商品类别下无商品则提示用户，代码如下所示。

```
switch (NodeName)
{
    case "BigNode":
        Row = deleteB_click(delId);
        break;
    case "SmallNode":
        Row = deleteS_click(delId);
        break;
}
if(Row >= 0)
{
    MessageBox.Show("删除成功");
    if (isGoods!="")
    {
        MessageBox.Show(isGoods);
    }
```

⑨ 若所删商品类别下有商品，就将 panel 控件显示出来。然后，执行查询语句将所有的一级商品类别查询出来，并将查询出的结果作为一级类别下拉框的数据源，代码如下所示。

```
panel1.Show();
String sql = "select iGoodsTypeId,sGoodsTypeName from t_GoodsType where
iParentId=0";
DataSet ds = new DataSet();
DataOper dop = new DataOper();
ds = dop.query(sql);
firstType.DataSource = ds.Tables[0];
for (int i = 0; i < ds.Tables[0].Rows.Count; i++)
{
    firstType.DisplayMember = "sGoodsTypeName";
    firstType.ValueMember = "iGoodsTypeId";
}
```

⑩ 为一级商品类别下拉框添加单击事件触发函数 SelectedChanged()，即当用户在下拉框中选择选项时就会触发该函数。根据用户选择的一级分类，查询所选分类下的二级

分类，并将查询出的结果作为二级分类下拉框的数据源，代码如下所示。

```
//显示二级分类
private void SelectedChanged(object sender, EventArgs e)
{
    if (firstType.SelectedValue.ToString() == "System.Data.DataRowView")
    {
    }
    else {
        int id = int.Parse(firstType.SelectedValue.ToString());
        String sql = "select iGoodsTypeId,sGoodsTypeName from t_GoodsType
        where iParentId="+id;
        DataOper dop = new DataOper();
        DataSet ds = new DataSet();
        ds = dop.query(sql);
        secondType.DataSource = ds.Tables[0];
        if (ds.Tables[0].Rows.Count == 0)
        {
            secondType.Visible = false;
        }
        else {
            secondType.Visible = true;
            for (int i = 0; i < ds.Tables[0].Rows.Count;i++ )
            {
                secondType.DisplayMember = "sGoodsTypeName";
                secondType.ValueMember = "iGoodsTypeId";
            }
        }
    }
}
```

11 为【修改】按钮添加单击事件触发函数 changeType_click()，该函数用于将用户所删商品类别下的商品的所属类别进行修改，代码如下所示。

```
//修改商品所属类别
private void changeType_click(object sender,EventArgs e)
{
    if (secondType.Visible)
    {
        int id = int.Parse(secondType.SelectedValue.ToString());
        DataOper dop = new DataOper();
        int Row = 0;
        for (int i = 0; i < GoodsId.Length; i++)
        {
            String strSql = "update t_GoodsInfo set iGoodsTypeId=" + id + "
            where iGoodsId=" + GoodsId[i];
            Row = dop.DataProcessor(strSql);
        }
        if (Row >= 0)
```

```
            {
                MessageBox.Show("商品所属类别修改成功！");
                panel1.Hide();
                init();
            }
        }
        else {
            MessageBox.Show("请选择有二级分类的一级分类！");
        }
    }
```

12 执行以上程序，在弹出的【商品类别管理】对话框中，选择【删除商品类别】选项卡页。然后删除某一商品类别，如图 12-34 所示。

图 12-34　删除商品类别

12.7　商品管理模块

商品管理模块的功能是根据商品的类别管理商品的详细信息，例如，商品名称、EAN、其所属类别和价格等。在本管理系统中，用户可以对商品进行两种操作，即添加商品和编辑商品。

12.7.1　添加商品

添加商品功能可将用户输入的商品名称、EAN、价格和所属商品类别等信息添加至数据库中，并且还会查找用户添加商品是否已经存在，若存在则提醒用户重新输入，具体步骤如下所示。

1 在 SuperMarket 项目中，添加名为"Goods"的 Windows 窗体。然后，设置窗体的 Text 属性为"商品管理"，并向该窗体中添加具有两个选项卡页的 TabControl 控件，设置两个选项卡页的 Text 属性分别是"添加商品"和"删除"商品，如图 12-35 所示。

2 然后，向【添加商品】选项卡页中添加 Label、TextBox、ComboBox 和 Button 等控件，并在【属性】面板中对这些控件的属性进行设置，如图 12-36 所示。

图 12-35 商品管理

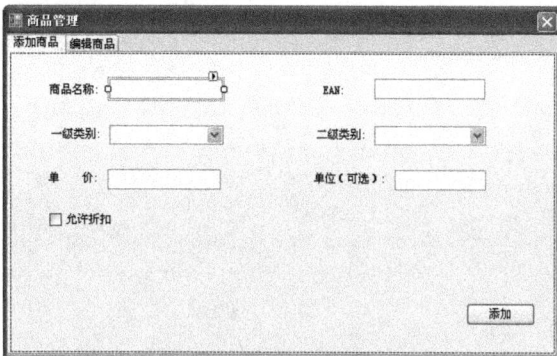

图 12-36 【添加商品】选项卡页

在上面的窗体中，各控件的名称如表 12-8 所示。

表 12-8 【商品管理】中的【添加商品】控件

控件	name	控件	name
商品名称	goodsName	EAN	EAN
一级类别	firstType	二级类别	secondType
单价	price	单位（可选）	unit
允许折扣	isDiscount	添加	insertBtn

3 打开 Goods.cs 代码文件，在类 Goods 中声明成员变量 dop 来实例化数据库操作类 DataOper，并在构造函数内设置窗体的显示位置为屏幕正中央。然后，定义函数 init() 来查询数据库中的所有一级商品类别，并将查询结果作为一级类别下拉框的数据源，代码如下所示。

```
//一级类别下拉框
String sql = "select iGoodsTypeId,sGoodsTypeName from t_GoodsType where iParentId=0";
DataSet ds2 = new DataSet();
ds2 = dop.query(sql);
firstType.DataSource = ds2.Tables[0];
for (int i = 0; i < ds2.Tables[0].Rows.Count; i++)
{
    firstType.DisplayMember = "sGoodsTypeName";
    firstType.ValueMember = "iGoodsTypeId";
}
```

4 然后，在构造函数内调用 init()函数。为一级类别下拉框添加单击事件触发函数 firstType_SelectedIndexChanged()，即当用户在下拉框中选择选项时就会触发该函数。该函数会根据用户所选择的一级商品类别，查询出所选类别下的二级类别，并将其作为二级类别下拉框的数据源，代码如下所示。

```
//显示二级类别
private void firstType_SelectedIndexChanged(object sender,EventArgs e)
{
    if (firstType.SelectedValue.ToString() == "System.Data.DataRowView"){}
    else
    {
        int id = int.Parse(firstType.SelectedValue.ToString());
        String sql = "select iGoodsTypeId,sGoodsTypeName from t_GoodsType
        where iParentId=" + id;
        DataOper dop = new DataOper();
        DataSet ds = new DataSet();
        ds = dop.query(sql);
        secondType.DataSource = ds.Tables[0];
        if(ds.Tables[0].Rows.Count==0)
        {
            secondType.Visible = false;
        }
        for (int i = 0; i < ds.Tables[0].Rows.Count; i++)
        {
            secondType.Visible = true;
            secondType.DisplayMember = "sGoodsTypeName";
            secondType.ValueMember = "iGoodsTypeId";
        }
    }
}
```

5 然后，为【添加】按钮添加单击事件触发函数 addGoods()。该函数会判断用户是否已将商品信息填列完整，是否选择了有效的商品类别，判断正确方可执行插入语句，代码如下所示。

```
//添加商品信息
private void addGoods(object sender,EventArgs e)
{
    if (goodsName.Text == "" || EAN.Text == "" || price.Text == "")
    {
        MessageBox.Show("请将数据填列完整！");
    }
    else {
        if (secondType.Visible == false)
        {
            MessageBox.Show("请选择有效的商品类别！");
        }
        else {
            int i = 0;
    if(isDiscount.Checked)
    {
```

```
        i = 1;
        }
        String name = goodsName.Text;
        String ena = EAN.Text;
        int type = int.Parse(secondType.SelectedValue.ToString());
        float pri = float.Parse(price.Text);
        String un = unit.Text;
        String strSql = "insert into t_GoodsInfo values('"+name+"',
        '"+ena+"',"+type+","+i+","+pri+",'"+un+"')";
        int Row = dop.DataProcessor(strSql);
        if(Row>0)
        {
            MessageBox.Show("商品添加成功！");
            init();
        }
    }
}
```

⑥ 执行以上程序，在弹出的【商品管理】对话框，选择【添加商品】选项卡页，输入商品信息，单击【添加】按钮执行添加，如图 12-37 所示。

12.7.2 编辑商品

在超市管理系统中不仅可以添加各种商品，还可以对已有商品的各种信息进行修改，如对商品名称、价格、单位以及是否可以打折等信息进行修改。编辑商品中就会根据用户选择的商品显示商品信息，用户可进行修改，具体步骤如下所示。

① 在 SuperMarket 项目中，打开已创建好的【商品管理】对话框，选择【编辑商品】选项卡页。然后向该选项卡页中添加 DataGridView、Label、TextBox 和 Button 等控件，并对这些控件的属性进行设置，如图 12-38 所示。

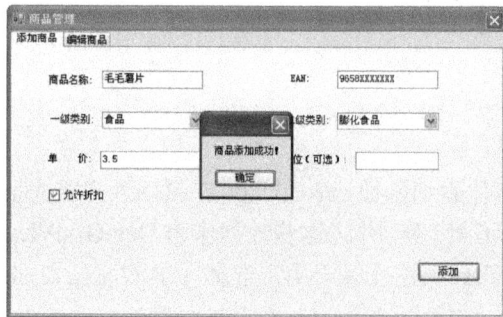

图 12-37 添加商品   图 12-38 编辑商品

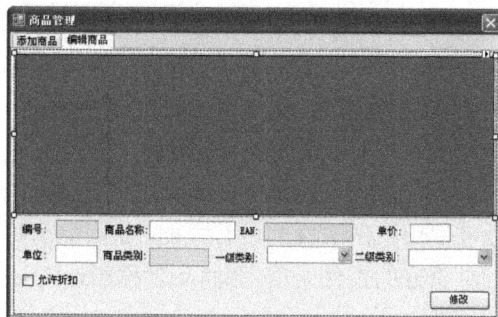

在上面的窗体中，各控件的名称如表 12-9 所示。

表 12-9 【商品管理】中的【编辑商品】控件

控件	name	控件	name
编号	gid	商品名称	gName
EAN	eanNum	单价	gprice
商品类别	gtId	一级类别	firType
二级类别	secType	允许折扣	checkBox1
修改	modifyBtn	单位	gunit

2 打开 Goods.cs 代码文件，在 init()函数中，查询出所有的商品信息，并将其作为 DataGridView 的数据源，代码如下所示。

```
//商品信息列表
String strSql = "select * from t_GoodsInfo";
DataSet ds = new DataSet();
ds = dop.query(strSql);
dataGridView1.DataSource = ds.Tables[0];
dataGridView1.Columns[0].HeaderText = "编号";
dataGridView1.Columns[0].Name = "id";
dataGridView1.Columns[0].Width = 40;
dataGridView1.Columns[1].HeaderText = "商品名称";
dataGridView1.Columns[1].Name = "name";
dataGridView1.Columns[1].Width = 120;
dataGridView1.Columns[2].HeaderText = "EAN";
dataGridView1.Columns[2].Name = "ean";
dataGridView1.Columns[2].Width = 100;
dataGridView1.Columns[3].HeaderText = "商品类别";
dataGridView1.Columns[3].Name = "type";
dataGridView1.Columns[3].Width = 80;
dataGridView1.Columns[4].HeaderText = "允许折扣";
dataGridView1.Columns[4].Name = "discount";
dataGridView1.Columns[4].Width = 80;
dataGridView1.Columns[5].HeaderText = "单价";
dataGridView1.Columns[5].Name = "price";
dataGridView1.Columns[5].Width = 60;
dataGridView1.Columns[6].HeaderText = "单位";
dataGridView1.Columns[6].Name = "unit";
dataGridView1.Columns[6].Width = 60;
```

3 为 DataGridView 的单击行标题边界事件添加函数 rowClick()，在该函数内首先需要获取用户所选行的所有数据，如商品名称及 EAN 等，并将这些数据作为 DataGridView 控件下方的控件的值，如商品名称 TextBox 的 Text 属性就等于用户选择行中的商品名称，代码如下所示。

```
gid.Text = dataGridView1.SelectedRows[0].Cells["id"].Value.ToString();
gName.Text = dataGridView1.SelectedRows[0].Cells["name"].Value.ToString();
gtId.Text = dataGridView1.SelectedRows[0].Cells["type"].Value.ToString();
eanNum.Text = dataGridView1.SelectedRows[0].Cells["ean"].Value.ToString();
```

```
int iDiscount = int.Parse(dataGridView1.SelectedRows[0].Cells["discount"].
Value.ToString());
if (iDiscount == 1)
{
    checkBox1.Checked = true;
}
else {
    checkBox1.Checked = false;
}
gprice.Text = dataGridView1.SelectedRows[0].Cells["price"].Value.ToString();
gunit.Text = dataGridView1.SelectedRows[0].Cells["unit"].Value.ToString();
modifyBtn.Enabled = true;
```

4 在 rowClick()函数中，还需查询出所有的一级商品类别，并将其作为一级类别下拉框的数据源，代码如下所示。

```
//一级类别下拉框
String sql = "select iGoodsTypeId,sGoodsTypeName from t_GoodsType where
iParentId=0";
DataSet ds = new DataSet();
ds = dop.query(sql);
firType.DataSource = ds.Tables[0];
for (int i = 0; i < ds.Tables[0].Rows.Count; i++)
{
    firType.DisplayMember = "sGoodsTypeName";
    firType.ValueMember = "iGoodsTypeId";
}
```

5 然后，为一级类别下拉框添加单击事件触发函数 firType_SelectedIndexChanged()，即当用户在下拉框中选择选项时就会触发该函数。该函数的编写方法与 firstType_SelectedIndexChanged()函数相同。

6 为二级类别下拉框添加 SelectedValueChanged 事件触发函数 changeType()，该函数用于将用户选择的二级商品类别的编号作为商品类别 TextBox 的 Text 属性值，代码如下所示。

```
//修改商品所属类型
private void changeType(object sender,EventArgs e)
{
    gtId.Text = secType.SelectedValue.ToString();
}
```

7 然后，为【修改】按钮添加单击事件触发函数 modifyClick()。该函数的作用是将用户输入的修改信息更新到数据库中，代码如下所示。

```
//修改商品信息
private void modifyClick(object sender,EventArgs e)
{
    if (gName.Text == "" || eanNum.Text == "" || gprice.Text == "")
```

```
{
    MessageBox.Show("请将数据填列完整！");
}
else {
    int i = 0;
    if (isDiscount.Checked)
    {
        i = 1;
    }
    int id = int.Parse(gid.Text);
    String name = gName.Text;
    String ena = eanNum.Text;
    int type = int.Parse(gtId.Text);
    float pri = float.Parse(gprice.Text);
    String un = gunit.Text;
    String strSql = "update t_GoodsInfo set sGoodsName='" + name + "',EAN='"
    + ena + "',iGoodsTypeId=" + type + ",tiDiscount=" + i + ",flPrice="
    + pri + ",sUnit='" + un + "' where iGoodsId="+id;
    int Row = dop.DataProcessor(strSql);
    if (Row > 0)
    {
        MessageBox.Show("商品信息修改成功！");
        init();
    }
}
}
```

8 执行以上程序，在打开的【商品管理】对话框中，选择【编辑商品】选项卡页，选择数据表中某一行，对该数据进行修改，执行结果如图 12-39 所示。

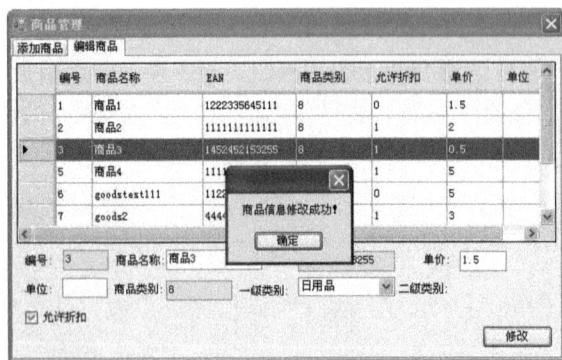

图 12-39 编辑商品

12.8 员工管理模块

超市中有很多员工时，很难对他们进行管理，这时可以将员工的所有数据统一存放

至数据库中，若发生人员调整可及时地更新数据库中的数据。员工管理模块是对数据库
中的员工数据进行管理的媒介，其功能主要包括添加员工、编辑员工和删除员工等。

12.8.1 添加员工

添加员工功能需要用户输入所添加员工的名称、登录管理系统的密码及其设置用户
的角色等。在这里首先需要创建员工管理窗体，具体步骤如下所示。

1 在 SuperMarket 项目中，添加一个名为 Assistant.cs 的空白 Windows 窗体。打开
该窗体，将其 Text 属性设置为"员工管理"。

2 向【员工管理】窗体中添加 TabControl 选项卡控件，然后通过设置其 TabPages
属性向该选项卡控件中添加 3 个选项卡页，并将这 3 个选项卡页的 Text 属性分别设置为
"添加员工"、"编辑员工"和"删除员工"，如图 12-40 所示。

3 向【添加员工】选项卡页中添加 Label、TextBox、GroupBox 和 Button 等控件，
并对这些控件的属性进行设置，如图 12-41 所示。

图 12-40 员工管理

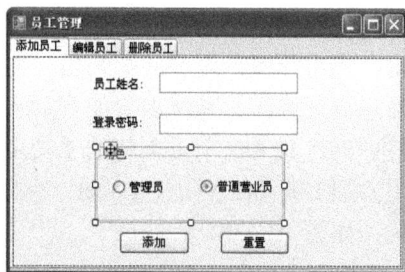

图 12-41 添加员工

提 示

员工姓名的 TextBox 的 name 为 asName；登录密码的 TextBox 的 name 为 asPsw；管理员
的 RadioButton 的 name 为 radioButton1；普通营业员的 RadioButton 的 name 为 radioButton2；
添加的 Button 的 name 为 addBtn；重置的 Button 的 name 为 resetBtn。

4 打开 Assistant.cs 文件，为【添加】按钮添加单击事件触发函数 addAssitant()，该
函数的作用是将用户输入的用户信息添加到数据库中，代码如下所示。

```
//添加员工
private void addAssitant(object sender,EventArgs e)
{
    if (asName.Text == "" || asPsw.Text == "")
    {MessageBox.Show("请将信息填列完整！");}
    else {
        int i = 0;
        if(radioButton1.Checked)
        {i = 1;}
        String name = asName.Text;
```

```
String psw = asPsw.Text;
String strSql = "insert into t_UserInfo values('"+name+"','"+psw+"',
"+i+")";
int Row = dop.DataProcessor(strSql);
if(Row>0)
{
    MessageBox.Show("用户添加成功");
    init();
}
}
}
```

5　执行以上程序，打开【员工管理】对话框，并选择【添加员工】选项卡页。输入所要添加的员工的所有信息，单击【添加】按钮，执行结果如图 12-42 所示。

12.8.2　编辑员工

编辑员工功能是对超市中已有的员工的信息进行编辑，包括对员工的密码及角色进行编辑。超市管理系统中的编辑员工要求用户从显示的用户信息表中选择一行，并输入修改信息执行修改，具体步骤如下所示。

1　打开 12.8.1 节已创建的【员工管理】窗体，选择【编辑员工】选项卡页，并向该页中添加 DataGridView、Label、TextBox 和 Button 等控件，然后对这些控件的属性进行设置，如图 12-43 所示。

图 12-42　添加员工

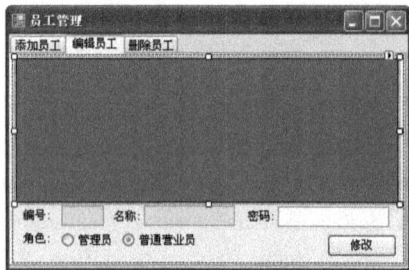

图 12-43　编辑员工

提示

编号的 TextBox 的 name 为 assId；名称的 TextBox 的 name 为 assName；密码的 TextBox 的 name 为 assPsw；管理员的 RadioButton 的 name 为 radioButton3；普通营业员的 RadioButton 的 name 为 radioButton4；修改的 Button 的 name 为 modifyBtn。

2　打开 Assistant.cs 文件，定义函数 init()用于查询超市中所有的员工信息，并将查询结果作为 DataGridView 的数据源，然后在构造函数中调用 init()函数，代码如下所示。

```
String strSql = "select * from t_UserInfo";
DataSet ds = new DataSet();
```

```
ds = dop.query(strSql);
dataGridView1.DataSource = ds.Tables[0];
dataGridView1.Columns[0].HeaderText = "编号";
dataGridView1.Columns[0].Name = "id";
dataGridView1.Columns[0].Width = 70;
dataGridView1.Columns[1].HeaderText = "员工名称";
dataGridView1.Columns[1].Name = "name";
dataGridView1.Columns[2].HeaderText = "登录密码";
dataGridView1.Columns[2].Name = "psw";
dataGridView1.Columns[3].HeaderText = "角色";
dataGridView1.Columns[3].Name = "role";
```

③ 为 DataGridView 的单击行标题边界事件添加函数 dataGridView1_Click()，在该函数内首先需要获取用户所选行的所有数据，如员工名称及登录密码等，并将这些数据作为 DataGridView 控件下方的控件的值，如名称 TextBox 的 Text 属性就等于用户选择行中的员工名称，代码如下所示。

```
//数据列表
private void dataGridView1_Click(object sender,System.Windows.Forms.-
DataGridViewCellMouseEventArgs dgv)
{
    assId.Text = dataGridView1.SelectedRows[0].Cells["id"].Value.ToString();
    assName.Text = dataGridView1.SelectedRows[0].Cells["name"].Value.-
    ToString();
    assPsw.Text = dataGridView1.SelectedRows[0]0.Cells["psw"].Value.-
    ToString();
    int i = int.Parse(dataGridView1.SelectedRows[0].Cells["role"].Value.-
    ToString());
    if (i == 1)
    {radioButton3.Checked = true; }
    else{radioButton4.Checked = true; }
}
```

④ 为【修改】按钮添加单击事件触发函数 modifyAssistant()，该函数用于根据用户选择和输入的数据更新数据库中数据，代码如下所示。

```
//修改员工信息
private void modifyAssistant(object sender,EventArgs e)
{
    if (assPsw.Text == "")
    {
        MessageBox.Show("请将信息填列完整！");
    }
    else {
        int id = int.Parse(assId.Text);
        String name = assName.Text;
        String psw = assPsw.Text;
        int i = 0;
```

```
if(radioButton3.Checked)
{i = 1;}
String strSql = "update t_UserInfo set sUserName='"+name+"',sPsw=
'"+psw+"',tiRole="+i+" where iUserId="+id;
int Row = dop.DataProcessor(strSql);
if(Row>0)
{
    MessageBox.Show("员工信息修改成功! ");
    init();
}
}
}
```

⑤ 执行以上程序，打开【员工管理】窗体，选择【编辑员工】选项卡页。选择用户信息表中的某一行，并输入修改信息，最后单击【修改】按钮，执行结果如图 12-44 所示。

12.8.3 删除员工

删除员工功能用于当超市员工调动时（如裁员、辞职等），将某些员工的信息从数据库中删除。在管理系统中，用户可选择员工信息列表中的某一行信息进行删除，具体步骤如下所示。

① 打开已创建的【员工管理】窗体，选择【删除员工】选项卡页。向该选项卡页中添加 DataGridView 和 Button 控件，并将 Button 控件的 name 属性设置为 delBtn，如图 12-45 所示。

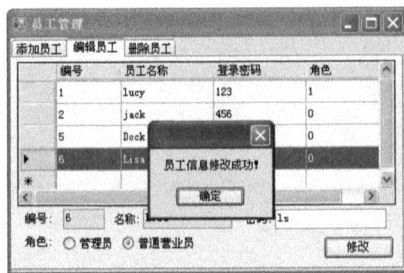

图 12-44　编辑员工

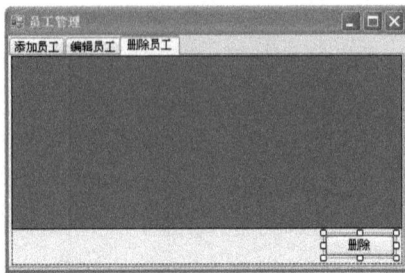

图 12-45　删除员工

② 打开 Assistant.cs 代码文件，将 12.8.2 节中在 init()函数中查询出的所有员工的信息作为 DataGridView 的数据源，方法与 12.8.2 节相同，在此就不再赘述。

③ 为 DataGridView 的单击行标题边界事件添加函数 dataGridView2_Click()，用于获取用户所选行中的员工编号，并赋值给成员变量 delId，代码如下所示。

```
//获取删除数据的编号
int delId = 0;
private void dataGridView2_Click(object sender,System.Windows.Forms.
DataGridViewCellMouseEventArgs dgv)
```

```
{
    delId = int.Parse(dataGridView2.SelectedRows[0].Cells["id"].Value.
    ToString());
}
```

4 然后，为【删除】按钮添加单击事件触发函数 del_click()，该函数会根据用户选择删除员工的编号删除员工信息，代码如下所示。

```
//删除营业员
private void del_click(object sender,System.EventArgs e)
{
    if (delId == 0)
        MessageBox.Show("请选择需要删除的数据！");
    else {
        MessageBoxButtons mbb = MessageBoxButtons.OKCancel;
        DialogResult dr = MessageBox.Show("确定要删除该数据吗？","删除提示",
        mbb);
        if (dr == DialogResult.OK)
        {
            String strSql = "delete from t_UserInfo where iUserId=" + delId;
            int Row = dop.DataProcessor(strSql);
            if (Row > 0)
            {
                MessageBox.Show("营业员已删除！");
                init();
            }
        }
    }
}
```

5 执行以上程序，打开【员工管理】窗体，选择【删除员工】选项卡页。选择用户信息表中的某一行，单击【删除】按钮，执行结果如图 12-46 所示。

12.9 会员管理模块

为了吸引更多顾客的消费，可以制定一种规则，如消费满一定数额时可成为超市会员。当顾客购买商品时，若为超市会员可进行打折。会员管理模块就可以对超市的所有会员进行管理，可新增会员、编辑会员和删除会员等。

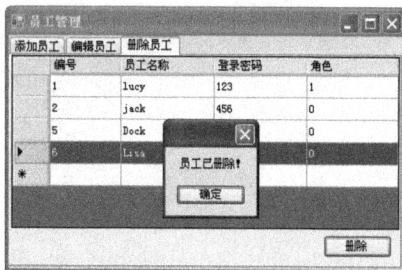

图 12-46 删除员工

12.9.1 添加会员

在销售商品时，若出现销售额满一定数额的，可将该顾客添加为超市会员。增加会员时，需要记录顾客的名称和联系电话等信息，具体步骤如下所示。

☐1 在 SuperMarket 项目，创建名为 Member 的 Windows 窗体，并打开空白 Member 窗体，设置该空白窗体的 Text 属性为 "会员管理"。

☐2 向【会员信息管理】对话框中添加 TabControl 控件，然后通过设置其 TabPages 属性向该选项卡控件中添加 3 个选项卡页，并将这 3 个选项卡页的 Text 属性分别设置为 "添加会员"、"编辑会员" 和 "删除会员"，如图 12-47 所示。

☐3 然后，向【添加会员】选项卡页中添加 Label、TextBox 和 Button 等控件，并对这些控件的属性进行设置，如图 12-48 所示。

图 12-47　会员管理

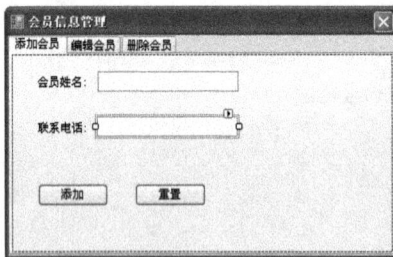

图 12-48　添加会员

提示

会员姓名的 TextBox 的 name 为 memName；联系电话的 TextBox 的 name 为 memTel；添加的 Button 的 name 为 addBtn；重置的 Button 的 name 为 resetBtn。

☐4 在本系统中，确定会员身份的凭证就是用户的联系电话。因此，在添加会员时，需判断所输联系电话是否已存在，若存在则说明该用户已存在无需再次添加。打开 Member.cs 代码文件，为【添加】按钮添加单击事件触发函数 addMember()。该函数可用于添加会员，判断用户信息，代码如下所示。

```
//添加会员
private void addMember(object sender,EventArgs e)
{
    if (memName.Text == "" || memTel.Text == "")
    {
        MessageBox.Show("请将信息填列完整！");
    }
    else {
        String name = memName.Text;
        String tel = memTel.Text;
      String sql = "select count(*) from t_MemberInfo where sTel='"+tel+"'";
        DataSet ds = dop.query(sql);
        if (int.Parse(ds.Tables[0].Rows[0][0].ToString()) > 0)
        {
            MessageBox.Show("该用户已存在！");
        }
        else {
```

```
            String strSql = "insert into t_MemberInfo values('"+name+"','"+
       tel+"',0)";
            int Row = dop.DataProcessor(strSql);
            if (Row > 0)
            {
                MessageBox.Show("会员添加成功! ");
                init();
            }
        }
    }
}
```

5 执行以上程序，在弹出的【会员信息管理】对话框中，选择【添加会员】选项卡页，输入用户信息，执行添加，执行结果如图 12-49 所示。

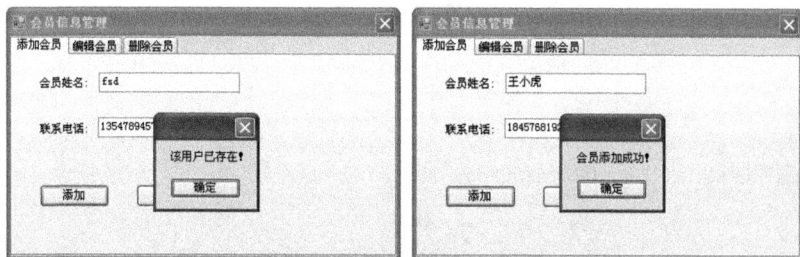

图 12-49　两种执行结果

12.9.2　编辑会员

编辑会员中包括查看所有会员信息、修改会员信息两种操作。当用户重新输入的联系电话已存在时，会提醒用户重新输入；反之则修改所选会员信息。具体步骤如下所示。

1 打开上节已创建的【会员管理】窗体，选择【编辑会员】选项卡页。然后，向该选项卡页中添加 DataGridView、Label、TextBox 和 Button 等控件，并对这些控件的属性进行设置，如图 12-50 所示。

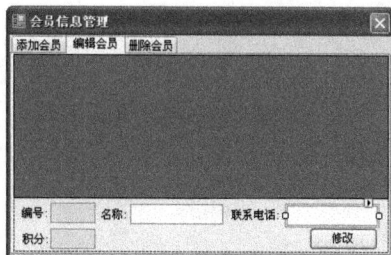

图 12-50　编辑会员

提　示

> 编号的 TextBox 的 name 为 mId；名称的 TextBox 的 name 为 mName；联系电话的 TextBox 的 name 为 mTel；修改的 Button 的 name 为 modifyBtn。

2 打开 Member.cs 文件，定义函数 init()用于查询超市中所有的会员信息，并将查询结果作为 DataGridView 的数据源，然后在构造函数中调用 init()函数，代码如下所示。

```
String strSql = "select * from t_MemberInfo";
```

```
DataSet ds = new DataSet();
ds = dop.query(strSql);
dataGridView1.DataSource = ds.Tables[0];
dataGridView1.Columns[0].HeaderText = "编号";
dataGridView1.Columns[0].Name = "id";
dataGridView1.Columns[1].HeaderText = "名称";
dataGridView1.Columns[1].Name = "name";
dataGridView1.Columns[2].HeaderText = "联系电话";
dataGridView1.Columns[2].Name = "tel";
dataGridView1.Columns[3].HeaderText = "积分";
dataGridView1.Columns[3].Name = "bonus";
```

3 为 DataGridView 的单击行标题边界事件添加函数 dataGridView1_Click()，该函数首先获取用户所选行的所有数据，如会员名称及联系电话等，并将这些数据作为 DataGridView 控件下方的控件的值，如名称 TextBox 的 Text 属性就等于用户选择行中的会员名称。然后，将所选的联系电话赋值给成员变量 sTel，代码如下所示。

```
//数据列表
String sTel = "";
private void dataGridView1_Click(object sender, System.Windows.Forms.-
DataGridViewCellMouseEventArgs dgv)
{
    mId.Text = dataGridView1.SelectedRows[0].Cells["id"].Value.ToString();
    mName.Text = dataGridView1.SelectedRows[0].Cells["name"].Value.ToS-
tring();
    mBonus.Text = dataGridView1.SelectedRows[0].Cells["bonus"].Value.
ToString();
    mTel.Text = dataGridView1.SelectedRows[0].Cells["tel"].Value.ToString();
    sTel = dataGridView1.SelectedRows[0].Cells["tel"].Value.ToString();
}
```

4 为【修改】按钮添加单击事件触发函数 modifyMemeber()。用该函数判断用户重新输入的联系电话是否已存在，若存在则提醒用户重新输入，代码如下所示。

```
//修改会员信息
private void modifyMemeber(object sender,EventArgs e)
{
    if (mName.Text == "" || mTel.Text == "")
    {
        MessageBox.Show("请将信息填列完整");
    }
    else {
        int id = int.Parse(mId.Text);
        String name = mName.Text;
        String tel = mTel.Text;
        int res = 0;
        if(tel != sTel)
        {
```

```
        String sql = "select count(*) from t_MemberInfo where sTel='" +
        tel + "'";
        DataSet ds = dop.query(sql);
        res = int.Parse(ds.Tables[0].Rows[0][0].ToString());
    }
    if (res>0)
    {
    MessageBox.Show("输入的联系电话已存在，请重新输入！");
    }
    else {
        String Sql = "update t_MemberInfo set sMemberName="+name+"',
        sTel='"+tel+"' where iMemberId="+id;
        int Row = dop.DataProcessor(Sql);
        if(Row>0)
        {
            MessageBox.Show("会员信息修改成功！");
            init();
        }
    }
}
}
```

⑤ 执行以上程序，在【编辑会员】选项卡页中，选择所要修改的数据，输入修改后的数据，单击【修改】执行修改程序，执行结果如图 12-51 所示。

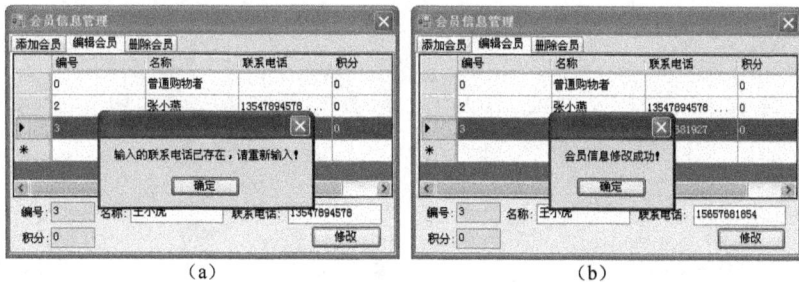

(a)   (b)

图 12-51　两种执行结果

12.9.3　删除会员

在超市管理系统中，删除会员操作非常简单，用户只需选择所要删除的行数据，然后单击【删除】按钮即可将该会员成功删除。具体步骤如下所示。

① 打开【会员信息管理】对话框，选择【删除会员】选项卡页，并向该选项卡页中添加

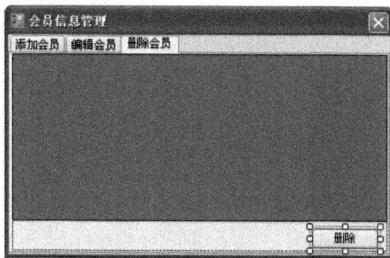

图 12-52　删除会员

DataGridView 和 Button 控件。然后，在【属性】面板中，设置 Button 控件的 name 属性为 delBtn，如图 12-52 所示。

2 打开 Member.cs 代码文件，将 12.9.2 节中在 init()函数中查询出的所有会员的信息作为 DataGridView 的数据源，方法与 12.9.2 节相同，在此就不再赘述。

3 为 DataGridView 的单击行标题边界事件添加函数 dataGridView2_Click()，用于获取用户所选行中的会员编号，并赋值给成员变量 delId，代码如下所示。

```
//获取删除数据的编号
int delId = 0;
private void dataGridView2_Click(object sender, System.Windows.Forms.
DataGridViewCellMouseEventArgs dgv)
{
    delId = int.Parse(dataGridView2.SelectedRows[0].Cells["id"].Value.
    ToString());
}
```

4 然后，为【删除】按钮添加单击事件触发函数 del_click()，该函数会根据用户选择删除会员的编号删除会员信息，代码如下所示。

```
//删除会员
private void del_click(object sender, System.EventArgs e)
{
    if (delId == 0)
    {
        MessageBox.Show("请选择需要删除的数据！");
    }
    else
    {
        MessageBoxButtons mbb = MessageBoxButtons.OKCancel;
        DialogResult dr = MessageBox.Show("确定要删除该数据吗？", "删除提示", mbb);
        if (dr == DialogResult.OK)
        {
            String strSql = "delete from t_MemberInfo where iMemberId=" + delId;
            int Row = dop.DataProcessor(strSql);
            if (Row > 0)
            {
                MessageBox.Show("会员已删除！");
                init();
            }
        }
    }
}
```

5 执行以上程序，在【删除会员】选项卡页中，选择某一行会员信息，单击【删除】按钮，执行删除，执行结果如图 12-53 所示。

12.10 积分规则管理

超市在进行日常销售时，会根据会员的积分数相应地给予会员一定的消费折扣，在一定的积分范围内给予一定的折扣就是积分规则。超市管理系统中积分规则管理可以对已制定好的积分规则进行修改，具体步骤如下所示。

1 在 SuperMarket 项目中，添加名为 BonusRule 的 Windows 窗体。然后，向该窗体中添加 DataGridView、Label、TextBox 和 Button 等控件，并对这些控件的属性进行设置，如图 12-54 所示。

图 12-53 删除会员

图 12-54 积分规则管理

提 示

编号的 TextBox 的 name 为 bId；积分的 TextBox 的 name 为 bonus；折扣的 TextBox 的 name 为 discount；修改的 Button 的 name 为 modifyBtn。

2 打开 SuperMarket.cs 代码文件，定义 init() 函数。该函数用于查询所有的积分规则，并将查询结果作为 DataGridView 的数据源。然后，在构造函数中调用 init() 函数，代码如下所示。

```
public void init()
{
    String strSql = "select * from t_BonusRule";
    DataSet ds = new DataSet();
    ds = dop.query(strSql);
    dataGridView1.DataSource = ds.Tables[0];
    dataGridView1.Columns[0].HeaderText = "编号";
    dataGridView1.Columns[0].Name = "id";
    dataGridView1.Columns[0].Width = 60;
    dataGridView1.Columns[1].HeaderText = "积分";
    dataGridView1.Columns[1].Name = "bonus";
    dataGridView1.Columns[2].HeaderText = "折扣";
    dataGridView1.Columns[2].Name = "discount";
}
```

3 为 DataGridView 的单击行标题边界事件添加函数 dataGridView1_Click()，该函数首先需要获取用户所选行的所有数据，如积分及折扣等，并将这些数据作为 DataGridView 控件下方的控件的值，如积分 TextBox 的 Text 属性就等于用户选择行中的积分，代码如下所示。

```
//数据列表
private void dataGridView1_Click(object sender, System.Windows.Forms.
```

```
DataGridViewCellMouseEventArgs dgv)
{
    bId.Text = dataGridView1.SelectedRows[0].Cells["id"].Value.ToString();
    bonus.Text = dataGridView1.SelectedRows[0].Cells["bonus"].Value.
    ToString();
    discount.Text = dataGridView1.SelectedRows[0].Cells["discount"].Value.
    ToString();
}
```

4 为【修改】按钮添加单击事件触发函数 modifyRule()。该函数用于对用户所选的折扣规则进行修改，代码如下所示。

```
//修改积分规则
private void modifyRule(object sender,EventArgs e)
{
    if (bonus.Text == "" || discount.Text == "")
        MessageBox.Show("请将信息填列完整！");
    else {
        int id = int.Parse(bId.Text);
        int iBonus = int.Parse(bonus.Text);
        float flDiscount = float.Parse(discount.Text);
        String strSql = "update t_BonusRule set iBonus="+iBonus+",flDiscount=
        "+flDiscount+" where iBonusRuleId="+id;
        int Row = dop.DataProcessor(strSql);
        if(Row>0)
            MessageBox.Show("积分规则修改成功！");
    }
}
```

5 执行以上程序，打开【积分规则管理】窗体，选择某一积分规则，并进行修改，如图 12-55 所示。

12.11 查看统计信息模块

从查看统计信息中可以查看所有的销售记录，也可查询一定时间范围内的销售记录，并得出一定时间范围内的总销售额。查询统计信息中默认显示的是所有的销售记录，当用户选择了时间范围，就会显示选择时间范围内的销售记录，具体步骤如下所示。

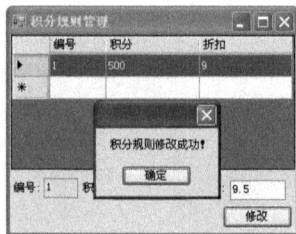

图 12-55 积分规则管理

1 在 SuperMarket 项目中，创建名为 Statistics 的 Windows 窗体，并向该窗体中添加 Label、DataTimePicker、Button 和 DataGridView 等控件。然后，在【属性】面板中对这些控件的属性进行设置，如图 12-56 所示。

超市管理系统

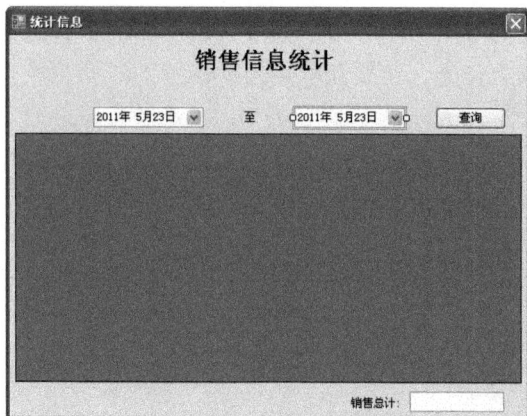

图 12-56　销售信息统计

提 示

销售总计的 TextBox 的 name 为 sumV；查询的 Button 的 name 为 queryBtn。

2 打开 Statistics.cs 代码文件，定义 init()函数。该函数用于查询所有的销售记录，并将查询结果作为 DataGridView 的数据源。然后，在构造函数中调用 init()函数，代码如下所示。

```
public void init()
{
    String strSql = "select a.bSellId,b.sGoodsName,a.flPrice,a.flCount,
    a.dtSell,c.sMemberName from t_SellInfo a left join t_GoodsInfo b on
    a.iGoodsId = b.iGoodsId left join t_MemberInfo c on a.iMemberId=c.
    iMemberId";
    DataSet ds = new DataSet();
    ds = dop.query(strSql);
    dataGridView1.DataSource = ds.Tables[0];
    dataGridView1.Columns[0].HeaderText = "流水号";
    dataGridView1.Columns[0].Name = "id";
    dataGridView1.Columns[0].Width = 80;
    dataGridView1.Columns[1].HeaderText = "商品";
    dataGridView1.Columns[1].Name = "goods";
    dataGridView1.Columns[2].HeaderText = "价格";
    dataGridView1.Columns[2].Name = "price";
    dataGridView1.Columns[2].Width = 60;
    dataGridView1.Columns[3].HeaderText = "数量";
    dataGridView1.Columns[3].Name = "count";
    dataGridView1.Columns[3].Width = 60;
    dataGridView1.Columns[4].HeaderText = "销售日期";
    dataGridView1.Columns[4].Name = "dtSell";
    dataGridView1.Columns[5].HeaderText = "购买人";
    dataGridView1.Columns[5].Name = "Member";
}
```

3 为【查询】按钮添加单击事件触发函数 queryInfo()，该函数用于根据用户所选的时间范围显示销售记录。首先，需要获取用户所选择的时间范围，并分析时间范围得出查询语句，代码如下所示。

```
DateTime dt1 = DateTime.Parse(dateTimePicker1.Text);
DateTime dt2 = DateTime.Parse(dateTimePicker2.Text);
String strSql = "";
String strSql2 = "";
if(dt1 == dt2)
{
    strSql = "select SUM(flPrice*flCount) from t_SellInfo where dtSell=
    '"+dt1+"'";
    strSql2 = "select a.bSellId,b.sGoodsName,a.flPrice,a.flCount,a.dtSell,
    c.sMemberName from t_SellInfo a left join t_GoodsInfo b on a.iGoodsId
    = b.iGoodsId left join t_MemberInfo c on a.iMemberId=c.iMemberId where
    a.dtSell='" + dt1 + "'";
}else if(dt1 < dt2)
{
    strSql = "select SUM(flPrice*flCount) from t_SellInfo where dtSell
    between '" + dt1 + "' and '" + dt2 + "'";
    strSql2 = "select a.bSellId,b.sGoodsName,a.flPrice,a.flCount,a.dtSell,
    c.sMemberName from t_SellInfo a left join t_GoodsInfo b on a.iGoodsId
    = b.iGoodsId left join t_MemberInfo c on a.iMemberId=c.iMemberId where
    dtSell between '" + dt1 + "' and '" + dt2 + "'";
}else if(dt1>dt2)
{
    strSql = "select SUM(flPrice*flCount) from t_SellInfo where dtSell
    between '" + dt2 + "' and '" + dt1 + "'";
    strSql2 = "select a.bSellId,b.sGoodsName,a.flPrice,a.flCount,a.dtSell,
    c.sMemberName from t_SellInfo a left join t_GoodsInfo b on a.iGoodsId
    = b.iGoodsId left join t_MemberInfo c on a.iMemberId=c.iMemberId where
    dtSell between '" + dt2 + "' and '" + dt1 + "'";
}
```

4 执行查询语句，得出用户所选时间范围内的销售记录和销售总额，并将销售总额作为销售总计 TextBox 的 Text 属性值，代码如下所示。

```
DataSet ds = new DataSet();
ds = dop.query(strSql);
int count = ds.Tables[0].Rows.Count;
if (count == 1 && ds.Tables[0].Rows[0][0].ToString() != "")
    sumV.Text = ds.Tables[0].Rows[0][0].ToString();
ds = dop.query(strSql2);
```

5 然后，若销售记录不为空则将用户所选时间范围内的销售记录作为 DataGridView 的数据源；反之，则提醒用户无记录并清空 DataGridView 列，代码如下所示。

```
if (ds.Tables[0].Rows.Count > 0)
```

```
{
    dataGridView1.DataSource = ds.Tables[0];
    dataGridView1.Columns[0].HeaderText = "流水号";
    dataGridView1.Columns[0].Name = "id";
    dataGridView1.Columns[0].Width = 80;
    dataGridView1.Columns[1].HeaderText = "商品";
    dataGridView1.Columns[1].Name = "goods";
    dataGridView1.Columns[2].HeaderText = "价格";
    dataGridView1.Columns[2].Name = "price";
    dataGridView1.Columns[2].Width = 60;
    dataGridView1.Columns[3].HeaderText = "数量";
    dataGridView1.Columns[3].Name = "count";
    dataGridView1.Columns[3].Width = 60;
    dataGridView1.Columns[4].HeaderText = "销售日期";
    dataGridView1.Columns[4].Name = "dtSell";
    dataGridView1.Columns[5].HeaderText = "购买人";
    dataGridView1.Columns[5].Name = "Member";
}
else {
    MessageBox.Show("所查时间段内无任何销售记录！");
    dataGridView1.Columns.Clear();
}
```

⑥ 执行以上程序，打开【统计信息】对话框，选择时间范围，查看销售记录，如图 12-57 所示。

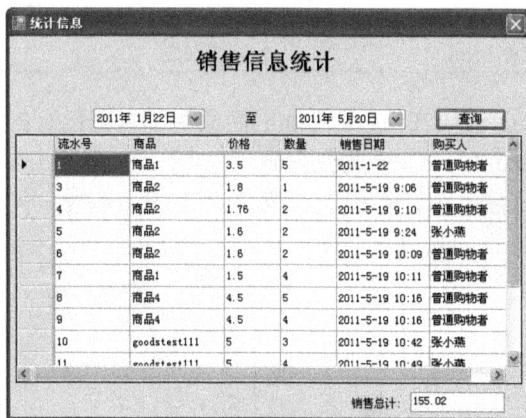

图 12-57　查看销售记录

12.12　日常销售模块

在日常销售模块中会根据用户输入的商品 EAN 而得出商品的一系列信息，并根据输入的用户电话号码而得出会员编号。然后，可输入购买的商品数量、折扣等。最后形成一条销售记录，具体步骤如下所示。

1 在 SuperMarket 项目中，创建名为 DailySell 的 Windows 窗体，并打开该空白窗体。然后，向该窗体中添加 Label、TextBox、DataGridView 和 Button 等控件，如图 12-58 所示。

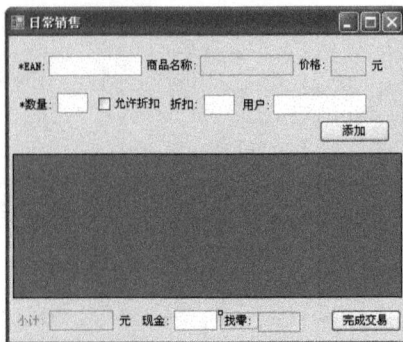

图 12-58　日常销售

在上面的窗体中，各控件的名称如表 12-10 所示。

表 12-10　【日常销售】中的控件

控件	name	控件	name
EAN	ean	商品名称	gname
价格	gprice	数量	count
允许折扣	tiDiscount	折扣	discount
用户	usertel	添加	addBtn
小计	sumPrice	现金	obtained
找零	retMoney	完成交易	endSell

2 打开 DailySell.cs 代码文件，定义 init()函数用于查询已有的还未结束的销售记录，并将该查询结果作为 DataGridView 的数据源。然后，查询这些销售所产生的销售额并作为小计 TextBox 的 Text 属性值，在构造函数中调用 init()函数，代码如下所示。

```
public void init()
{
    String strSql = "select sGoodsName,flCount,discount,sumprice from t_TempSell";
    DataSet ds = dop.query(strSql);
    dataGridView1.DataSource = ds.Tables[0];
    dataGridView1.Columns[0].HeaderText = "商品名";
    dataGridView1.Columns[1].HeaderText = "数量";
    dataGridView1.Columns[1].Width = 40;
    dataG = "select userid from t_TempSell";
    ds = dop.querridView1.Columns[2].HeaderText = "折扣";
    dataGridView1.Columns[2].Width = 100;
    dataGridView1.Columns[3].HeaderText = "总价";
    String stry(str);
    if(ds.Tables[0].Rows.Count>0 && int.Parse(ds.Tables[0].Rows[0][0].ToString())!=0)
    {
        memId = int.Parse(ds.Tables[0].Rows[0][0].ToString());
```

```
        str = "select sTel from t_MemberInfo where iMemberId=" +
        int.Parse(ds.Tables[0].Rows[0][0].ToString());
        ds = dop.query(str);
        usertel.Text = ds.Tables[0].Rows[0][0].ToString();
        usertel.ReadOnly = true;
    }
    strSql = "select sum(sumPrice) from t_TempSell";
    ds = dop.query(strSql);
    sumPrice.Text = ds.Tables[0].Rows[0][0].ToString();
}
```

3 为用户 TextBox 添加 KeyUp 键盘释放事件触发函数 queryUser()。该函数中判断用户输入了会员联系电话时，则会查询出会员的编号，并赋值给成员变量 memId，代码如下所示。

```
//查询用户
int memId = 0;
public void queryUser(object sender,System.Windows.Forms.KeyEventArgs kea)
{
    if (usertel.Text != "")
    {
        String telnum = usertel.Text;
        String strSql="select iMemberId from t_MemberInfo where sTel=
        '"+telnum+"'";
        DataSet ds = dop.query(strSql);
        memId = int.Parse(ds.Tables[0].Rows[0][0].ToString());
    }
}
```

4 然后，为 EAN 的 TextBox 添加 KeyUp 键盘释放事件函数 queryGoods()。该函数会根据用户输入的 EAN 号而查询出商品的信息，并作为相应的 TextBox 的 Text 属性值，将商品的编号赋值给成员变量 iGId，代码如下所示。

```
//商品信息
int iGId = 0;
public void queryGoods(object sender,System.Windows.Forms.KeyEventArgs kea)
{
    if(ean.Text!="")
    {
        String EAN = ean.Text;
        String strSql = "select sGoodsName,iGoodsId,tiDiscount,flPrice
        from t_GoodsInfo where EAN='" + EAN+"'";
        DataSet ds = dop.query(strSql);
        gname.Text = ds.Tables[0].Rows[0][0].ToString();
        iGId = int.Parse(ds.Tables[0].Rows[0][1].ToString());
        if (ds.Tables[0].Rows[0][2].ToString() == "1")
            tiDiscount.Checked = true;
        else
            tiDiscount.Checked = false;
        gprice.Text = ds.Tables[0].Rows[0][3].ToString();
    }
}
```

5 为【添加】按钮添加单击事件触发函数 addSell()。该函数用于将新的销售记录添加至销售记录表和销售临时表中，代码如下所示。

```csharp
//添加交易记录
public void addSell(object sender,EventArgs e)
{
    if (ean.Text == "" || count.Text == "")
    {
        MessageBox.Show("*为必填项，请填列完整！");
    }
    else {
        DateTime dt = DateTime.Now;
        String sGoodsName = gname.Text;
        float cnt = float.Parse(count.Text);
        float fPrice = 0.0f;
        float flPrice = float.Parse(gprice.Text);
        float dis = 0.0f;
        if(tiDiscount.Checked==true && discount.Text!="")
        {
            dis = float.Parse(discount.Text)/10;
            fPrice = flPrice * dis;
        }else
        {
            fPrice = flPrice;
        }
        String strSql = "insert into t_SellInfo(iGoodsId,flPrice,flCount,
        dtSell,iMemberId) values(" + iGId + "," + fPrice + "," + cnt + ",'"
        + dt + "'," + memId + ");";
        int Row = dop.DataProcessor(strSql);
        if(Row > 0)
        {
            float sum = fPrice * cnt;
            String strSql2 = "insert into t_TempSell values('" + sGoodsName
            + "'," + cnt + "," + dis + "," + sum + "," + memId + ");";
            dop.DataProcessor(strSql2);
            usertel.ReadOnly = true;
            init();
        }
    }
}
```

6 为现金的 TextBox 添加 KeyUp 键盘释放事件触发函数 returnMoney()。该函数用于根据消费总额和顾客预付款得出应找回顾客的金额，代码如下所示。

```csharp
//获取退款
public void returnMoney(object sender, System.Windows.Forms.KeyEventArgs
kea)
{
    if (sumPrice.Text != "" && obtained.Text != "")
    {
        float Sum = float.Parse(sumPrice.Text);
        float Obt = float.Parse(obtained.Text);
        retMoney.Text = (Obt - Sum).ToString();
```

```
    }
}
```

7 为【完成交易】按钮添加单击事件触发函数 endToSell()。该函数会清空销售临时表中的所有记录，并判断若顾客为会员时增加用户的积分，代码如下所示。

```
//完成交易
public void endToSell(object sender,System.EventArgs e)
{
    if (sumPrice.Text != "" && obtained.Text != "" && retMoney.Text != "")
    {
        String sql = "delete from t_TempSell";
        int Row = dop.DataProcessor(sql);
        if(Row > 0 )
        {
            MessageBox.Show("交易成功! ");
            if(memId!=0)
            {
              int ibonus = (int)(Math.Floor(float.Parse(sumPrice.Text)));
                String strSql = "update t_MemberInfo set iBonus+="+ibonus+"
                where iMemberId="+memId;
                dop.DataProcessor(strSql);
            }
            obtained.Text = "";
            retMoney.Text = "";
            init();
        }
    }
    else {
        MessageBox.Show("交易未完成或未进行交易! ");
    }
}
```

8 执行以上程序，打开【日常销售】窗体，添加销售记录，并单击【完成交易】按钮完成所有交易，如图 12-59 所示。

图 12-59 日常销售

附录 单元练习

第1单元

练习 1-1 设置 Visual Studio 2010 开发环境

在 Visual Studio 2010 中，用户可以对 Visual Studio 的开发环境进行设置，以符合自身学习和工作的需要。用户不仅可以对软件中的菜单和工具栏进行设置和修改，还可以自行添加新的菜单、工具及其他功能，本练习就将对其开发环境进行设置。

1. 管理菜单和工具栏

Visual Studio 界面中的菜单和工具栏不是固定不变的，用户可以根据自身的需求对菜单和工具栏进行管理，如为菜单和工具栏添加或删除命令、添加新菜单等。

1 在 Visual Studio 2010 中执行【工具】|【自定义】命令，弹出【自定义】对话框，如图 1-1 所示。

2 在【自定义】对话框中，选择【命令】选项卡。选择【菜单栏】单选按钮，并在【菜单栏】下拉列表中选择"菜单栏"，如图 1-2 所示。

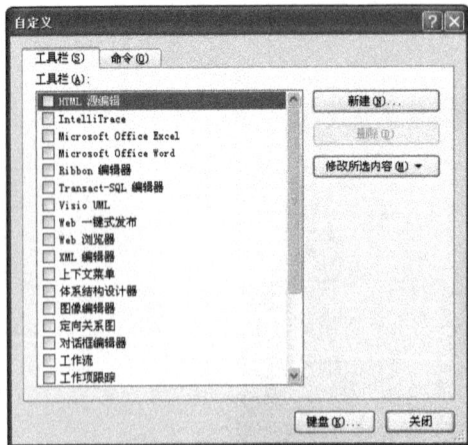

图 1-1 【自定义】对话框 图 1-2 【命令】选项卡

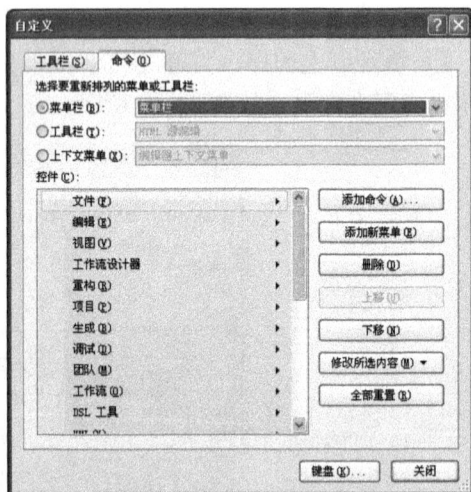

3 然后，单击【添加命令】按钮，为所选菜单添加命令。并在弹出的【添加命令】对话框中，选择需要添加的命令，单击【确定】按钮即可完成命令的添加，如图 1-3

所示。

4 返回【命令】选项卡，单击【添加新菜单】按钮，【控件】列表框中就会显示名为"新菜单"的菜单。然后，再单击【修改所选内容】按钮，在【名称】文本框中为新添加的菜单设置名称，如图 1-4 所示。

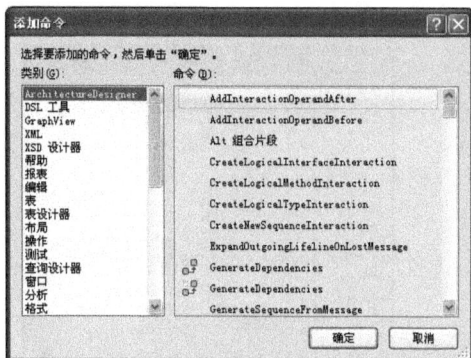

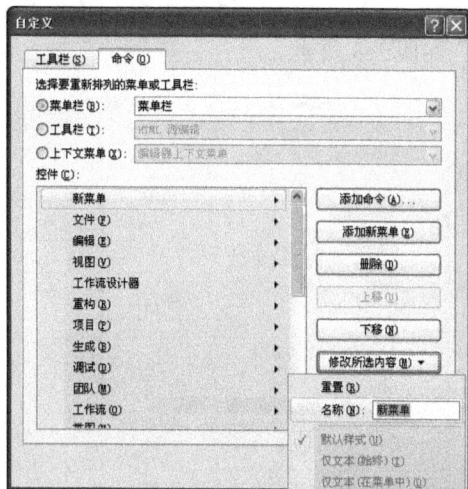

图 1-3　添加命令　　　　　　　图 1-4　添加新菜单

5 在【控件】列表框中，选择某一菜单或工具后，还可以单击【上移】或【下移】按钮对菜单或工具栏的顺序进行调整，如图 1-5 所示。

6 选择【工具栏】选项卡，单击【新建】按钮，在弹出的【新建工具栏】对话框中输入工具栏名称，添加新工具栏，如图 1-6 所示。

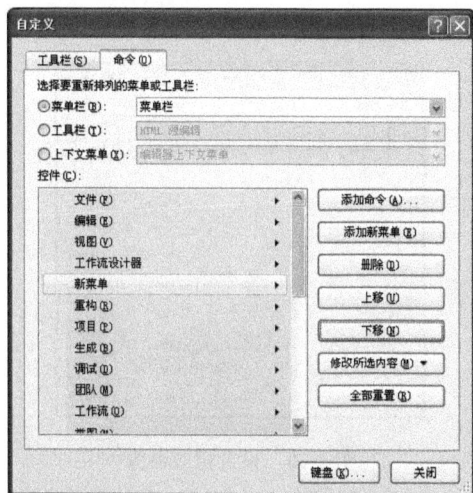

图 1-5　调整菜单或工具栏顺序　　　　　图 1-6　新建工具栏

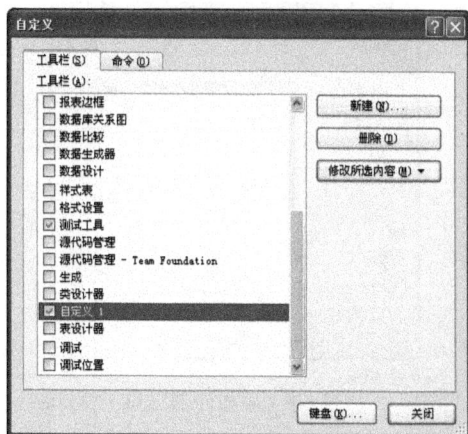

7 然后，选择名为【自定义 1】的工具栏，单击【修改所选内容】按钮，设置所选工具栏的名称或停靠位置，如图 1-7 所示。

303

2．添加和使用外部工具

Visual Studio 2010 中还允许用户添加外部工具，极大地方便了用户的操作，也使得
Visual Studio 的功能更加完善。

1 在 Visual Studio 中，执行【工具】|【外部工具】命令，弹出【外部工具】对话
框，如图 1-8 所示。

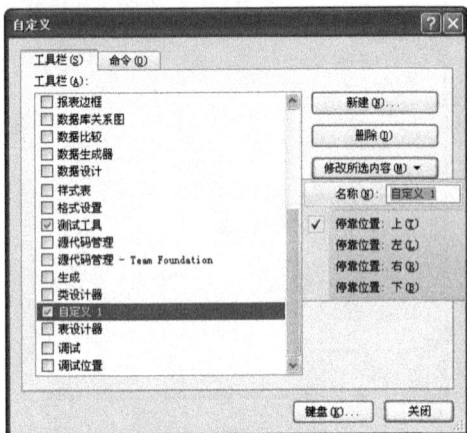

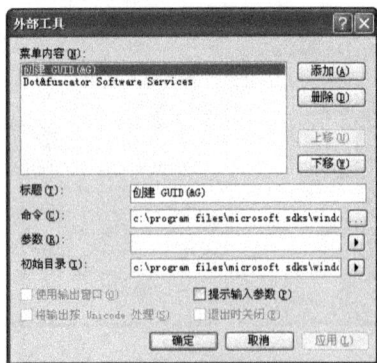

图 1-7 修改工具栏   图 1-8 外部工具对话框

2 在【外部工具】对话框中，单击【添加】按钮，并在【标题】文本框中输入新
添外部工具的名称，如图 1-9 所示。

3 然后，在【命令】文本框中，输入或单击【浏览】按钮 ... 来找到所要启动的文
件，如图 1-10 所示。

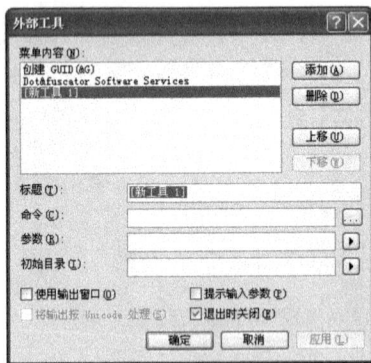

图 1-9 添加外部工具   图 1-10 设置相应命令

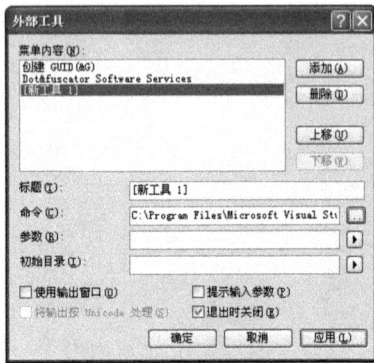

提示

外部工具可以启动的文件类型有.exe、.bat、.com、.cmd 和.pif。

4 选择【使用输出窗口】和【退出时关闭】多选按钮，单击【确定】按钮，完成外部工具的添加。在【外部工具】中，用户还可以单击【删除】、【上移】或【下移】按钮，将外部工具删除或调整其顺序，如图 1-11 所示。

提 示

> 将某个外部工具添加到【工具】菜单中并不会将相应的应用程序注册为打开此类型文件的默认工具。例如，如果希望使用自己添加的外部编辑器修改 HTML 标记，可在【选项】对话框→"环境"→"Web 浏览器"设置此首选项。

3. 自定义 Visual Studio 起始页

在 Visual Studio 中，用户可以使用扩展管理器的"联机库"部分来安装自定义起始页。然后，可以通过在【选项】对话框中选择自定义起始页来进行运用。

1 在 Visual Studio 2010 中，执行【工具】|【选项】命令，弹出【选项】对话框，如图 1-12 所示。

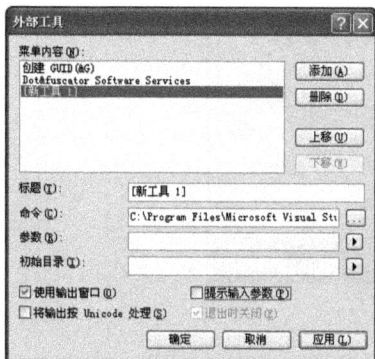

图 1-11　设置外部工具　　　　　图 1-12　【选项】对话框

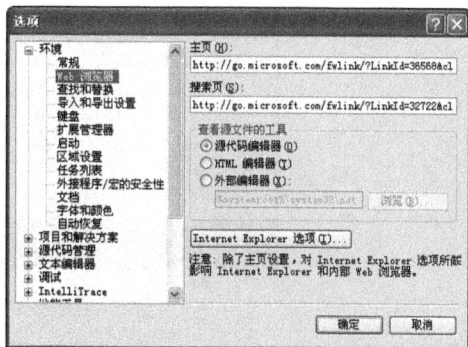

2 在【选项】对话框左侧，展开【环境】树节点，单击"启动"项，对话框右侧就会显示相应的设置项，如图 1-13 所示。

3 然后，可根据自身的需要在【选项】对话框中，对"启动"中的各个选项进行设置。最后，单击【确定】按钮完成启动设置。

4. 安装和管理 Visual Studio 工具和扩展

在 Visual Studio 2010 中，用户在【扩展管理器】对话框中不仅可以对已添加的扩展进行管理和更新，并且还可以添加新的扩展。

1 在 Visual Studio 中，执行【工具】|【扩展管理器】命令，弹出【扩展管理器】对话框，如图 1-14 所示。

2 在对话框左侧的菜单窗口中，单击【联机库】。在对话框右侧的窗口中就会显示在网络中搜索出的所有扩展，用户可以单击其中的某一个进行下载，如图 1-15 所示。

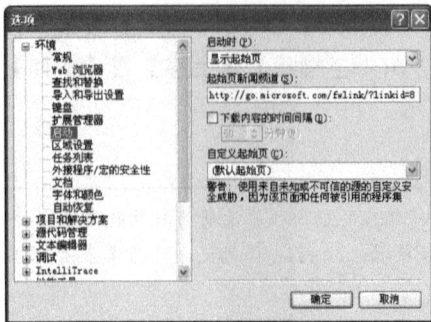

图 1-13　打开启动项

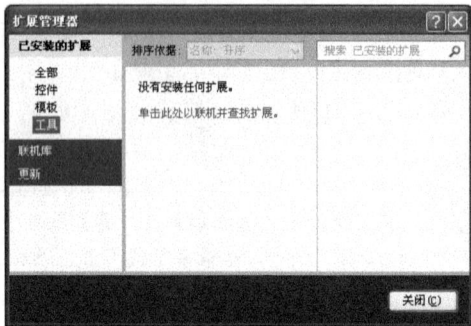

图 1-14　【扩展管理器】对话框

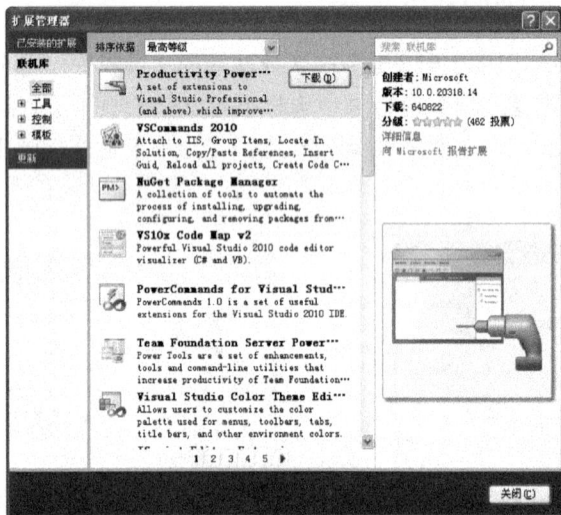

图 1-15　联机库

③ 然后，单击菜单窗口中的【已安装的扩展】，可以对已安装的扩展进行管理。单击【禁用】按钮，可将扩展设置为禁止使用；单击【卸载】按钮，可将已安装的扩展卸载下来，如图 1-16 所示。

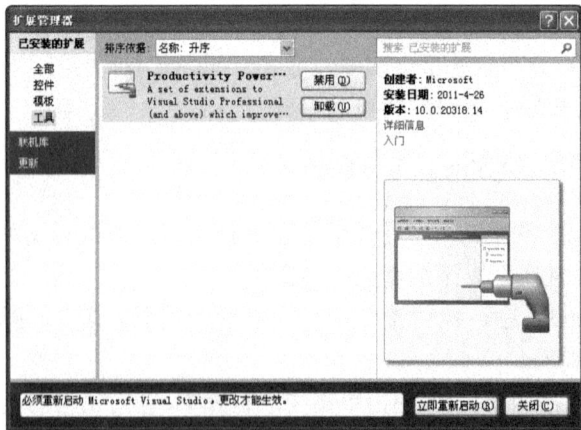

图 1-16　扩展管理

练习 1-2 新建 Visual Studio 项目

无论是哪一种计算机语言，编写代码的第一步都是创建项目，而 C#也不例外。在 Visual Studio 中创建 C#项目非常地简单，只需执行【新建】|【项目】命令即可创建不同模板的项目，具体操作步骤如下所示。

1. 创建 Windows 应用程序

1 在 Visual Studio 中，执行【文件】|【新建】|【项目】命令，打开【新建项目】对话框。在对话框中，单击左侧菜单窗口中的【已安装的模板】，然后，单击【Visual C#】节点下的【Windows】，如图 1-17 所示。

图 1-17　新建项目

2 在对话框中间窗格的上方，选择框架下拉框中的相应框架，并在项目模板列表框中，单击 "Windows 窗体应用程序"，如图 1-18 所示。

图 1-18　选择框架版本

3 然后，在对话框下方设置所建项目的名称、存储位置，并在【解决方案】下拉列表中选择 "创建新解决方案" 选项，最后单击【确定】按钮，即可创建新项目。

4 在 Visual Studio 界面右侧的【解决方案资源管理器】面板中会显示所创建项目的项目文件、设置、引用及资源等，如图 1-19 所示。

2．创建 ASP.NET Web 应用程序

1 在【新建项目】对话框左侧的项目模板列表框中，单击【已安装的模板】。然后，再单击展开的【Visual C#】节点中的 Web。

2 然后，单击对话框中间的模板列表框中选择相应的模板，并在对话框下方输入该项目的创建信息，如项目名称、位置及解决方案等。

3 单击【确定】按钮，即可创建 ASP.NET Web 应用程序。在 Visual Studio 界面右侧的【解决方案资源管理器】面板中就会显示所建项目的项目文件、引用、资源、脚本文件等，如图 1-20 所示。

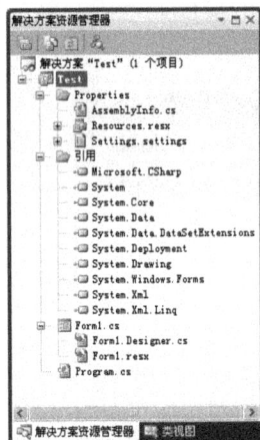

图 1-19　解决方案资源管理器

图 1-20　解决方案资源管理器

练习 1-3　创建控制台 Hello World 程序

在 Visual Studio 2010 中，用户可以使用 C#创建在命令行控制台接收输入并显示输出的应用程序。因为这些应用程序的用户界面非常简单，所以对于学习 C#开发非常理想。本练习就将使用 Visual Studio 创建简单的控制台应用程序，具体步骤如下所示。

1 在【新建项目】对话框中，选择项目模板为"控制台应用程序"，并将项目名称设置为"ConsolTest"，单击【确定】按钮，创建控制台应用程序。

2 在 Visual Studio 界面右侧的【解决方案资源管理器】面板中，会显示项目中所包含的所有内容，如图 1-21 所示。

【解决方案资源管理器】面板中所包含的内容如下所示。

图 1-21　解决方案资源管理器

❑ 解决方案 ConsolTest 是最顶层的解决方案文件，每个应用程序都有一个。该文件的实际文件名是"ConsolTest.sln"，并且每个解决方案文件都包含一个或多个项目文件的引用。

❑ ConsolTest 是 C#项目文件。每个项目文件都引用一个或多个包含项目源码以及其他内容的文件。在一个项目中，所有源代码都必须使用相同的编程语言来编写，该文件实际是 "ConsolTest.csproj"。

❑ Properties 是 ConsolTest 项目中建立的一个文件夹。展开它，将发现它包含一个名为 "AssemblyInfo.cs" 的文件。该文件是一个特殊的文件，可以用它在一个属性中添加 "属性"，如作者姓名、程序版权信息等。用户也可以利用一些附加的属性来修改程序的运行方式。

❑ "引用" 文件夹包含了对程序可用的已编译代码的引用。代码编译好后，它会转换成一个 "程序集"（ssembly），并获得一个唯一的名称。开发者可以使用程序集将他们编写的一些有用的代码打包到一起，并分发给可能想在自己程序中使用的其他开发人员。本书在编写应用程序时，用到的许多新特性都利用了 Microsoft Visual 2010 自带的程序集。

❑ ConsolTest.cs 是一个 C#源代码文件，它是项目最初创建时，在【代码和文本编辑器】窗口中显示的文件。用户可以在这个文件中写入自己的代码。

③ 在 "Program.cs" 文件的【代码和文本编辑器】窗格中，将光标置于 Main 方法的大括号中，按 Enter 键，并输入相应代码，代码如下所示。

```csharp
using System;
using System.Collections.Generic;
using System.Linq;
using System.Text;

namespace ConsolTest
{
    class Program
    {
        static void Main(string[] args)
        {
            Console.Write("Hello Word!");
        }
    }
}
```

在上面所示代码中，Console 是一个内建的，其中包含了在屏幕上显示消息，以及从键盘获取输入的方法。其中，Write 方法用于输出不同类型的数据，是重载的方法。

④ 执行【生成】|【生成 ConsolTest】命令，将对 C#代码进行编译，生成一个可以运行的程序。并会在【代码和文本编辑器】窗口下方显示一个【输出】窗口，该窗口指出程序已经编译，并显示了可能发生的任何错误细节。该实例消息如图 1-22 所示。

⑤ 执行【调试】|【开始执行（不调试）】命令，打开命令窗口，该窗口中就会显示程序的运行结果，如图 1-23 所示。

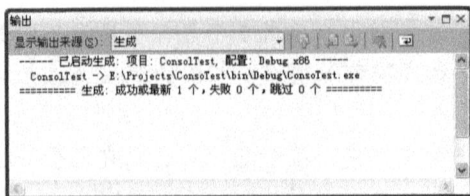

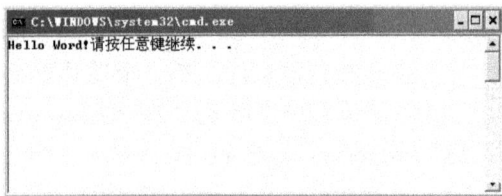

图 1-22　输出消息　　　　　　　　　　　　图 1-23　程序运行结果

练习 1-4　创建 Windows 窗体 HelloWorld 程序

Windows 窗体应用程序是 Visual C#中创建运行于.NET Framework 上的基于 Windows 的智能客户端应用程序。在 Visual Studio 中，用户可以使用 Windows 窗体设计器来创建自己的用户界面，具体步骤如下所示。

1 在 Visual Studio2010 中，创建一个模板为"Windows 应用程序"、名称为"Test"的应用程序。在 Visual Studio 界面的【设计视图】窗口中会显示一个空白的 Windows 窗体。

2 展开【工具箱】面板中的【公共控件】节点，将 button 控件拖至 Windows 窗体中，如图 1-24 所示。

3 执行【视图】|【属性窗口】命令，界面右下方就会显示【属性】面板。在该面板就可以对控件的属性进行设置，如控件名、控件大小等，如图 1-25 所示。

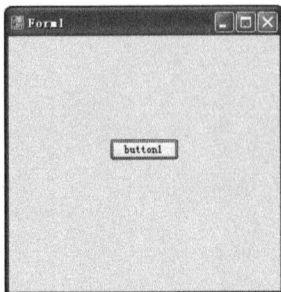

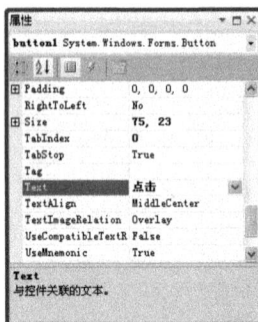

图 1-24　Form1　　　　　　　　　　　　图 1-25　属性面板

4 双击 button1 控件，打开"Form1.cs"源文件。然后，根据自身需要对文件代码进行修改，代码如下所示。

```csharp
using System;
using System.Collections.Generic;
using System.ComponentModel;
using System.Data;
using System.Drawing;
using System.Linq;
using System.Text;
using System.Windows.Forms;
```

310

```
namespace Test
{
    public partial class Form1 : Form
    {
        public Form1()
        {
            InitializeComponent();
        }

        private void Form1_Load(object sender, EventArgs e)
        {

        }

        private void button1_Click(object sender, EventArgs e)
        {
            MessageBox.Show("Hello Word!");
        }
    }
}
```

5 然后，执行【调试】|【开始执行（不调试）】命令，打开 Form1 窗口，单击【点击】按钮弹出"Hello Word!"提示信息，如图 1-26 所示。

图 1-26　执行程序

第 2 单元

练习 2-1　打印正三角形图形

使用"*"符号打印特殊图案，是在学习循环语句时经常会遇到的，它能够很好地帮助人们去理解循环语句的使用方法及执行过程。下面就来使用 for 循环语句打印指定行数的正三角形，具体步骤如下所示。

1 首先，在 Visual Studio 中创建控制台应用程序项目。然后，在 Visual Studio 界面中，打开 Program.cs 文件。

2 设计程序　正三角形图案是由"*"按照一定规律逐行打印形成的，首先就需要确定打印的行数，确定打印的列数，并分析列数与行数的关系，然后分析如何打印空格来形成正三角形。

3 将光标置于 Program.cs 文件的 main()函数内，声明一个变量确定图形行数，然后编写第一层循环，代码如下所示。

```
using System;
using System.Collections.Generic;
```

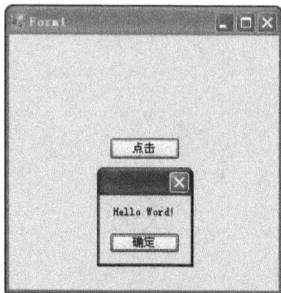

```
using System.Linq;
using System.Text;

namespace Triangle
{
    class Program
    {
        static void Main(string[] args)
        {
            int iRow = 5;
            //行数循环
            for (int row = 1; row <= iRow; row++)
            {
            }
        }
    }
}
```

4 在第一层循环内，编写两个 for 循环分别确定每行空格数和三角形的列数，代码如下所示。

```
//空格循环
for (int space = 6; space > row; space--)
{
  Console.Write(" ");
}
//列数循环
for (int col = 0; col < row * 2 - 1; col++)
{
  Console.Write("*");
}
Console.WriteLine();
```

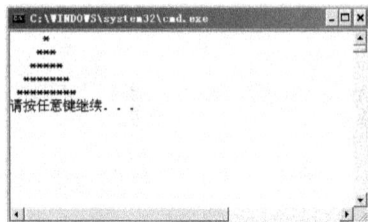

5 执行【调试】|【开始执行（不调试）】命令，命令行显示执行结果如图 2-1 所示。

图2-1 执行结果 1

练习 2-2　十进制数转换为二进制数

二进制是计算技术中广泛采用的一种数制，它是用 0 和 1 两个数码来表示的数。基数为 2，进位规则为"逢二进一"。而因当前的计算机系统基本上都是采用二进制数，因此掌握如何将十进制数转为二进制数是非常必要的，本练习就将使用 do…while 和 for 循环来实现该转换，具体步骤如下所示。

1 分析程序。将一个十进制数转换为二进制数一般采用的方法是"除 2 取余"。因此，只需将十进制数不断除以 2，记录每次除 2 后得到的余数。该运算直到商为 0 为止。

② 在 Program.cs 中编写 getBinary()函数来实现数制的转换。该函数的参数是待转换的十进制数，函数功能是将这个十进制数转换为二进制数，并打印出来，代码如下所示。

```
public static void getBinary(int iDecimal)
        {
            int count = 0;
            int[] stack = new int[10];
            int r;
            int s;
            do{
                r=iDecimal/2;//取商
                s=iDecimal%2;//取余
                stack[count]=s;
                if(r!=0)
                {
                    count++;
                    iDecimal=r;
                }
            }while(s==0);

            for(;count>=0;count--)
            {
                Console.Write(stack[count]);
            }
            Console.WriteLine();
        }
```

③ 然后，在 main()函数中，使用 ReadLine()函数获取命令行用户输入，调用 getBinary 函数，并将用户输入值作为函数的参数，代码如下所示。

```
Console.Write("0");
public static void Main(string[] args)
        {
            Console.WriteLine("请输入一个十进制数：");
            int iDecimal = int.Parse(System.Console.ReadLine());
            getBinary(iDecimal);
        }
```

④ 执行该程序，在命令行中，用户输入任意一个十进制数，按 Enter 键即可将该十进制数转换为二进制数，如图 2-2 所示。

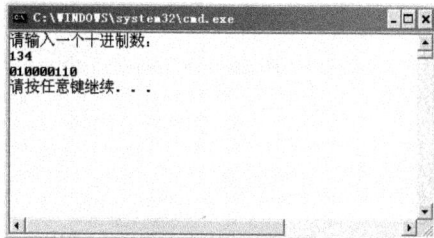

练习 2-3 打印杨辉三角

杨辉三角又称为贾宪三角，是二项式系数在

图 2-2 执行结果 2

三角形中的一种几何排列。杨辉三角横行的数字规律主要包括横行各数之间的大小关系、组合关系以及不同横行数字之间的联系。本练习就将使用循环语句、利用各数之间的关系打印出指定行数的杨辉三角，具体操作如下所示。

1 程序分析。杨辉三角的规律为两腰都为 1；除腰上的 1 以外的各数，都等于它"肩上"的两数之和。此时，只需给定行数，就可以按照以上规律来打印出杨辉三角。

2 在 main()函数中，指定杨辉三角是一个 7 行的等边三角形，编写第一层 for 循环语句来控制打印的行数，而杨辉三角第 0 行和第 1 行是直接打印出来的，代码如下所示。

```csharp
static void Main(string[] args)
    {
        int i, j, k;
        int[] buf = new int[7];
        int[] tmp = new int[7];
        for (i = 0; i <= 6;i++ )
        {
            if(i==0)//打印第0行
            {
                Console.WriteLine("1 ");
            }
            else if (i == 1)//打印第1行
            {
                Console.Write("1 ");
                Console.WriteLine("1 ");
                buf[0] = 1;
                buf[1] = 1;
            }else
            {
            }
        }
    }
```

3 然后，在 else 内，再次编写 for 循环语句打印杨辉三角的第 2～6 行，代码如下所示。

```csharp
else{
    for (j = 1; j <= i + 1;j++ )
    {
        if (j == 1 || j == i + 1)
        {
            Console.Write("1 ");
            tmp[j - 1] = 1;
        }
        else {
            Console.Write(buf[j-2]+buf[j-1]+" ");
            tmp[j - 1] = buf[j - 2] + buf[j - 1];
        }
```

```
    }
    Console.WriteLine();
    for (k = 0; k < 7;k++ )
    {
        buf[k] = tmp[k];//将第 k 行的数据存放到 buf[0]~buf[k]中
    }
}
```

4 执行程序，命令行中就会打印出一个 6
阶的杨辉三角，执行结果如图 2-3 所示。

图 2-3　执行结果 3

练习 2-4　分解质因数

任何一个合数都可以写成几个质数相乘的
形式，这几个质数都称为这个合数的质因数。对
于一个质数，它的质因数可以定义为它本身。本
练习就将使用 for 循环语句得出合数的所有质因数，具体步骤如下所示。

1 程序分析。合数的概念为除了 1 和它本身之外还存在其他因数的数字，判断数
字是否为合数后，就需要找出它的所有因数，并将其中不是质数的因数分解，直至全部
都为质数为止。

2 在 Program.cs 文档中，编写 isPrame()函数判断参数是否为质数，程序代码如下
所示。

```
//判断是否是质数
    public static bool isPrime(int n)
    {//判断 n 是否是质数，是质数返回 true，不是质数返回 false
        int i;
        for (i = 2; i < n; i++)
        {
            if (n % i == 0)
            {
                return false;//不是质数
            }
        }
        return true;//是质数
    }
```

3 然后，再编写 PrimeFactor()函数对参数进行质因数分解。该函数会调用 isPrime()
函数判断参数是否为质数，如为质数，则说明在本层中找到了全部质因数，递归结束，
代码如下所示。

```
//对参数 n 分解质因数
    public static void PrimeFactor(int n)
    {
        int i;
```

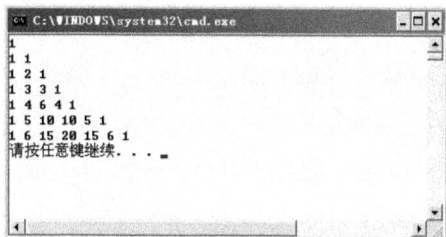

315

```
        if (isPrime(n))
        {
            if (n == 0 || n == 1)
            {
                Console.Write("0 和 1 既不是质数也不是合数！");
            }
            else {
                Console.Write(n+"为质数");
            }
        }
        else {
            for (i = 2; i <= n - 1;i++ )
            {
                if(n % i == 0)
                {
                    Console.Write(i+"*");    //判断第一个因数一定是质因数
                    if (isPrime(n / i))      //判断第二个因数是否是质因数
                    {
                        Console.Write(n/i + "*");    //找到全部质因数
                        break;
                    }else {
                        PrimeFactor(n/i);//递归调用 PrimeFactor 分解参数 n/i
                        break;
                    }
                }
            }
        }
    }
```

  [4] 执行程序，在命令行中输入任意一个正整数（0 和 1 除外），按 Enter 键，得出该数字的所有质因数。

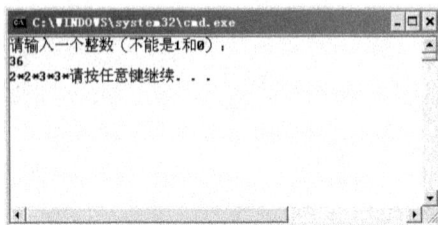

图 2-4　执行结果 4

第 3 单元

练习 3-1　计算最大公约数和最小公倍数

如果一个自然数同时是若干个自然数的约数，那么称这个自然数是这若干个自然数的公约数。所有公约数中最大的一个公约数称为这若干个自然数的最大公约数。所有公倍数中最小的一个公倍数则称为最小公倍数。本练习就将编写函数，分别求出最大公约数与最小公倍数，具体步骤如下所示。

  [1] 程序分析。从两个给定的数中较小的那个开始一次递减，得到的第一个这两个数的公因数就是这两个数的最大公约数；而得到最小公倍数就是从两个数中最大的那个数开始依次加 1，得到的第一个公共倍数。

2 在代码文档中，首先，编写返回类型为 int 类型的 getDivisor()函数求出指定两个数的最大公约数，代码如下所示。

```
//求参数 n 的最大公约数
public static int getDivisor(int m,int n)
{
    int min;
    if(m<=0 || n<=0)
    {
        return -1;
    }

    if (m > n)//将 m,n 中较小的一个赋值给 min
    {
        min = n;
    }
    else {
        min = m;
    }

    while(min != 0)
    {
        if(m%min == 0 && n%min == 0)        //判断公因数
        {
            return min;                      //返回最大公约数
        }
        min--;                               //没有找到最大公约数，min 减 1
    }
    return -1;
}
```

3 编写返回类型为 int 类型的 getMultiple()函数求出指定两个数的最小公倍数，并将其返回，代码如下所示。

```
//求参数 n 的最小公倍数
public static int getMultiple(int m, int n)
{
    int max;
    if(m<=0 || n<=0)
    {
        return -1;
    }

    if (m > n)//找到 m,n 中的较大数赋值给 max
    {
        max = m;
    }
    else {
```

```
        max = n;
    }
    while(max!=0)
    {
        if(max%m==0 && max%n==0)//判断公倍数
        {
            return max;//返回最小公倍数
        }
        max++;//没有找到最小公倍数，max+1
    }
    return -1;
}
```

 4 在 main()函数中声明两个 int 类型的变量，并将用户命令行输入的值赋值于声明的变量。然后，调用函数 getDivisor()和 getMultiple()函数，并将声明的两个变量作为两函数的参数。

```
static void Main(string[] args)
{
    int m,n;
    Console.Write("请输入两数字范围中的第一个值: ");
    m = int.Parse(System.Console.ReadLine());
    Console.Write("请输入两数字范围中的第二个值: ");
    n = int.Parse(System.Console.ReadLine());
    Console.WriteLine(m + "和" + n + "的最大公约数是: " + getDivisor(m, n));
    Console.WriteLine(m + "和" + n + "的最小公倍数是: " + getMultiple(m, n));
}
```

 5 执行该程序，在命令行中输入任意两个数字，就会显示这两个数字的最大公约数和最小公倍数，如图 3-1 所示。

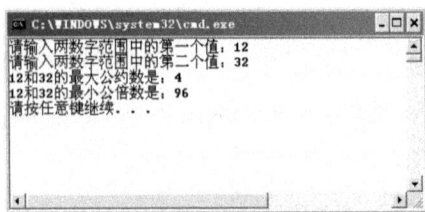

图 3-1 执行结果 1

练习 3-2 完全数

所有真因子（即除了自身以外的约数）的和（及因子函数）恰好等于它本身的一些特殊的自然数就是完全数。本练习就将编写一个函数，使用 for 循环的方法求出指定数字的所有真因子的和，并以此判断指定数字是否为完全数，具体步骤如下所示。

 1 程序分析。首先需要确定指定数字的所有真因子的和，然后判断求出的和是否与该数字相同，相同为完全数，反之则不是。

 2 在程序文档中，编写 getSum()函数，使用 for 循环语句得出指定数字的所有真因子的和，代码如下所示。

```
//求参数 n 的因数和
public static int getSum(int n)
```

```
{
    int i, sum = 0;
     for (i = 1; i < n;i++ )
    {
        if(n%i == 0)              //i 是 n 的一个因子
        {
            sum = sum + i;      // 累加求和
        }
    }
    return sum;                  //返回 n 是否是完全数
}
```

3 然后，编写 getPerfectNum()函数调用 getSum()函数求出 1~1000 以内的所有完全数，并打印出来，代码如下所示。

```
//判断参数 n 是否是完全数
public static bool getPerfectNum(int n)
{
    if (n == getSum(n))//判断 n 是否是完全数，是则返回 true，否则返回 false
    {
        return true;
    }
    else {
        return false;
    }
}
```

4 最后，在 main()函数中使用循环语句并调用 getPerfectNum()函数得出 1~1000 以内的所有完全数，代码如下所示。

```
static void Main(string[] args)
{
    int i;
    Console.WriteLine("下面是 1~1000 以内的完全数：");
    for (i = 1; i <=1000;i++ )
    {
        if (getPerfectNum(i))
        {
            Console.Write(i+" ");
        }
    }
}
```

5 执行该程序，命令行中会打印出 1~1000 的所有完全数，执行结果如图 3-2 所示。

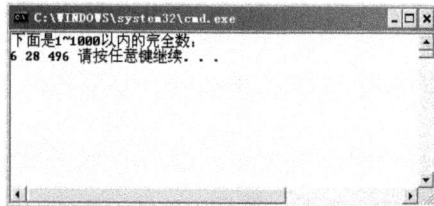

● 练习 3-3 亲密数

图 3-2 执行结果 2

若整数 a 的因子（包括 1，不包括其本身）和等于整数 b，且 b 的因子（包括 1，不包括其本身）和等于 *a*，则 *a* 和 *b* 称为亲密数。在本练习中就将使用 for 循环找出 1000 以内的所有亲密数对，具体步骤如下所示。

1 程序分析。在一个数集中寻找亲密数，可以针对某一个元素，在其他的元素中寻找该元素的亲密数。而且为了使寻找的效率更高，可以在逻辑上划分为两个子集 a 和 b。将所有的数集都存放在 a 中，并在 a 中任选一个元素放入 b 中，然后在 a 中寻找该元素的亲密数，如此循环操作找出所有的亲密数。

2 在 Program.cs 中，编写 getSum()函数使用 for 循环语句求出参数 n 的因子和，代码如下所示。

```
//求参数的因子和
public static int getSum(int n)
{
    int i, sum = 0;
    for (i = 1; i < n; i++)
    {
        if(n%i == 0)//i 是 n 的一个因子
        {
            sum = sum + i;//通过变量 sum 累加求和
        }
    }
    return sum;//返回 n 的因子和
}
```

3 然后，编写 isFriendNum()函数判断是否是亲密数，并返回 bool 类型的判断结果，代码如下所示。

```
//判断参数是否为亲密数
public static bool isFriendNum(int a,int b,int i,int j)
{
    if (a == j && b == i)//判断参数 a 和 b 是否为亲密数，是则返回 true，否则返回 false
    {
        return true;
    }
    else {
        return false;
    }
}
```

4 编写 getFriendNum()函数使用嵌套 for 循环语句求出 1~1000 以内的所有亲密数对，代码如下所示。

```
//寻找 1~1000 以内的所有亲密数
        public static void getFriendNum()
        {
            int i,j;
            int[] x = new int[1001];
            for (i = 1; i <= 1000;i++ )
```

```
    {
        x[i] = getSum(i);
    }

    for (i = 1; i <= 1000;i++ )
    {
        if(x[i] != -111)
        {
            for (j = i + 1; j <= 1000;j++ )
            {
                if(isFriendNum(x[i],x[j],i,j))
                {
                    Console.Write("("+i+",");
                    Console.Write(j+")");
                    x[j] = -111;//表示 j 已经找到亲密数
                }
            }
        }
    }
}
```

⑤ 在 main()函数中调用 getFrientNum()函数，得到 1～1000 中所有的亲密数，代码如下所示。

```
static void Main(string[] args)
{
    Console.WriteLine("下面显示 1~1000 以内的所有亲密数对：");
    getFriendNum();
}
```

⑥ 执行程序，命令行中会显示出 1～1000 以内的所有亲密数对，如图 3-3 所示。

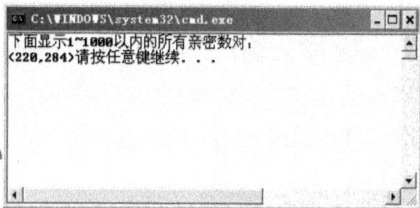

练习 3-4　计算圆周率 π 近似值

圆周长与圆直径的比例就是圆周率 π，古时经常使用"正多边形逼近"法来得出 π 的近似值，当

图 3-3　执行结果 3

圆的内接正多边形边数越多时，其边长就越接近圆周长。本练习就将使用循环的方式求出圆周长最终得出 π 的近似值，具体步骤如下所示。

① 程序分析。首先确定最初单位圆（半径为 1）的内接正多边形为正四边形，其边长为 Math.sqrt(2)/2，边长为 4；而当边数加倍后，新八边形的边长为 Math.sqrt(2-2sqrt(1-(Math.sqrt(2)/2)^2))/2，边长为 8。如此循环、即可求出十六边形、三十二边形等的边长。最后，使用该边长乘以相应的边数得到周长 C 来代替外接圆的周长，继而求出 π 的近似值。

② 在 Program.cs 程序代码中，编写 getPI()函数来求出指定循环次数后求出的 π 的

近似值，代码如下所示。

```
//得到π的近似值
    public static double getPI(int count)
    {
        int n, i = 4;
        double b = Math.Sqrt(2) / 2.0;
        double PI = 0.0;
        for (n = 0; n < count;n++ )
        {
            b = Math.Sqrt(2.0-2.0*Math.Sqrt(1.0-b*b))*0.5;
            i = i * 2;
        }
        PI = b * i;
        return PI;
    }
```

3 然后，在main()函数中调用getPI()函数求出根据用户输入循环次数所得出的π的近似值并打印出来，代码如下所示。

```
static void Main(string[] args)
{
    int n,b;
    Console.WriteLine("请指定循环次数: ");
    n = int.Parse(System.Console.ReadLine());
    Console.WriteLine(getPI(n));
    Console.WriteLine("请指定循环次数: ");
    b = int.Parse(System.Console.ReadLine());
    Console.WriteLine(getPI(b));
}
```

4 执行该程序，用户在命令行中输入循环次数，按 Enter 键，命令行中就会显示出 π 的近似值，如图 3-4 所示。

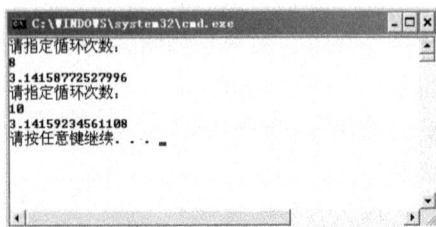

图 3-4　执行结果 4

第 4 单元

练习 4-1　创建商品信息类

创建商品信息类的前提是确定商品类共包含有哪些属性，使用商品类可以做哪些工作。本练习就将通过商品信息类的建立来学习类的创建方法及其属性和方法的确定，具体步骤如下所示。

1 首先，在 Program.cs 中编写名为 "GoodsInfo" 的类，并在该类中确定其属性包括商品编号、商品名称、商品价格和商品生产日期等，代码如下所示。

322

```
public class GoodsInfo
{
    int goodsId;                    //商品编号
    String goodsName;               //商品名称
    int goodsPrice;                 //商品价格
    DateTime goodsDate;             //商品生产日期
}
```

2 在定义了商品信息类的属性之后，接下来就可定义 GoodsInfo 类的构造函数，该构造函数用于初始化该类的各个属性，代码如下所示。

```
//构造函数
public GoodsInfo(int goodsId,String goodsName,int goodsPrice,DateTime
goodsDate)
{
    this.goodsId = goodsId;
    this.goodsName = goodsName;
    this.goodsPrice = goodsPrice;
    this.goodsDate = goodsDate;
}
```

3 接着定义与上述各属性有关的方法，用户通过该方法可以设置或获取类中某个成员变量的值，代码如下所示。

```
public string getGoodsName
    {
        set{
            goodsName = value;
        }
        get{
            return goodsName;
        }
    }

    public int getGoodsPrice
    {
        set {
            goodsPrice = value;
        }
        get {
            return goodsPrice;
        }
    }
    public void showGoodsInfo()
    {
        Console.WriteLine("商品名称：{0}",goodsName);
        Console.WriteLine("商品价格：{0}",goodsPrice);
    }
```

在上述代码中，每个属性都包含两个代码块，其中 get 块包含的是在读取属性时要执行的语句；set 块包含的是在写入属性时要执行语句。属性的类型指定了由 get 和 set 这两种读取和写入的数据的类型。showGoodsInfo ()作为 GoodsInfo 类中的方法，它用于显示商品的相关信息。

④ 然后，在类 Program 的 main()函数中，实例化类 GoodsInfo，并调用该类的 showGoodsInfo()方法显示商品信息，代码如下所示。

```
class Program
{
    static void Main(string[] args)
    {
        DateTime dt = DateTime.Now;
        GoodsInfo good = new GoodsInfo(1, "商品1", 10, dt);
        Console.WriteLine("显示商品信息：");
        good.showGoodsInfo();
    }
}
```

⑤ 执行该程序，命令行中会显示出商品的所有信息，执行结果如图 4-1 所示。

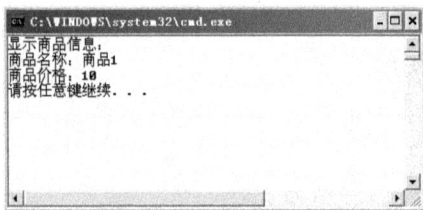

图 4-1　执行结果 1

练习 4-2　根据出生日期计算年龄

日期类型是计算机编程中经常会使用的一种数据类型，本练习就将编写一个人类，并定义其属性和计算人年龄的方法，使用它并根据用户输入的出生日期，计算出用户的年龄。具体步骤如下所示。

① 在 Program.cs 中，编写类 Person，并定义其他的属性包括人的名字、出生日期和性别，代码如下所示。

```
public class PersonInfo
{
    string strName;          //名字
    DateTime birthYear;      //出生日期
    string sex;              //性别
}
```

② 定义了类 Person 的属性之后，接下来就可以定义其构造函数和设置或获取类中

某个属性的值的方法，代码如下所示。

```
public PersonInfo(string strName,DateTime birthYear,string sex)
{
    this.strName = strName;
    this.birthYear = birthYear;
    this.sex = sex;
}

public string getName
{
    set {
        strName = value;
    }
    get {
        return strName;
    }
}
public DateTime getbirthYear
{
    set {
        birthYear = value;
    }
    get {
        return birthYear;
    }
}
```

3 然后，编写 getAge()函数获取当前年份并减去用户年份，即可取得用户的年龄，代码如下所示。

```
public int getAge()
{
    int dtNow = DateTime.Now.Year;
    int birYear = birthYear.Year;
    int Age = dtNow - birYear;
    return Age;
}
```

4 在类 Program 的 main 函数中，实例化类 Person，并调用其 getAge()函数根据用户输入信息得出用户的年龄，代码如下所示。

```
class Program
{
    static void Main(string[] args)
    {
        Console.Write("请输入您的名称: ");
        String name = Console.ReadLine();
        Console.Write("请输入您的出生年份: ");
```

```
String birth = Console.ReadLine();
Console.Write("请输入您的性别：");
String sex = Console.ReadLine();
DateTime bir = DateTime.Parse(birth);
PersonInfo man = new PersonInfo(name, bir, sex);
Console.Write("您的年龄是：{0}",man.getAge());
        }
    }
```

⑤ 执行该程序，在命令行中逐步输入用户信息，然后程序会根据用户输入信息显示用户年龄并打印出来，执行结果如图4-2所示。

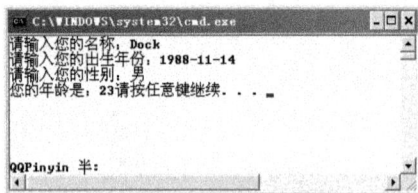

图 4-2 执行结果 2

练习 4-3 计算员工工资

C#程序可用于很多日常工作，例如，计算每月的员工工资。本练习就将编写一个员工工资类，可根据用户输入的工作年限和销售业绩并减去其他费用（如三险一金）来得出员工实获工资数，具体步骤如下所示。

① 在 Program.cs 中，编写类 employeerWages，并确定其属性包括底薪、工作年限、销售数量。然后，employeerWages 类的构造函数，该构造函数用于初始化该类的各个属性，代码如下所示。

```
public class employeerWages
{
    int lowWages = 1000;    //底薪
    int workYear;           //工作年限
    int businessCnt;        //销售数量
    public employeerWages(int workYear,int businessCnt)
    {
        this.workYear = workYear;
        this.businessCnt = businessCnt;
    }
}
```

② 接着定义与上述各变量有关的方法，用户通过该方法可以设置或获取类中某个成员变量的值。

```
public int getworkYear
    {
        set
        {
            workYear = value;
        }
        get
        {
            return workYear;
```

```
        }
    }

    public int getBusinessCnt
    {
        set
        {
            businessCnt = value;
        }
        get
        {
            return businessCnt;
        }
    }
```

3 然后，定义函数 getWages()用于计算员工实发工资（底薪+提成-三险一金），代码如下所示。

```
public double getWages()
    {
        //计算三险一金
        double safeMoney = lowWages*(0.04+0.02+0.005+0.08);
        //计算实发工资
        double wages = lowWages*(1+workYear*0.2+businessCnt*0.1)-
        safeMoney;
        return wages;
    }
```

4 执行该程序，在命令行中输入工作年限和销售数量，按 Enter 键即可得出员工实发工资，如图 4-3 所示。

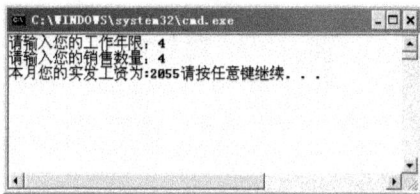

图 4-3　执行结果 3

第 5 单元

●- 练习 5-1　学生成绩排序 -

在编写计算机程序时，经常会需要对一些数据进行排序，而通常会采用的方法是冒泡排序法，它是一类具有"交换"性质的排序方法。本练习就将使用冒泡排序法为给定的学生成绩排序，具体步骤如下所示。

1 程序分析。冒泡排序的基本思想为将序列中的第 1 个元素与第 2 个元素进行比较，若前者小于后者，则将两元素进行交换，否则不交换；然后再将第 2 个元素与第 3 个元素以上的方法进行判断；以此类推，直至比较到最后的元素为止。

2 在 Program.cs 的 main()函数中，定义数组 point（成绩）及其数组项，代码如下所示。

```
class Program
{
    static void Main(string[] args)
    {
        //定义数组
        int[] point = new int[5] {76,84,68,95,73};
    }
}
```

3 接着使用冒泡排序法进行排序。本次排序使用嵌套 for 循环比较相邻的元素，将较小的元素向后移动，直到数组中没有任何一对元素需要进行比较，代码如下所示。

```
for (int i = 0; i<point.Length;i++ )
{
    int temp;
    for (int j = 0; j < point.Length - i-1;j++ )
    {
        if(point[j] < point[j+1])
        {
            temp = point[j+1];
            point[j + 1] = point[j];
            point[j] = temp;
        }
    }
}
for (int h = 0; h < point.Length;h++ )
{
    Console.Write(point[h]+" ");
}
```

4 执行该程序，命令行中会显示出该程序的排序结果，该程序的执行结果如图 5-1 所示。

图5-1　执行结果1

练习 5-2　求某日在当年天数

本练习将编写一个程序用于判断用户输入的某年某月某日是这一年的第几天，即要计算出该月以前几个月的天数总和，再加上本月的日期。本练习使用 for 循环和数组来实现该程序，具体步骤如下所示。

1 程序分析。本练习中需要注意的一点是一年中每个月的天数基本上都是固定的，但除了 2 月。在平年中，2 月的天数为 28 天；在闰年中，2 月的天数为 29 天，因此在设计程序时要考虑到这一点。

2 在主程序文件中，编写函数 getDay()用于计算用户输入的某年某月某日是一年中的第几天，代码如下所示。

```
//判断天数
public static int getDay(int iYear,int iMonth,int iDate)
{
    int[] iMonths = new int[13] { 0, 31, 0, 31, 30, 31, 30, 31, 30, 31,
    30, 31, 30 };
    int iDays = 0;
    //判断是否是闰年
    if (iYear % 4 == 0 && iYear % 100 != 0 || (iYear % 400 == 0))
    {
        iMonths[2] = 29;
    }
    else {
        iMonths[2] = 28;
    }
    //循环求得总天数
    for (int i = 1; i < iMonth;i++ )
    {
        iDays = iDays + iMonths[i];
        iDays = iDays + iDate;
    }
    return iDays;
}
```

3 然后，在 main()函数中，使用 Console.ReadLine()函数求得用户输入的年、月、日，并调用 getDay()函数求出总天数，代码如下所示。

```
static void Main(string[] args)
{
    Console.WriteLine("请输入需要查询的日期: ");
    DateTime dt = DateTime.Parse(Console.ReadLine());
    int iYear = dt.Year;
    int iMonth = dt.Month;
    int iDate = dt.Day;
    int iDay = getDay(iYear,iMonth,iDate);
    Console.Write("用户输入日期为第{0}天",iDay);
}
```

4 执行以上程序，用户输入年月日信息，程序会根据用户输入的数据进行计算并显示出来，如图 5-2 所示。

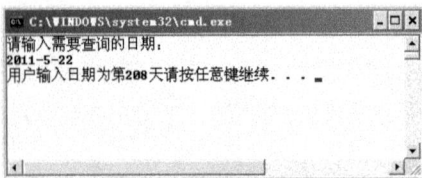

图 5-2　执行结果 2

练习 5-3　求平均值

求平均值是在编写计算机程序时经常会遇到的，例如，班级所有学生的平均成绩、员工的平均工资等，许多有关统计的程序经常都会用到。本练习就将编写根据用户输入数据求出平均值的程序，具体步骤如下所示。

1 程序分析。在该程序中，用户首先通过输出数据的数量来决定要对多少个数据求平均值，然后依次输入这些数据并作为字符串存储在 ArrayList 集合中，最后对这些数据进行计算，求出平均值。

2 首先要求用户输入待计算的数据个数，然后使用 for 循环获取所有待计算的数据，并添加到数组列表中，代码如下所示。

```
class Program
{
    static ArrayList arrList = new ArrayList();
    static void Main(string[] args)
    {
        System.Console.Write("请输入要求平均值数据的个数：");
        //待计算的数据个数
        int count = int.Parse(System.Console.ReadLine());
        //循环输入各个数据
        for (int i = 0; i < count; i++)
        {
            string strNumber = System.Console.ReadLine();
            arrList.Add(strNumber);
        }
        //计算平均值
        showAverage();
    }
}
```

3 上述代码调用 ShowAverage()方法是用来计算出这些数据的平均值，并将其输出，代码如下所示。

```
//计算平均值
public static void showAverage()
{
    double sum = 0;
```

```
int count = 0;
IEnumerator enumerator = arrList.GetEnumerator();
while (enumerator.MoveNext())
{
    string strTemp = enumerator.Current.ToString();
    double dbTemp = double.Parse(strTemp);
    sum += dbTemp;
    count++;
}
double average = sum / count;
System.Console.WriteLine("以上数据的平均值为：{0}", average);
}
```

4 执行结果。由于使用了 **ArrayList** 集合来存储数据，所以在取得该集合中元素后要进行类型转换，然后才能进行数值运算。该实例的执行结果如图 5-3 所示。

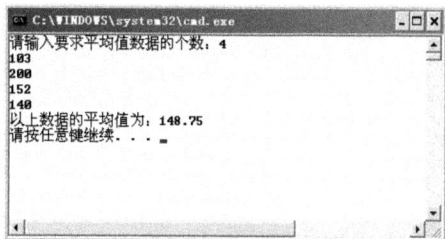

图 5-3　执行结果 3

第 6 单元

● 练习 6-1　获取关键字出现次数

本练习将编写一个程序用于计算一个字符在另一个字符串中出现的次数，首先是将用户输入的字符串和字符获取到，然后再使用 for 循环语句来与指定字符进行对比从而得出出现次数，具体步骤如下所示。

1 在 Program.cs 的 main()函数中，编写 ReadLine 语句取得用户输入的字符串和字符，代码如下所示。

```
static void Main(string[] args)
{
    Console.Write("请输入字符串源: ");
    String strStart = System.Console.ReadLine();
    Console.Write("请输入要查找的字符: ");
    Char strFind = Char.Parse(System.Console.ReadLine());
}
```

2 然后，声明一个变量记录循环过程中的比对结果，比对相同时该变量值就会加 1，从而得出出现次数，代码如下所示。

```
int count = 0;
//循环查找相同字符
for (int i = 0; i < strStart.Length;i++ )
{
   if(strStart[i] == strFind)
```

```
    {
        count++;
    }
}
Console.Write("出现次数为：{0}", count);
```

3 执行以上程序，用户在命令行中输入字符串和字符，命令行中会立刻显示出字符出现次数，如图 6-1 所示。

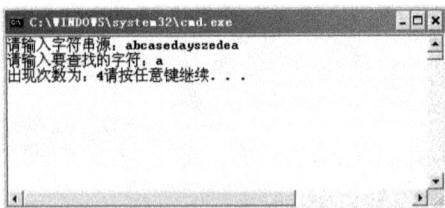

图 6-1 执行结果 1

练习 6-2 转换字符串大小写

本练习编写的程序是将用户输入语句的首字母大写、句中小写"i"转为大写，该程序需要用到 split()和 ToUpper()两个字符串处理函数，并使用循环方式进行转换，具体步骤如下所示。

1 首先，在主程序文件的 main()函数中，获取用户输入的英文语句，并将该语句使用空格和逗号进行分割放入数组内，代码如下所示。

```
static void Main(string[] args)
{
    Console.WriteLine("请输入您要检查的英文语句：");
    String strCheck = System.Console.ReadLine();
    String[] arrCheck = strCheck.Split(new Char[] {' ',','});
}
```

2 然后，使用 for 循环语句将首字母、首单词的首字母和句子中 i 转换为大写字母，并将最后结果输出，代码如下所示。

```
Console.WriteLine("格式化后的语句为：");
for (int i = 0; i < arrCheck.Length;i++ )
{
    if(i==0)
    {
        if (arrCheck[i].Length == 1)
        {
            arrCheck[i] = arrCheck[i].ToUpper();
        }
        else {
```

```
        for (int j = 0; j < arrCheck[i].Length;j++ )
        {
            CultureInfo cultureInfo = Thread.CurrentThread.CurrentCulture;
            TextInfo tInfo = cultureInfo.TextInfo;
            arrCheck[i] = tInfo.ToTitleCase(arrCheck[i]);
        }
    }
}else if(arrCheck[i] == "i")
{
    arrCheck[i] = arrCheck[i].ToUpper();
}

    Console.Write(arrCheck[i]+" ");
}
Console.WriteLine();
```

③ 执行以上程序，用户需要在命令行中输入英文语句，然后命令行中就会显示出已格式化的语句，如图6-2所示。

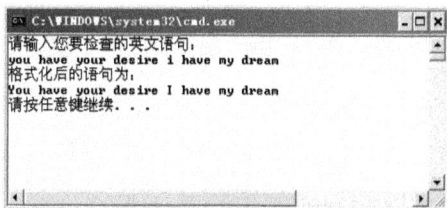

图 6-2　执行结果 2

> **提示**
>
> CultureInfo 类保存区域性特定的信息，如关联的语言、子语言、国家/地区、日历和区域性约定。此类还提供对 DateTimeFormatInfo、NumberFormatInfo、CompareInfo 和 TextInfo 的区域性特定实例的访问。这些对象包含区域性特定操作（如大小写、格式化日期和数字以及比较字符串）所需的信息。

> **提示**
>
> TextInfo 类定义特定于书写体系的文本属性和行为（如大小写）。应用程序应使用 CultureInfo.TextInfo 属性获取特定 CultureInfo 对象的 TextInfo 对象。如果安全决策依赖于字符串比较或大小写更改操作，应用程序应使用由 CultureInfo.InvariantCulture 属性返回的对象的 CultureInfo.TextInfo 属性，以确保无论操作系统采用何种区域性设置，其操作行为都是一致的。

练习 6-3　判断是否为 E-mail 地址

本练习将编写一个程序用于判断用户输入的 E-mail 地址，通常在验证用户输入数据时一般都会使用正则表达式来进行验证,而本练习就使用 C#的 Regex 类来分析用户输入数据和正则表达式,具体步骤如下所示。

1 根据程序的要求编写 checkEmailFormat()函数,用于判断用户输入数据是否符合要求,代码如下所示。

```
public static bool checkEmailFormat(String email)
{
    String state = @"^([\w-\.]+)@((\[[0-9]{1,3}\.[0-9]{1,3}\.[0-9]{1,
3}\.)|(([\w-]+\.)+))([a-zA-Z]{2,4}|[0-9]{1,3})(\]?)$";
    return System.Text.RegularExpressions.Regex.IsMatch(email,state);
}
```

2 然后,在 main()函数中获取用户输入,调用 checkEmailFormat()函数判断用户输入,并根据判断结果返回相应的信息,代码如下所示。

```
static void Main(string[] args)
{
    Console.Write("请输入您的 E-mail 地址:");
    String email = Console.ReadLine();
    if (checkEmailFormat(email))
    {
        Console.Write("您输入的 E-mail 是正确的!");
    }
    else {
        Console.Write("您输入的 E-mail 格式错误!请再次输入:");
        String strEmail = Console.ReadLine();
        if (checkEmailFormat(strEmail))
        {
            Console.Write("您输入的 E-mail 是正确的!");
        }
        else {
            Console.Write("您输入的 E-mail 格式错误!");
        }
    }
}
```

3 执行以上程序,在命令行中输入 E-mail 地址,程序根据用户输入返回相应的数据,如图 6-3 所示。

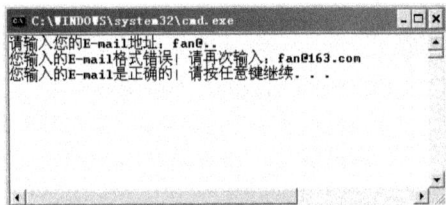

图 6-3 执行结果 3

第 7 单元

练习 7-1 判断除数为 0 异常

在进行算术运算时,可能会因为一时疏忽或其他原因导致除数为 0 从而抛出异常,为了能在抛出异常后及时获得相关信息，并做出相应处理。本练习程序就是用于处理除数为 0 的异常，具体步骤如下所示。

1 在 main()函数中，编写 try 语句块包含可能会产生异常的代码，代码用于获取用户输入，数据运算等，代码如下所示。

```
try
{
    System.Console.WriteLine("请输入被除数：");
    string strNum1 = System.Console.ReadLine();
    System.Console.WriteLine("请输入除数：");
    string strNum2 = System.Console.ReadLine();
    int intNum1 = int.Parse(strNum1);
    int intNum2 = int.Parse(strNum2);
    int intTemp = intNum1 / intNum2;
    System.Console.WriteLine("执行结果为：{0}", intTemp);
}
```

2 然后，编写 catch 语句用于捕获执行 try 中代码可能会产生的异常，并显示相应的错误信息，代码如下所示。

```
catch (FormatException ex1)
{
    System.Console.WriteLine("异常情况1：{0}", ex1.Message);
}
catch (DivideByZeroException ex2)
{
    System.Console.WriteLine("异常情况2：{0}", ex2.Message);
}
finally
{
    System.Console.WriteLine("程序执行结束！");
}
```

3 至此，已经完成了处理除数为 0 异常实例的代码编写，下面就可以来演示一下该实例是如何执行的，执行结果如图 7-1 所示。

练习 7-2　判断用户输入

很多情况都会限制用户输入内容，例如，只能是数字或只能是字母等；而当用户输入不符合要求时就会产生异常，告知用户应输入正确的数据。本练习就将对用户输入的数据进行判断，如果输入数据有误就会抛出异常，具体步骤如下所示。

1 在 Visual Studio 2010 中，创建一个控制台应用程序项目，该项目的名称为

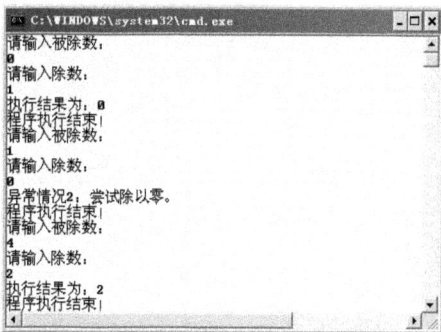

图 7-1　执行结果 1

"keyException"。

② 然后，在 main()函数中根据该程序的要求编写用于处理用户输入数据不符合规范的异常，代码如下所示。

```
static void Main(string[] args)
{
    String strInput;
    while(true)
    {
        try {
            Console.Write("请输入 1~4 中的任意一个数字：");
            strInput = Console.ReadLine();
            if(strInput == "")
            {
                break;
            }
            int iIndex = Convert.ToInt32(strInput);
            if(iIndex<1 || iIndex>4)
            {
                throw new IndexOutOfRangeException("不能输入 1~4 以外的数字");
            }
        }catch(IndexOutOfRangeException ie)
        {
            Console.WriteLine("错误:" + ie.Message);
        }
        catch (Exception e)
        {
            Console.WriteLine("错误:" + e.Message);
        }
        finally
        {
            Console.WriteLine("程序执行完毕！");
        }
    }
}
```

③ 至此，已完成了处理用户输入异常的代码编写，下面就执行该程序，执行结果如图 7-2 所示。

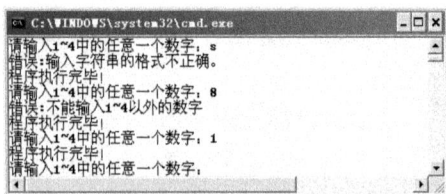

图7-2 执行结果 2

练习 7-3 搜索产品内容

当按照输入的名称查找产品内容时，如果将产品名称输入错误就会找不到相应的数据，这时可以对这种情况进行异常处理。当用户输入的产品名称不存在时，就会抛出异常，告知用户查找产品不存在，具体步骤如下所示。

1 首先，在 Program 类中声明名为 Goods 的 struct 结构，该结构中包含了 3 个变量，包括产品编号、产品名称和产品价格，代码如下所示。

```
public struct Goods
{
    public int id;
    public string name;
    public float price;
}
```

2 在 main 函数中，声明两个名称分别为 good1 和 good2 的 Goods 结构类型的变量，并为结构中的变量赋值，然后将声明一个 Goods 类型的数组，并将 good1 和 good2 置于该数组中，代码如下所示。

```
static void Main(string[] args)
{
    Goods good1;
    Goods good2;
    good1.id = 1;
    good1.name = "皮鞋";
    good1.price = 50;
    good2.id = 2;
    good2.name = "帽子";
    good2.price = 20;
    Goods[] good= new Goods[2]{good1,good2};
}
```

3 编写 try…catch 语句处理在用户查询商品时抛出的异常，无异常时显示用户查询的数据，代码如下所示。

```
try
{
    Console.Write("请输入商品名称: ");
    String name = Console.ReadLine();
    Boolean check = false;
    for (int i = 0; i < good.Length; i++)
    {
        if (name == good[i].name)
        {
            Console.WriteLine("商品信息为：商品编号{0},商品名称{1},商品价格{2}
            元", good[i].id, good[i].name, good[i].price);
            check = true;
        }
```

```
    }
    if (!check)
    {
     throw new IndexOutOfRangeException("您查询的商品不存在!");
    }
}
catch (IndexOutOfRangeException ie)
{
    Console.WriteLine("错误: " + ie.Message);
}
    catch(Exception e)
{
    Console.WriteLine("错误: " + e.Message);
  }
finally {
    Console.WriteLine("程序执行完毕! ");
}
```

4 执行以上程序，输入各种类型的数据，演示不同情况下程序所做出的反映，如图 7-3 所示。

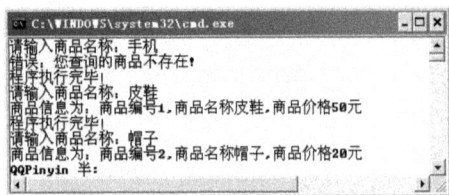

图 7-3　执行结果 3

第 8 单元

练习 8-1　制作简单文本显示程序

本练习制作的是非常简单的文本显示程序，在该程序中，用户可以对显示的文本的颜色、字体和字号进行调整。本练习通过添加按钮单击事件和下拉框选择事件来实现该程序的所有功能，具体步骤如下所示。

1 创建名为"wordEdit"的 Windows 应用程序，然后，向窗体中添加 Button 控件、Label 控件、RichTextBox 控件和 ComboBox 控件，如图 8-1 所示。

2 然后，执行【视图】|【属性窗口】命令，在该面板中设置 Form 的 Text 属性值为"文本编辑"，并为 Button 控件、ComboBox 控件和 RichTextBox 控件设置 name 属性和其他相关属性，如图 8-2 所示。

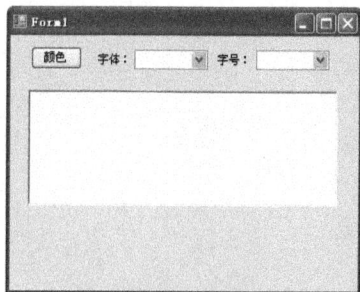

图 8-1 窗体设计

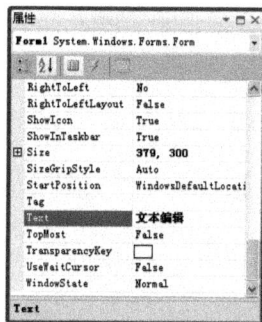

图 8-2 设置控件属性

> **提 示**
>
> 设置 Button 控件的 name 为 colorSel; 两个 ComboBox 控件的 name 分别为 fontFamily 和
> fontSize; RichTextBox 控件的 name 为 word。

3 在【解决方案资源管理器】面板中，右击 Form1.cs 树状菜单元素，执行【查看代码】命令，打开 Form1.cs 文件。在该文件中，将光标置于 Form1 的构造函数内，为 ComboBox 控件的 Text 属性添加值，代码如下所示。

```
public Form1()
{
    InitializeComponent();
    //定义文本
    String strWord = "五四青年节是为纪念1919年5月4日爆发的五四运动而设立的,
    许多地方在青年节期间举行成人礼。国务院规定, 14 至 28 周岁的青年于每年 5 月 4 日放假
    半天。五四精神的核心内容为"爱国、进步、民主、科学"";
    word.Text = strWord;
}
```

4 然后，在构造函数中再为两个 ComboBox 分别添加 DataSource（数据资源），代码如下所示。

```
//定义字体
String[] ftFamily = new String[5] {"宋体","新宋体","隶书","幼圆","微软雅黑"};
fontFamily.DataSource = ftFamily;

//定义字号
float[] ftSize = new float[5] {10.0f,12.0f,14.0f,16.0f,18.0f};
fontSize.DataSource = ftSize;
```

5 在 Form1.cs 文件内，编写 color_Click()函数为 colorSel 按钮控件添加单击事件，代码如下所示。

```
//调整文字颜色
private void color_Click(object sender, EventArgs e)
{
```

```
ColorDialog MyDialog = new ColorDialog();
MyDialog.AllowFullOpen = false;
MyDialog.ShowHelp = true;
MyDialog.Color = word.ForeColor;

if (MyDialog.ShowDialog() == DialogResult.OK)
{
    word.ForeColor = MyDialog.Color;
}
}
```

⑥ 然后，编写 font_select()函数为 fontFamily 和 fontSize 下拉列表控件添加鼠标选择事件，代码如下所示。

```
//设置字体或字号
private void font_select(object sender,EventArgs e)
{
    String fontFam = fontFamily.SelectedValue.ToString();
    float fontSiz = float.Parse(fontSize.SelectedValue.ToString());
    word.Font = new Font(fontFam, fontSiz);
}
```

340

⑦ 在【解决方案资源管理器】面板中，双击打开 Form1.Designer.cs 文件，并在 InitializeComponent()函数中为 Button 控件和两个 ComboBox 控件添加事件，代码如下所示。

```
this.colorSel.Click += new System.EventHandler(this.color_Click);
this.fontFamily.SelectedValueChanged += new System.EventHandler(this.
font_select);
this.fontSize.SelectedValueChanged += new System.EventHandler(this.
font_se
lect);
```

⑧ 执行【调试】|【开始执行（不调试）】命令，执行以上程序，如图 8-3 所示。

练习 8-2　制作员工信息录入程序

本练习中制作的是员工信息录入程序，即用户可以在该程序中录入员工信息，程序会将用户录入的数据保存至数组中并

图 8-3　执行结果 1

且显示出来。本例将会用到 DataGridView 控件，该控件可用于格式化显示数据，具体步骤如下所示。

① 在 Visual Studio 中创建名为 insertInfo 的项目，并在【模板】窗格中选择【Windows 应用程序】选项，如图 8-4 所示。

② 在图 8-4 中所示的窗口中输入项目名称"insertInfo"，并选择相应的位置。完成后单击【确定】按钮创建项目，然后在打开的该项目中的【设计视图】窗口中显示一个

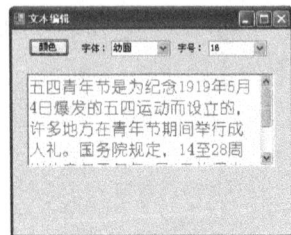

空白的 Windows 窗体。

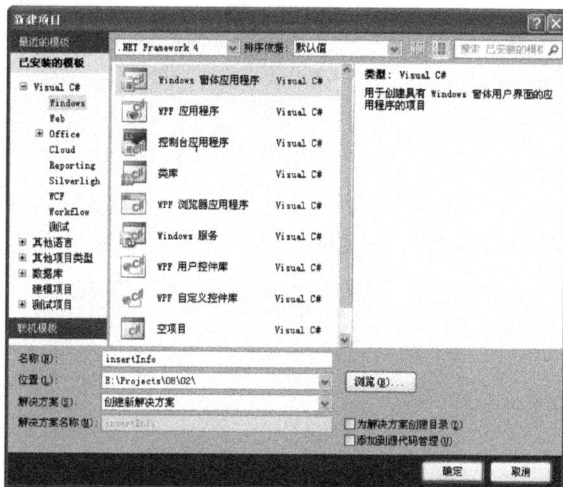

图 8-4　新建项目

3 然后，从界面左侧的【工具箱】面板的【公共控件】窗口中选择 Label 控件、TextBox 控件和 Button 控件拖放至 Windows 窗体中，如图 8-5 所示。

4 再从【工具箱】面板的【数据】窗口中选择 DataGridView 控件拖至 Windows 窗体的下方，如图 8-6 所示。

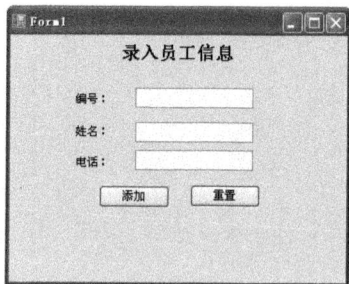

图 8-5　添加控件 1

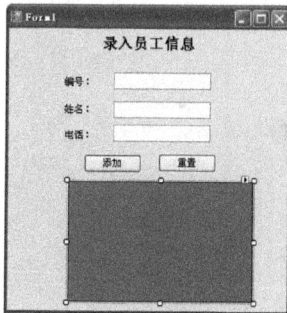

图 8-6　添加控件 2

5 右击 DataGridView 控件，执行【编辑列】命令。在弹出的【编辑列】对话框中，单击【添加】按钮添加列"编号"、"姓名"和"电话"，并调整其 Width 属性，如图 8-7 所示。

6 单击 Windows 窗体，在【属性】面板中，设置 Form1 的 Text 属性值为"员工信息录入"并为 Icon 属性选择相应的 Icon 图片。

7 按 F7 键，打开 Form1.cs 代码文件。在类 Form1 中定义员工信息结构，其中包含员工的编号、姓名、电话等，代码如下所示。

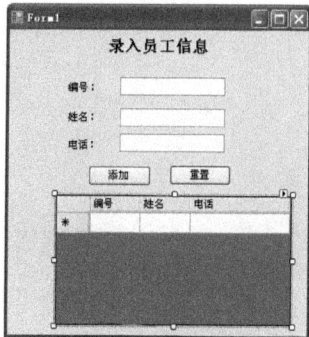

图 8-7　编辑控件

```
public struct EmployInfo
{
    public uint eId;
    public String eName;
    public String eTel;
}
```

⑧ 定义名为 employee 的 EmployInfo 类型的数组，并定义其长度为 1。然后，为【重置】按钮定义单击事件触发函数 reset_Click()，代码如下所示。

```
EmployInfo[] employee = new EmployInfo[1];
public Form1()
{
    InitializeComponent();
}

private void reset_Click(object sender, EventArgs e)
{
    id.Text = "";
    name.Text = "";
    tel.Text = "";
}
```

342

⑨ 为【添加】按钮添加单击事件触发函数 submit_Click()，在该函数中使用循环的方式向 DataGridView 控件添加行，代码如下所示。

```
private void submit_Click(object sender,EventArgs e)
{
    String strId = id.Text;
    String strName = name.Text;
    String strTel = tel.Text;

    if (strId == "" || strName == "" || strTel == "")
    {
        MessageBox.Show("不能有空值！");
    }
    else {
        try{
            EmployInfo employee1 = new EmployInfo();
            employee1.eId = uint.Parse(strId);
            employee1.eName = strName;
            employee1.eTel = strTel;

            EmployInfo[] newArr = new EmployInfo[1] { employee1 };
            newArr.CopyTo(employee, employee.Length - 1);

            for (int i = 0; i < employee.Length; i++)
            {
```

```
                    dataGridView1.Rows.Add(employee[i].eId, employee[i].eName,
                    employee[i].eTel);
                }
            }
            catch (Exception ie)
            {
                MessageBox.Show("输入的编号格式错误！（应为正整数）");
                id.Text = "";
                id.Focus();
            }
        }
    }
```

⑩ 在 Form1.Designer.cs 代码文件中，为【添加】按钮和【重置】按钮指定单击事件。然后，执行以上程序，用户可使用该程序录入员工信息，如图 8-8 所示。

● 练习 8-3　制作整数计算器

本练习制作的是能够进行"加、减、乘、除"简单运算的计算器，主要是通过为按钮控件添加单击事件获取用户单击数字，并获取用户选择的运算方式。本练习需要用到的控件包括 TextBox 控件、Button 控件等，具体操作步骤如下所示。

① 在 Visual Studio 中创建一个名为 "Calcutor" 的 Windows 应用程序。然后，从左边的【公共控件】窗口中选中 TextBox 控件将其拖放到空白的 Windows 窗体上。执行【视图】|【属性窗口】命令，并在该面板中设置 TextBox 的属性，如图 8-9 所示。

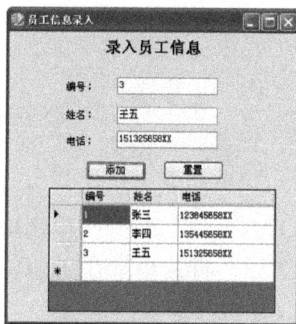

图 8-8　执行程序　　　　　图 8-9　设置控件属性

提 示
　　设置上面创建的 TextBox 的 name 属性值为 showNum、TextAlign 属性值为 Right。

② 以同样的方式，向 Windows 窗体中拖入 16 个 Button 控件，并调整好控件之间的距离以使窗体更加地美观，如图 8-10 所示。

③ 在【属性窗口】面板中，设置各个 Button 控件的 name 和 Text 属性。然后，设

置 Form1 的 BackColor 属性值为 DodgerBlue、Text 值为"计算器",效果如图 8-11 所示。

图 8-10　添加 Button 控件

图 8-11　调整控件属性

在上面的窗体中,各控件的名称如表 8-1 所示。

表 8-1　【计算器】中的控件

控件	name	控件	name	控件	name
CE	button22	1	button1	2	button2
3	button3	+	button4	4	button5
5	button17	6	button7	-	button8
7	button9	8	button10	9	button11
*	button12	0	button18	.	button19
=	button20	/	button21		

4 然后,双击 Windows 窗体,打开 Form1.cs 文件,在 class Form1 中声明几个全局变量供以后使用,代码如下所示。

```
public partial class Calcutor : Form
{
    double num1, num2,result;
    double b;
    int i;
...
}
```

5 为【1】按钮添加单击事件 button1_Click()函数,用于判断 TextBox 控件的 Text 属性值并获取用户单击按钮控件的 Text 属性值,然后,将其显示在 TextBox 控件中,代码如下所示。

```
//单击数字按钮
private void button1_Click(object sender, EventArgs e)
{
    if ((showNum.Text.IndexOf("0") == 0 && showNum.Text.IndexOf(".") !=
    1) || showNum.Text == "除数不能为 0")
      showNum.Text = "";
    if (showNum.Text == "0" || showNum.Text == "除数不能为 0")
        showNum.Text = "";
    showNum.Text += "1";
}
```

6 然后，为其他 9 个数字按钮添加单击事件触发函数，函数代码与 button1 的事件触发函数代码相同，如单击【0】按钮时，代码片段如下所示。

```
private void button18_Click(object sender, EventArgs e)
{
    if ((showNum.Text.IndexOf("0") == 0 && showNum.Text.IndexOf(".") !=
1) || showNum.Text == "除数不能为 0")
        showNum.Text = "";
        showNum.Text += "0";
}
```

7 为【=】按钮添加单击事件触发函数 button4_Click()，该函数用于判断用户单击的是哪一个运算符，并执行相应的运算，代码如下所示。

```
private void button4_Click(object sender, EventArgs e)
{
    if (i == 1)
    {
        num2 = Convert.ToDouble(this.showNum.Text);
        result = num1 + num2;
        this.showNum.Text = result.ToString();
    }
    if (i == 2)
    {
        num2 = Convert.ToDouble(this.showNum.Text);
        result = num1 - num2;
        this.showNum.Text = result.ToString();
    }
    if (i == 3)
    {
        num2 = Convert.ToDouble(this.showNum.Text);
        result = num1 * num2;
        this.showNum.Text = result.ToString();
    }
    if (i == 4)
    {
        num2 = Convert.ToDouble(this.showNum.Text);
        result = num1 / num2;
        this.showNum.Text = result.ToString();
    }
    try
    {
      b= Convert.ToDouble(this.showNum.Text);
    }
    catch
    {
      b= num1;
    }
```

```
    num1 =b;
    this.showNum.Text = null;
    i = 1;


}
```

提 示

　　以上代码中变量 i 代表的是 4 种运算，i 为 1 时，执行加法运算；i 为 2 时，执行减法运算；i 为 3 时，执行乘法运算；i 为 4 时执行除法运算。

8　然后，为【=】按钮添加单击事件触发函数 button20_Click()，该函数用于当用户单击【=】按钮后执行相应的数字运算，代码如下所示。

```
//数学运算
private void button20_Click(object sender, EventArgs e)
{
    try
    {
        num2 = Convert.ToDouble(this.showNum.Text) ;
    }
    catch
    {
        this.showNum.Text = "0";
    }
    switch (i)
    {
        case 1:
            result = num1 + num2;
            this.showNum.Text = result.ToString();
            break;
        case 2:
            result = num1 - num2;
            this.showNum.Text = result.ToString();
            break;
        case 3:
            result = num1 * num2;
            this.showNum.Text = result.ToString();
            break;
        case 4:
            if (num2 != 0)
            {
                result = num1 / num2;
                this.showNum.Text = result.ToString();
            }
            else
                showNum.Text = "除数不能为 0";
            break;
```

```
            case 5:
                result = num1 % num2;
                this.showNum.Text = result.ToString();
                break;
        }
    }
```

[9] 在 Form1.Designer.cs 文件中为【=】按钮添加单击事件。然后，在 Form1.cs 文件中为【.】按钮和【CE】添加单击按钮触发事件函数，代码如下所示。

```
//单击【.】按钮
private void button19_Click(object sender, EventArgs e)
{
    if(showNum.Text.LastIndexOf(".")==-1)
    showNum.Text += ".";
}
//单击【CE】按钮
private void button22_Click(object sender, EventArgs e)
{
    i = 0;
    b = 0;
    this.showNum.Text="0";
}
```

[10] 按 Ctrl+F5 键执行该程序，可对该程序进行测试，如图 8-12 所示。

第 9 单元

练习 9-1 制作拼图游戏

图 8-12 执行结果

本练习将制作的是九宫格拼图游戏，在该程序中，用户可以任意打乱图像的顺序，然后通过单击来重新拼合图像。该程序主要是通过 Random 类来获取随机数将图像的顺序打乱，并通过单击事件函数来拼合图像的，具体步骤如下所示。

[1] 在 Visual Studio 中，创建名为"joggingPic"的 Windows 应用程序，并设置其存放路径。然后，在 VS 界面中，设置 Form 的 Text 属性为"拼图"。

[2] 从【工具箱】面板的【公共控件】窗口中选择 PictureBox 控件拖至 Windows 窗体中，并设置其 Size 属性和 Image 属性，如图 9-1 所示。

[3] 在 PictureBox 控件下方添加两个 Button 控件，并设置其 Text 属性值分别为"打乱图像"和"查看原图"。然后，在 Windows 窗体右侧添加一个 Pannel 控件，如图 9-2 所示。

[4] 从【解决方案资源管理器】面板中打开 Form1.cs 代码文件。在该文件中，将光标置于 class Form1 内，定义其成员变量，代码如下所示。

图 9-1 添加控件 1

图 9-2 添加控件 2

```csharp
public partial class Form1 : Form
    {
        Button[] btn = new Button[9];              //按钮数组
        ImageList imagelist1 = new ImageList();    //图像列表
        Button lastButton;                         //存放上一次单击
        Button temp;                               //临时存放单击按钮
...
    }
```

⑤ 然后，在构造函数内，为以上定义的按钮数组添加图像，并将按钮放置在 Pannel 控件内，代码如下所示。

```csharp
public Form1()
    {
        InitializeComponent();
        //初始化拼图图像
        for (int i = 0; i < 9; i++)
        {
            //为按钮添加图像
            imagelist1.ImageSize = new Size(120, 90);
            imagelist1.Images.Add(Image.FromFile("images/" + (i + 1) +
            ".jpg"));
            btn[i] = new Button();
            btn[i].Image = imagelist1.Images[i];
            btn[i].Size = imagelist1.Images[i].Size;
            //定义按钮位置
            double x = 1 + (i % 3 * 120), n = (Double)i;
            double y = 1 + Math.Floor(n / 3) * 90;
            btn[i].Location = new Point((int)x, (int)y);
            btn[i].Click += new System.EventHandler(jogPic);
            panel1.Controls.Add(btn[i]);
        }
    }
```

⑥ 定义 changePic()函数用于打乱图像按钮的顺序，是通过获取 1～9 之间的随机数来完成该功能的，代码如下所示。

```csharp
//打乱图像
private void changePic(object sender, EventArgs e)
{
```

```
        int[] result = new int[9];
        for (int i = 0; i < 9; i++ )
        result[i] = i;
        for (int j = 8; j > 0; j--)
        {
            Random r = new Random();
            int index = r.Next(0, j);
            int temp = result[index];
            result[index] = result[j];
            result[j] = temp;
        }
        for (int k = 0; k < 9; k++)
        {
            btn[k].Image = imagelist1.Images[result[k]];
        }
    }
```

7 定义 rightPic()函数用于查看打乱前的图像，通过 for 循环语句为按钮添加正确顺序的图像，代码如下所示。

```
//查看原图
private void rightPic(object sender,EventArgs e)
{
    for (int i = 0; i < 9;i++ )
    {
        btn[i].Image = imagelist1.Images[i];
    }
}
```

8 定义函数 jogPic()函数用于图像的拼合操作，其中定义 lastButton 按钮用于存放第一次单击的图像按钮，temp 按钮用于存放当前单击的图像按钮，通过这两个按钮可以达到图像的交换功能，代码如下所示。

```
bool click = true; //用于存储单击状态（true 为第一次单击、false 为第二次单击）
//拼合图像
private void jogPic(object sender,EventArgs e)
{
    if (click)
    {
        lastButton = (Button)sender;
        lastButton.FlatStyle = System.Windows.Forms.FlatStyle.Standard;
        click = false;
    }
    else {
        Button thisButton = (Button)sender;
        thisButton.FlatStyle = System.Windows.Forms.FlatStyle.Standard;
        temp = new Button();
        temp.Image = thisButton.Image;
```

```
        thisButton.Image = lastButton.Image;
        lastButton.Image = temp.Image;
        click = true;
    }


}
```

⑨ 执行【调试】|【开始执行（不调试）】命令，就会显示【拼图】窗口，用户可在该窗口中进行拼图，如图9-3所示。

图9-3 拼图游戏窗口

练习9-2 制作简单绘图板

本练习制作的是简单绘图板，用户在该绘图板中可以绘制直线，并设置直线的样式、宽度、颜色等。该程序主要是通过使用.Net Framework4 的 System.Graphics 类和 Drawing 类来实现的，具体步骤如下所示。

① 在 Visual Studio 2010 中，创建名为 DrawBoard 的 Windows 应用程序，并设置其存储目录。然后，在 VS 界面中设置 Form1 的 Text 属性值为"绘图板"。

② 从【工具箱】面板的【菜单和工具栏】窗口中选择 MenuStrip 控件，并将该控件拖至 Windows 窗体内。然后，设置其菜单内容，如图9-4所示。

③ 单击菜单，在【属性】面板中设置其 GripStyle 属性值为 Visible。然后，单击菜单中的菜单项，设置两菜单项的 name 属性值分别为 newBoard 和 exitBoard，如图9-5所示。

图9-4 添加菜单控件

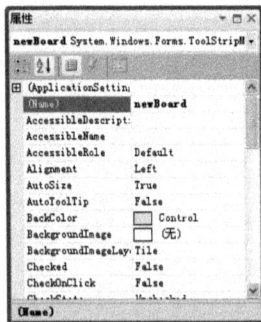

图9-5 设置菜单控件属性

4 右击执行【查看代码】命令，打开 Form1.cs 代码文件。在 class Form1 中定义 reset_click()函数用于新建绘图板，并将【新建】菜单项的单击触发函数设置为 reset_click() 函数，代码如下所示。

```
//新建绘图板
private void reset_click(object sender,EventArgs e)
{
    paintBoard.Refresh();
}
```

5 然后，定义 exit_click()函数用于退出该绘图板程序，并将【退出】菜单项的单击 触发函数设置为 exit_click()函数，代码如下所示。

```
//退出绘图板
private void exit_click(object sender,EventArgs e)
{
    Application.Exit();
}
```

6 回到设计视图中，向 Windows 窗体中添加若干 Button 控件、Label 控件和 ComboBox 控件，并在【属性】面板中设置相应的属性，如图 9-6 所示。

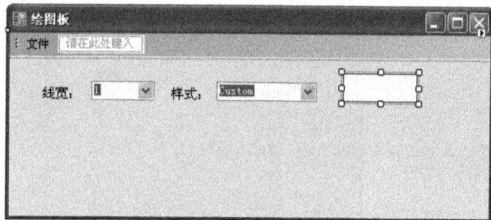

图 9-6　添加控件

> 提示
>
> 设置第一个下拉框控件的 name 为 LineWidth；第二个下拉框控件的 name 为 LineStyle；Button 控件的 name 属性值为 btnSetColor，BackColor 为白色，FlatStyle 为 Popup。

7 在 Form1.cs 代码文件中，定义 setColor()函数用于选择任意颜色，并设置 btnSetColor 按钮控件的单击触发函数为 setColor()函数，代码如下所示。

```
//选择颜色
private void setColor(object sender, EventArgs e)
{
    ColorDialog cd = new ColorDialog();
    if(cd.ShowDialog() == System.Windows.Forms.DialogResult.OK)
    {
        btnSetColor.BackColor = cd.Color;
    }
}
```

⑧ 在 class Form1 中定义几个成员变量，主要用于存放用户绘图的起点和终点以及线条的宽度，代码如下所示。

```
public partial class Form1 : Form
{
    Graphics  g;                 //绘图句柄
    static Point pstart,pend;    //定义画图的起始点，终点
    int mWidth;
...
}
```

⑨ 定义 selLineWidth()函数，用于存储用户所选择的线条宽度，并设置 LineWidth 控件的鼠标选择触发函数为 selLineWidth()，代码如下所示。

```
//选择线宽
private void selLineWidth(object sender,EventArgs e)
{
    mWidth = int.Parse(LineWidth.SelectedValue.ToString());
}
```

⑩ 定义转换坐标起点和终点的函数 Convert_Point()。转换坐标起始点和终点，确保起始点始终在终点的左上方，代码如下所示。

```
//转换坐标起点和终点
//确保起始点坐标位于左上角
//结束点坐标位于右下角
private static void Convert_Point()
{
    Point ptemp = new Point();//用于交换的临时点
    if (pstart.X < pend.X)
    {
        if(pstart.Y > pend.Y)
        {
            ptemp.Y = pstart.Y;
            pstart.Y = pend.Y;
            pend.Y = ptemp.Y;
        }
    }else if(pstart.X > pend.X)
    {
        if (pstart.Y < pend.Y)
        {
            ptemp.X = pstart.X;
            pstart.X = pend.X;
            pend.X = ptemp.X;
        }
        else {

            ptemp = pstart;
            pstart = pend;
```

```
            pend = ptemp;
        }
    }
}
```

11 返回设计视图,在窗体中添加 PictureBox 控件,并设置其 name 为 paintBoard、BackColor 为白色、BorderStyle 为 Fixed3D,如图 9-7 所示。

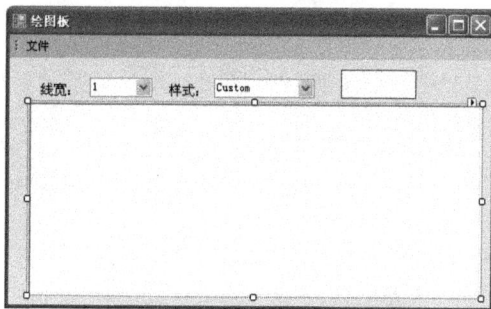

图 9-7　添加 PictureBox 控件

12 定义 picPaint_MouseDown()函数用于获取当鼠标按下时的坐标并赋值给点 pstart,然后设置 paintBoard 的鼠标按下触发函数为 picPaint_MouseDown(),代码如下所示。

```
//鼠标按下
private void picPaint_MouseDown(object sender,MouseEventArgs e)
{
    if(e.Button == System.Windows.Forms.MouseButtons.Left)
    {
        pstart.X = e.X;
        pstart.Y = e.Y;
    }

}
```

13 定义 picPaint_MouseUp()函数用于获取当鼠标弹起时的坐标并赋值给点 pend,然后设置 paintBoard 的鼠标弹起触发函数为 picPaint_MouseUp(),代码如下所示。

```
//鼠标弹起
private void picPaint_MouseUp(object sender, MouseEventArgs e)
{
    if (e.Button == System.Windows.Forms.MouseButtons.Left)
    {
        pend.X = e.X;
        pend.Y = e.Y;
    }

}
```

14 定义 picPaint_MouseMove()函数绘制直线,在该函数中程序会根据获取的点

pstart、pend 和用户选择的样式来绘制直线，并设置 paintBoard 的鼠标移动触发函数设置为 picPaint_MouseMove()函数，代码如下所示。

```
//绘制线条
private void picPaint_MouseMove(object sender, MouseEventArgs e)
{
    if (e.Button == System.Windows.Forms.MouseButtons.Left)
    {
        pend.X = e.X;
        pend.Y = e.Y;

        Pen mypen = new Pen(btnSetColor.BackColor, mWidth);
        String penStyle = LineStyle.SelectedValue.ToString();
        switch(penStyle)
        {
            case "custom":
                mypen.DashStyle = DashStyle.Custom;
                break;
            case "Dash":
                mypen.DashStyle = DashStyle.Dash;
                break;
            case "DashDot":
                mypen.DashStyle = DashStyle.DashDot;
                break;
            case "DashDotDot":
                mypen.DashStyle = DashStyle.DashDotDot;
                break;
            case "Dot":
                mypen.DashStyle = DashStyle.Dot;
                break;
            case "Solid":
                mypen.DashStyle = DashStyle.Solid;
                break;
            default:
                mypen.DashStyle = DashStyle.Solid;
                break;
        }
        pend.X = e.X;
        pend.Y = e.Y;
        g.DrawLine(mypen,pstart,pend);
        pstart = pend;
    }
}
```

15 执行以上程序，在 Windows 窗体中选择线条宽度、样式和颜色，在绘图板中绘制相应线条，如图 9-8 所示。

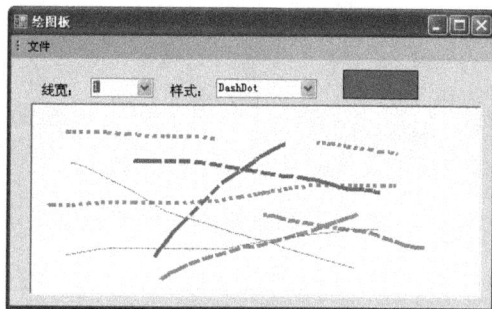

图 9-8 绘图板

第 10 单元

练习 10-1 制作柱状图表

本练习制作的是柱状图，它经常用来显示不同环境下的数据状态，使得数据显示更加直观、简洁。本练习将会使用 Graphics 类来绘制企业盈利柱状图表，具体步骤如下所示。

1 在 Visual Studio 2010 中，创建一个名为 ShowHistogram 的 Windows 应用程序。将 Form1 的 Text 属性值设置为"绘制柱状图"，并在该窗体中添加一个 Button 控件，Text 属性值为"显示柱状图"。

2 定义 MakeHistogram()函数，用于使用 Graphics 类来绘制柱状图。首先，绘制柱状图的 X 轴和 Y 轴分别表示盈利和年份，代码如下所示。

```
button1.Visible = false;//设置隐藏 Button 控件
Graphics g = this.CreateGraphics();
//绘制 X 轴
g.DrawLine(new Pen(Color.Black), 50, 500, 700,500);
g.DrawString("(盈利)", new Font("宋体", 10), new SolidBrush(Color.Black),
new Point(50, 500));
//绘制 Y 轴
g.DrawLine(new Pen(Color.Black), 50, 50, 50, 500);
g.DrawString("(年份)", new Font("宋体", 10), new SolidBrush(Color.Black),
new Point(10, 480));
```

3 绘制好年份轴与盈利轴后，首先就要使用 for 循环语句绘制盈利轴中的各个盈利值，并定义各盈利值的位置，代码如下所示。

```
//绘制盈利
int startNum = 1200;
int posNum = 100;
for (int i = 0; i <4; i++)
{
```

```
    string strNum = startNum.ToString();
    g.DrawString(strNum, new Font("宋体", 12), new SolidBrush(Color.Black),
    new Point( posNum * (i + 1),500));
    startNum = startNum + 1000;
}
```

4 然后，使用 for 循环语句绘制盈利轴中的各个盈利值，并定义好各个盈利值的位置，代码如下所示。

```
//绘制年份
float startYear = 2008;
for (int i = 4; i > 0; i--)
{
    string strYear = startYear.ToString();
    g.DrawString(strYear, new Font("宋体", 12), new SolidBrush(Color.
    Black), new Point(10,posNum * (i - 1)+150));
    startYear = startYear + 1;
}
```

5 最后，使用 for 循环分别绘制不同颜色的矩形图形用来表示不同年份下的企业盈利情况，代码如下所示。

356

```
//绘制矩形以表示盈利
int drawPosNum = 450;
for (int i = 0; i < 4; i++)
{
    Random rd = new Random();
    //绘制红色矩形
    float flNumber1 = rd.Next(0, 400);
    g.DrawRectangle(new Pen(Color.Red), 50, drawPosNum, flNumber1, 20);
    SolidBrush sb1 = new SolidBrush(Color.Red);
    g.FillRectangle(sb1, 50, drawPosNum, flNumber1,20 );
    //绘制蓝色矩形
    float flNumber2 = rd.Next(0, 400);
    g.DrawRectangle(new Pen(Color.Blue), 50, (drawPosNum - 25), flNumber2,
    20);
    SolidBrush sb2 = new SolidBrush(Color.Blue);
    g.FillRectangle(sb2, 50, (drawPosNum - 25), flNumber2, 20);
    //绘制绿色矩形
    float flNumber3 = rd.Next(0, 400);
    g.DrawRectangle(new Pen(Color.Pink), 50, (drawPosNum - 50), flNumber3,
    20);
    SolidBrush sb3 = new SolidBrush(Color.Green);
    g.FillRectangle(sb3, 50, (drawPosNum - 50), flNumber3, 20);
    drawPosNum = drawPosNum - 100;
}
```

6 执行【调试】|【开始执行（不调试）】命令，打开该项目的窗体。然后，单击【显示柱状图】按钮，窗体中就会显示出如图 10-1 所示。

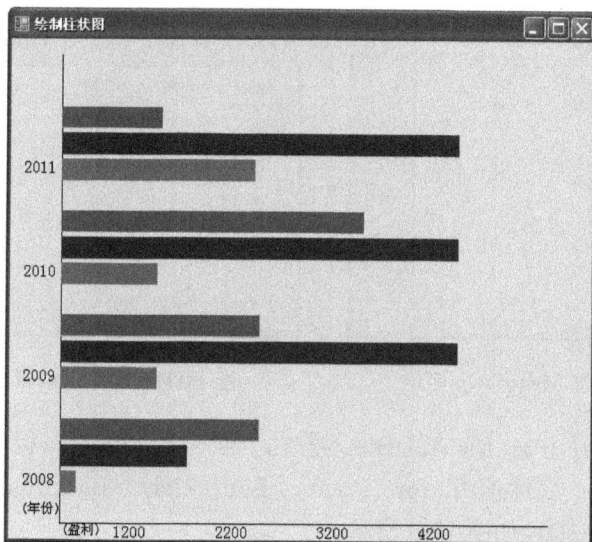

图 10-1　柱状图

练习 10-2　制作文本编辑器

本练习制作的是仿微软记事本的文本编辑器，包括记事本中的大部分功能。该文本编辑器采用的是单文档界面（SDI），界面包括菜单栏、状态栏及文本编辑区。本练习将通过文件存取、ContextMenuStrip 和 RichTextBox 等控件及鼠标事件等的使用来完成文本编辑器的所有功能，具体步骤如下所示。

1. 制作主窗体

1️⃣　程序分析。首先需要了解的是该程序都包含有哪些功能。记事本的基本功能包括文本操作功能、文本编辑功能和文本格式编辑功能等。其中，文本操作功能又包括新建文件、打开文件、保存文件和退出等；文本编辑功能包括撤销、剪切、复制、粘贴、查找等；文本格式编辑功能则包括文本自动换行和字体设置。

2️⃣　在 Visual Studio 中创建名为"TextEditor"的 Windows 应用程序项目。在该项目的设计视图中，将 Form1 的 Text 属性设置为"无标题 - 文本编辑器"。

3️⃣　从【工具箱】的【菜单和工具栏】窗口中选择 MenuStrip（菜单）控件拖至 Windows 窗体中。然后，对 MenuStrip 和 ToolStripMenuItem（菜单项）的 Text 属性进行设置，如图 10-2 所示。

4️⃣　在设计视图中，单击【文件】菜单。然后，在【属性】面板中，单击属性 DropDownItems 的【浏览】按钮⃣，弹出【项集合编辑器】对话框，如图 10-3 所示。

5️⃣　在【项集合编辑器】对话框中，在【选择项】下拉框中选择 Separator，并单击【添加】按钮，在【成员】列表框就会显示添加的 ToolMenuSeparator 控件。然后，用户可以以同样的方式为其他菜单项添加菜单分隔符，如图 10-4 所示。

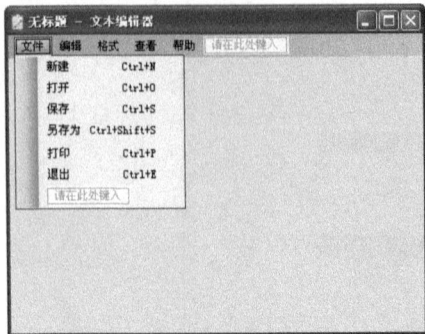

图 10-2　添加 MenuStrip 控件

图 10-3　【项集合编辑器】对话框

⑥ 在菜单下方添加 RichTextBox 控件，并在【属性】面板中设置其 name 为 WordBoard、Anchor 属性值为 Top, Bottom, Left, Right，BackColor 为 Transparent，BorderStyle 为 Fixed3D，如图 10-5 所示。

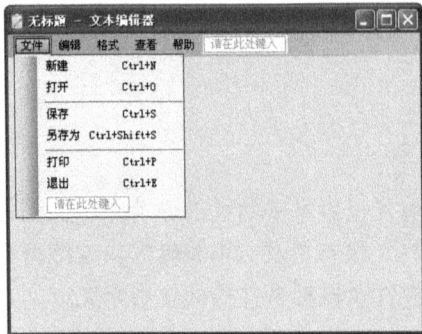

图 10-4　添加菜单分隔符

图 10-5　添加 RichTextBox 控件

⑦ 然后，在窗体的底部添加 StatusStrip 控件，并将其宽度设置与 RichTextBox 控件宽度相同，Text 属性值清空，如图 10-6 所示。

图 10-6　添加 StatusStrip 控件

2．文本操作功能

① 在 Form1.cs 代码文件中，定义两个成员变量，分别是 strFileName 和 strRTF，并定义 Form1_Load()函数，在该函数中对 strRTF 变量进行初始化，代码如下所示。

```
public partial class Form1 : Form
{
    string strFileName = "";        //文件名
    string strRTF = "";
                    //用户判断文本框内容是否变化,以至于新建、打开和关闭窗体时好作判断
    private void Form1_Load(object sender, EventArgs e)
    {
        strRTF = WordBoard.Rtf;         //用 WordBoard.Rtf 初始化 strRTF
    }
}
```

2 为 Form1 添加窗体载入函数 Form1_Load()。然后,定义函数 newTxt()用于当用户单击【新建】菜单时弹出【保存】对话框保存当前文件,代码如下所示。

```
//新建
private void newTxt(object sender,EventArgs e)
{
    if (strRTF == WordBoard.Rtf)//判断是否已修改文件内容
    {
        WordBoard.Text = "";
        strFileName = "无标题 - 文本编辑器";
        strRTF = WordBoard.Rtf;
    }
    else {
     DialogResult dr = MessageBox.Show("文件已修改,要保存此文件吗? ","提示",
     MessageBoxButtons.OKCancel,MessageBoxIcon.Information);
     if (dr == DialogResult.OK)
     {
        menuSave_Click(sender, e);
        if (strRTF != WordBoard.Rtf) return;
                //单击【保存】对话框中的【取消】按钮或输入了错误的文件名时不退出
     }
     else {
        return;
     }
    }
    this.Text = strFileName;
}
```

3 定义函数 menuOpen_Click()用于打开已有的 TXT 文件,在该函数中需要判断当前文件内容是否修改及是否保存,还需要判断用户打开的是否是 TXT 文件,代码如下所示。

```
//打开
private void menuOpen_Click(object sender, EventArgs e)
{
    //****************判断打开前的文本是否已保存*******************
    if (strRTF != WordBoard.Rtf)
```

```
{
        DialogResult drMsg = MessageBox.Show("文档内容已修改，但没有保存，现
        在是否进行保存？",
         "询问", MessageBoxButtons.YesNoCancel, MessageBoxIcon.Question);
        if (drMsg == DialogResult.Yes)
        {
            menuOthersave_Click(sender, e);
            if (strRTF != WordBoard.Rtf) return;
                    //单击【保存】对话框中的【取消】按钮或输入了错误的文件名时不退出
        }
        if (drMsg == DialogResult.Cancel) return;
    }
    //**************************************************
    WordBoard.Text = "";
    strFileName = "";
    strRTF = WordBoard.Rtf;
    //用 strRTF 存放新建后的文本，注意， rtxtContent.Rtf 是文本框中整个带格式的文本
    //***************************************************
    string str = "";
    OpenFileDialog openFile = new OpenFileDialog();
    openFile.InitialDirectory = @"c:\";
    openFile.Filter = "文本文件(*.txt)|*.txt";
    DialogResult dr = openFile.ShowDialog();
    if (dr == DialogResult.OK)
    {
        strFileName = Path.GetFileName(openFile.FileName);
        str = Path.GetExtension(strFileName).ToLower();
        switch (str)
        {
            case ".txt":
                WordBoard.LoadFile(strFileName, RichTextBoxStreamType.
                PlainText);
                strRTF = WordBoard.Rtf;    //用 strRTF 存放打开后的文本
                break;
            default:
                MessageBox.Show("不支持该类文件！");
                strFileName = "";              //清空错误的文件名，为保存文件做好准备
                break;
        }
        this.Text = strFileName.ToString()+" - 文本编辑器";
    }
}
```

360

4 定义 menuSave_Click()函数用于保存当前文档，该函数中还需要判断用户是否已
保存过文件，代码如下所示。

```
//保存
private void menuSave_Click(object sender, EventArgs e)
```

```
{
    int i = 0;
    string str = "";
    if (strFileName == "")
    {
        menuOthersave_Click(sender, e);  //调用另存为函数
    }
    else
    {
        i = strFileName.IndexOf(".", 0);
        if (i != -1) str = strFileName.Substring(i).ToLower();
        switch (str)
        {
            case ".txt":
                WordBoard.SaveFile(strFileName, RichTextBoxStreamType.
                RichText);
                break;
        }
        strRTF = WordBoard.Rtf;            //用 strRTF 存放保存后的文本
    }
}
```

5 定义 menuOthersave_Click()函数用于将当前文档另存,在该函数中需要判断用户是否确定文档另存,代码如下所示。

```
//另存为
private void menuOthersave_Click(object sender, EventArgs e)
{
    int i = 0;
    string str = "";
    SaveFileDialog saveFile = new SaveFileDialog();//另存为对话框
    saveFile.InitialDirectory = @"c:\";
    saveFile.Filter = "文本文件(*.txt)|*.txt";
    DialogResult dr = saveFile.ShowDialog();
    if (dr == DialogResult.OK)                        //是否确定另存
    {
        strFileName = Path.GetFileName(saveFile.FileName);

        i = strFileName.IndexOf(".", 0);
        if (i != -1) str = strFileName.Substring(i).ToLower();
        switch (str)
        {
            case ".txt":
                WordBoard.SaveFile(strFileName, RichTextBoxStreamType.
                PlainText);
                strRTF = WordBoard.Rtf;    //用 strRTF 存放保存后的文本
                break;
            default:
```

```
            MessageBox.Show("不支持该类文件! ");
            strFileName = "";            //清空错误的文件名,为保存文件做好准备
            break;
        }
        this.Text = strFileName;
    }
    else {
        this.Text = "无标题 - 文本编辑器";
    }
}
```

6 定义 print_Click()和 menuExit_Click()函数分别用于打印文件和退出程序,代码如下所示。

```
//打印
private void print_Click(object sender,EventArgs e)
{
    PrintDialog printdialog1 = new PrintDialog();//打印对话框
    printdialog1.ShowDialog();
}
//退出
private void menuExit_Click(object sender, EventArgs e)
{
    Application.Exit();
}
```

3．基本文本操作功能

文本操作功能所需函数已定义完毕，接下来就是基本文本编辑功能函数。首先，定义较为简单的文本编辑功能函数，代码如下所示。

```
//撤销
private void undo_Click(object sender, EventArgs e)
{
    WordBoard.Undo();
}
//恢复
private void redo_Click(object sender, EventArgs e)
{
    WordBoard.Redo();
}
//剪切
private void cut_Click(object sender, EventArgs e)
{
    WordBoard.Cut();
}
//复制
private void copy_Click(object sender, EventArgs e)
```

```
{
    WordBoard.Copy();
}
//粘贴
private void paste_Click(object sender,EventArgs e)
{
    WordBoard.Paste();
}
//删除
private void delete_Click(object sender,EventArgs e)
{
    WordBoard.SelectedText = "";
}
//全选
private void selectAll_Click(object sender,EventArgs e)
{
    WordBoard.SelectAll();
}
//日期/时间
private void datetime_Click(object sender, EventArgs e)
{
    WordBoard.SelectedText = DateTime.Now.ToString();
}
```

4. 高级文本操作功能

⬛1 接下来需要新建查询窗体 Form2。在【解决方案资源管理器】中，右击 TextEditor 树状菜单元素，执行【添加】|【Windows 窗体】命令，在弹出的【添加新项】对话框中，选择"Windows 窗体"模板，输入名称为"Form2.cs"，如图 10-7 所示。

⬛2 在 Form2 设计视图中，向窗体中添加 Label、TextBox、Button、CheckBox、GroupBox 和 RadioButton 控件，并在【属性】面板中对其属性进行设置，如图 10-8 所示。

⬛3 在 Form2.cs 代码文件中，定义 button1_Click()函数用于查询用户输入。在该函数中需要判断用户是否选择"区分大小写"及查询方向，代码如下所示。

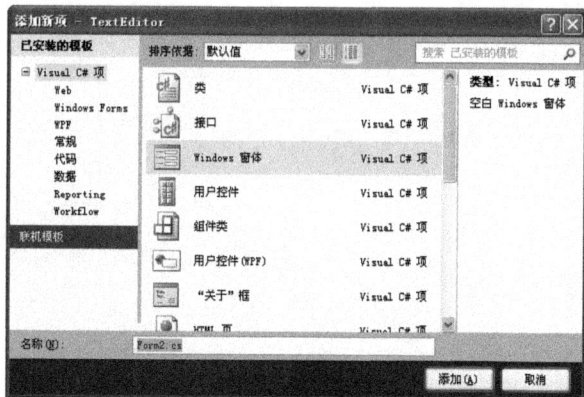

图 10-7　添加新项

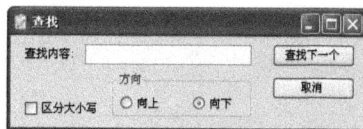

图 10-8　查找窗体设计

```csharp
Form1 f1;
int loc = -1;
bool flag = false;
String txtB;
//查找
private void button1_Click(object sender, EventArgs e)
{
    try
    {
        if (textBox1.Text.Trim() == "")//去空格
        {
            MessageBox.Show("请输入查找内容!", "提示", MessageBoxButtons.OK,
            MessageBoxIcon.Information);
            return;
        }
        f1 = (Form1)this.Owner;
        if (checkBox1.Checked == false)//是否区分大小写
        {
            loc = f1.WordBoard.Text.ToLower().IndexOf(textBox1.Text.ToLower().
            Trim 1);
            txtB = textBox1.Text.ToLower().Trim();
        }
        else
        {
            loc = f1.WordBoard.Text.IndexOf(textBox1.Text.Trim(), loc + 1);
            txtB = textBox1.Text.Trim();
        }
        if (loc != -1)//是否查询到最后
        {
            if (up.Checked)//向上查询
            {
                int i = f1.WordBoard.SelectionStart;
                if (i == 0)
                    i = 1;
                else if (i >= 0)
                i = f1.WordBoard.Find(txtB, 0, i - 1, RichTextBoxFinds.
                Reverse);
                else if (i < 0)
                    i = 0;
            }
            else {//向下查询
                f1.WordBoard.Select(loc,txtB.Length);
            }
            f1.WordBoard.Focus();
            flag = true;
        }
        else
        {
```

```
        if (flag)
        {
            MessageBox.Show("查找完毕!", "提示", MessageBoxButtons.OK, Message-
            BoxIcon.Information);
              flag = false;
          }
          else
            MessageBox.Show("没有找到!", "提示", MessageBoxButtons.OK,Message-
            BoxIcon.Information);
          }
      }
      catch (Exception ec)
      {
          MessageBox.Show(ec.Message.ToString(), "提示", MessageBoxButtons.OK,
          MessageBoxIcon.Information);
      }
}
```

4 定义函数 canncel()用于当用户单击【取消】按钮取消查询时，关闭查询对话框时使用，代码如下所示。

```
//取消
private void canncel(object sender,EventArgs e)
{
    this.Close();
}
```

5 再次新建 Windows 窗体，命名为"Form3.cs"。向该窗体中添加 Label、TextBox、Button 和 CheckBox 控件，并对这些控件的属性进行设置，如图 10-9 所示。

6 在 Form2.cs 代码文件中，定义 button2_Click() 函数用于在文件中一一查找并替换用户输入的内容，代码如下所示。

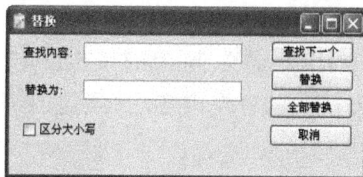

图 10-9　添加窗体设计

```
Form1 f1;
int loc = -1;
bool flag = false;
//替换
private void button2_Click(object sender, EventArgs e)
{
    try
    {
        if (textBox2.Text.Trim() == "")//去空格
        {
            MessageBox.Show("请输入您要替换的内容!", "提示", MessageBoxButtons.OK,
            MessageBoxIcon.Information);
            return;
        }
```

```
        f1 = (Form1)this.Owner;
        if (loc != -1)
        {
            f1.WordBoard.SelectedText = textBox2.Text;
            f1.WordBoard.Focus();
            button1_Click(sender,e);
            flag = true;
        }
        else
        {
            if (flag)
            {
                MessageBox.Show("替换完毕!", "提示", MessageBoxButtons.OK,
                MessageBoxIcon.Information);
                flag = false;
            }
            else
                MessageBox.Show("不合法替换!", "提示", MessageBoxButtons.OK,
                MessageBoxIcon.Information);
        }
    }
    catch (Exception es)
    {
        MessageBox.Show(es.Message.ToString(), "提示", MessageBoxButtons.OK,
        MessageBoxIcon.Information);
    }
}
```

7 定义 button3_Click()函数用于将当前文件中用户输入的查询内容全部替换为用户输入的替换内容，代码如下所示。

```
int start;
//全部替换
private void button3_Click(object sender, EventArgs e) //全部替换
{
    f1 = (Form1)this.Owner;
    string str1, str2;
    str1 = textBox1.Text;
    str2 = textBox2.Text;
    start = 0;
    start = f1.WordBoard.Find(str1, start, RichTextBoxFinds.MatchCase);
    while (start != -1)
    {
        f1.WordBoard.SelectedText = str2;
        start += str2.Length;
        start = f1.WordBoard.Find(str1, start, RichTextBoxFinds.
        MatchCase);
    }
```

```
      MessageBox.Show("已替换到文档的结尾", "替换结束对话框", MessageBoxButtons.OK);
      start = 0;
      f1.WordBoard.Focus();
  }
```

⑧ 定义 button1_Click()函数用于查找用户输入的内容,【替换】窗体中的查找函数
与【查找】窗体中的查找函数基本相同,不同的是前者不需要区分大小写,代码如下所示。

```
//查找
private void button1_Click(object sender, EventArgs e)
{
    try
    {
        if (textBox1.Text.Trim() == "")  //去空格
        {
            MessageBox.Show("请输入查找内容!", "提示", MessageBoxButtons.OK,
            MessageBoxIcon.Information);
            return;
        }
        f1 = (Form1)this.Owner;
        loc = f1.WordBoard.Text.IndexOf(textBox1.Text.Trim(), loc + 1);
        if (loc != -1)                        //是否查询到文档末尾
        {
          f1.WordBoard.Select(loc, textBox1.Text.Trim().Length);
          f1.WordBoard.Focus();
          flag = true;
        }
        else
        {
            if (flag)
            {
                MessageBox.Show("查找完毕!", "提示", MessageBoxButtons.OK,
                MessageBoxIcon.Information);
                flag = false;
            }
            else
                MessageBox.Show("没有找到!", "提示", MessageBoxButtons.OK,
                MessageBoxIcon.Information);
        }
    }
    catch (Exception ec)
    {
        MessageBox.Show(ec.Message.ToString(), "提示", MessageBoxButtons.OK,
        MessageBoxIcon.Information);
    }
}
```

⑨ 返回 Form1.cs 代码文件,定义 find_click()和 replace_click()函数用于显示【查找】
和【替换】窗体。然后,为【查找】和【替换】菜单添加单击触发函数 find_click()和

replace_click(),代码如下所示。

```
//查找
private void find_click(object sender,EventArgs e)
{
    Form2 f2 = new Form2();
    f2.textBox1.Focus();
    f2.Show(this);
}
//替换
private void replace_click(object sender, EventArgs e)
{
    Form3 f3 = new Form3();
    f3.textBox1.Focus();
    f3.Show(this);
}
```

5. 文本格式编辑功能、查看和帮助

1 定义autoRow()和font_Click()函数用于设置文本是否自动换行和设置字体。然后，为【格式】菜单下的【自动换行】和【字体】菜单添加单击触发函数autoRow()和font_Click()，代码如下所示。

```
//自动换行
bool status = false;
private void autoRow(object sender,EventArgs e)
{
    if (!status)
    {
        自动换行ToolStripMenuItem.CheckState = CheckState.Unchecked;
        WordBoard.WordWrap = false;
        status = true;
    }
    else {
        自动换行ToolStripMenuItem.CheckState = CheckState.Checked;
        WordBoard.WordWrap = true;
        status = false;
    }
}
//字体
private void font_Click(object sender, EventArgs e)
{
    FontDialog ft = new FontDialog();
    ft.Font = WordBoard.SelectionFont;
    DialogResult dr = ft.ShowDialog();
    if (dr == DialogResult.OK)
        WordBoard.SelectionFont = ft.Font;
}
```

2　定义 wordBoardMove()函数用于在状态栏中显示鼠标所经过的像素点，定义 showStatus()函数用于设置是否显示状态栏。然后，为【查看】菜单下的【状态栏】菜单添加单击函数 showStatus()，代码如下所示。

```
//是否显示状态栏
bool status2 = false;
private void showStatus(object sender,EventArgs e)
{
    if (!status2)
    {
        状态栏ToolStripMenuItem.CheckState = CheckState.Unchecked;
        statusStrip1.Visible = false;
        status2 = true;
    }
    else
    {
        状态栏ToolStripMenuItem.CheckState = CheckState.Checked;
        statusStrip1.Visible = true;
        status2 = false;
    }
}
//文本编辑框
private void wordBoardMove(object sender,MouseEventArgs e)
{

    toolStripStatusLabel1.Text = "(" + e.X + "," + e.Y + ")";
}
```

3　在【解决方案资源管理器】中，右击 TextEditor 树状菜单元素，执行【添加】|【新建项】命令，在弹出的【添加新项】对话框中选择【"关于"框】模板，名称为默认名。在该关于框的代码文件中，定义类 AboutBox1 中的代码如下所示。

```
partial class AboutBox1 : Form
{
    public AboutBox1()
    {
        InitializeComponent();
        this.Text = String.Format("关于 {0}","...");
        this.labelProductName.Text = "文本编辑器";
        this.labelVersion.Text = String.Format("版本 {0}","0.0.0.1");
        this.labelCopyright.Text = "Copyrights @ 2011 by Tsinghua University
        Press.";
            this.labelCompanyName.Text = "清华大学出版社";
    }
}
```

4　然后，在 Form1.cs 代码文件中，定义 about_click()函数用于显示文本框，并为【帮助】菜单下的【关于】菜单添加单击函数 about_click()，代码如下所示。

```
//关于
private void about_click(object sender, EventArgs e)
{
    AboutBox1 ab = new AboutBox1();
    ab.ShowDialog();
}
```

⑤ 至此，文本编辑器项目制作完成。执行【调试】|【开始执行（不调试）】命令，打开文本编辑器窗体，用户可对其进行操作，如图 10-10 所示。

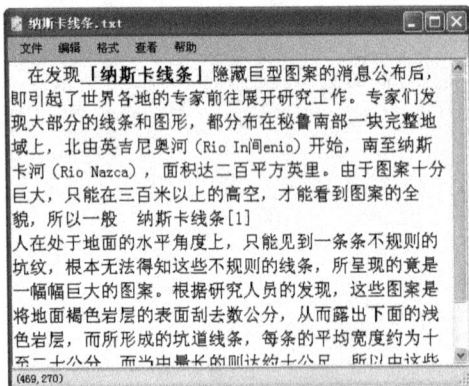

图 10-10   文本编辑器

第 11 单元

●--练习 11-1   员工信息登记--

本练习制作的是添加员工信息的程序，在该程序中，用户可以录入一个员工的编号、名字、性别、出生日期等信息，程序会将用户录入的信息添加至 SQL Server 数据库中。具体步骤如下所示。

① 执行【开始】|【所有程序】|Microsoft SQL Server 2008 R2|SQL Server Management Studio 命令，打开 SQL Server Management Studio。

② 在弹出的【连接到服务器】对话框中，选择 "Windows 身份验证" 的身份验证方式，然后，单击【连接】按钮，连接 SQL Server 数据库服务器。

③ 在 Microsoft SQL Server Management Studio 界面中，右击【对象资源管理器】窗格中的【数据库】节点，执行【新建数据库】命令，在弹出【新建数据库】对话框中输入数据库名称为 "Company"，打开【数据库】节点，该节点下已增加 Company 数据库节点，如图 11-1 所示。

④ 打开 Company 数据库节点，右击【表】节点，执行【新建表】命令。界面中间部分即会显示 dbo.Table_1 选项卡，用户可在该选项卡中输入新建表的所有字段和相应的

数据类型，如图 11-2 所示。

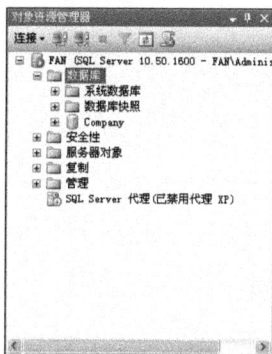

图 11-1　对象资源管理器

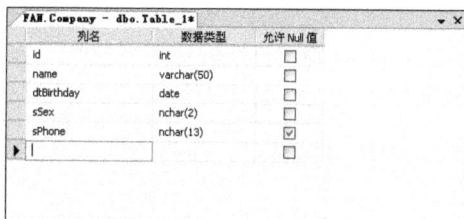

图 11-2　设计表字段

⑤　然后，单击工具栏中的【保存】按钮，就会弹出【选择名称】对话框。在该对话框中，设置该表名称为"EmpInfo"，【表节点】下就会显示 dbo.EmpInfo 表节点，如图 11-3 所示。

⑥　右击 dbo.EmpInfo 表节点，执行【编辑前 200 行】命令，界面中间会显示 dbo.EmpInfo 选项卡。用户可以在该选项卡中为表 EmpInfo 输入若干数据，如图 11-4 所示。

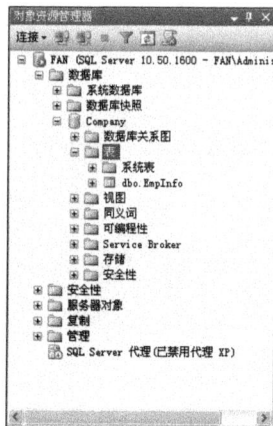

图 11-3　对象资源管理器

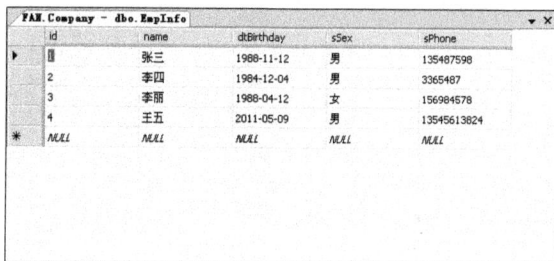

图 11-4　输入表数据

⑦　然后，在 Visual Studio 2010 中创建一个名为 EmployInfo 的 Windows 应用程序。然后，向该项目的窗体中添加 Label、TextBox、DateTimePicker 和 Button 控件，并在【属性】面板中设置各控件的属性，如图 11-5 所示。

⑧　打开 Form1.cs 代码文件，定义 reset_click()函数用于清空窗体内所有控件的内容，并为【重置】按钮添加单击触发函数 reset_click()，代码如下所示。

```
private void reset_click(object sender,
EventArgs e)
```

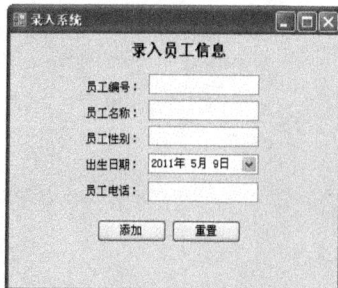

图 11-5　窗体设计

```
{
    id.Text = "";
    name.Text = "";
    sex.Text = "";
    phoneNum.Text = "";
}
```

9 定义 insertData()函数用于将用户录入的数据添加至数据库中。在该函数中，首先需要判断用户录入数据是否完整，若完整则获取用户录入数据，代码如下所示。

```
private void insertData(object sender, EventArgs e)
{
    if (id.Text == "" || name.Text == "" || dtBirthday.Text == "" || sex.Text
== "")
        MessageBox.Show("不能有空值！");
    else
    {
        int eId = int.Parse(id.Text);
        String eName = name.Text;
        DateTime eBirth = DateTime.Parse(dtBirthday.Text);
        String eSex = sex.Text;
        String ePhone = phoneNum.Text;
```

10 然后，连接 SQL Server 数据库，定义数据库查询语句，并实例化 SqlCommand 类执行数据库查询语句，代码如下所示。

```
string con = "Data Source=localhost;Initial Catalog=Company;Integrated
Security=True";
SqlConnection conn = new SqlConnection(con);
conn.Open();
SqlCommand command = conn.CreateCommand();
String Sql = "insert into EmpInfo values(" + eId + ",'" + eName + "','"
+ eBirth + "','" + eSex + "','" + ePhone + "');";
command.CommandText = Sql;
```

11 最后，使用 try…catch 语句获取影响行数及捕获可能产生的异常，执行完毕后释放所有资源，代码如下所示。

```
try
{
    Row = command.ExecuteNonQuery();      //返回行数
    //取出返回值
    if (Row > 0)
    {
        MessageBox.Show("员工信息添加成功！");
    }
}
catch (Exception er)
{
```

```
            string merr = "err:" + er.ToString();
            MessageBox.Show(merr);
        }
        finally
        {
            conn.Close();
            conn.Dispose();                 //释放所有资源
            command.Parameters.Clear();
            command.Dispose();              //释放所有资源
        }
    }
```

12 执行【调试】|【开始执行（不调试）】命令，在打开的窗体中录入各种信息，然后，单击【添加】按钮将录入的数据添加至数据库中，如图 11-6 所示。

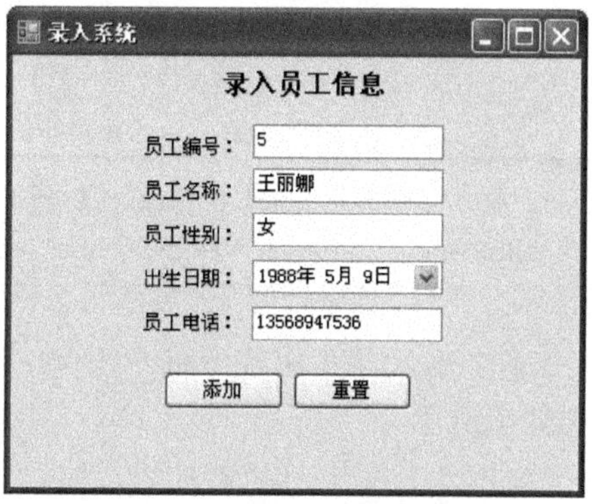

图 11-6 【录入系统】窗体

练习 11-2 个人收支管理

本练习制作的是个人收支管理程序，在该程序中用户可以查询所有的收支记录，也可以选择一定的时间段进行查询，而且还可以查看所选时间段内的总收支和损益情况。本练习是将查询出的结果绑定给 DataGridView 中，并获取 ComboBox 选择的值进行查询，具体代码如下所示。

1 首先，需要在 SQL Server 2008 R2 中创建数据库"FinancialAffairs"。然后，在该数据库中创建个人收支记录表（IncomeExpense），该表应包括的内容有记录的时间、收支的内容、收支类型和金额，如图 11-7 所示。

2 然后，单击打开【对象资源管理器】窗格中的【数据库】节点，单击打开【表】节点，右击 IncomeExpense 表节点，执行【编辑前 200 行】命令。在界面中间会显示 dbo.IncomeExpense 选项卡，在该选项卡中输入数据，如图 11-8 所示。

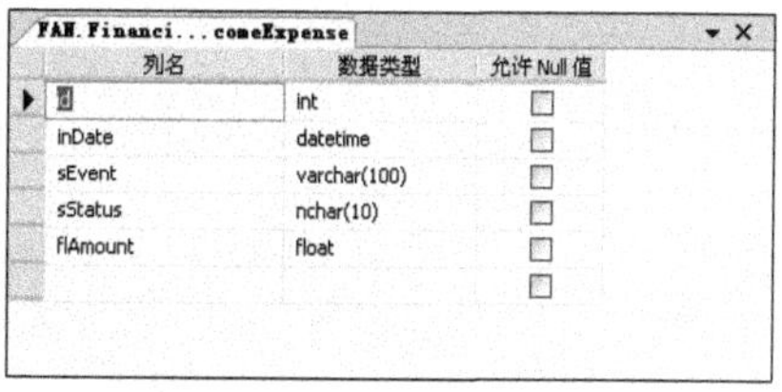

图 11-7 设计表

3 在 Visual Studio 2010 中，创建名为 FinancialAffairsManagement 的 Windows 窗体应用程序。打开 VS 界面，向该项目的窗体中添加 Label、Button、TextBox 和 DataGridView 控件，并在【属性】面板中对这些控件的属性进行设置，如图 11-9 所示。

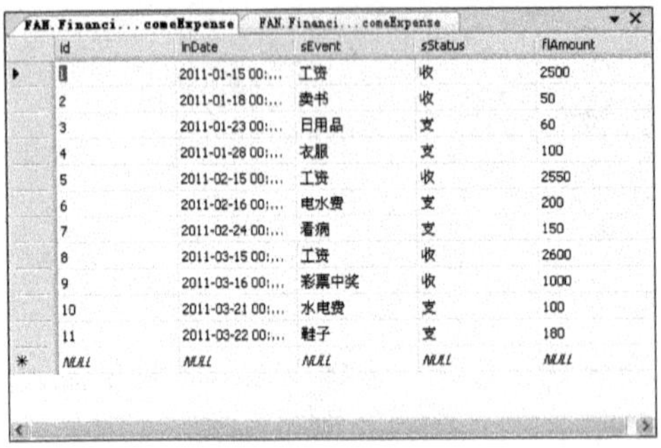

id	inDate	sEvent	sStatus	flAmount
1	2011-01-15 00:...	工资	收	2500
2	2011-01-18 00:...	卖书	收	50
3	2011-01-23 00:...	日用品	支	60
4	2011-01-28 00:...	衣服	支	100
5	2011-02-15 00:...	工资	收	2550
6	2011-02-16 00:...	电水费	支	200
7	2011-02-24 00:...	看病	支	150
8	2011-03-15 00:...	工资	收	2600
9	2011-03-16 00:...	彩票中奖	收	1000
10	2011-03-21 00:...	水电费	支	100
11	2011-03-22 00:...	鞋子	支	180
NULL	NULL	NULL	NULL	NULL

图 11-8　输入数据

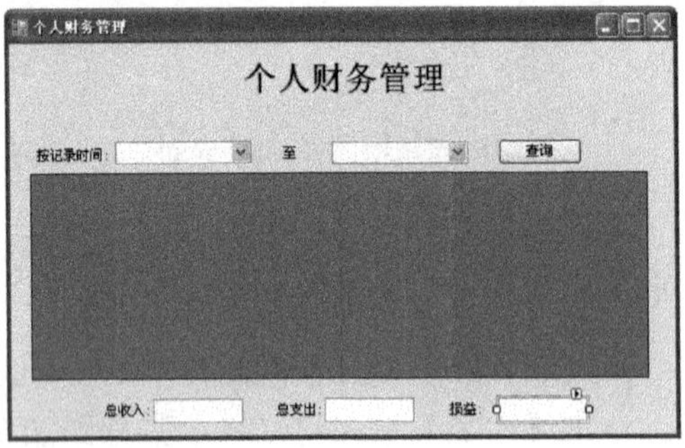

图 11-9　窗体设计

提 示

两个时间下拉框的 name 属性值分别是 time1 和 time2；【查询】按钮的 name 为 queryBtn；三个文本框的 name 分别是 AllIncome、AllExpense 和 ProfitAndLoss。

4 打开 Form1.cs 代码文件，定义两个成员变量 StrConn 和 con，并在构造函数中对成员变量进行初始化，代码如下所示。

```
public partial class Form1 : Form
{
    private static String StrConn;
    private SqlConnection con;
    public Form1()
    {
        InitializeComponent();
        StrConn = "Data Source=localhost;Initial Catalog=FinancialAffairs;
        Integrated Security=True";
    }
```

5 然后，定义 Query()函数用于建立数据库连接并根据用户需要对指定数据库中的数据进行查询，然后返回 DataSet，代码如下所示。

```
public static DataSet Query(string strSql)
{
    using (SqlConnection connection = new SqlConnection(StrConn))
                                              //建立数据库连接
    {
        DataSet ds = new DataSet();
        try
        {
            connection.Open();                //打开数据库连接
            SqlDataAdapter command = new SqlDataAdapter(strSql, connection);
```

```
        command.Fill(ds, "ds");
        connection.Close();
    }
    catch (System.Data.SqlClient.SqlException ex)
    {
        throw new Exception(ex.Message);
    }
    return ds;
    }
}
```

6 定义 Form1_Load()函数用于在窗体载入时，首先需要调用 Query 函数进行查询并将查询出的数据作为 DataGridView 的数据源，定义 DataGridView 的列标题，代码如下所示。

```
private void Form1_Load(object sender, EventArgs e)
{
        String strSql = "select * from IncomeExpense";
        DataSet ds = Query(strSql);
        dataGridView1.DataSource = ds.Tables[0];
        dataGridView1.Columns[0].HeaderText = "编号";
        dataGridView1.Columns[1].HeaderText = "时间";
        dataGridView1.Columns[2].HeaderText = "收支内容";
        dataGridView1.Columns[3].HeaderText = "收/支";
        dataGridView1.Columns[4].HeaderText = "金额";
}
```

7 然后，使用 For 循环语句将查询结果中每一行中"时间"列的值添加至 ArrayList 中，并将 ArrayList 作为两下拉框 time1 和 time2 的数据源，代码如下所示。

```
ArrayList alTime = new ArrayList(ds.Tables[0].Rows.Count);
ArrayList alTime2 = new ArrayList(ds.Tables[0].Rows.Count);
for (int i = 0; i < ds.Tables[0].Rows.Count;i++ )
{
    alTime.Add(ds.Tables[0].Rows[i][1]);
    alTime2.Add(ds.Tables[0].Rows[i][1]);
}
ds.Tables.Clear();
time1.DataSource = alTime;
time2.DataSource = alTime2;
```

8 定义 queryData()函数，用于按照用户选择的查询条件调用 Query()函数对数据库进行查询，首先需要获取用户选择的时间段，并根据用户选择定义不同的 SQL 语句，代码如下所示。

```
DateTime strTime1 = DateTime.Parse(time1.SelectedValue.ToString());
DateTime strTime2 = DateTime.Parse(time2.SelectedValue.ToString());
String strSql = "";
if (strTime1 <= strTime2)
```

```
{
    strSql = "select * from IncomeExpense where inDate between '" +
    strTime1.ToString("yyyy-MM-dd") + "' and '" + strTime2.ToString("yyyy-
    MM-dd") + "'";
}
else{
    strSql = "select * from IncomeExpense where inDate between '" +
    strTime2.ToString("yyyy-MM-dd") + "' and '" + strTime1.ToString("yyyy-
    MM-dd") + "'";
}
```

9 再次调用 Query()函数执行新的 SQL 语句，获取 DataSet。然后，再将新的 DataSet.Tables[0]作为 DataGridView 的数据源，代码如下所示。

```
DataSet ds2 = Query(strSql);
dataGridView1.DataSource = ds2.Tables[0];
dataGridView1.Columns[0].HeaderText = "编号";
dataGridView1.Columns[1].HeaderText = "时间";
dataGridView1.Columns[2].HeaderText = "收支内容";
dataGridView1.Columns[3].HeaderText = "收/支";
dataGridView1.Columns[4].HeaderText = "金额";
```

10 编写不同的 SQL 语句并执行，获取用户选择时间段内的总收入、总支出和损益，并显示在相应的 TextBox 中，代码如下所示。

```
String sql = strSql.Substring(strSql.IndexOf("from"), strSql.Length -
strSql.IndexOf("from"));
String strSql2 = "select SUM(flAmount)" + sql + " and sStatus='收'";
String strSql3 = "select SUM(flAmount)" + sql + " and sStatus='支'";
DataSet ds3 = Query(strSql2);
DataSet ds4 = Query(strSql3);
AllIncome.Text = ds3.Tables[0].Rows[0][0].ToString();
AllExpense.Text = ds4.Tables[0].Rows[0][0].ToString();
ProfitAndLoss.Text = (int.Parse(ds3.Tables[0].Rows[0][0].ToString()) -
int.Parse(ds4.Tables[0].Rows[0][0].ToString())).ToString();
```

11 执行该程序，用户可以任意选择不同的时间段查看所选时间段内的收支情况以及收支统计，如图 11-10 所示。

图 11-10　执行结果